Journalismus für Dummies – Schummelseite

Die sieben W-Fragen

Wer eine Meldung formuliert, muss schon in den ersten Sätzen die wichtigsten Fragen des Publikums beantworten. Denn die Leute wollen sich möglichst schnell und doch komplett informieren. Redakteure kennen die sieben W-Fragen im Schlaf.

- ✔ Was?
- ✔ Wer?
- ✔ Wo?
- ✔ Wann?
- ✔ Warum?
- ✔ Wie?
- ✔ Woher?

Der Umgang mit widerspenstigen Pressestellen

Eigentlich sind Pressestellen dazu da, Auskünfte zu erteilen. Oft betätigen sie sich eher als Informationsverweigerer. Diesen Ausreden ist jeder Journalist schon begegnet:

- ✔ »Stellen Sie Ihre Anfrage bitte per Fax.«
- ✔ »Alle Pressesprecher sind zu Tisch.«
- ✔ »Sie stehen schon auf der Rückrufliste.«
- ✔ »Das darf ich aus Datenschutzgründen nicht weitergeben.«
- ✔ »Aus einem schwebenden Verfahren darf ich nichts berichten.«
- ✔ »Unser Archiv wird gerade digitalisiert.«

Gut dass sich auch Vorzimmerdrachen zähmen lassen. Man sollte sich ihren Namen zu Beginn eines Telefonats notieren und ihn dann im Gespräch auch benutzen. Das schafft Verbindlichkeit und erhöht die Chance, dass das eigene Anliegen erfüllt wird.

Noch besser ist es aus Reportersicht allerdings, die Pressestelle zu umgehen und einen direkten Draht zu Verantwortlichen und Beteiligten herzustellen. Handynummern und persönliche E-Mail-Adressen von Politikern, Gewerkschaftsfunktionären oder Anwälten sind für Journalisten daher ein nützliches und überaus kostbares Gut.

Journalismus für Dummies - Schummelseite

Tipps fürs Interview

- ✔ Verraten Sie bei Ihrer Interviewanfrage nicht gleich den ganzen Fragenkatalog. Die Anbahnungsmail nennt das Thema und höchstens eine Lockfrage.
- ✔ Erkundigen Sie sich vor dem Interview über Ihren Gesprächspartner. Aus Anekdoten und Widersprüchen können Sie Fragen oder Hypothesen entwickeln.
- ✔ Kleiden Sie sich angemessen. Jeans passen nicht in eine Firmenzentrale, hochhackige Schuhe nicht auf einen Bauernhof.
- ✔ Seien Sie pünktlich. Wer zu spät zu einem Interviewtermin erscheint, bekommt in neun von zehn Fällen keine Gelegenheit mehr zum Gespräch.
- ✔ Rücken Sie Ihren Gesprächspartnern nicht allzu sehr auf den Leib. Am besten ist es, sich über Eck zu setzen, damit man sich nicht gegenseitig anstarren muss.
- ✔ Hüten Sie sich davor, Wissenschaftlern oder Politikern allzu offene Fragen zu stellen. Die Antwort fällt oft so langatmig aus, dass die erste Frage die letzte bleibt.
- ✔ Locken Sie zögerliche Interviewpartner aus der Reserve, indem Sie Gesprächslücken zulassen. Oft wird Ihr Gegenüber das Schweigen brechen.
- ✔ Verlassen Sie sich nicht blind auf Ihr Aufnahmegerät. Machen Sie auch Notizen.

Ausdrücke, die Sie meiden sollten

- ✔ Asylant: Abwertendes Wort für Flüchtlinge und Asylsuchende.
- ✔ Blondine: Sexistisch. Schließlich nennen Sie den Firmenchef auch nicht Glatzkopf.
- ✔ Bußgeldbescheid: Behördendeutsch für Strafzettel.
- ✔ Durchführen: Mit diesem Verb verschleierten die Nazis ihre Taten.
- ✔ Ethnische Säuberung: Menschen sind kein Dreck. Besser: Vertreibung.
- ✔ Explodierende Benzinpreise: Da muss man wohl besser in Deckung gehen.
- ✔ Kriegsausbruch: Kriege sind keine Naturgewalten, sondern von Menschen gemacht.
- ✔ Opferbilanz: Menschen werden nicht bilanziert. Besser: Opferzahl.
- ✔ Sintflutartige Regenfälle: Dann lieber gleich ab in die Arche.
- ✔ Zigeuner: Mit Vorurteilen geladener Ausdruck für Sinti und Roma.

Journalismus
für Dummies

Henriette Löwisch

Journalismus für Dummies

WILEY-VCH

WILEY-VCH Verlag GmbH & Co. KGaA

Bibliografische Information der Deutschen Nationalbibliothek
Die Deutsche Nationalbibliothek verzeichnet diese Publikation in der Deutschen Nationalbibliografie; detaillierte bibliografische Daten sind im Internet über http://dnb.d-nb.de abrufbar.

1. Auflage 2009

Printed in Germany

Gedruckt auf säurefreiem Papier

Korrektur Frauke Wilkens, München
Satz Conrad und Lieselotte Neumann, München
Druck und Bindung M.P. Media-Print Informationstechnologie, Paderborn

ISBN 978-3-527-70415-6

Über die Autorin

Nachtredakteurin, NATO-Korrespondentin, Nachrichtenchefin – Henriette Löwisch kennt den Journalismus von innen. Ihre Laufbahn begann ganz klassisch bei der *Badischen Zeitung*. An der Deutschen Journalistenschule in München lernte sie weiter, studierte Journalistik in Deutschland und den USA. Mit Mitte zwanzig hatte sie bereits bei einer Zeitschrift, beim Fernsehen und in einer Pressestelle gearbeitet. Dann lockte die weite Welt: Im Team der Nachrichtenagentur AFP erfüllte sie sich den Traum, als Auslandskorrespondentin die Welt kennenzulernen.

Ihre erste Station im Ausland war Brüssel, später berichtete sie als Washington-Korrespondentin über die USA. Nach Berlin zurückgekehrt, verantwortete sie als AFP-Chefredakteurin drei Jahre lang die Berichterstattung der Agentur, die über 100 Zeitungen, Sender und Onlinemedien beliefert. Bis ihr aufging, was ihr am meisten Freude macht: anderen zu vermitteln, was Journalismus bedeutet, und es dabei selbst immer wieder neu herauszufinden. Am besten sowohl in Europa als auch in den USA.

Seminardozentin in Berlin, Gastprofessorin in Montana, Dozentin in Washington – Henriette Löwisch unterrichtet und diskutiert mit Einsteigern von der Journalistenschule und der Universität, aber auch mit ausgebufften Profis aus Redaktionen. *Journalismus für Dummies* ist das Ergebnis ihrer Lieblingsbeschäftigung: Fragen stellen und Antworten suchen – denn wer nicht fragt, bleibt dumm.

Über die Anderen

Spaß hat dieses Buch hoffentlich auch all jenen Journalisten gemacht, die dafür bereitwillig Auskunft über ihre Arbeit gaben, obwohl – oder gerade weil – sie nicht befürchten mussten, namentlich genannt zu werden. Für ihre Hilfe und ihren Humor sei ihnen herzlich gedankt.

Gar nicht erst gegeben hätte es *Journalismus für Dummies* ohne Georg Löwisch. Selbst Reporter, Dozent und nebenbei noch Bruder der Autorin, hat er dieses Buch durch alle Etappen des Recherchierens und Formulierens so uneigennützig wie schonungslos begleitet. Er hätte es ebenso gut selbst schreiben können. Vielleicht sogar noch besser – aber davon erzähle ich das nächste Mal.

Cartoons im Überblick

von Rich Tennant

Durch seine ausgefeilte Interviewtechnik konnte er Politikern auch die letzten Geheimnisse entlocken.

Seite 29

»Ich verstehe beim besten Willen nicht, warum unser Blatt ständig wegen schlampiger Recherche kritisiert wird. Sorgfalt und Exaktheit sind seit jeher für unsere Redaktion oberstes Prinzip.«

Seite 77

»Ich muss schon sagen: Dafür, dass es Ihr erster Artikel für ›Verbrechen lohnt doch‹ ist, haben Sie den Stil unserer Zeitung schon sehr gut verinnerlicht.«

Seite 157

»Er gehört eigentlich zu unserer Redaktion und wir haben ihn für eine Story in die Band eingeschleust. Investigativer Journalismus, ich sag Ihnen … damit kommt man an Stories.«

Seite 237

»Ihre Artikel gefallen mir sehr gut, aber Sie sollten daran denken, dass Sie nun nicht mehr als Auslandskorrespondent in spanischen Krisengebieten arbeiten.«

Seite 273

»Unser Chefredakteur war der Meinung, wir sollten näher dran sein an unserer Leserschaft, uns mehr mit den Leuten identifizieren, die ›Biking for life‹ tatsächlich kaufen.«

Seite 337

Inhaltsverzeichnis

Teil III
Journalisten als Geschichtenerzähler 157

Kapitel 9
Wie die besten Storys entstehen 159

Kapitel 10
Geschichten und ihre Genres 175

Einführung

Wenn Sie dieses Buch in die Hand nehmen, handeln Sie praktisch schon wie ein Journalist: Respektlosigkeit ist eine journalistische Tugend, und ohne sie gäbe es *Journalismus für Dummies* nicht. Die Faszination, die der Journalistenberuf ausübt, fordert Skepsis geradezu heraus. Journalisten nehmen sich selbst oft ernster als die Sachverhalte, über die sie berichten. Es tut ihnen gut, wenn ihnen jemand auf die Finger schaut, und genau dabei hilft dieses Buch.

Denn das Schöne am Journalismus ist ja, dass er sich in der Öffentlichkeit abspielt. Alle dürfen mitreden, ob sie ihn studiert haben, beruflich ausüben oder ihm nur ausgesetzt sind. Ereifern Sie sich also ruhig darüber, dass die Presse zu tendenziös oder zu negativ ist. Nehmen Sie sich das Recht heraus, Journalisten zu kritisieren und ihnen ihre Fehler um die Ohren zu hauen.

Zu leicht will es *Journalismus für Dummies* den Skeptikern allerdings nicht machen. Denn so lästig die Medien auch sein mögen, so unverzichtbar und allgegenwärtig sind sie auch. Ein bisschen Sachverstand kann also gerade Kritikern des Journalismus nicht schaden. Ganz zu schweigen von Leuten, die selbst mit einer journalistischen Laufbahn liebäugeln: Es ist nützlich zu wissen, welche Untiefen auf einen warten, bevor man kopfüber ins Wasser springt.

Im Übrigen setzen sich Wissenschaftler seit Jahren ernsthaft mit Journalismus, Sprache und Medien auseinander. Es lohnt sich, ihre Werke zu lesen, vorausgesetzt, man hat die Zeit dazu. Sie wiederum haben es eilig? Dann handeln Sie ja schon wieder ganz wie ein Journalist.

Über dieses Buch

Journalismus ist kein staatlich geprüfter Beruf. Jeder kann sich auf seiner Visitenkarte als Journalist bezeichnen. Nicht nur Zeitungsredakteure, auch Pressereferenten und Talkmaster wenden bei ihrer Arbeit journalistische Kenntnisse an. Ein Buch über Journalismus könnte also leicht aus dem Ruder laufen. Einige sinnvolle Einschränkungen sind daher angebracht.

Was Journalisten wie und warum tun, wird am Beispiel der Zeitung dargestellt. Nicht weil die Zeitung das Medium der Zukunft ist, sondern weil jeder vor Augen hat, was gemeint ist, wenn von Zeitungsartikeln, Titelseiten und Schlagzeilen die Rede ist. Die meisten Informationen in diesem Buch lassen sich auf Zeitschriften, Rundfunk und Onlinejournale übertragen. Nur wenn es unbedingt nötig ist, gehe ich auf die Eigenheiten dieser anderen Medien ein.

Die Geschichte der Presse wird ebenso kursorisch behandelt wie Spezialgebiete des Journalismus. Die Kommunikationswissenschaft wird nebenbei erwähnt, nämlich dann, wenn gewisse Theorien so bedeutend sind, dass Sie von ihnen mal gehört haben müssen, um mitreden zu können. Wenn Ihnen dieses Buch stellenweise vorkommt wie eine Sendung mit der Maus für Erwachsene, ist das volle Absicht.

Ausführlich informiere ich über praktische Aspekte des Journalismus. Erfahren Sie,

- ✔ weshalb Washington-Korrespondenten immer so dunkle Augenringe haben.
- ✔ warum eine schlechte Nachricht aus Journalistensicht die bessere Nachricht ist.
- ✔ welche Ausreden sich Pressesprecher ausdenken, um Journalisten abzuwimmeln.
- ✔ was es beim Verfassen einer Bewerbungsreportage zu beachten gilt.

Zwar ist *Journalismus für Dummies* kein Lehrbuch im traditionellen Sinne. Es enthält jedoch viele praktische Tipps, ob für Interviews und Recherche oder zum Umgang mit der Presse. Selbst Profis werden womöglich noch den einen oder anderen nützlichen Hinweis entdecken. Gerade Journalisten wissen, dass sie nie aufhören dürfen zu lernen. Wer zur Selbstkritik nicht fähig ist, übt den Beruf nicht im Sinne des Erfinders aus.

Konventionen in diesem Buch

Keine Sorge: In diesem Buch verlange ich an keiner Stelle von Ihnen, dass Sie mitschreiben oder irgendetwas auswendig lernen sollen. Ich wollte auch kein wissenschaftliches Werk schreiben – also erwarten Sie keine seitenlangen Zitate, einen Fußnotenteil oder einen voluminösen Anhang. Ich habe sogar auf die journalistische Grundregel verzichtet, zu jeder Information die Quelle anzugeben. Das fiel zwar schwer, doch anders wäre es kaum möglich gewesen, Ihnen in der gebotenen Kürze den Überblick zu bieten, den dieses Buch verspricht.

Zahlen nenne ich in *Journalismus für Dummies* immer dann, wenn dadurch Größenordnungen deutlich werden. Tabellen habe ich auf ein Minimum beschränkt. E-Mail-Adressen und Web-Adressen erkennen Sie daran, dass sie `in dieser besonderen Schrift` gedruckt sind. Fachbegriffe und Branchenjargon gebrauche ich nur, wenn Sie sie im nächsten Moment entschlüsseln können.

Törichte Annahmen über den Leser

Dass Sie gerade jetzt dieses Buch in der Hand halten, muss ja gute Gründe haben. Ich jedenfalls unterstelle Ihnen als Lesern, dass sie wenig Zeit und sicher noch andere Interessen haben. Der Journalismus muss sich Ihnen also förmlich aufgedrängt haben. Jetzt wollen Sie den Affen wieder loswerden. Dabei kann ich helfen, das bilde ich mir jedenfalls ein.

Töricht wie ich bin, bin ich beim Schreiben dieses Buches außerdem davon ausgegangen, dass noch mindestens einer der folgenden Punkte auf Sie zutrifft:

- ✔ Sie verfolgen die Nachrichten und greifen zuweilen zu einem Magazin.
- ✔ Sie haben einen Sprössling, der plötzlich verkündet, er wolle Journalist werden.
- ✔ Sie haben schon mit Presseleuten zu tun gehabt und sich über sie geärgert.

- ✔ Sie verfassen heimlich oder gezwungenermaßen in Ihrer Freizeit manchmal Artikel.
- ✔ Sie kennen die Autorin persönlich und wollen wissen, was die denn so schreibt.

Was Sie nicht lesen müssen

Neben notwendigen Informationen und nützlichen Tipps enthält *Journalismus für Dummies* auch Passagen, die in erster Linie dazu gedacht sind, Sie zu vergnügen. Ein gutes Beispiel sind die Porträts junger Journalisten, die Ihnen im ganzen Buch unter der etwas tiefstapelnden Rubrik »Newcomer« immer wieder begegnen werden. Sie sollen Lust am Beruf wecken, indem sie zeigen, wie unterschiedlich die Tätigkeitsprofile und die Wege zum Erfolg im Journalismus sind.

Die Porträts und andere interessante Nebensächlichkeiten sind optisch leicht zu erkennen: Sie sind in Kästen verpackt und grau unterlegt. Haben Sie es gerade besonders eilig, können Sie diese Passagen erst einmal überspringen. Zum Verständnis des Buches sind sie nicht nötig. Was das Vergnügen angeht – nun, da rede ich Ihnen natürlich nicht rein.

Wie dieses Buch aufgebaut ist

Das Buch gliedert sich in sechs Teile, die originellerweise fortlaufend nummeriert sind. In den jeweiligen Teilen finden Sie folgende Inhalte:

Teil I: Überblick

Wie der an Eindeutigkeit kaum zu übertreffende Titel schon vermuten lässt, erhalten Sie hier erst einmal einen Überblick: In wirklich bündiger Form wird sichergestellt, dass Sie und ich unter dem Schlagwort Journalismus dasselbe verstehen. Und weil ich schon dabei bin, die Karten auf den Tisch zu legen: Sie erfahren in diesem Teil auch, was ich für guten und was ich für schlechten Journalismus halte.

Apropos schlechter Journalismus: Was Journalisten besser sein lassen, wird hier ebenfalls thematisiert. Nach dem Motto »Feind hört mit« erhalten Sie Tipps, wie Sie sich notfalls gegen die Medien zur Wehr setzen können –als wären Sie eine Prinzessin, die aus einem kleinen Fürstentum im Süden Frankreichs stammt und deren Name mit C beginnt.

Teil II: Die Nachricht

Journalisten handeln mit Informationen. Nachrichten sind ihr Kerngeschäft. Wer mitreden will, muss also wissen, wie eine Nachricht zustande kommt. In diesem Teil erfahren Sie das Notwendigste über den Produktionsprozess, von der Rohware Information bis zur fertigen Tageszeitung. Wenn Sie sich öfters fragen, warum es manche Meldungen auf die Titelseite, die anderen nicht mal in den Lokalteil schaffen, werden Ihnen hier einige Lichter aufgehen.

Falls es Sie interessiert, können Sie außerdem einiges über Recherche lernen und darüber, wie man eine Nachricht formuliert. Alles keine Zauberei: Eignen Sie sich einfach die wichtigsten Regeln an, sammeln Sie ein paar Insidertipps ein und üben Sie so lange, bis Sie jeden Fehler mindestens einmal gemacht haben. Vor den vermeintlichen Profis müssen Sie sich dann bald nicht mehr verstecken, behaupte ich, und ich bin ja immerhin selbst Nachrichtenjournalistin.

Teil III: Journalisten als Geschichtenerzähler

Wer öfters mit Profis zu tun hat, dem wird schon aufgefallen sein, dass Journalisten nicht etwa von Berichten oder Artikeln sprechen, wenn sie über ihre Arbeit reden. Ihre Welt besteht aus Geschichten, womit keineswegs gemeint ist, dass deren Inhalt erfunden ist. Sie sollen nur so spannend erzählt sein, dass das Publikum von Anfang bis Ende gefesselt ist.

In diesem Teil werden Sie auf schonende Weise in die Fachsprache des Journalismus eingeweiht. Wer schreiben will, erhält einige Tipps für die ersten Gehversuche. Für prosaischer eingestellte Leser gibt es Informationen, wie das Geschäft mit den Geschichten funktioniert. Wer die wichtigsten Player im Mediengeschäft sind, wie sich Zeitungen und Onlinejournale rechnen und wie viel Geld dabei im Spiel ist – die wichtigsten Zahlen und Fakten erfahren Sie hier.

Teil IV: Journalisten als Meinungsmacher

Harte Fakten sind im Journalismus nicht alles. Mindestens genauso wichtig sind Meinungstexte wie Glosse, Leitartikel und Kommentar. Die wiederum bilden nur die Spitze des Eisbergs. Denn auch unter der Oberfläche tun Journalisten einiges, um die öffentliche Debatte zu beeinflussen. Das betrachten sie nicht nur als ihr gutes Recht, sondern als ihren Auftrag in der Demokratie.

Wenn Sie gerne über Journalismus streiten, erhalten Sie in diesem Teil jede Menge Material. Aber seien Sie gewarnt: Dabei werden sich auch einige lieb gewonnene Argumente als stumpf erweisen. Dass die Medien allmächtig sind, wird in diesem Teil ganz gehörig infrage gestellt. Denn auch die andere Seite, sprich Politik und Wirtschaft, rüstet kräftig nach. Nur gut, dass die Journalisten ihr dabei allmählich auf die Schliche kommen, wie dieses Buch immerhin beweist.

Teil V: Journalistenausbildung

Wer in Erwägung zieht, selbst Journalist zu werden, der sollte sich in diesen Teil vertiefen. Ich behaupte einfach mal, dass Sie nirgendwo sonst derart kompakte Informationen erhalten, um zu entscheiden, ob Sie dem Thema nähertreten wollen oder nicht. Es geht dabei weder darum, den Beruf zu glorifizieren noch Sie von einer journalistischen Laufbahn abzuschrecken. Ich habe einfach aufgeschrieben, was die Erfahrung mich gelehrt hat. Davon, das können Sie ruhig glauben, haben schon vor Ihnen einige hoffnungsvolle Nachwuchstalente profitiert.

Auch für Leser, die gar nicht die Absicht haben, sich beruflich zu verändern, hat dieser Teil einiges zu bieten. Denn wer wüsste nicht gerne, wie der Alltag eines Modeberufs so aussieht, nicht zuletzt, wie viel man dort verdient. Wenn Sie außerdem zu den Leuten gehören, die in den Hochglanzzeitschriften immer zuerst den Test ausfüllen, ist hier für Ihr Amüsement gesorgt.

Teil VI: Der Top-Ten-Teil

Für versierte ... *für Dummies*-Leser ist dieser Teil nichts Neues. Er stellt noch einmal kurz und übersichtlich die besten Wege in den Journalismus vor. Es wird verraten, welche Websites Journalisten gerne bei der Recherche benutzen. Für Kinofreaks gibt es eine Liste mit Filmen über Journalismus, die Sie garantiert noch nicht alle gesehen haben. Und wer nach den Sternen greifen will, der kann sich die Liste mit renommierten Journalistenpreisen ansehen.

Symbole, die in diesem Buch verwendet werden

Sie finden über das ganze Buch verteilt verschiedene Symbole, über deren Bedeutung ich Sie hier kurz aufkläre:

Wenn Sie dieses Symbol sehen, heißt das, dass es sich hier um einen praktischen Tipp handelt, der Ihnen den Umgang mit dem Journalismus erleichtern kann.

Hinter diesem Symbol verbirgt sich eine Erklärung oder eine Definition von neu eingeführten Fachbegriffen.

Bei diesem Symbol ist Vorsicht geboten. Es könnte ein Stolperstein auf dem Weg liegen, vor dem ich Sie gerne warnen möchte.

Dreimal dürfen Sie raten, was Sie bei diesem Symbol erwartet – richtig, ein übersichtliches Beispiel zum jeweiligen Thema.

Hier wird aus dem Nähkästchen geplaudert. Kleine Anekdoten sollen zum Schmunzeln oder Stirnrunzeln anregen, sind für das Gesamtverständnis aber nicht nötig.

Wie es weitergeht

Dieses Buch ist so aufgebaut, dass Sie es nicht zwingend wie einen Roman von vorn nach hinten durchlesen müssen. Wollen Sie zum Beispiel wissen, wie man einen erfolgreichen Themenvorschlag macht, können Sie direkt und ohne Umwege Kapitel 9 aufschlagen. Sie werden dort alles verstehen, auch ohne Kapitel 1 bis 8 gelesen zu haben.

Wenn Sie sich also nur für ein bestimmtes Thema interessieren, dann schauen Sie ins Inhaltsverzeichnis oder in den Index. Wie und in welcher Reihenfolge Sie was lesen und warum, liegt ganz bei Ihnen. Wenn Sie das Buch doch von vorn bis hinten durchlesen möchten, bin ich Ihnen auch nicht böse. Ob Sie selbst in den Journalismus streben oder sich nur gegen Besserwisser zur Wehr setzen wollen: Ich wünsche Ihnen viel Spaß beim Lesen.

Teil I

Überblick

Durch seine ausgefeilte Interviewtechnik konnte er Politikern auch die letzten Geheimnisse entlocken.

In diesem Teil ...

Sich mit Journalismus zu beschäftigen ist ein bisschen, wie sich auf ein neues Kartenspiel einzulassen. Jeder hat schon mal 52 Spielkarten in der Hand gehabt, aber auf die Regeln müssen sich die Mitspieler erst einmal verständigen.

In diesem Teil wird das Blatt offen auf den Tisch gelegt. Sie erfahren, was man unter Journalismus versteht, wie er entstanden ist und wozu er gut sein soll. Zu den Spielregeln, die man kennen muss, gehört auch zu wissen, wie viel die einzelnen Karten wert sind, was man also unter gutem oder schlechtem Journalismus versteht. Kapitel 4 schließlich handelt davon, was im Journalismus keinesfalls erlaubt ist.

Wozu Journalismus gut ist

1

In diesem Kapitel

- Informieren, Bewerten, Unterhalten
- Die Macht des Publikums
- Der erste Journalist

Journalismus lauert im Alltag an jeder Ecke.

Die Schlagzeile am Kiosk. Die Modezeitschrift im Wartezimmer. Das Ratespiel aus dem Autoradio. Das Blättchen, das die Apothekerin mit in die Tüte packt. Der Zeitungsstapel im Altpapiercontainer. Die gerunzelte Stirn auf dem Fernsehschirm. Das Laufband am Times Square in New York.

Nachrichten wollen gelesen, Interviews gehört, Kommentare angeklickt und Talkshows gesehen werden. Information, Meinung und Unterhaltung in riesiger Auswahl. Mancher findet im Überfluss, würde den Fernseher am liebsten zum Sondermüll bringen und das Zeitungsabonnement loswerden.

Dieses Kapitel stellt einige Thesen darüber auf, was Journalismus ist, wie er zustande kommt und wer davon etwas hat. Natürlich nicht objektiv, denn die Autorin gehört selbst zum Gewerbe. Aber wie viele Journalisten grübelt sie oft über Sinn und Unsinn ihres Berufs.

Was man unter Journalismus versteht

Journalismus ist, was Journalisten tun. Diese Definition liegt nahe und ist doch unvollständig. Schließlich recherchieren und berichten Redakteure nicht im luftleeren Raum. Ihre Erzeugnisse existieren als journalistische Leistung nur, wenn sie ein Publikum erreichen. Dieses Publikum reagiert, kritisiert, applaudiert und ignoriert – während gleichzeitig über es berichtet wird.

Journalismus besteht nicht nur aus Berichterstattung über Politik. Unterhaltung und Service gehören genauso zum Metier.

Auch der Übertragungsweg spielt beim Zustandekommen von Journalismus eine entscheidende Rolle. Ohne die Medien stünden Journalisten da wie Redner, denen der Ton abgedreht wurde. Der Medientheoretiker Marshall McLuhan meinte sogar, dass die journalistischen Inhalte im Vergleich zur technologischen Entwicklung völlig unwichtig seien. »Das Medium ist die Botschaft«, verkündete er.

Die Möglichkeiten der Kommunikation im Internet haben die Diskussion darüber, wer sich eigentlich als Journalist bezeichnen darf, neu beflügelt. Blogger und Kommentatoren fordern die Pressefreiheit auch für sich. Sie plädieren daher für einen weit ausgelegten Journalismus-Begriff.

Die Bloggerin Rachel Blood kommentierte diese Debatte lakonisch mit den Worten:

> *Mit dem Journalismus, so scheint es, verhält es sich wie mit der Pornografie. Die exakte Definition hängt vom Betrachter ab, aber im Allgemeinen erkennt man ihn auf Anhieb.*

Zahlen und Fakten über das Publikum

Deutsche nutzen die Massenmedien im Schnitt fast zehn Stunden am Tag, Kino, Bücher und Internet eingeschlossen. Das heißt jedoch nicht, dass sie ihnen tatsächlich mehr als die Hälfte ihrer wachen Zeit ihre volle Aufmerksamkeit schenken. Denn da die Leute ja auch noch arbeiten und essen müssen, verfolgen sie oft nur mit halbem Ohr, was im Radio oder Fernsehen läuft.

- ✔ Deutsche lesen im Schnitt täglich 28 Minuten lang Zeitung – meist morgens am Frühstückstisch oder auf dem Weg zur Arbeit. Dazu kommen 12 Minuten Zeitschriftenlektüre. Zusammengerechnet macht das weniger als eine Dreiviertelstunde am Tag.
- ✔ Rund 47 Millionen Menschen in Deutschland nehmen täglich eine Tageszeitung in die Hand, fast drei Viertel der Bevölkerung. Die Reichweite unterscheidet sich nach Altersgruppen. Trotz Studentenabos und Jugendseiten wird das Zeitungspublikum im Durchschnitt immer älter. Nur die Hälfte der Jugendlichen liest regelmäßig eine Zeitung. Vier von fünf Deutschen über 70 sind Zeitungsleser.
- ✔ Das Radio läuft in deutschen Haushalten gute drei Stunden am Tag, exakt 185 Minuten. Genutzt wird es vor allem tagsüber. Die wichtigste Sendezeit, neudeutsch auch Primetime genannt, ist vormittags zwischen 8 und 12 Uhr. Rund 50 Millionen Deutsche schalten täglich das Radio ein.
- ✔ Kein Massenmedium wird so intensiv genutzt wie das Fernsehen. In den deutschen Haushalten läuft der Apparat im Schnitt fast vier Stunden am Tag. Der höchste Fernsehkonsum wird abends gemessen. Deutschlandweit gibt es 37 Millionen angemeldete Fernsehgeräte. Praktisch jeder Deutsche hat Zugang zum TV-Programm.
- ✔ Die Zeit, die Deutsche im Internet verbringen, nimmt rasant zu. 2008 waren es 58 Minuten am Tag, also eine knappe Stunde. Über 40 Millionen Menschen haben Zugang zum weltweiten Datennetz. Drei Viertel von ihnen waren dort täglich auf der Suche nach Informationen. Die Internetnutzung verteilt sich gleichmäßig über den Tag. Auch am Arbeitsplatz ist der Computer oft eingeschaltet.

Der Presseausweis macht noch keinen Journalisten

Journalist ist in Deutschland keine geschützte Berufsbezeichnung. Gewerkschaften und Verlegerverbände geben jedoch an ihre Mitglieder einen Ausweis heraus, der ihnen die Zugehörigkeit zur Presse bescheinigt. Auch Nichtmitglieder können das Dokument im Scheckkartenformat gegen eine Gebühr erhalten, solange sie ihre hauptberufliche Tätigkeit als Journalist nachweisen können. Der Ausweis gilt jeweils ein Jahr und wird auch Journalistik-Studenten und Volontären gewährt. Aussteller sind die Gewerkschaften, Journalisten- und Verlegerverbände. Der Presseausweis der Verbände kann helfen, Polizeiabsperrungen zu überwinden und zu Veranstaltungen zugelassen zu werden. Er ist jedoch keine amtliche Legitimation. 2007 beschloss die Innenministerkonferenz, dem Dokument ihr Prüfsiegel künftig zu verweigern, um andere Organisationen nicht zu diskriminieren.

Über die Entscheidung freuten sich Bürgerjournalisten, die regelmäßig im Internet publizieren, damit aber nicht ihren Lebensunterhalt verdienen. Die Hauptprofiteure sind jedoch Geschäftemacher, die mit selbst gestalteten Presseausweisen handeln. Sie behaupten, dass Firmen den Inhabern solcher Dokumente einen Journalistenrabatt einräumen. Wer darauf spekuliert, sollte sich vorsichtshalber beim Unternehmen erkundigen, welcher Nachweis verlangt wird.

Zeitungsleute sollten sich überlegen, ob sie solche fragwürdigen Rabatte überhaupt in Anspruch nehmen. Am Ende erwerben sich Journalisten so den Ruf, die Spesenritter der Nation oder gar käuflich zu sein. Wie Vergünstigungen schlechten Journalismus hervorbringen, erfahren Sie in Kapitel 2.

Gesellschaft im Selbstgespräch

Bezieht man die Rolle des Publikums und der Medien mit ein, gelangt man zu einer breiteren Definition: Journalismus ist das Gespräch der Gesellschaft über sich selbst. So ähnlich formulierte es 1845 schon der Literaturwissenschaftler Robert Eduard Prutz, der seinerzeit wegen Majestätsbeleidigung angeklagt wurde, weil er das Herrschaftssystem in Deutschland satirisch aufs Korn genommen hatte.

An dieser Unterhaltung sind wir alle beteiligt. Bewusst oder unbewusst verhandeln wir darüber, was erlaubt und was verboten, was belanglos und was bedeutend ist. Damit 82 Millionen Menschen sich über solche Fragen nicht täglich persönlich unterhalten müssen, gibt es Nachrichten und Leitartikel, Quizsendungen und Reality-TV.

Journalisten sind also nichts anderes als Dienstleister.

- ✔ Sie speisen neue Informationen ins Gespräch ein.
- ✔ Sie lenken Aufmerksamkeit auf ein Thema.
- ✔ Sie moderieren den öffentlichen Diskurs.
- ✔ Sie wecken Gefühle und befeuern Debatten.

- ✔ Sie weisen auf Grenzüberschreitungen hin.
- ✔ Sie ermöglichen das Austesten von Grenzen.

Damit sie diese höchst unterschiedlichen Leistungen erbringen können, müssen Journalisten vertrauenswürdig sein. Ihr Publikum muss nachvollziehen können, welche Aufgabe sie gerade wahrnehmen. Diese Klarheit hängt von der Einhaltung der Regeln ab, die sich der Berufsstand auferlegt hat.

Fakt ist nicht gleich Fiktion

Jeder weiß aus zahllosen Gesprächssituationen, wie wichtig der Unterschied zwischen Fakten und Fiktion ist. Auch Journalisten müssen offenlegen, wann sie über tatsächliche Geschehnisse berichten und wann über Annahmen, die sich bewahrheiten können oder auch nicht.

Fotomontagen müssen in der Zeitung klar als solche benannt werden. Bilder stimulieren Gefühle weit stärker als ein Text, sodass die Manipulation eines Fotos zugleich die Manipulation von Gefühlen bedeutet. Weil diese Regel nicht konsequent genug gehandhabt wird, lässt die Glaubwürdigkeit von Fotos insgesamt nach.

Ob es um Fakten oder Fiktion geht, erkennt das Publikum übrigens auch am Format. Nur Leute mit stark gestörtem Wahrnehmungsvermögen verwechseln Computerspiele und Realität. Auch die Leser der Regenbogenpresse ahnen zumindest, dass sie dort verbreitete Neuigkeiten über Promis nicht ganz ernst nehmen müssen.

Von der *Tagesschau* erwarten die Zuschauer, dass sie von Tatsachen handelt. In Krisenzeiten, wenn dringender Informationsbedarf besteht, steigt daher die Einschaltquote der ARD-Nachrichtensendung, die sonst von vielen als zu trocken empfunden wird.

Meinung ist nicht gleich Information

Journalismus ist immer wertend. Je mehr Informationen zur Verfügung stehen, desto wichtiger wird es, die Dinge zu entzerren und zu vereinfachen. Wer Zeitung liest, nutzt wie selbstverständlich den Service, dass ein Journalist für ihn die Topnachrichten ausgewählt, Schwerpunkte gesetzt und weniger Wichtiges aussortiert hat.

Zwischen Einordnung von Fakten und Meinungsmache besteht jedoch ein himmelweiter Unterschied. Die öffentliche Auseinandersetzung verläuft störungsfreier, wenn die Teilnehmer wissen, ob sie es gerade mit einer Meinungsäußerung oder mit einer neu eingespeisten Information zu tun haben.

Beziehen Journalisten in einer Debatte eindeutig Position, sollten sie das ihrem Publikum unmissverständlich mitteilen. In der Zeitung sind die Kommentare deshalb immer an der gleichen Stelle und zum Teil in einer anderen Schriftart als die Nachrichten zu finden.

In den USA wird zwischen Meinungs- und Nachrichtenredaktionen weitaus schärfer getrennt als in Deutschland. Eine Gerichtsreporterin der *New York Times* wurde von ihren Chefs abgemahnt, weil sie bei einem Vortrag ihren Standpunkt in Streitfragen zu erkennen gab, die vor dem Obersten Gerichtshof anhängig waren.

Ende einer Hexenjagd

Von Zeit zu Zeit erfüllen Journalisten ihre Aufgabe so gut, dass daraus ein Lehrstück für die Nachwelt entsteht. Ein Beispiel dafür lieferte der amerikanische Reporter Edward Murrow. Während des Zweiten Weltkriegs berichtete er als Radiokorrespondent aus London über die Standhaftigkeit der britischen Bevölkerung während der deutschen Bombardements. Danach kehrte er in die USA zurück und startete *See It Now*, eine politische Magazinsendung im US-Fernsehen.

Murrows Meisterstück war eine Sendung, in der er dem berüchtigten Senator Joe McCarthy das Handwerk legte. McCarthys Hexenjagd auf vermeintliche Kommunisten drohte in den 50er-Jahren die Meinungsfreiheit in den USA in ihren Grundfesten zu erschüttern. Bei Anhörungen, die stundenlang im Fernsehen übertragen wurden, forderte der Senator die Zeugen auf, »Rote« in ihrer Umgebung zu denunzieren. In Hollywood setzten die Studios in Verdacht geratene Schauspieler und Regisseure in vorauseilendem Gehorsam auf eine »Schwarze Liste«. Manche so drangsalierte Menschen begingen Selbstmord.

Die Öffentlichkeit in den USA war in ihrer Einstellung zu McCarthy gespalten. Murrow genoss über die Parteigrenzen hinweg großes Ansehen. Er zögerte lange, bevor er öffentlich Position bezog. Schließlich tat er es mit bestechender Schlichtheit, indem er die geifernden Auftritte des Senators kommentarlos zusammenschnitt. McCarthy diskreditierte sich auf diese Weise selbst und musste seine Kampagne nicht lange danach aufgeben, wie im Film *Good Night, and Good Luck* zu sehen ist.

Seine Sendung schloss Murrow mit einem selbstanklägerischen Kommentar. McCarthy habe das herrschende Klima der Angst in den USA nicht selbst erzeugt, sondern nur geschickt ausgenutzt. Die Gesellschaft habe sich selbst an einen Abgrund manövriert. »Die Schuld, lieber Brutus, liegt nicht in den Sternen, sondern in uns selbst«, zitierte er Shakespeare. Und endete mit seiner charakteristischen Grußformel: »Gute Nacht und viel Glück.«

Avantgarde und Mainstream

Damit sich die Gesellschaft effektiv mit sich selbst unterhalten kann, muss der Journalismus frei sein. Bestimmt der Staat, worüber geredet werden darf, wird das Gespräch einseitig. Es dreht sich im Kreis oder verstummt. Gerüchte können nicht mehr entkräftet werden. Regeln werden nicht mehr überprüft, Fehlentwicklungen nicht mehr korrigiert.

In der Demokratie haben Journalisten die Aufgabe, Politik zu hinterfragen, innovative Vorschläge zu erläutern und immer wieder neue Formen von Kommunikation zu erfinden. Sie sind gleichzeitig Teil der Avantgarde und des Mainstreams, denn indem sie die ständige Erneuerung des Systems ermöglichen, tragen sie zum Systemerhalt bei.

Journalismus für alle

Journalismus ist nicht nur etwas für Leute, die damit ihren Lebensunterhalt verdienen. Er beruht auf einer Geisteshaltung, die jedem wachen Bürger gut ansteht. Sie besteht aus Neugier, gepaart mit einer gewissen Skepsis. Journalisten suchen nach Informationen und ziehen daraus Schlüsse. Sie wollen aufdecken, wachrütteln und Ereignisse in einen Zusammenhang stellen.

Recherchieren, vermitteln und einordnen sind Fähigkeiten, mit denen jeder etwas anfangen kann.

- ✔ Wer eine Urlaubsreise buchen will, muss recherchieren, welche Auswahl er hat. Bevor er bei einem Veranstalter anruft oder eine Reservierung auf einer Website tätigt, muss er sich im Klaren darüber sein, welche Informationen er braucht, um seine Wahl zu treffen.
- ✔ Das Alltagsleben erfordert die Fähigkeit, sich klar und knapp auszudrücken. Das gilt für Bewerbungsschreiben ebenso wie für Beschwerdebriefe.
- ✔ Bevor Wähler ihre Stimme abgeben, müssen sie sich über die Pläne und Ansichten der Kandidaten informieren und diese dann einordnen können. Die schönsten Versprechen sind nichts wert, wenn ihre Einhaltung illusorisch ist oder wenn der Politiker, der sie macht, als Aufschneider bekannt ist.

Wo der Journalismus herkommt

Die Ursprünge des Journalismus gehen bis in die Antike zurück. Lange bevor die erste Zeitung gedruckt wurde, gab es Barden und Herolde, Philosophen und Spione. Eine Mischung aus diesen Strömungen prägt den Journalismus heute mehr denn je.

BEISPIEL

Der griechische Historiker Thukydides (etwa 460 bis 399 vor Christus) achtete in seiner *Geschichte des Peloponnesischen Krieges* peinlich darauf, Mythen und Realität zu trennen. Er schrieb nur auf, was er selbst erlebt hatte oder was ihm von möglichst mehreren zuverlässigen Augenzeugen geschildert worden war. Sein Buch war so gesehen keine geschichtliche Abhandlung, sondern ein aktueller Bericht, weshalb Thukydides mit Fug und Recht als erster Journalist bezeichnet wird.

Julius Caesar und die Barden

Aktuelle Veröffentlichungen zum Tagesgeschehen entstanden im Römischen Reich schon zu Zeiten von Julius Caesar. Handschriftliche Amtsblätter wurden in Rom und den Provinzen angeschlagen. Sie enthielten Proklamationen und Entscheidungen des Senats, Militärnachrichten, Resultate von Volksabstimmungen, Ergebnisse von Gladiatorenkämpfen, astrologische Vorhersagen sowie Kunde von Hochzeiten, Geburten, Todesfällen, Gerichtsprozessen und Hinrichtungen.

Im Mittelalter lag das schriftliche Festhalten von Informationen fest in der Hand der Kirche. Nur die wenigsten Menschen konnten lesen und schreiben. Wichtige Nachrichten wurden mündlich unters Volk gebracht. Herolde verkündeten die offizielle Linie auf den Marktplätzen. Barden zogen mit Liedern über wichtige Vorkommnisse von Ort zu Ort. Erst als in der Neuzeit der Handel florierte und der Buchdruck erfunden war, wurden die ersten Zeitungen in Umlauf gebracht.

Die Geburt der Reportage

In der ersten Hälfte des 19. Jahrhunderts berichtete Heinrich Heine für die *Augsburger Allgemeine Zeitung* aus Paris. In seinen Artikeln beschrieb er die »französischen Verhältnisse« mit viel Liebe zum Detail. Reportageelemente wechselten sich bei Heine mit analytischen Passagen ab.

Auch der legendäre Kriegsreporter William Howard Russell, der in der zweiten Hälfte des 19. Jahrhunderts für die Londoner *Times* über den Krimkrieg berichtete, begnügte sich nicht mit der Wiedergabe von Fakten. Seine Schilderung des verlustreichen Angriffs einer britischen Kavallerie-Einheit auf die russischen Stellungen von Sewastopol triefte vor Pathos und wertenden Adjektiven.

Der Kampf um die Pressefreiheit

Autoritäre Systeme fürchten Veränderungen. Als die Französische Revolution in Deutschland einen Zeitungsboom auslöste, verschärften die deutschen Teilstaaten die bisher laxe Handhabung der Zensur. In den Karlsbader Beschlüssen setzte Fürst Metternich 1819 für alle deutschen Lande ein einheitliches Zensursystem durch. Liberale Pressegesetze in Teilstaaten wie Württemberg oder Baden wurden kassiert.

Zensur findet statt, wenn staatliche Stellen die Vorauswahl treffen, ob ein Artikel, ein Buch oder ein Film überhaupt erscheinen darf. In Deutschland wurde diese Art von Vorzensur zuerst von der Kirche praktiziert, die damit verhindern wollte, dass abweichende theologische Deutungen verbreitet wurden. In Kriegszeiten rechtfertigen Staaten die Kontrolle von Nachrichten heute noch damit, dass dem Gegner militärisch wichtige Informationen vorenthalten werden müssten.

Je schärfer die Repression, desto lauter forderten Reformer und Revolutionäre die Freiheit der Presse. 1848 wurde die Vorzensur in der Paulskirchen-Verfassung offiziell abgeschafft.

Ein Deutscher in Amerika

Während in Deutschland die Pressefreiheit noch nicht einmal auf dem Papier stand, erzielte ein deutscher Einwanderer in den USA den Durchbruch für die freie Presse. Der Drucker John Peter Zenger ging 1734 acht Monate ins Gefängnis, weil seine Zeitung, das *New York Weekly Journal*, den Gouverneur der britischen Kolonie heftig kritisiert hatte. Die Anklage lautete auf aufrührerische Verleumdung, und ein Freispruch schien unmöglich, nachdem Zenger vor Gericht zugegeben hatte, die beleidigenden Passagen gedruckt und veröffentlicht zu haben.

Dass der deutsche Einwanderer trotzdem freigesprochen wurde, lag am genialen Plädoyer seines Verteidigers. Andrew Hamilton argumentierte, es hänge vom Wahrheitsgehalt der Artikel ab, ob eine Verleumdung vorliege oder nicht. Die Bürger müssten das Recht haben, die Wahrheit über ihre Regierung zu sagen. Die Geschworenen sprachen Zenger frei. Bis heute sind Verleumdungsklagen in den USA nur erfolgreich, wenn die Kläger nachweisen können, dass die über sie verbreitete Information tatsächlich falsch war.

Bismarcks Reptilienfonds

Die uneingeschränkte Pressefreiheit blieb in deutschen Landen auch nach 1848 lange ein schöner Traum. Denn in der Realität ließen sich die Mächtigen einiges einfallen, um Verleger und Journalisten unter Kontrolle zu behalten. Wer eine Zeitung herausbringen wollte, musste ab 1850 eine hohe Kaution für »eventuelle Pressevergehen« hinterlegen.

1866 richtete Bismarck seinen berüchtigten Reptilienfonds ein: Um seine politischen Gegner zu bekämpfen, schmierte er regierungstreue Blätter und zettelte Pressekampagnen an. 1874 wurde zwar ein liberales Reichspressegesetz beschlossen. Doch andere Regelungen, wie das Sozialistengesetz von 1878, schränkten die dort verankerte Pressefreiheit flugs wieder ein.

Der Krieg bringt die Zensur zurück

Im Ersten Weltkrieg wurde die Zensur in Deutschland wieder eingeführt. Das Kriegspresseamt gab ein Zensurbuch mit immer wieder neuen Bestimmungen und Verboten heraus. Die Kriegsberichterstattung der Zeitungen bestand im Wesentlichen aus Propagandameldungen. Selbst Feldpostbriefe wurden zensiert. Erst Jahre nach dem Ersten Weltkrieg erfuhren die Menschen vom ganzen Ausmaß des Grauens. Ein Ausspruch des griechischen Tragikers Aischylos hatte Konjunktur:

Im Krieg ist die Wahrheit das erste Opfer.

Die Weimarer Verfassung verbriefte das Recht auf freie Meinungsäußerung. Die Zeitungslandschaft blühte. In ihr gediehen legendäre Journalisten wie Kurt Tucholsky, Egon Erwin Kisch und Theodor Wolff ebenso wie das Zeitungsimperium des rechtsnationalen Verlegers Alfred Hugenberg. Die Nationalsozialisten machten beidem ein Ende: Ab 1933 wurde die Presse gleichgeschaltet. Nach und nach wurden Tageszeitungen und Wochenblätter geschlossen, bis nur noch die nationalsozialistische Parteipresse übrig war, gefüttert vom Propagandaapparat von Joseph Goebbels.

Auch wenn sich die Pressefreiheit in demokratischen Ländern weitgehend durchgesetzt hat, sind Journalisten bis heute nicht vor Propaganda und Selbstzensur gefeit. Wenn sie sich nicht trauen zu schreiben, was sie eigentlich zu berichten haben, setzt die Schere schon im Kopf an. Ein Beispiel dafür war die Berichterstattung der US-Medien über den Irakkrieg, wie in Kapitel 14 geschildert wird.

Was den Beruf des Journalisten ausmacht

In der gesellschaftlichen Debatte spielen Journalisten eine wichtige Rolle. Dasselbe gilt aber auch für Lehrer, Historiker, Politiker, Schriftsteller und andere Meinungsführer. Was unterscheidet den Beruf des Journalisten von soliden Professionen? Dass er bei der Arbeit immer mehrere Fliegen mit einer Klappe schlagen muss. Diese Eigenschaften machen den Journalistenberuf aus:

- öffentlich
- distanziert
- wirklichkeitsnah
- verständlich
- aktuell

Der Fluch der Öffentlichkeit

Dass sich die Arbeit von Journalisten in der Öffentlichkeit abspielt, unterscheidet sie nicht nur von Tagebuchschreibern, deren Gedanken nie jemand anderes erfährt. Es verhindert auch, dass sie sich ungestraft die Rolle völlig neutraler Beobachter anmaßen können. Die wünschenswerte Distanz zu den Verhältnissen, über die sie berichten, müssen Journalisten ständig aufs Neue künstlich herstellen. Oder sie geben offen zu, wie sie selbst verwickelt oder betroffen sind.

Die Früchte ihrer Recherchen öffentlich zu machen, bedeutet für Journalisten, sich ständig der Kritik anderer auszusetzen. Was in der Zeitung steht oder im Fernsehen kommt, wird kommentiert, ob am Stammtisch, in den Leserbriefspalten oder im Internet. Weist ein Artikel einen Fehler oder eine Lücke auf, findet sich rasch ein Experte aus dem Publikum, der den Finger auf die Wunde legt.

Während Journalisten sich über Kritik aus dem Publikum oft mokieren, reagieren sie empfindlich auf Kommentare der Mächtigen. Denn die wehren sich, wenn sie sich von der Berichterstattung auf den Schlips getreten fühlen – ob sie nun mit der Stornierung von Anzeigen drohen, eine Gegendarstellung verlangen, auf Unterlassung klagen oder den Journalisten vom Informationsfluss ausschließen. Ein Beispiel dafür war Exbundeskanzler Helmut Kohl, dessen Fehde mit dem »Spiegel« in Kapitel 14 noch genauer beleuchtet wird.

Der Zensor auf dem Interviewsessel

Für angelsächsische Journalisten ist es eine der Merkwürdigkeiten des deutschen Mediensystems: die Autorisierung von Interviews durch den Interviewten. Sie wird von Politikern oft genutzt, um ihre Äußerungen zu korrigieren oder zu entschärfen. Häufig zögern die Interviewten dabei die Vorlage ihrer Änderungswünsche so lange wie möglich hinaus. Die Zeitungen stehen dann kurz vor dem Redaktionsschluss vor der Wahl, eine zensierte Fassung entweder zu akzeptieren oder auf die Veröffentlichung des Interviews ganz zu verzichten.

Die Autorisierung von Interviews hat einen positiven Hintergedanken: Politiker würden sich im Gespräch offener äußern, wenn sie hinterher noch einmal Gelegenheit hätten, die eigenen Worte nachzulesen, lautete die ursprüngliche Hoffnung. Zudem gab das Verfahren den Journalisten mehr Freiheit, Fragen und Antworten zu straffen und langweilige Passagen zu streichen. Die bekannteste Form des durchkomponierten Interviews ist das Spiegel-Gespräch. Es soll eine Diskussion zwischen Redakteuren und Politiker widerspiegeln und wird daher stets autorisiert.

Journalisten sind weder rechtlich noch presse-ethisch dazu verpflichtet, Zitate vor der Veröffentlichung vom Gesprächspartner absegnen zu lassen. Haben sie sich jedoch einmal auf eine Autorisierung eingelassen, gibt es kein Zurück mehr. Keinesfalls sollten sich Zeitungen darauf einlassen, dass nicht nur ihre Antworten, sondern auch die Fragen redigiert werden. Um nicht erpressbar zu sein, muss die Redaktion zudem immer einen Ersatztext parat haben, für den Fall, dass ein Interview in letzter Minute bis zur Unkenntlichkeit korrigiert oder zusammengestrichen wird.

Im Schatten der Werbung

Journalisten machen Zeitung, aber nicht alles, was in der Zeitung steht, ist Journalismus. Bestes Beispiel sind die Anzeigen, die im Schnitt ein Drittel der Zeitungsseiten füllen. Doch nicht immer ist der Unterschied zwischen Journalismus und Werbung offenkundig.

Magazinseiten, auf denen Models die neuesten Kollektionen vorführen, werden von Redakteuren produziert. Dass die Leser dort auch erfahren, wo es den Mantel zu kaufen gibt und wie viel er kosten soll, ist Werbung für den Hersteller. Aus Sicht der Redaktion steckt jedoch auch eine journalistische Leistung dahinter: Der Mantel musste ausgewählt, die Information recherchiert und die Fotostrecke in Szene gesetzt werden.

Werbung ist gewissermaßen die Erbsünde des Journalismus. Journalisten sind von ihr abhängig, denn durch die Werbeeinnahmen ihrer Arbeitgeber verdienen sie ihr Brot. Und doch verschmäht jeder aufrechte Journalist die Werbung wie einen giftigen Apfel. Denn wer für ein Produkt, eine Partei oder eine Idee wirbt, droht das Vertrauen des Publikums zu verspielen.

Journalisten grenzen sich deshalb in ihrem Selbstverständnis klar von Werbeleuten und Öffentlichkeitsarbeitern ab. Anstatt die Anliegen eines Unternehmens oder einer Institution zu verkaufen, sehen sie sich im Idealfall ausschließlich dem öffentlichen Interesse verpflichtet. Sie berichten, erzählen und sprechen nicht im Dienste ihres Arbeitgebers und höchstens am Rande über sich selbst.

Diese Berufung sorgt nicht selten für Konflikte zwischen Redakteuren und Verlegern. Ihr treu zu bleiben, erfordert eine ständige Gratwanderung zwischen kurzfristigen Geschäftsinteressen und ethischen Prinzipien. Langfristig sichert diese Trennung zwischen der sogenannten Öffentlichkeitsarbeit und dem Journalismus aber das Vertrauen des Publikums und damit auch den Erhalt des Mediengeschäfts.

Auf der Suche nach der Wahrheit

Anders als Dichter befassen sich Journalisten mit Dingen, die tatsächlich passiert, gesagt oder gedacht wurden. Sie handeln mit Fakten, ob sie distanziert berichten, subjektiv erzählen oder spitz kommentieren. Ihre Behauptungen müssen nachprüfbar sein, weshalb sie tunlichst immer ihre Quellen angeben sollten.

Weil journalistische Werke auf Fakten beruhen, beschäftigen sich Journalisten einen großen Teil ihrer Arbeitszeit damit, Behauptungen und Vermutungen zu prüfen. Dieser Teil ihrer Tätigkeit wird Recherche genannt. Ob dabei die Wahrheit herauskommt, steht auf einem ganz anderen Blatt. Wer jedoch die Fakten von vornherein so hindreht, dass sie ihm in den Kram passen, gehört nicht in eine Zeitungsredaktion, sondern in eine Dichterstube oder eine Propagandaabteilung.

Wichtig bei der Recherche ist es, dass sich Journalisten der Wahrheit verpflichtet fühlen. Sie müssen herausfinden, wie sich die Dinge wirklich verhalten, anstatt nur wiederzugeben, was behauptet wird. Dazu gehört eine skeptische Grundhaltung. Die besten Journalisten hinterfragen regelmäßig auch die eigene Fähigkeit, Richtig und Falsch zu unterscheiden.

Objektivität auf dem Prüfstand

Der Streit darüber, ob Journalismus objektiv sein kann, tobt seit hundert Jahren und ist damit vielleicht die älteste Kontroverse des Berufsstands. Der naturwissenschaftliche Fortschritt motivierte Journalisten zu Beginn des 20. Jahrhunderts dazu, bei der Recherche methodisch vorzugehen. Als Prinzip setzte sich durch, alle Beteiligten anzuhören, die gängige Definition von Objektivität.

Spätestens in den 60er-Jahren haben Journalisten angefangen, dieses Prinzip kritisch zu hinterfragen. Denn wer sich sklavisch daran hielt, durfte nie über einen Skandal berichten, wenn sich die Beschuldigten weigerten, dazu Stellung zu nehmen. Die vermeintliche Objektivität diente also vor allem den Mächtigen. Zudem wollten viele Journalisten ihre subjektive Perspektive nicht mehr verleugnen.

Heute ist den meisten Berichterstattern klar, dass sie nie objektiv sein können. Sie müssen aber objektive Methoden bei ihrer Arbeit anwenden: Jeder Rechercheschritt muss für das Publikum nachvollziehbar und nachprüfbar sein.

Recherchieren heißt nicht unbedingt, objektiv an einen Sachverhalt heranzugehen. Viele Journalisten fangen an zu stöbern und zu stochern, weil sie persönlich an etwas interessiert sind. Berichtenswert werden diese Informationen nur, wenn sie auch andere betreffen. Journalismus muss sich daher immer in den Dienst seines Publikums stellen. Loyal darf ein Journalist nur den Bürgern gegenüber sein.

Erzähler auf Zeit

Faktentreue ist kein Synonym für trockene Bürokratensprache. Journalisten müssen ihre Botschaften ansprechend verpacken, damit sich das Publikum tatsächlich die Zeit nimmt, sie zu verstehen. Je größer die Menge an verfügbaren Informationen, desto wichtiger wird die Präsentation. Im Wettbewerb um die Aufmerksamkeit eines überfütterten Publikums setzt sich nur durch, wer seine Neuigkeiten verständlich und ansprechend vermitteln kann.

Anders als Wissenschaftler haben es Journalisten mit einer ungeduldigen Leserschaft zu tun. Sie müssen ihre Informationen verdichten und in möglichst kleine Pakete packen. Denn um sich über das Weltgeschehen zu informieren, nimmt sich das Publikum meist nur wenig Zeit.

Was weggelassen werden kann, ist im Journalismus ebenso wichtig wie das, was berichtet wird. Journalisten müssen ständig ein Maximum an Informationen anhäufen und dann die Spreu vom Weizen trennen. Der Großteil wird über Bord geworfen. Daran leiden die meisten Journalisten.

Der erste Entwurf der Geschichte

Dass Journalismus aktuell sein muss, steckt schon im Begriff selbst: Jour ist Französisch für Tag. Ein Journal ist ursprünglich nichts anderes als ein Tagebuch, ähnlich wie heute die Blogs. Wie der Tag ist Journalismus ein vergängliches Geschäft. Journalisten täten nichts anderes, als einen ersten groben Entwurf der Geschichte zu liefern, sagte der ehemalige Verleger der *Washington Post*, Philip Graham.

Journalisten befassen sich mit historischen Ereignissen nur dann, wenn diese einen Bezug zur Gegenwart haben. Sie erheben den Anspruch, Neuigkeiten zu verbreiten, anstatt Altbekanntes wiederzukäuen.

Was nicht mehr ganz neu ist, muss doppelt so nützlich sein wie eine brandaktuelle Nachricht. Oder es weckt zumindest starke Gefühle – wie ein Foto von einem niedlichen Tierbaby.

Aktuell heißt nicht unbedingt tagesaktuell. Viele Journalisten schreiben für Wochenzeitungen oder für Magazine, die nur quartalsweise erscheinen. Andere arbeiten monatelang an einer Fernsehdokumentation oder planen von langer Hand die Berichterstattung über ein Großereignis wie die Olympischen Spiele.

Geschichten haben im Journalismus immer einen aktuellen Anlass. Meist werden den Zeitungen die Ideen frei Haus geliefert.

- ✔ Eine Pressemitteilung weist auf eine Neuigkeit hin.
- ✔ Ein Politiker lädt zu einer Pressekonferenz ein.
- ✔ Ein Leser ruft an und verrät ein Ereignis.

Journalisten entscheiden, ob die aktuelle Entwicklung, die ihnen zugetragen wird, neu und für ihr Publikum interessant ist. Dann gehen sie der Geschichte nach, stellen fest, was dahintersteckt, und berichten, sobald sie genug darüber in Erfahrung gebracht haben – möglichst schon in der nächsten Ausgabe und möglichst vor der Konkurrenz.

BEISPIEL

Der Schriftsteller Truman Capote ging 1959 einer Zeitungsmeldung über einen aufsehenerregenden Kriminalfall nach: In Kansas war eine Familie bei einem Raubüberfall in ihrem Haus ermordet worden. Capote reiste wie ein Reporter sofort zum Schauplatz, spürte den Ermittlungen nach und führte Interviews, unter anderem mit den Tatverdächtigen. Mit der Veröffentlichung seines Buches *Kaltblütig* wartete er jedoch, bis die Mörder hingerichtet waren. Er war eben doch kein Journalist, sondern ein Schriftsteller.

Das ist guter Journalismus

2

In diesem Kapitel

- Vertrauen ist gut, nachprüfen ist besser
- So nah dran wie möglich, so distanziert wie nötig
- Eine Sprache, die das Publikum verstehen kann

Journalisten haben es nicht gerade leicht. Mal werden sie als sensationslüstern beschimpft, mal als unkritische Schergen des Establishments. Dabei gibt es immer wieder auch Reporter und Redakteure, die (fast) alles richtig machen. Leser, Hörer und Zuschauer haben dafür ein untrügliches Gespür.

Aber was unterscheidet eigentlich eine gute Zeitung von einer schlechten? Woran erkennt man einen gelungenen Fernseh- oder Radiobeitrag? Was ist es, das bestimmte Journalisten zu guten Journalisten macht?

Gute Journalisten wollen es genau wissen

Als die US-Regierung 2002 die Kriegstrommeln rührte, überschlug sich die amerikanische Presse mit Exklusivberichten über die Gefahr der Massenvernichtungswaffen des irakischen Diktators Saddam Hussein. »Hussein strebt verstärkt nach Atombomben-Teilen«, titelte am 8. September 2002 die angesehene *New York Times*. In vielen Details schilderte die Starreporterin Judith Miller, an welchen chemischen, biologischen und atomaren Kampfmitteln die irakische Regierung bastelte. Die irakischen Massenvernichtungswaffen wurden zum Kriegsgrund Nummer eins.

Weitgehend unbeachtet berichteten zwei Washingtoner Journalisten unterdessen das genaue Gegenteil. Es fehlten stichhaltige Beweise für die Alarmbotschaften aus dem Weißen Haus, schrieben Jonathan Landay und Warren Strobel.

Landay und Strobel – das waren nicht etwa zwei Vertreter der linken Kampfpresse. Die beiden Reporter arbeiteten für Knight Ridder, einen Medienkonzern, dem damals in den USA eine Kette mittelgroßer und kleinerer Regionalblätter gehörte. Anders als Judith Miller gingen sie nicht im Weißen Haus ein und aus – und beschlossen, aus diesem Nachteil einen Vorteil zu machen. Sie zapften weniger prominente Quellen an, sprachen mit Dutzenden Mitarbeitern von Ministerien und Nachrichtendiensten. Sie hatten gar nichts gegen die Regierung. Aber sie waren hartnäckig: Sie wollten einfach ganz genau wissen, ob es diese Massenvernichtungswaffen denn nun wirklich gab.

Die Geschichte hat den beiden Reportern Landay und Strobel recht gegeben. Ein Jahr nach Kriegsbeginn wusste jeder, dass die *New York Times* einer Propagandalüge auf den Leim gegangen war. Ein schwerer Schlag für das Renommee der Zeitung.

Glaubwürdig ist ein Medium aus Sicht von Lesern, Hörern und Zuschauern nur, wenn die Fakten stimmen. Gründliche Recherche ist die erste und vornehmste Journalistenpflicht.

Einen Pulitzer, den begehrtesten Journalistenpreis der USA, haben die beiden Reporter der Regionalzeitungskette für ihre Berichterstattung übrigens nicht bekommen. Als sich herausstellte, dass sie recht gehabt hatten, war die Bewerbungsfrist längst vorbei.

Zwei Unbestechliche und der Watergate-Skandal

Zwei amerikanische Reporter zehren bis heute von den Früchten ihrer hartnäckigen Recherchearbeit: Hollywood verewigte Bob Woodward und Carl Bernstein von der *Washington Post*, die 1972 den Watergate-Skandal aufdeckten, in dem Film *Die Unbestechlichen*, mit Robert Redford und Dustin Hoffman in den Hauptrollen.

Angefangen hatte alles mit einem Einbruch im Parteibüro der Demokraten im Watergate, einem Apartment- und Hotelkomplex in Washington. Fünf Männer wurden bei dem Versuch, Wanzen zum Abhören anzubringen, auf frischer Tat ertappt. Woodward und Bernstein bohrten nach und fanden heraus, dass einer von ihnen auf der Gehaltsliste des Wahlkampfkomitees des republikanischen Präsidenten Richard Nixon stand. Damit hatten sie den Anfang eines Knäuels von Zusammenhängen in der Hand, in das sich Präsident Richard Nixon derart verstrickte, dass ihm letztlich nur der Rücktritt blieb.

Bestärkt wurden Woodward und Bernstein in ihrer Detektivarbeit von einem Insider, den sie *Deep Throat* nannten – ein Wortspiel aus dem gleichnamigen Pornofilm und der Bezeichnung für streng vertrauliche Informationen. Wörtlich übersetzt heißt *Deep Throat* so viel wie *Tiefer Rachen*. 2005 gab sich Mark Felt, ein ehemaliger hochrangiger FBI-Beamter, als Quelle der beiden Reporter zu erkennen. Wer mehr darüber erfahren möchte, was nach der Aufdeckung des Watergate-Skandals aus den beiden Starreportern wurde, erfährt spannende Details über den sehr unterschiedlichen Verlauf der Karrieren von Bob Woodward und Carl Bernstein in *Woodward und Bernstein – Leben im Schatten von Watergate*, von Alicia Shephard, erschienen bei Wiley-VCH.

Gute Journalisten behandeln Quellen sorgfältig

Jedem Zeitungsleser sind sie schon begegnet: die geheimnisvollen Kreise, aus denen die Informationen sprudeln, mit denen Journalisten ihre Artikel würzen, ob es um hohe Politik geht oder schlicht um Klatsch und Tratsch. Hinter Regierungskreisen, Koalitionskreisen oder Justizkreisen verbergen sich Menschen, die zwar gerne reden, aber nicht öffentlich dazu stehen wollen. Manche dieser Quellen sind einfach nur feige, andere fürchten zu Recht um ihren Job. Fest steht: Ohne sie könnten Magazine ihre Publikation einstellen, und die Zeitungen wären nur halb so dick.

Dass es besser ist, seine Quellen zu nennen, ist den meisten Journalisten irgendwie bewusst. Es ist fair, denn das Publikum hat dadurch die Möglichkeit, selbst einzuschätzen, was von einer Information zu halten ist. Es sichert die Reporter ab, denn wenn sich die Information als falsch herausstellt, kann die Quelle dafür verantwortlich gemacht werden. Außerdem fördert der offene Meinungsaustausch die Demokratie.

Trotzdem hat sich gerade in der Politikberichterstattung die Tradition entwickelt, wonach bestimmte Informationen nur »unter drei« zu haben sind, das heißt, dass sie eigentlich nicht verwendet, auf jeden Fall aber nicht der Quelle zugeschrieben werden sollen. Die Ware trägt kein Herkunftsschild, und für ihre Verwendung haftet allein der Journalist.

- ✔ »Unter eins«, so lautet die ungeschriebene Regel im Berliner Politikbetrieb, darf namentlich zitiert werden, wer Informationen weitergegeben hat.
- ✔ »Unter zwei« darf die Quelle nicht namentlich in Erscheinung treten. Erlaubt ist lediglich anzudeuten, aus welcher Ecke die Information stammt, wobei die genaue Bezeichnung Verhandlungs- oder Erfahrungssache ist. Ist von Regierungskreisen die Rede, handelt es sich oft schlicht um einen Regierungssprecher, der nicht namentlich zitiert werden will. Koalitionskreise deuten darauf hin, dass die Quelle in einer der regierenden Parteien, nicht aber im Kabinett selbst sitzt.
- ✔ »Unter drei« heißt der Tradition zufolge, dass eine Information nur für den Hinterkopf des Journalisten bestimmt ist. Spätestens seit dem Regierungsumzug nach Berlin wurde diese Formel allerdings deutlich aufgeweicht. Wer sich »unter drei« äußert, geht davon aus, dass das Gesagte irgendwie an die Öffentlichkeit gerät. Er hofft nur, nicht als Quelle der Nachricht identifiziert zu werden.

Was wirklich »unter uns« bleiben soll, bezeichnen einige Politiker daher heutzutage als »unter fünf«, »unter fünfundzwanzig« oder sogar als »unter 599«. Die Kreise ziehen sich immer weiter. Das Ganze ist ziemlich inflationär.

Die Ausdrücke »unter eins«, »unter zwei« und »unter drei« stammen aus der Satzung der Bundespressekonferenz, einer Vereinigung der Parlamentskorrespondenten. Nachlesen können Sie das unter `www.bundespressekonferenz.de`.

In den Publizistischen Grundsätzen des Deutschen Presserats, dem sogenannten Pressekodex, steht über die Journalistenpflicht zur Quellennennung kein Wort. Ausdrücklich wird hingegen gefordert, dass die Presse von ihrem Zeugnisverweigerungsrecht Gebrauch macht.

»Die vereinbarte Vertraulichkeit ist grundsätzlich zu wahren«, postuliert der deutsche Presserat. Was sonst noch im Pressekodex steht, erfahren Sie im Detail in Kapitel 4.

Wie weit der Informantenschutz im Einzelnen geht, darum streiten sich Journalisten seit Jahrzehnten mit den Behörden. 1962/63 saß der *Spiegel*-Gründer Rudolf Augstein drei Monate wegen des Verdachts auf Landesverrat in Untersuchungshaft, weil er nicht preisgeben wollte, wer ihm streng vertrauliche Akten über die Bundeswehr zugespielt hatte – zu Unrecht, wie das Bundesverfassungsgericht später urteilte.

Die *New York Times* führte ihr Versagen bei der Berichterstattung über die angeblichen irakischen Massenvernichtungswaffen im Nachhinein auf die allzu freizügige Verwendung von anonymen Quellen zurück. Regierungsvertreter hatten unter dem Deckmantel der Anonymität die Angaben von dubiosen irakischen Widerständlern bestätigt – dabei kannten sie selbst diese Informationen nur aus dem Mund eben dieser irakischen Exilpolitiker, ein Teufelskreis.

Im Jahre 2004 verschärfte die renommierteste Zeitung der Welt daher ihre Regeln für den Umgang mit anonymen Quellen. Reporter müssen seither sicherstellen, dass die »Kreise« ihre Informationen aus erster Hand haben. Außerdem müssen sie so genau wie möglich beschreiben, warum die Quelle in diesem Fall glaubwürdig ist und warum sie nicht genannt wird. Wer lediglich seine Einschätzung oder Meinung zum Besten geben will, darf sich nicht hinter »Kreisen« verbergen, sondern muss mit seinem Namen dafür geradestehen.

Gute Journalisten machen sich verständlich

Am 21. März 2002 verkündete der Bundesgerichtshof im Namen des Volkes unter dem Aktenzeichen VII ZR 493/00 ein Urteil, dessen erster Satz so lautete:

> *Eine vom Bauträger gestellte Klausel, die vorsieht, dass der Bauträger erst haftet, wenn der Erwerber sich erfolglos bemüht hat, die ihm abgetretenen Gewährleistungsansprüche des Bauträgers gegen die anderen am Bau Beteiligten durchzusetzen, ist gemäß Paragraph 9 Abs. 2 Nr. 2 AGB-Gesetz unwirksam.*

Wie bitte? Weil kein Laie das verstehen kann, braucht es Journalisten, die sich die Mühe machen, es erstens zu begreifen und es zweitens so zu schreiben, dass es andere auch verstehen können – und das möglichst noch in aller Kürze.

Einer, der so etwas kann, ist Karl-Dieter Möller, der beim Südwestrundfunk die Sendung *Ratgeber Recht* leitet. Möller und sein Team übersetzen die Juristensprache, wenn es um ganz praktische Dinge geht. Im Fall des Bundesgerichtshofsurteils liest sich das dann so:

> *Gut ein Jahr genoss die vierköpfige Familie Semmeling ihr neues Einfamilienhaus. Dann stellte Vater Semmeling fest, was nicht mehr zu übersehen war: Das Dach hing durch wie ein nasses Tuch. Vater Semmeling pochte schriftlich bei seinem Bauträger Kreatives Wohnen auf seine Gewährleistungsrechte. Der Geschäftsführer Big Manni aber hielt ihm lächelnd eine Klausel im notariellen Kaufvertrag unter die Nase. (...) Herr Semmeling möge sich doch, bitte schön, erst einmal an die Handwerker oder den Architekten halten.*
>
> *Muss er nicht, entschieden die Richter des Bundesgerichtshofs in Karlsruhe und änderten ihre langjährige Rechtsprechung.*

Sendungen wie *Ratgeber Recht* oder Zeitschriften wie *test* erfüllen eine zentrale Aufgabe des Journalismus: Sie bieten Informationen, die im Alltag tatsächlich nützlich sind.

Verbrauchergeschichten, auch *news to use* genannt, nehmen in den Medien immer mehr Raum ein. Moderne Technik, Deregulierung der Strommärkte, Umweltbewusstsein, medizinischer Fortschritt – je komplexer das Verbraucherdasein wird, desto wichtiger das Übersetzen von Fachjargon.

Je spezieller das Thema, desto schwieriger ist es aber auch, es verständlich und dennoch akkurat aufzubereiten. Wissenschaftlern, Juristen, Technikern oder Finanzexperten ist das Ergebnis häufig nicht genau genug. Dem Publikum dagegen gefallen Geschichten, die es verstehen kann. Möller gehört zu den Fachjournalisten, die sowohl von den Zuschauern als auch von den Richtern respektiert werden. Für seine Berichterstattung über das Bundesverfassungsgericht erhielt er 1998 den Adolf-Grimme-Preis.

Warentester ohne Wirtschaftsknete

Die Stiftung Warentest gibt die Zeitschriften *test* und *Finanztest* heraus. Dort werden für Produkte Noten verteilt – von der Geschirrspülmaschine bis zur Lebensversicherung. Dafür unterzieht die Redaktion die Testobjekte aufwendigen Untersuchungen. »Wenn mein Produkt schlecht abschneidet, storniere ich die Anzeigen bei Ihnen« – um eine solche Einflussnahme auszuschließen, sind die Zeitschriften der Stiftung anzeigenfrei. Als Ausgleich erhält sie jedes Jahr Steuergelder aus dem Bundeshaushalt – das ist einmalig in Deutschland.

Hauptsächlich finanziert die Stiftung Warentest sich aber aus den Verkaufserlösen. Die Zeitschrift *Öko-Test* hat mit der Stiftung übrigens nichts zu tun, was man schon daran sehen kann, dass sie zuweilen dasselbe Produkt völlig anders benotet als *test*.

Gute Journalisten stellen Zusammenhänge her

Die Abgase und das Wetter, das Wetter und die Flutwelle, die Flutwelle und der Tourismus, der Tourismus und die Abgase – Globalisierung heißt, dass alles irgendwie mit allem etwas zu tun hat, und dies über die Grenzen der eigenen kleinen Welt hinweg. Solche Zusammenhänge zu erkennen und zu beleuchten, damit Bürger handeln können, ist im 21. Jahrhundert eine der vornehmsten Aufgaben des Journalismus.

Am besten gelingt dies, wenn einer genau hinguckt – und zugleich das große Ganze nicht aus den Augen verliert. Der *Zeit*-Reporter Stefan Willeke zum Beispiel schildert in seiner Reportage mit dem Titel *Herr Mo holt die Fabrik*, wie eine stillgelegte Dortmunder Kokerei auseinandergebaut und nach China verlagert wird, wo die Löhne niedrig sind und der Energiebedarf der Stahlbranche enorm ist.

Um zu illustrieren, was die Verlagerung sowohl für Deutschland als auch für China bedeutet, beschreibt Willeke zwei Einzelschicksale. Da ist der chinesische Manager Mo Lishi, der nach Dortmund gekommen ist, um den Abbau der Fabrik zu beaufsichtigen. Dieselbe Aufgabe hat auf deutscher Seite der Stillstandsverwalter Gerd Seibel. Zwei Parallelexistenzen, die veranschaulichen, wie unterschiedlich in Deutschland und in China gedacht, gearbeitet und gelebt wird. »Unabsichtlich«, schreibt Willeke über Mo und Seibel, »haben sie die Globalisierung auf ein Kammerspiel reduziert.«

Zum Meisterwerk wird die 2005 mit dem Kisch-Preis ausgezeichnete Geschichte, weil der Reporter auch die großen Zusammenhänge zu erklären vermag. Warum eine hochmoderne Kokerei in Deutschland stillgelegt wird, warum es sich lohnt, sie Stück für Stück abzubauen und nach China zu verschiffen, und dass es sich im Nachhinein herausstellt, dass die Deutschen dabei ein schlechtes Geschäft gemacht haben – der Autor hat die weltwirtschaftlichen Mechanismen kapiert und so beschrieben, dass die Leser hinterher etwas dazugelernt haben. Und das, ohne das Gefühl zu haben, wie in der Schule belehrt worden zu sein.

Die preisgekrönte Reportage von Stefan Willeke mit dem Titel *Herr Mo holt die Fabrik* gibt es zum Nachlesen in voller Länge unter `www.henri-nannen-preis.de`.

Gute Journalisten sind unabhängig

Günther Jauch ist vielleicht Deutschlands beliebtester Journalist. Neben seinem jungenhaften Lächeln haben seine Sendungen, von *stern-tv* bis *Wer Wird Millionär?*, eines gemeinsam: Jauch lässt seine Gesprächspartner ausreden. Er macht Scherze, aber nie auf Kosten der Menschen, die er gerade interviewt. Die Unvoreingenommenheit, sein Markenzeichen, gefällt Millionen Zuschauern, und der werbetreibenden Wirtschaft natürlich auch.

Beim Fachpublikum genießt Jauch nicht so viel Respekt. Was die Zuschauer als Offenheit und Fairness schätzen, finden Journalistenkollegen unkritisch und naiv. Weil jeder Mensch eine durch Herkunft und Erfahrung gefärbte Brille trägt, könne es die viel zitierte Objektivität nicht geben, postulieren die Kommunikationswissenschaftler schon seit Jahrzehnten.

Gute Journalisten versuchen dennoch, so objektiv wie möglich an ihre Themen heranzugehen. Propaganda überlassen sie den PR-Spezialisten, Meinungsmache den Kommentatoren.

»Einen guten Journalisten erkennt man daran, dass er sich nicht gemein macht mit einer Sache, auch nicht mit einer guten Sache«, lautet das berühmte Zitat des früheren *Tagesthemen*-Moderators Hanns Joachim Friedrichs, dessen Ruf als seriöser Journalist in der Branche unumstritten ist. Nach Friedrichs ist ein Fernsehjournalistenpreis benannt, den beispielsweise seine Nachfolgerinnen Gabi Bauer und Anne Will erhielten.

Unvoreingenommenheit heißt dabei keineswegs Gutgläubigkeit: Skepsis ist unverzichtbar, wenn sich ein Journalist nicht als Sprachrohr missbrauchen lassen will. Was einen guten Journalisten auszeichnet, ist seine Unabhängigkeit, von wirtschaftlichen ebenso wie von politischen Interessen.

Wie schwierig es für Reporter ist, unabhängig zu bleiben und dies auch unter Beweis zu stellen, zeigt der Konflikt im Nahen Osten. Das fängt bereits mit der Wortwahl an. Sind Palästinenser, die Gewalt gegen israelische Zivilisten anwenden, Befreiungskämpfer oder Terroristen? Wie sieht es mit israelischen Soldaten aus, die als Reaktion auf einen palästinensischen Selbstmordanschlag eine Rakete auf das Auto eines Palästinenserführers abfeuern und dabei auch den Tod von Zivilisten in Kauf nehmen? Wer je über den Nahen Osten berichtet und kilobyteweise erboste E-Mails beider Seiten erhalten hat, weiß: Am besten wählt der Journalist seine Worte sorgsam – und macht es letztlich doch keinem recht.

Gute Journalisten wecken Interesse

Die Reporterin Karin Steinberger hat eine Vorliebe für Insekten. Diese kleinen lästigen Dinger, die man sich weg wünscht, über die man eigentlich nicht auch noch etwas lesen will in der Zeitung, wenn man nicht gerade ein Schmetterlingsfänger ist. Doch wer einmal eine von Steinbergers Insekten-Geschichten in der *Süddeutschen Zeitung* angefangen hat, der kann die Seite erst nach dem letzten Satz umblättern.

Schreibt Steinberger über Wanderheuschrecken, dann wird man in eine Welt versetzt, »in der sich Zäune und Häuser bewegen, in der der Boden rauscht wie der Wind, weil sich Millionen gelber Leiber aneinander reiben und fressen, jeden Tag so viel, wie sie selber wiegen«. Und man erfährt, wie sich afrikanische Bauern fühlen, denen der Regen keinen Segen spendet, sondern eine Plage, die ihre Ernte zunichtemacht.

Berichtet sie über eine spanische Fabrik, in der Insekten gezüchtet werden, dann lässt Steinberger ihre Leser ein Fruchtfliegenmännchen durchs Mikroskop betrachten: »Die Augen schimmern matt, die rotgelben Antennen hängen schräg in der Gegend herum, die Flügel liegen knittrig am gelben Körper, die Beinchen zittern. Irgendwie hat man sich das Monster brutaler vorgestellt, gefährlicher, auch ein bisschen lebendiger.«

Sinnlich schreiben

Indem sie alle fünf Sinne ihrer Leser anspricht, gelingt es Steinberger, ihnen eigentlich fernliegende Themen nahezubringen, wie die Heuschreckenplage in Westafrika oder die Schädlingsbekämpfung durch die Züchtung unfruchtbarer Fruchtfliegen. Sie nutzt ihre Beobachtungs- und Schreibkunst, um ihr Publikum dazu zu verführen, sich mit dem Wichtigen und Unbekannten zu befassen. Das macht einen guten Journalisten aus.

Zeitungen, Magazine und Sender, die solche Geschichten veröffentlichen, gehen davon aus, dass ihr Publikum anspruchsvoll ist. Sie betreiben beträchtlichen Aufwand, um diese Ansprüche zu erfüllen. Es ist billig, im Internet zu recherchieren, was die britische Presse gerade über Prinz Williams Liebesleben berichtet, und daraus einen amüsanten Bericht zu stricken. Es braucht dazu knapp einen Vormittag und einen sprachlich gewandten Redakteur.

Steinbergers Geschichten hingegen sind teuer, denn sie erfordern, dass die Reporterin sich vor Ort ein Bild vom Geschehen macht. Nur wenn sie selbst gesehen, gehört, gerochen, geschmeckt und gefühlt hat, kann sie die Sinne ihrer Leser fesseln. Nur Reporter, die genau hinhören, können ihrem Publikum vermitteln, wie ein indischer Bauer, ein amerikanischer Soldat, ein palästinensischer Flüchtling, ein israelischer Siedler oder ein deutscher Langzeitarbeitsloser wirklich denkt und was ihn bewegt.

Gute Reporter nutzen all ihre fünf Sinne und setzen das Ergebnis ihrer Recherchen in treffende Sprachbilder um. Probieren Sie die Technik aus:

- ✔ Schließen Sie eine Minute die Augen und hören Sie genau hin, was in Ihrer Umgebung vor sich geht. Öffnen Sie die Augen wieder und notieren Sie drei Geräusche, die Sie gehört haben. Schätzen Sie: Welche Geräuschquelle war am weitesten entfernt?
- ✔ Nehmen Sie einen Schluck Leitungswasser und behalten Sie ihn etwa 30 Sekunden im Mund. Notieren Sie dann, was Sie geschmeckt haben. Welche Temperatur hatte die Flüssigkeit? Schmeckte sie süß, und wenn ja, wie süß? Ziehen Sie den Geschmack von anderen Getränken zum Vergleich heran.
- ✔ Spähen Sie eine Minute durch ein Schlüsselloch. Beschreiben Sie danach, was Sie erkennen konnten. Welche Farbe, Form und Größe hatten Lebewesen und Gegenstände? Woran erinnert Sie das, was Sie gesehen haben?

Das ist schlechter Journalismus

3

In diesem Kapitel

- Von Faultieren, Fälschern und Fachidioten
- Jedes Publikum hat die Journalisten, die es verdient
- Kontrollinstanz Internet

Der Redaktionsschluss naht, und die Konkurrenz ist auch schon dran an der Sache: Journalisten fühlen sich ständig unter Druck. Selbst Mitarbeiter von Monatsmagazinen klagen, dass ihnen nie genug Zeit bleibt, den Dingen wirklich auf den Grund zu gehen. Wer Erfolg haben will, ist täglich der Versuchung ausgesetzt zu überspitzen, Informationen ungeprüft und ohne Quellenangabe zu übernehmen, Widersprüche zu ignorieren oder sich auf Tauschgeschäfte einzulassen.

Fast jeder Journalist hat schon einmal die journalistischen Qualitätsstandards verletzt. Schlechte Journalisten erkennt man daran, dass sie bewusst und regelmäßig gegen die Regeln verstoßen – und damit den Ruf des Journalismus insgesamt schädigen.

Schlechte Journalisten verbreiten Falsches

Weltwirtschaftsgipfel in Deutschland: Zehntausende Kritiker von Globalisierung, Armut, Umweltverschmutzung und Krieg sind angereist, um gegen die Politik der führenden Industrienationen (G-8) zu protestieren. Die in Scharen erschienenen Medienvertreter berichten über Straßenschlachten. Im Fernsehen sieht es aus, als befindet sich Deutschland im Ausnahmezustand.

In diese Atmosphäre passt ein sensationelles Detail: Bei einer Protestveranstaltung habe ein Redner zum gewaltsamen Kampf aufgerufen, meldet die Nachrichtenagentur dpa. »Wir müssen den Krieg in diese Demonstration reintragen. Mit friedlichen Mitteln erreichen wir nichts.« – das Zitat wird flugs von Onlinemedien, Zeitungen und Sendern übernommen. Nur stimmte es hinten und vorn nicht.

Im Trubel des Gipfels hatte der Reporter nicht richtig zugehört und die Äußerungen, die er mitbekam, in einen falschen Zusammenhang gestellt. Denn in Wirklichkeit hatte der Protestredner lediglich gefordert, den Irakkrieg in die Diskussion über die weltweite Armutsbekämpfung einzubeziehen, wie später eine Tonbandaufzeichnung belegte. Das werden viele Zeitungsleser allerdings nie erfahren. Erst Tage später legte die Agentur ihren Abonnenten offen, was schiefgelaufen war. Die Korrekturen in den Zeitungen fielen winzig aus.

Im Getümmel des Nachrichtengeschäfts passieren unbeabsichtigte Fehler wie dieser immer wieder. Problematisch dabei ist, dass sie sich wie Schneebälle verbreiten und hinterher schwer wieder aus der Welt zu schaffen sind.

Fälscher und Wiederholungstäter

Die Gier mancher Redaktionen, sich mit Exklusivinformationen schmücken zu können, ist so groß, dass es nicht bei der Schlamperei bleibt. In regelmäßigen Abständen machen sich Betrüger den Konkurrenzdruck unter den Medien und die mangelnden Qualitätskontrollen zunutze. Die spektakulärsten Fälle rütteln dann die Öffentlichkeit auf. Nur selten werden echte Konsequenzen gezogen.

- ✔ Die angeblichen Hitler-Tagebücher bescherten 1983 dem *Stern* die größte Blamage seiner Geschichte. Das Magazin blätterte für die Kladden seinerzeit 9,3 Millionen Mark in bar hin. Im Nachhinein stellte das Bundesamt für Materialprüfung fest, dass es die Art von Papier, auf dem die angeblichen Tagebücher geschrieben waren, zu Hitlers Lebzeiten noch nicht gab. Der Reporter, der die Tagebücher angeschleppt hatte, wurde gefeuert und bekam wegen Unterschlagung eine Haftstrafe aufgebrummt. Seine Vorgesetzten kamen mit dem Spott davon.
- ✔ Ob Ku-Klux-Klan in der Pfalz oder Kinderarbeit bei Ikea: Der TV-Journalist Michael Born lieferte zu jedem heißen Magazinthema die passenden Bilder. Es dauerte Jahre, bis den Redaktionen auffiel, dass Borns Beiträge gestellt waren. Die Kutten für die angeblichen Klan-Mitglieder hatte seine Mutter genäht. Born verdiente später gut an einem Buch, in dem er seine Fälschungstricks beschrieb.
- ✔ Tiefschürfende Interviews mit Hollywoodstars – welch anspruchsvolles Magazin schmückt sich nicht gerne mit solcher Mangelware. Der Schweizer Journalist Tom Kummer lieferte und legte den Prominenten die Antworten höchstpersönlich in den Mund. Das hätten die Redaktionen doch selbst merken müssen, verteidigte er sich später. Die *Süddeutsche Zeitung* druckte eine ausführliche Aufarbeitung des Falls von »Borderline-Journalismus«.

Schlechte Journalisten verlieren die Distanz

Wenn es eines gibt, worüber sich Journalisten einig sind, dann dies: Journalismus muss unabhängig sein von der Politik. Wer sich vor den Augen der Öffentlichkeit bei Politikern anbiedert oder im Fernsehen eins zu eins die Linie einer bestimmten Partei vertritt, der ist aus Sicht der meisten Kollegen ein schlechter Journalist.

Wäre es nur so einfach. In Wirklichkeit bewegen sich Journalisten in einer Grauzone, in der die Distanz zu den Mächtigen ständig infrage gestellt wird. Gefälligkeiten wie Exklusivinterviews oder ein Platz in der Kanzlermaschine werden von Politikern auch in der Hoffnung gewährt, in günstigerem Licht zu erscheinen.

Gestandene Hauptstadtjournalisten treffen sich regelmäßig mit Ministern, Parteioberen und Abgeordneten zum Bier oder Abendessen. Solche Hintergrundkreise tagen in freundschaftlicher Atmosphäre und dienen dem informellen Gedankenaustausch. Häufig nutzen Politiker solche Veranstaltungen für eigene Zwecke – zum Beispiel um zu testen, wie politische Vorhaben in der Öffentlichkeit ankommen könnten.

Unmittelbarer ist der Einfluss der Wirtschaft. Nicht nur drohen Firmen bei ungefälliger Berichterstattung mit der Stornierung von Anzeigen. Manchmal bitten Redakteure gleich selbst darum, Fragen und Antworten druckfertig ins Haus geliefert zu bekommen, anstatt einen Verbandsvertreter selbst ins Kreuzverhör zu nehmen.

Immer mehr Bürger beschweren sich über Schleichwerbung. Auch Chefredakteure klagen, dass ihre Verlage den Anzeigenkunden regelmäßig Gefälligkeitsbeiträge versprechen. Das Trennungsgebot müsse konkretisiert werden, fordern die Redaktionen – als Schutz gegen die Anzeigenabteilung des eigenen Hauses.

Medienleute müssen ihre Unabhängigkeit täglich neu unter Beweis stellen. Schwer ist dies vor allem für freie Journalisten, die ihre eigene Spesenstelle und ihre eigene Marketingabteilung sind. Je spezialisierter das Thema, desto rutschiger der Grat zwischen Journalismus und PR.

- ✔ Ein ehemaliger Sportchef des Hessischen Rundfunks wurde gefeuert und vor Gericht gestellt, weil er Geld für die Übertragung von Sportereignissen annahm. Er soll Sponsoren bei Radrennen besonders günstig ins Bild gerückt und daran persönlich verdient haben.
- ✔ Kaum ein Reporter verlangt bei Reisen, über die er berichtet, hinterher die Rechnung. Freie Reisejournalisten könnten sich das auch gar nicht leisten, und ihre Auftraggeber sparen die Kosten gern ein. Nur wenige deutsche Medienhäuser bestehen wie der Springer-Verlag darauf, die Rechnungen zu bezahlen.
- ✔ Wenn Journalisten sich günstig ein neues Fahrzeug kaufen wollen, müssen sie nicht einmal nachweisen, dass sie Autoreporter sind. Die Automobilhersteller geben allen Journalisten beim Neuwagenkauf grundsätzlich Rabatt.

Schlechte Journalisten verleugnen sich selbst

Es klingt erst einmal wie ein Paradox. Sollten Journalisten nicht am besten auf eine eigene Meinung verzichten? Die Antwort lautet Nein. Denn Journalisten ohne eigenen Standpunkt lassen sich leichter blenden. Sie laufen Gefahr, willfährig Propaganda zu transportieren, weil ihnen der Maßstab zur Einschätzung anderer Ansichten fehlt.

Der Leitartikel, die Kommentarspalte und die Meinungsseite bieten in der Zeitung ein Maximum an Transparenz. Das Publikum weiß: Wer hier schreibt, hat nicht nur einen Standpunkt, er untermauert ihn mit den besten Argumenten, die er hat finden können.

Aufrichtigkeit schafft Vertrauen

Leser haben nichts davon, wenn Autoren unkritisch eine Parteilinie herunterbeten. Je vorsichtiger Politiker werden, desto wichtiger ist es, dass unabhängige Köpfe auch unpopuläre Ideen aufgreifen. Gute Kommentatoren wägen Argumente, vertreten zu einem Thema letztlich aber einen klaren Standpunkt. Schlechte Kommentatoren belassen es beim einerseits und andererseits.

Ganz offenkundig wird das bei der Karikatur: Ein Blick, und der Betrachter weiß, ob der Zeichner eine pointierte Meinung hat, im Ungefähren bleibt oder nur einen flachen Gag transportieren will.

Standfest gegen Rechtsextreme

Im Fernsehen entlarven sich Moderatoren ohne durchdachten Standpunkt durch mangelnde Standfestigkeit. Wer geschwätzige Interviewpartner in Schach halten will, dem bringt gepflegte Neutralität wenig. Besonders brisant wird es, wenn die Interviewten einen Schwall von extremistischen Behauptungen ausspeien, für die der Moderator keine effektiven Gegenargumente parat hat.

Manche TV-Journalisten setzen dann eine steinerne Miene auf und lassen die unerwünschten Gäste einfach reden. Andere fallen ihnen ständig ins Wort. Dass keine der beiden Varianten zufriedenstellend ist, kann man leicht daran ablesen, dass die Kritik hinterher nie dem Gast, sondern immer den Journalisten gilt.

Die traditionellen Wahlsendungen im öffentlich-rechtlichen Fernsehen sind für Zuschauer wie Moderatoren eine Qual. Wenn sich Sieger und Verlierer um den Stehtisch im Wahlstudio versammeln, gelten festgeschriebene Regeln, sowohl was die Reihenfolge der Interviews als auch was deren Länge angeht. Rechtsextremen steht ein Platz in der Sendung zu, wenn sie die Fünf-Prozent-Hürde übersprungen haben. Auch wenn der Moderator sie am liebsten aus dem Studio werfen würde.

Schlechte Journalisten pfeifen auf ihr Publikum

Die Londoner *Times* ist die traditionsreichste Zeitung der Welt. Anfangs waren ihre typischen Leser Kolonialbeamte, die in Afrika oder Indien erst Wochen später erfuhren, was sich in anderen Teilen des britischen Weltreichs zugetragen hatte. Sie folgte dem Leitsatz: »Wenn es nicht in der *Times* stand, dann ist es nicht passiert.«

So arrogant können Journalisten heute nicht mehr sein. Im Informationszeitalter bezieht das Publikum seine Nachrichten aus einer Vielzahl von Quellen. Anstatt sich eine einzige Zeitung zu halten, zappen die Konsumenten durch die Kanäle oder surfen im Internet. Wer sie langweilt, findet kein Gehör.

Schlechte Journalisten geben auf und fahren frustriert ihr Schreibprogramm herunter, wenn ein trockenes Thema wieder einmal keine Leser gefunden hat. Das Publikum interessiere sich eben nur für Klatsch und Tratsch, sodass sich komplexe Zusammenhänge einfach nicht verkaufen ließen, argumentieren faule Reporter und Redakteure.

Dass eine Sache kompliziert ist, macht sie aber noch lange nicht unwichtig, im Gegenteil. Beim Finanzausgleich, einem besonders sperrigen Thema, geht es zum Beispiel um die Verteilung der Steuern zwischen armen und reichen Bundesländern. Es geht um Gerechtigkeit – und um viel Geld. Macht der Autor dies gleich zu Beginn seines Artikels deutlich, steigt seine Chance, gelesen zu werden. Noch besser ist es, wenn die Geschichte einen direkten Zusammenhang zum Leben der Leser herstellt.

Nicht nur Fachausdrücke sind dazu geeignet, das Publikum zu vergraulen. Auch Sprechblasen, Klischees und Verlegenheitsbilder machen schlechten Journalismus aus. Die Sprache ist das wichtigste Werkzeug der Journalisten. Wer sich ungenau, verquast oder beliebig ausdrückt, verkennt, dass Leser und Zuschauer anspruchsvoll sind.

Schlechte Journalisten schüren Vorurteile

Kein Mensch lässt sich von den Medien vorschreiben, was er zu denken hat. Dennoch haben Journalisten Einfluss – zum Beispiel darauf, was in einer Gesellschaft für selbstverständlich gehalten wird. Sie müssen daher verantwortungsvoll mit der Auswahl von Themen und Wörtern umgehen. Wer immer wieder dieselben Klischees und Vorurteile drischt, ist kein guter Wächter der Demokratie.

Zu den gesellschaftlichen Gruppen, die in Deutschland und vielen anderen europäischen Ländern seit Jahrhunderten unter Vorurteilen leiden müssen, zählen die Sinti und Roma. Sie waren Opfer der nationalsozialistischen Schreckensherrschaft. Dennoch stehen sie bis heute in der Öffentlichkeit unter dem Generalverdacht, kriminell und damit Täter zu sein.

Jedes Jahr richtet der Zentralrat der Sinti und Roma Dutzende Beschwerden an den Presserat. Sie betreffen fast immer Fälle, in denen bei Straftaten die ethnische Zugehörigkeit der Verdächtigen genannt wird, ohne dass dies für die Aufklärung der Tat von Bedeutung ist. Im Pressekodex ist dies ausdrücklich verboten. Man stelle sich nur vor, es würde in der Zeitung ständig betont, dass der Taschendieb, der Bankräuber oder der Sexualtäter ein Bayer oder ein Sachse war.

Von Flüchtlingen und Asylanten

Vorurteile werden auch durch die Verwendung abwertender Begriffe geschürt. Das Wort Flüchtling etwa ist positiv besetzt: Menschen, die vor Not und Gefahr fliehen müssen, verdienen unser Mitgefühl. Kommen sie jedoch in unser Land, ist plötzlich nicht mehr von Flüchtlingen die Rede. Die Betroffenen heißen nun Asylbewerber oder Asylanten. Sie werden darauf reduziert, dass sie bei uns Asyl begehren – ein bürokratischer Prozess statt menschliches Schicksal.

Das Wörterbuch des Unmenschen

Die Nationalsozialisten versteckten ihre Gräueltaten hinter Propagandasprache und Bürokratendeutsch. Ausdrücke wie »Endlösung« oder »Euthanasie« standen für die Ermordung von Millionen Menschen und wurden deshalb nach dem Ende des Dritten Reiches von vielen Journalisten aus ihrem Vokabular gestrichen. Wer dies im *Wörterbuch des Unmenschen* nachschlagen will, wird indes enttäuscht sein. Denn der nach dem Krieg zusammengestellte Band enthält nur wenige Dutzend missbrauchte Begriffe, von denen viele ganz harmlos klingen, wie »betreuen« oder »durchführen«.

Das *Wörterbuch des Unmenschen* ist als Nachschlagewerk also wenig geeignet. Sein Grundgedanke hilft jedoch sehr bei der Sensibilisierung für das, was beim Missbrauch von Sprache möglich ist. Das Gleiche gilt für das 1947 erschienene Buch *Lingua Tertii Imperii* von Viktor Klemperer. Der jüdische Philologe verfasste es heimlich, während er von den Nazis drangsaliert und zur Untätigkeit gezwungen wurde. Er zeigt darin auf, wie die Sprache entmenschlicht und den Menschen im Mund umgedreht wurde.

Besonders problematisch ist der Ausdruck Asylant. Denn Wörter, die mit -ant enden, sind im deutschen Sprachgebrauch negativ geladen. Man denke an Beispiele wie Querulant, Simulant oder Spekulant. Am sprachlichen Umgang mit Themen wie Flucht und Asyl lässt sich leicht nachprüfen, ob sich Redaktionen über Sprache überhaupt Gedanken machen – und wo ihre Zeitung in der politischen Debatte steht.

Damit sich diskriminierende, dämonisierende oder verharmlosende Begriffe gar nicht erst in die Berichterstattung einschleichen, geben manche Medien ihren Mitarbeitern einen Index an die Hand. Hier eine Auswahl aus der Liste von Wörtern, die im Dienst der Nachrichtenagentur Agence France-Presse unerwünscht sind:

- Asylanten: abwertendes Wort für Asylsuchende oder anerkannte Asylbewerber
- Blondine: sexistisch
- Ethnische Säuberung: Menschen sind kein Dreck. Stattdessen: Vertreibung.
- Kriegsausbruch: Ein Krieg ist keine Naturgewalt, sondern von Menschen gemacht.
- man: unterschlägt den oder die Handelnden.
- Opferbilanz: Menschen werden nicht bilanziert, deshalb: Opferzahl
- Personen: Behördendeutsch für Menschen
- Zigeuner: abwertend, die korrekte Bezeichnung lautet Sinti und Roma.

Politikerschelte und Politikverdrossenheit

Vor einem Dilemma stehen Journalisten, wenn es um ein Klischee geht, zu dessen Verfestigung sie fraglos mit ihrer täglichen Arbeit beitragen: dass Politiker machthungrig und korrupt sind. Natürlich kann es nicht schlechter Journalismus sein, Politikern auf die Finger zu schauen, im Gegenteil. Viele Journalisten sehen die Kontrolle der Mächtigen als wichtigen Bestandteil ihres Berufsethos.

Doch in der Berichterstattung über Politik setzen viele Medien zu oft den Schwerpunkt auf den Machtkampf zwischen Persönlichkeiten. Vor allem unter diesem Blickwinkel hinterfragen sie ständig die Motive der Politiker. Das hat einen unerfreulichen Nebeneffekt: Die Darstellung von Politik als Pokerspiel um Posten und Privilegien schreckt viele Bürger ab, weshalb sie sich am politischen Prozess nicht beteiligen mögen, ob als Wähler oder als Gewählte.

Schlechte Journalisten kennen keine Grenzen

Die Grenzen des menschlichen Anstands verletzen Journalisten, die Menschen zitieren oder fotografieren, die sich nicht wehren können – weil sie krank oder geistig nicht auf der Höhe sind. Dazu zählt beispielsweise, sich in eine Entzugsklinik einzuschleichen, um einen alkoholkranken Schauspieler zu überreden, im Bademantel zu posieren.

Reporter, die wehrlose Menschen drangsalieren, und Zeitungen, die Bilder von ihnen drucken, reden sich damit heraus, dass es für die Öffentlichkeit lehrreich sei zu erfahren, was zum Beispiel Alkohol anrichten kann. In Wirklichkeit geht es um Voyeurismus. Wer die Zeitung kauft und sich nicht über eine derartige Berichterstattung beschwert, ist zynisch – und hat schlechten Journalismus verdient.

Gleich mehrere Tabus verletzen Journalisten, die in jeder Einzelheit über eine Selbsttötung berichten. Der Gegenstand der Berichterstattung ist nicht nur wehrlos. Seinen Angehörigen wird auch zusätzliches Leid zugefügt. Möglicherweise werden Nachahmer ermutigt. Nutzen jedenfalls tut der Artikel keinem, außer einem Voyeur.

Ausnahmen gestattet der Pressekodex, wenn der Tod eines Menschen zeitgeschichtlich bedeutend ist. Ein berühmtes Beispiel ist der Fall des schleswig-holsteinischen CDU-Politikers Uwe Barschel. Kurz nach Barschels Rücktritt als Ministerpräsident drang ein Reporter 1987 in dessen Hotelzimmer in Genf ein. Er fand Barschel tot in der Badewanne – und machte ein Foto, das der *Stern* veröffentlichte.

Die Befürworter der Veröffentlichung argumentierten, das Foto habe dem Publikum ermöglicht, sich selbst eine Meinung zu der Frage zu bilden, ob Barschel getötet wurde oder Selbstmord beging. Die Position des Körpers in der Wanne und die Tatsache, dass die Haare des Opfers trocken waren, wurden als Hinweise auf ein Gewaltverbrechen gedeutet. 20 Jahre später war die Art, wie der Politiker zu Tode kam, noch immer nicht zweifelsfrei aufgeklärt. Der Presserat sah keinen Grund, die Berichterstattung von *Spiegel* und *Stern* im Fall Barschel in Bausch und Bogen zu verdammen.

Zu nah geht manchmal zu weit

1988 störte eine weitere spektakuläre journalistische Grenzverletzung die Öffentlichkeit auf: die Geiselnahme von Gladbeck. Zwei Vorstadtganoven rauben eine Bank aus, ergreifen die Flucht, kidnappen einen Bus, fuchteln mit einer Schusswaffe – und das Fernsehen ist die ganze Zeit live dabei. Schließlich steigt der Boulevardjournalist Udo Röbel sogar in das Fluchtauto und interviewt auf der Weiterfahrt die Täter. Zweieinhalb Tage dauerte das Drama, bei dem mehrere Menschen ihr Leben verloren. Anstatt Abstand zu halten, schwangen sich Reporter zu Handelnden auf.

Im Fall Gladbeck überschritten Journalisten die Grenze zwischen Beobachtung und Beteiligung in der Hitze des Gefechts. In anderen Fällen tun sie es bewusst, verlassen dabei ihre Rolle als Beobachter und kennen wenig Rücksicht auf Verluste.

Kampagnen in eigener Sache

Medialer Machtmissbrauch erstreckt sich mitunter bis in den persönlichen Bereich. Da ärgert sich ein Chefredakteur, dass auf einem Grundstück neben seiner Privatwohnung ein Bolzplatz angelegt werden soll. Er fürchtet um seine Sonntagsruhe und um seine Fensterscheiben – und beginnt eine Kampagne in eigener Sache. Er redet mit den zuständigen Gemeinderäten, lässt durchblicken, dass eine Hand die andere wäscht, und mobilisiert seine Redaktion. Täglich wird nun auf der Lokalseite über den »beispielhaften Fall« berichtet. Die Insiderinformation, dass private Interessen des Chefredakteurs berührt sind, enthält die Zeitung ihren Lesern vor.

Viel öfter kommen Fälle vor, in denen Journalisten ihre Medienmacht für einen guten Zweck nutzen. Die Menschenrechtsorganisation Amnesty International zählt einige Journalisten zu ihren Mitgliedern. Wenn die Organisation eine Kampagne startet, etwa um einen gefangenen Oppositionellen im fernen Usbekistan freizubekommen, ruft sie diese Mitglieder an und bittet sie zu berichten. Vom Standpunkt der journalistischen Ethik ist dies ein unsittliches Angebot. Journalisten müssen Privates und Berufliches trennen. Aus Sicht von Amnesty International ist es geschickte Pressearbeit.

Wie kein anderes Medium bietet das Internet ein Forum für den offenen Meinungsaustausch über die Motive von Journalisten. Anstatt umzuschalten oder die Zeitung abzubestellen, kann das Publikum heute dazu beitragen, den Journalismus zu bekommen, den es verdient.

Was Journalisten nicht dürfen

4

In diesem Kapitel

- Selbst die Pressefreiheit hat ihre Grenzen
- Grauzonen des öffentlichen Interesses
- Wie Sie sich gegen Journalisten wehren können

Pressefreiheit heißt nicht, dass Journalisten alles schreiben und Zeitungen alles drucken dürfen. Die Medien müssen sich an Regeln halten, die in Gesetzen und Gerichtsurteilen festgelegt sind, vom Jugendschutz bis zum Recht am eigenen Bild. Der Journalismus ist also voller Fallstricke. Wie Sie diese vermeiden – oder als Leser gelegentlich einen Journalisten stolpern lassen –, erfahren Sie in diesem Kapitel.

Die Presse und der Staat

Artikel 5 des Grundgesetzes garantiert das Recht auf freie Meinungsäußerung – und legt im selben Atemzug auch schon die Grenzen dieses Grundrechts fest.

> *Jeder hat das Recht, seine Meinung in Wort, Schrift und Bild frei zu äußern und zu verbreiten und sich aus allgemein zugänglichen Quellen ungehindert zu unterrichten ... Diese Rechte finden ihre Schranken in den Vorschriften der allgemeinen Gesetze, der gesetzlichen Bestimmungen zum Schutze der Jugend und in dem Recht der persönlichen Ehre.*

Mit dieser Formulierung wollten die Verfassungsgeber nach dem Zweiten Weltkrieg sicherstellen, dass die Medien nicht noch einmal gleichgeschaltet werden und dadurch die Meinungsvielfalt in der Gesellschaft unterdrückt wird. Zugleich wollten sie verhindern, dass die Pressefreiheit missbraucht wird, um die Demokratie zu zerschlagen und eine Diktatur zu errichten, in der es keine freien Medien mehr gibt.

In der Demokratie spielt die Presse eine zentrale Rolle: Die Medien sollen den Mächtigen auf die Finger schauen und dem Volk die Informationen liefern, die es zur Ausübung seiner Souveränität braucht. Manche sprechen daher sogar von der vierten Gewalt im Staat, neben Regierung, Parlament und Gerichtsbarkeit.

Die Bezeichnung der Presse als vierter Gewalt stammt aus dem 19. Jahrhundert. Damals beschrieb der Essayist William Hazlitt einen der bekanntesten Journalisten seiner Zeit mit den Worten: »Er ist eine Art von vierter Gewalt in der Politik dieses Landes.«

Du sollst kein Zeugnis ablegen …

Für Pfarrer gilt das Beichtstuhlgeheimnis, und auch Ärzte, Rechtsanwälte und Psychotherapeuten müssen vor Gericht nicht preisgeben, was ihnen unter dem Siegel der Verschwiegenheit anvertraut wurde. Die Presse erhebt denselben Anspruch auf Zeugnisverweigerung. Informanten seien nur dann bereit, Skandale aufdecken zu helfen, wenn ihnen Vertraulichkeit garantiert werde, argumentieren die Journalisten. Die oberste Rechtsprechung in Deutschland erkennt dies grundsätzlich auch an.

Nicht nur Redakteure dürfen sich auf den Quellenschutz berufen, sondern auch Kameraleute, die ein Interview aufgezeichnet haben. Streit gibt es darum, ob das Zeugnisverweigerungsrecht auch für Blogger gelten kann, die ihre journalistische Tätigkeit unentgeltlich oder nebenberuflich ausüben.

Grundsätzlich sind nicht nur die Namen von Informanten geschützt. Auch ihre Notizblöcke und ihnen anvertraute Unterlagen müssen Reporter nicht einfach herausrücken. Das sieht schon anders aus, wenn es um die Aufklärung eines schweren Verbrechens geht. In diesen Fällen haben die Ermittlungsbehörden das Recht zu fragen. Nein sagen können Journalisten immer dann, wenn sie plausibel machen können, dass ihre Aussage die Identität ihrer Informanten preisgeben würde.

Augstein gegen Strauß

Die *Spiegel*-Affäre löste 1962 eine Staatskrise aus, führte zum Rücktritt des damaligen Verteidigungsministers Franz Josef Strauß und beschleunigte den Abgang von Bundeskanzler Konrad Adenauer. Tausende Menschen gingen auf die Straße, nachdem die Polizei die Redaktionsräume des Nachrichtenmagazins durchsucht und mehrere leitende Redakteure festgenommen hatte. *Spiegel*-Herausgeber Rudolf Augstein stellte sich und saß 103 Tage in Untersuchungshaft.

Vorwand für die Durchsuchungsaktion und die Haftbefehle war eine Titelgeschichte über die Bundeswehr. Der *Spiegel* hatte darin unter Berufung auf NATO-Unterlagen berichtet, die deutsche Armee sei nur »bedingt abwehrbereit«. Dies reichte der Generalbundesanwaltschaft für den dringenden Verdacht auf Landesverrat. Augstein wurde außerdem zur Last gelegt, er habe Insider aus der Bundeswehr oder dem Verteidigungsministerium bestochen, um an die vertraulichen Unterlagen zu gelangen. Beide Vorwürfe wurden vom Bundesgerichtshof später als haltlos betrachtet. Er lehnte daher 1965 die Eröffnung eines Hauptverfahrens gegen Augstein ab.

Mit einer Verfassungsbeschwerde gegen die Durchsuchungsaktion hatte das Magazin allerdings keinen Erfolg. Das Bundesverfassungsgericht wies die Beschwerde in seinem »Spiegel-Urteil« von 1966 zurück. Die Entscheidung gilt dennoch als wichtiger Meilenstein für die Pressefreiheit. Denn die Karlsruher Richter erkannten darin immerhin im Grundsatz an, dass der Schutz des Vertrauensverhältnisses zwischen der Presse und ihren Informanten unentbehrlich sei.

Strafe muss manchmal sein

Journalisten sind keineswegs immun – auch für sie gilt das Strafgesetzbuch, auch sie müssen die Ehre anderer und den Jugendschutz respektieren. Verbreitet ein Medium einen strafbaren Inhalt, wie etwa eine Ehrverletzung oder Hetzparolen gegen eine Gruppe, dann liegt ein Presse-Inhaltsdelikt vor. Dafür zur Verantwortung gezogen werden können Autor und Quelle ebenso wie der verantwortliche Redakteur.

Mit dem Kürzel V.i.S.d.P. schmücken Zeitungen ihr Impressum nicht etwa freiwillig. Einen Verantwortlichen im Sinne des Pressegesetzes zu benennen, wird ihnen vom jeweiligen Landespressegesetz auferlegt. Der betreffende Redakteur muss Gegendarstellungsansprüche prüfen und dafür sorgen, dass sein Blatt frei von strafbaren Inhalten bleibt.

Liegt der Verdacht auf einen strafbaren Inhalt vor, können Druckerzeugnisse beschlagnahmt und eingezogen werden. Dem verantwortlichen Redakteur droht eine Strafe von bis zu einem Jahr Freiheitsentzug. Presse-Inhaltsdelikte verjähren schneller als andere Straftaten, meist innerhalb von sechs bis zwölf Monaten.

Die Regeln zu Presse-Inhaltsdelikten weichen im Detail von Bundesland zu Bundesland voneinander ab. Das Gleiche gilt für das Recht auf Gegendarstellung oder die Auskunftspflicht der Behörden. Die Landespressegesetze finden Sie im Internet, beispielsweise unter `www.presserecht.de`.

Zu den Inhalten, deren Veröffentlichung strafbar ist, zählen:

- ✔ Verunglimpfung des Andenkens von Holocaust-Opfern
- ✔ Aufstachelung zum Hass gegen Teile der Bevölkerung
- ✔ Anleitung und Aufruf zu Attentaten
- ✔ Polizistenbeleidigung

Keine Auskunft, bitte!

Die skandinavischen Länder sind für ihre Transparenz bekannt.

Die dänische Regierung schockte ganz Europa, weil sie als vertraulich geltende Unterlagen ins Internet stellte. Dann ließ sich der dänische Regierungschef auch noch für den EU-Gipfel mit einem geheimen Mikro und einer versteckten Kamera ausrüsten, und der Skandal war perfekt.

In Deutschland können Journalisten von solch großzügiger Auskunftsbereitschaft nur träumen. Zwar sichert das Grundgesetz das Recht auf Information zu. Doch in der Praxis behindern Dienststellen allzu gerne die Recherche. Vom Polizeirevier bis zum Ministerium, diese faulen Ausreden kennt jeder Journalist:

- ✔ »Da muss ich erst meinen Vorgesetzten fragen.«
- ✔ »Das darf ich aus Datenschutzgründen nicht weitergeben.«

- »Aus einem schwebenden Verfahren darf ich nichts berichten.«
- »Unser Archiv wird gerade digitalisiert.«

Wie jedem anderen Bürger auch müssen die Behörden der Presse den Zugang zu öffentlichen Verzeichnissen gewähren – etwa zum Melderegister oder zum Grundbuch. Für Journalisten ist es dabei einfacher, ein berechtigtes Interesse nachzuweisen. Recherchieren sie einen Artikel über die Rückgabe von enteigneten Immobilien, können sie ein öffentliches Interesse geltend machen. Ähnliches gilt für die Stasiakten, auch hier allerdings mit Einschränkungen: Der frühere Bundeskanzler Helmut Kohl erreichte vor Gericht, dass nur 1.000 von 7.000 Seiten der Unterlagen über ihn von Journalisten eingesehen werden dürfen.

Helmut Kohls Verhältnis zur Presse ist ein Kapitel für sich. Das Gebot, alle Journalisten gleich zu behandeln, war dem Kanzler während seiner 16 Jahre im Amt vielleicht theoretisch bekannt, in der Praxis aber ziemlich egal. Er ließ seinen Stab sorgfältig auswählen, wer an Hintergrundkreisen teilnehmen und mit ihm ins Ausland reisen durfte. Das war nicht unbedingt ein Privileg: Kritische Fragesteller wurden von Kohl eingeschüchtert. Seinem Nachfolger Gerhard Schröder muss das imponiert haben – er verfuhr jedenfalls ebenso.

Generell gilt, dass Vertretern aller Medien der Zugang zu Pressekonferenzen staatlicher Institutionen, öffentlichen Parlamentssitzungen und Gerichtsverhandlungen gewährt werden muss. Ist nicht genug Platz für alle, muss eine faire Lösung gefunden werden.

Der Kamerapool

Nach amerikanischem Vorbild wird heutzutage auch in Deutschland immer öfter ein Pool von Journalisten gebildet, der nur einen Vertreter in die Sitzung schickt. Dieser Poolführer muss dann alle Informationen, die er bekommt, an die anderen Poolmitglieder weitergeben. Besonders beim Fernsehen ist dies inzwischen üblich, weil in manchem Sitzungszimmer vor lauter Kabeln und Kameras sonst für die eigentlichen Konferenzteilnehmer kein Platz mehr sein würde.

Fürs Fernsehen gelten ohnehin besondere Regeln. So ist es in Deutschland im Gegensatz zu den USA ausdrücklich verboten, laufende Gerichtsverhandlungen zu filmen, geschweige denn live zu übertragen. Kein Wunder also, dass sich die Bilder stets gleichen, wenn das Bundesverfassungsgericht in Karlsruhe tagt: Richter mit roten Kappen, die in den Saal marschieren, sich setzen, dann erheben, dann wieder setzen. Auch bei internationalen Gipfeltreffen wird gerade mal kurz über den Konferenztisch geschwenkt, dann müssen die Kameras den Saal wieder räumen.

Zumindest nachvollziehbar ist die Wortkargheit der Behörden bei Entführungen oder Geiselnahmen. Denn auch Kidnapper schauen fern oder lesen Zeitung. Da ist das Argument plausibel, dass die Veröffentlichung von Details die Verhandlungen mit den Entführern beeinflussen könnte.

Nachrichtensperre und Selbstzensur

Sie ist der Extremfall im Verhältnis zwischen Staat und Presse: Wird eine Nachrichtensperre verhängt, geben die Behörden keinerlei Informationen zu einem Thema mehr heraus. Zudem behalten viele Medien freiwillig für sich, was sie aus anderer Quelle wissen. Wie 1977, im sogenannten deutschen Herbst, als erst Arbeitgeberpräsident Hanns Martin Schleyer und dann eine Lufthansa-Maschine von RAF-Terroristen entführt wurden. Die großen Rundfunkanstalten und die Nachrichtenagentur dpa sicherten damals zu, Ultimaten und Botschaften der Entführer nur nach Rücksprache mit der Regierung zu veröffentlichen.

Diese Selbstzensur der Medien wurde im Nachhinein heftig kritisiert. Den Journalisten wurde vorgeworfen, sie hätten sich von der Regierung dafür instrumentalisieren lassen, eine harte Linie gegenüber den Entführern durchzusetzen. In den publizistischen Richtlinien des Presserats heißt es heute dementsprechend: »Nachrichtensperren akzeptiert die Presse grundsätzlich nicht.«

Die Presse und die Bürger

Nicht nur Politiker, auch ganz normale Leser ärgern sich oft genug über das, was in der Zeitung steht. Manchmal sind sie einfach anderer Meinung als der Kommentator. Oder sie finden einen Artikel falsch, weil sie sich in der Materie besser auskennen als der Autor. Nicht selten kommt es vor, dass sich Bürger in ihren Rechten verletzt fühlen von dem, was in den Medien transportiert wird.

Als Grundrechte konkurrieren Meinungs- und Pressefreiheit mit anderen Artikeln des Grundgesetzes. Dazu zählen die Unverletzlichkeit der Menschenwürde, das Recht auf freie Entfaltung der Persönlichkeit, das Briefgeheimnis, das Diskriminierungsverbot, der Schutz der Familie und die Glaubensfreiheit. Aus den Grundrechten abgeleitet werden Prinzipien wie die Unschuldsvermutung, das Recht am eigenen Bild, der Jugendschutz, die Wahrung von Privat- und Intimsphäre sowie der Schutz der Ehre. Dazu kommt der Pressekodex. Verstoßen die Medien gegen die Selbstverpflichtungen, ist das für die Bürger ein Beschwerdegrund.

Reporter und Redakteure suchen immer nach der knackigsten Überschrift, dem fesselndsten Einstieg, dem Hingucker-Foto. Wenn sie dabei zu weit gehen, können die Bürger sich dagegen wehren. Wichtig ist zu wissen, welches Mittel in welchem Fall angebracht ist.

Meine Speckröllchen gehören mir

Zum Persönlichkeitsrecht von Menschen gehört, dass sie selbst bestimmen können, wem sie Einblick in ihre Privatsphäre gewähren. Das gilt insbesondere für die Intimsphäre. Doch auch die Privatsphäre ist geschützt, es sei denn, die Presse kann nachweisen, dass ein erhebliches Interesse an der Berichterstattung besteht.

- Zur Intimsphäre gehören der Körper, die Gedanken- und Gefühlswelt eines Menschen. Beispiele sind seine Sexualität, Krankheiten oder Tagebuchaufzeichnungen. Nur mit seiner Zustimmung dürfen Details aus diesen Bereichen berichtet werden. Diese strengen Regeln gelten für Prominente und Nichtprominente. Einen homosexuellen Politiker gegen seinen Willen zu »outen«, verstößt gegen das Persönlichkeitsrecht.
- Die Privatsphäre eines Menschen beschränkt sich nicht nur auf seine vier Wände und alles, was sich dort zuträgt. Im weitesten Sinne gehört das gesamte Privatleben des Menschen dazu, also auch der Teil, der sich in der Öffentlichkeit abspielt. Entscheidend ist, dass der Betreffende sich nicht freiwillig zur Schau stellt. Dass jemand für sich bleiben will, wird besonders deutlich, wenn er sich zurückzieht, ob auf eine einsame Urlaubsinsel oder in die hinterste Ecke eines Restaurants.

Hingucken im öffentlichen Interesse

Holt sich eine Lehrerin auf dem Heimweg an einer Imbissbude rasch einen Hamburger, weil es zu Hause nur noch vegetarisches Essen gibt, dann darf dies nicht ohne Weiteres in der Lokalzeitung ausposaunt werden. Zumindest nicht, solange kein überragendes öffentliches Interesse und kein zeitgeschichtlicher Zusammenhang bestehen. Stellt sich aber zum Beispiel dieselbe Lehrerin zur Wahl als Gemeinderätin und bemüht sich dabei besonders um die Stimmen der Vegetarier, dann dürften diese ein Recht darauf haben zu erfahren, dass sie sich selbst nicht an alles hält, was sie predigt.

Natürlich kann beispielhaft über das Verhalten der Lehrerin berichtet werden, wenn dabei vermieden wird, dass ihr Lebensumfeld von ihrer heimlichen Gier nach Fleisch erfährt. Dann darf sie aber nicht identifizierbar sein. Lediglich ihren Nachnamen abzukürzen oder den Namen ganz wegzulassen, reicht nicht unbedingt aus, um dies sicherzustellen. Denn möglicherweise ist Frau S. ja die einzige Lehrkraft an einer Schule im Verbreitungsgebiet der Zeitung, die im Kollegenkreis als Vegetarierin bekannt ist und auf dem Heimweg regelmäßig an einer Hamburger-Bude vorbeikommt.

Ebenfalls respektieren müssen Journalisten die Geheimsphäre eines Menschen. Damit sind Äußerungen gemeint, die per E-Mail oder am Telefon gemacht wurden, aber auch der Inhalt einer Computerfestplatte oder auf dem Handy gespeicherte Textbotschaften. Das gebieten der Datenschutz und das Recht am eigenen Wort.

Reporter dürfen ein Telefoninterview nur auf Band aufzeichnen, wenn sie den Gesprächspartner vorher um Erlaubnis gefragt haben. Eine Pflicht zur Autorisierung eines Interviews gibt es hingegen nicht. Journalisten dürfen davon ausgehen, dass der Interviewpartner der Veröffentlichung zugestimmt hat, wenn sonst nichts vereinbart wurde.

Die Presse darf kein Pranger sein

Das Persönlichkeitsrecht schützt auch Menschen, die unter Verdacht stehen, ein Verbrechen begangen zu haben. Es ist daher nur in Ausnahmefällen erlaubt, Beschuldigte gegen ihren

Willen mit vollem Namen zu nennen. Dasselbe gilt für die Veröffentlichung von Fotos, auf denen sie klar zu erkennen sind. Denn wer in der Presse schon als Täter dargestellt wurde, wird es schwer haben, den Makel in der Öffentlichkeit wieder loszuwerden – selbst wenn er vom Gericht freigesprochen wird.

Ausnahmen von der Regel gelten, wenn ein überragendes Interesse der Öffentlichkeit besteht, den Namen der Beschuldigten zu erfahren. Bei Persönlichkeiten, die eine Leitbildfunktion erfüllen oder ein politisches Amt haben, liegt dies auf der Hand. Auch wenn eine Großfahndung nach einem noch flüchtigen Serienmörder ausgelöst wird, ist nachvollziehbar, dass Name und ein Fahndungsbild veröffentlicht werden.

In weniger eindeutigen Fällen rechtfertigen Medien die Namensnennung oft mit der Schwere eines Verbrechens, die auf eine zeitgeschichtliche Bedeutung hinweise. Die Betroffenen scheint dies nicht zu überzeugen. Verstöße gegen das Persönlichkeitsrecht waren 2006 beim Presserat der zweithäufigste Beschwerdegrund, nach Verletzungen der Sorgfaltspflicht. Der Pressekodex warnt deshalb:

> *Sensationsbedürfnisse allein können ein Informationsinteresse der Öffentlichkeit nicht begründen.*

Auch bei der Wahl der Worte, mit denen sie Beschuldigte bezeichnen, müssen sich Journalisten an eingeführte Grundsätze halten. So ist es eigentlich Usus, dass ein Verdächtiger erst als Mörder bezeichnet wird, wenn er rechtskräftig verurteilt worden ist. Nur unter bestimmten Voraussetzungen kann ihn die Presse als Täter betiteln, etwa wenn er die Tat gestanden oder sie vor laufenden Kameras ausgeführt hat.

Ist der Prozess vorbei und beginnt der Verurteilte mit der Verbüßung seiner Strafe, darf nicht mehr unter vollem Namen über ihn berichtet werden. Auch andere identifizierende Hinweise sind nicht erlaubt. Dies gilt auch für Dokumentationen über spektakuläre Kriminalfälle, wie das Bundesverfassungsgericht in einem Urteil feststellte. Denn zur Resozialisierung gehört das Recht auf Anonymität.

Erst fragen, dann abdrücken

Am häufigsten beschäftigen die Gerichte sich mit Streitfällen, bei denen es darum geht, dass Menschen abgelichtet oder gefilmt wurden, ohne dass sie dazu ihre Einwilligung gaben. Das liegt nicht nur an der menschlichen Eitelkeit, sondern auch daran, dass die Rechtslage in diesen Fällen klarer ist als bei der Wortberichterstattung. Denn sie ist im Kunsturheberrechtsgesetz ausdrücklich festgeschrieben, und das gilt schon seit 1907.

Grundsätzlich gehört jedem Einzelnen das Recht am eigenen Bild. Bildnisse dürfen nur mit Einwilligung des Betroffenen verbreitet oder öffentlich zur Schau gestellt werden. Nach dem Tod des Abgebildeten geht dieses Recht zehn Jahre an die nächsten Angehörigen über. Die Einwilligung gilt als erteilt, wenn Geld für das Bild bezahlt wurde. Bei Kindern müssen die Erziehungsberechtigten gefragt werden.

Wer sein Recht auf das eigene Bild verletzt sieht, kann Strafanzeige erstatten, die Vernichtung des Fotos verlangen und auf Schadenersatz klagen. Wie erfolgreich, hängt auch davon ab, wie groß der Schaden ist, der dem Abgebildeten entstanden ist. Wird mit dem Bild zum Beispiel für eine Partei geworben, die der Betroffene ablehnt, hat er gute Aussichten, drastische Maßnahmen zu erreichen. Dasselbe gilt, wenn mit ihm als Werbeträger unzulässigerweise Geld gemacht wird.

In einigen Fällen wird die Zustimmung nicht für notwendig erachtet. Das gilt zum Beispiel, wenn jemand nicht im Mittelpunkt des Bildes steht, sondern mehr oder weniger zufällig darauf gelandet ist. Wird ein belebter Marktplatz fotografiert, werden naturgemäß auch Menschen abgebildet. Sie werden in diesem Fall als Beiwerk betrachtet und müssen sich damit abfinden, dass sie als Statisten zu sehen sind.

Wer sich an einer öffentlichen Versammlung beteiligt, muss davon ausgehen, dass er in der Berichterstattung vorkommt. Das gilt für Demonstranten ebenso wie für Fans, die ihren Idolen am roten Teppich oder bei einem Konzert zujubeln.

Den meisten Streit zwischen Mensch und Presse rufen Aufnahmen hervor, die im Gesetz schlicht als Bildnisse aus dem Bereich der Zeitgeschichte bezeichnet werden. Ganz normale Bürger können nämlich zu relativen Personen der Zeitgeschichte werden, wenn sie in einem Zusammenhang mit einem zeitgeschichtlichen Ereignis stehen. Dies ist zum Beispiel bei Feuerwehrleuten der Fall, die einen Großbrand löschen, bei Opfern eines Erdbebens oder bei Beteiligten eines bedeutenden Prozesses.

Die Stasiliste von Halle

Nach der Wiedervereinigung kursierte in Halle eine Liste mit den Namen von 4.500 inoffiziellen Mitarbeitern der Staatssicherheit. Das Dokument, das anonym an Politik und Medien verschickt worden war, versetzte die Bürger der Stadt in Aufruhr. Viele wollten wissen, ob Angehörige, Freunde, Nachbarn oder Kollegen darauf genannt waren, vielleicht auch sie selbst. Die Bürgerrechtsgruppe Neues Forum legte die Liste öffentlich aus, um zu dokumentieren, wie stark die DDR-Gesellschaft von der Stasi durchdrungen war, und um die politische Diskussion darüber zu fördern. Die Bild-Zeitung veröffentlichte die gesamte Aufstellung von Namen in ihrer Lokalausgabe.

Schnell begannen einzelne Menschen, deren Name auf der Liste stand, gegen die Veröffentlichung zu klagen. Das Neue Forum prozessierte durch alle Instanzen für sein Recht, die Namen bekannt zu machen – mit nur sehr eingeschränktem Erfolg. Zwar ließen die meisten Kläger im Laufe der Jahre ihre Beschwerden fallen. Doch in den verbleibenden Fällen befand die Justiz bis hoch zum Bundesgerichtshof, dass das öffentliche Interesse an der Veröffentlichung nicht ausreichte, um den Eingriff in die Persönlichkeitsrechte der Betroffenen zu rechtfertigen.

Das Bundesverfassungsgericht distanzierte sich zwar 2000 ausdrücklich von dieser Rechtsauslegung, weil es die Pressefreiheit zu schwach bewertet fand. Die eigentliche Verfassungsbeschwerde nahm es jedoch nicht zur Entscheidung an – die Angelegenheit erschien den Richtern nach so langer Zeit nicht mehr relevant genug.

In welchen Fällen das Interesse der Öffentlichkeit das Recht am eigenen Bild übertrumpft, darüber wird bei Gericht weidlich gestritten. Fest steht, dass sich relative Personen der Zeitgeschichte nur begrenzt gefallen lassen müssen, dass sie ohne ihre Zustimmung abgelichtet werden.

Beleidigung, Verleumdung und Schmähkritik

Wer sich von einem Zeitungsartikel beleidigt oder geschmäht fühlt, hat das Recht, vor Gericht einzufordern, dass die beanstandete Äußerung nicht wiederholt wird. So wehrte sich die Witwe eines Schönheitschirurgen, die sich selbst einer Brustoperation unterzogen hatte, erfolgreich dagegen, als »Busenwitwe« bezeichnet zu werden. Die schlagwortartige Verwendung des Ausdrucks sei diffamierend und herabwürdigend, da sie die Frau auf ihre Geschlechtsmerkmale reduziere, argumentierte das Gericht.

Auch wenn das Kunstwort »Busenwitwe« für die Medien praktisch war, weil sie so die Vorgeschichte in einem Wort plakativ zusammenfassen konnten – die öffentliche Herabsetzung war so groß, dass die Frau sie nicht hinnehmen musste. Dass ihr dadurch ein geldwerter Schaden entstand, fanden die Richter indes nicht. Als sie versuchte, auch noch ein Schmerzensgeld zu erstreiten, scheiterte sie vor Gericht.

Wertende Äußerungen sind zwar grundsätzlich durch die Meinungsfreiheit geschützt. Daher müssen sich Menschen, die Gegenstand von Berichterstattung werden, einiges gefallen lassen, vor allem in Kommentar, Glosse oder Karikatur. Kritik darf scharf, schonungslos und polemisch formuliert sein. Sie darf jedoch die Grenze zur Schmähkritik nicht überschreiten, also nicht nur dem einen Zweck dienen, einen Menschen zu kränken.

Verbreiten die Medien falsche Tatsachen über einen Menschen, wird aus der Beleidigung eine üble Nachrede oder eine Verleumdung. Gegen den Schaden, der dabei entsteht, können sich Betroffene wehren, per Strafanzeige, Unterlassungs- oder sogar Schadenersatzforderung.

Eine Verleumdung liegt vor, wenn Journalisten wider besseres Wissen falsche und herabwürdigende Informationen über einen Menschen in die Welt setzen. Bei übler Nachrede wurde ohne böse Absicht eine falsche Behauptung aufgestellt – oder zumindest eine Behauptung, deren Wahrheitsgehalt nicht bewiesen werden kann.

Meinung gegen Meinung

Ereignisse, Entwicklungen und Entscheidungen zu kommentieren, ist eine der wichtigsten Aufgaben der Medien in einer Demokratie. Gute Kommentatoren schreiben mit spitzer Feder. Anstatt es allen recht zu machen, fordern sie Widerspruch heraus. Wer anderer Meinung ist, hat keine Möglichkeit, der Zeitung den Mund zu verbieten. Er muss sich selbst an den Computer setzen – und verfasst einen Leserbrief.

Leserbriefschreiber wurden in Zeitungsredaktionen lange stiefmütterlich behandelt, doch im Zeitalter des Internets erfahren sie eine Renaissance. Denn jeder Kommentar eines Bürgers zu einem Artikel oder Blog ist für die Betreiber der Webseite gutes Geld wert. Der Kommentator beweist damit, dass er länger als nur ein paar Sekunden auf der Seite verweilte – und damit mutmaßlich besonders gut erreicht wurde von der Werbung, die dort geschaltet ist. Deshalb lassen sich die Webseitenbetreiber einiges einfallen, um Meinungsäußerungen des Publikums herauszufordern, wie Blitzumfragen zu einem aktuellen Thema oder Chats mit einem TV-Reporter über seinen Beitrag.

Zeitungen behalten sich in der Regel vor, Leserbriefe zu kürzen. Sie verlangen, dass Autoren mit der Nennung ihres vollen Namens einverstanden sind. Zudem drucken sie meist eine Floskel, in der sich die Redaktion vom Inhalt der Leserbriefe distanziert. Diese Distanzierung ändert nichts daran, dass das Medium für den Inhalt des Kommentars letztlich haftet. Leserbriefe, welche die Grenze zur Schmähkritik überschreiten oder strafbare Inhalte wie Hetzparolen transportieren, haben daher keine Chance auf Veröffentlichung.

Fakten gegen Fakten

Journalisten sind zur sorgfältigen Recherche verpflichtet. Ein Medium, das auf sich hält, gesteht Fehler ein und druckt oder sendet eine Korrektur. Doch manchmal stehen einfach Fakten gegen Fakten. Erzwingen können Bürger nur, dass ihre Version verbreitet wird, wenn sie selbst von einer Tatsachenbehauptung betroffen waren.

Die ursprünglich vorgesehene Methode dafür ist die Gegendarstellung. Erfüllt sie alle formalen Voraussetzungen, muss sie verbreitet werden, und zwar an der gleichen Stelle wie der beanstandete Beitrag. Für eine Boulevardzeitung bedeutet das unter Umständen, die Gegendarstellung mit einer fett gedruckten Schlagzeile zu versehen. Das ist peinlich, weshalb der Abdruck oft per einstweilige Verfügung vor Gericht erstritten werden muss.

Die Zeitung kann die Gegendarstellung nur verweigern, wenn sie »offenkundig« unwahr ist. Sie darf sich in der Regel auch nicht davon distanzieren, indem sie in einem Begleitsatz schreibt, dass die Redaktion bei ihrer Darstellung bleibt. Dies könnte eine weitere Gegendarstellung nach sich ziehen. Möglich und üblich ist es hingegen, einen sogenannten Redaktionsschwanz anzuhängen, in dem die Zeitung angibt, dass sie unabhängig vom Wahrheitsgehalt der Gegendarstellung zum Abdruck verpflichtet ist.

In der Praxis ist die Gegendarstellung eine aussterbende Form des Protests. Nicht nur sind die formalen Voraussetzungen so streng, dass sie kaum ohne die Hilfe eines Anwalts aufgesetzt werden kann. Problematisch ist auch die Grundidee, Tatsachenbehauptung einfach gegen Tatsachenbehauptung zu stellen. Denn schon am nächsten Tag kann ein anderes Medium die beanstandeten Fakten wiederholen.

Die meisten Betroffenen fordern deshalb statt oder zusätzlich zum Abdruck der Gegendarstellung für die Zukunft die Unterlassung der fraglichen Tatsachenbehauptung. Um damit Erfolg zu haben, müssen sie nachweisen, dass der ursprüngliche Text ihre Rechte verletzt hat. Die Beeinträchtigung muss nicht schwerwiegend sein. Ein Anwalt schickt der betroffenen Redaktion schlicht eine Abmahnung und fordert eine Unterlassungserklärung. Unterschreibt das

Medium, muss es auch die Anwaltsgebühren übernehmen. Unterschreibt es nicht, geht die Sache vor Gericht, wo der Kläger eine einstweilige Verfügung beantragen kann.

Viel schwieriger als eine Unterlassung zu erreichen ist es, die Zeitung zum Widerruf einer Tatsachenbehauptung zu zwingen. Hier liegt die ganze Beweislast beim Kläger. Etwas einfacher ist es, eine Richtigstellung durchzusetzen. Da reicht es, nachzuweisen, dass ein hypothetischer objektiver Beobachter beim besten Willen keine Anhaltspunkte für die Wahrheit des Behaupteten erkennen kann.

Die Bürger als Wächter der Presse

Journalisten verstehen sich gerne als Wächter der Demokratie. Aber auch die Bürger haben eine Wächterfunktion gegenüber der Presse. Rechtlich gegen eine Veröffentlichung vorgehen kann allerdings in der Regel nur, wer direkt betroffen ist. Wer der Presse unabhängig davon auf die Finger schauen will, muss sie bei ihrer Ehre packen. Ein Ansatzpunkt dafür sind die Publizistischen Grundsätze des Presserats.

In diesem Pressekodex verpflichten sich die Printmedien zu ethischen Standards der Berichterstattung, die sich teils mit der Rechtslage decken, teils darüber hinausgehen. Wer gegen den Kodex verstößt, nimmt eine öffentliche Rüge in Kauf. Sie muss im eigenen Blatt veröffentlicht werden. Einen Rechtsanspruch darauf gibt es nicht.

Der Pressekodex besteht aus einer langen Liste von Grundsätzen. Hier eine Auswahl:

- ✔ Exklusivverträge dürfen die Versorgung des Publikums mit wesentlichen Informationen nicht behindern.
- ✔ In der Wahlkampfberichterstattung kommen auch politische Gegner zu Wort.
- ✔ Bei Umfragen muss klargemacht werden, wie repräsentativ sie sind.
- ✔ Journalisten recherchieren nur im Ausnahmefall verdeckt.
- ✔ Ist Vertraulichkeit vereinbart, dann hält sich die Presse auch daran.
- ✔ Werbung und redaktionelle Beiträge werden strikt getrennt.
- ✔ Reporter drängeln sich nicht in Privathäuser oder Krankenzimmer.
- ✔ Gewalt, Brutalität und Leid werden nicht unangemessen sensationell dargestellt.
- ✔ Bei Straftaten wird nur erwähnt, dass ein Verdächtiger einer Minderheit angehört, wenn das relevant und zum Verständnis notwendig ist,
- ✔ Medizinberichte dürfen keine unbegründete Hoffnung auf Heilung wecken.
- ✔ Journalisten lassen sich grundsätzlich nicht beschenken oder einladen.

Wen Sie den Eindruck haben, dass Ihre Zeitung oder Zeitschrift gegen den Pressekodex verstoßen hat, können Sie beim Presserat Beschwerde einreichen. Dabei sollten Sie angeben, welcher der Grundsätze Ihrer Meinung nach verletzt wurde. Der beanstandete Artikel oder die Illustration werden mit Datum, Namen des Mediums und Seitenzahl beigelegt. Ein Formschreiben und eine Checkliste gibt es auf der Webseite `www.presserat.de`.

Ist die Beschwerde plausibel, bittet der Presserat das betroffene Medium um eine Stellungnahme. Anschließend berät er auf einem seiner Treffen, die fünfmal im Jahr stattfinden, über den Fall. Findet er die Beschwerde berechtigt, hat er vier Sanktionsmöglichkeiten. Die schärfste ist eine öffentliche Rüge, die abgedruckt werden muss. Bei einer nicht öffentlichen Rüge wird auf den Abdruck verzichtet, zum Beispiel, um das Opfer zu schützen. Daneben kann der Presserat das Vorgehen oder die Berichterstattung einer Redaktion missbilligen oder auch nur einen Hinweis geben, was falsch gemacht wurde, mit der Bitte, in Zukunft solche Fehler zu vermeiden.

Die größte Veränderung in der Wächterfunktion gegenüber Zeitungen und Magazinen hat das Internet gebracht. Dort nehmen Blogs die Medien kritisch unter die Lupe. Am bekanntesten ist der preisgekrönte `bildblog.de`, der seit 2004 in der Bild-Zeitung erschienene Berichte nachrecherchiert. Der freie Zugang von Millionen Lesern zu solchen Internetkolumnen und das Tempo, mit dem diese recherchiert und geschrieben werden, könnte die Presse vielleicht schneller ehrlich machen, als es jede Gegendarstellung oder öffentliche Rüge vermag.

Presserat als Instanz der Selbstkontrolle

Den Presserat gibt es seit 1956. Gegründet wurde er, um eine stärkere staatliche Regulierung der Presse abzuwehren. Verleger und Journalisten versprachen eine freiwillige Instanz der publizistischen Selbstkontrolle und wendeten damit die Schaffung eines Bundespressegesetzes ab. Problematisch war indes von Anfang an, dass sich einzelne Medien die vom Presserat geäußerte Kritik an ihnen nicht gefallen lassen wollten. Der *Stern* zog 1958 sogar gegen das Gremium vor Gericht und warf ihm vor, sich als Sittenwächter aufzuspielen und eine Geschmackszensur auszuüben.

1977 rügte der Presserat den Schriftsteller Günter Wallraff wegen seiner verdeckten Recherchen bei der Bild-Zeitung. Gleichzeitig kritisierte er jedoch auch die Boulevardzeitung wegen ihrer Arbeitsmethoden, die Wallraff in seinem Buch angeprangert hatte. 1981 stellte das Gremium seine Arbeit vorübergehend ein, nachdem der *Kölner Express* den Abdruck einer Rüge verweigert hatte. Erst 1985 trat der Presserat wieder in Aktion, nachdem der Großteil der Verlage versprochen hatte, gegen sie ausgesprochene Rügen künftig stets zu veröffentlichen.

Der Presserat wird getragen von den Verbänden der Zeitungs- und Zeitschriftenverleger sowie von den beiden Journalistengewerkschaften. 95 Prozent aller Verlage haben sich verpflichtet, vom Presserat ausgesprochene Rügen abzudrucken, darunter auch die Bild-Zeitung. Sie muss Jahr für Jahr mehr Rügen einstecken als jedes andere deutsche Blatt. Dass die meist verkaufte deutsche Zeitung dies nicht zum Anlass nimmt, ihre Berichterstattung nachhaltig zu verändern, beweist nach Ansicht von Kritikern, dass der Presserat ein zahnloser Tiger ist.

Nicht alles ist jugendfrei

Damit sich Kinder und Jugendliche möglichst frei entfalten können, stehen sie unter besonderem Schutz, sowohl als Konsumenten als auch als Gegenstand von Berichterstattung. Der Meinungs- und Pressefreiheit werden dadurch zwar Grenzen gesetzt, doch dies wird schon im Grundgesetz ausdrücklich in Kauf genommen.

Um Minderjährige vor Gewaltverherrlichung, Rechtsextremismus und Pornografie zu schützen, hat der Staat einen differenzierten Apparat geschaffen. Damit soll trotz des Zensurverbots verhindert werden, dass Jugendliche an Inhalte herankommen, die als jugendgefährdend oder sogar schwer jugendgefährdend gelten.

- ✔ Die Bundesprüfstelle für jugendgefährdende Medien indiziert Bücher, Zeitschriften, Werbeplakate, CDs, DVDs, Videofilme, Computerspiele und Internetangebote. Stuft sie etwa eine Musikaufnahme als rechtsextremistisch ein, wird die CD auf einen Index gesetzt. Sie darf dann nicht mehr an Jugendliche verkauft werden.
- ✔ Die Kommission für Jugendmedienschutz sorgt dafür, dass TV-Sendungen erst nach 22 Uhr ausgestrahlt werden, wenn sie das Wohl von Kindern und Jugendlichen beeinträchtigen könnten. Zudem soll sie erreichen, dass Pornoseiten im Internet nur für Erwachsene zugänglich sind.
- ✔ `jugendschutz.net`, eine gemeinsame Stelle der Bundesländer, durchforstet das Internet ständig nach jugendgefährdenden Inhalten. Wird sie fündig, wird der Anbieter aufgefordert, den Inhalt für Minderjährige zu sperren. Tut er das nicht freiwillig, wird notfalls die Staatsanwaltschaft eingeschaltet.

Als Gegenstand von Berichterstattung genießen Kinder und Jugendliche besonderen Schutz. Sie sollen unbeobachtet von der Öffentlichkeit aufwachsen und sich bewegen lernen. Das gilt auch für den Nachwuchs von Prominenten: Ohne Einwilligung ist es verboten, die Kinder eines Showstars abzulichten, selbst wenn sie bei einer öffentlichen Preisverleihung im Publikum sitzen. Und auch die schlechten Schulnoten eines Politikersohns dürfen in der Zeitung keine Erwähnung finden.

Weil Minderjährige noch nicht oder nur eingeschränkt geschäftsfähig sind, müssen die Eltern damit einverstanden sein, dass von ihren Kindern Fotos oder Interviews gemacht und veröffentlicht werden. Das gilt sogar für Beiträge, die Jugendliche für die Schülerzeitung verfassen. Die Schülerin, die als Verantwortliche im Sinne des Presserechts im Impressum steht, muss sich zwar darum kümmern, dass Leserbriefe und Gegendarstellungen veröffentlicht werden. Rechtsgeschäftlich verantwortlich und damit haftbar bleiben jedoch ihre Eltern.

Vollkommen tabu ist es, Jugendliche bei der Berichterstattung über Justiz und Verbrechen mit Namen zu nennen, selbst wenn sie schon verurteilt worden sind. Bilder müssen so bearbeitet werden, dass die Betreffenden auf keinen Fall erkennbar sind.

Die Presse und die Promis

Zwischen Prominenten und den Medien besteht eine Symbiose, die von der Neugier des Publikums ständig aufs Neue genährt wird. Das unerschöpfliche Interesse an Bildern und Nachrichten über die Schönen, Reichen und Adligen ist nicht nur das Verkaufsargument von bunten Blättern, Boulevardzeitungen, Websites und Panorama-Seiten. Es begründet auch den Marktwert der Prominenten. Denn nur ihr Bekanntheitsgrad macht sie als Werbeträger oder als Zugpferd für Wohltätigkeitsveranstaltungen attraktiv.

Der Fall Soraya

Sie war die Märchenprinzessin der 50er-Jahre, die »Deutsche auf dem Pfauenthron«: Soraya Esfandiary, Tochter einer Berlinerin und eines iranischen Adligen, heiratete 1951 den Schah von Persien und wurde fortan zum Liebling der Klatschpresse. Doch weil die Ehe kinderlos blieb, trennte sich das Paar nach sieben Jahren. Der Schah gab die Scheidung bekannt, als Soraya gerade zu Besuch bei ihren Eltern in Bonn war.

Die Sensationsberichterstattung über die Liebesnöte im kaiserlichen Palast verärgerte den Schah so sehr, dass er mit dem Abbruch der Beziehungen zu Deutschland drohte. Die Bundesregierung verabschiedete daraufhin einen Gesetzentwurf, der herabwürdigende Behauptungen über das Privatleben ausländischer Staatsoberhäupter unter Strafe stellen sollte. Die »Lex Soraya« schaffte es indes nie durch den Bundestag.

Auch nach ihrer Scheidung beschäftigte die Prinzessin weiter die deutsche Öffentlichkeit – und die Gerichte. In der Zeitschrift *Neue Welt* erschien 1961 ein angebliches Interview mit dem Titel »Der Schah schrieb mir nicht mehr«, das sich als frei erfunden herausstellte. Soraya bekam vor Gericht eine finanzielle Genugtuung von 15.000 Mark zugesprochen. Das Bundesverfassungsgericht wies die Proteste des Verlags gegen diese Entscheidung 1973 im »Soraya-Urteil« zurück.

Der Fall Caroline

Ende der 70er-Jahre rückte eine andere Prinzessin auf die Titelseiten der Klatschpresse: Caroline von Monaco machte Schlagzeilen mit ihrer ersten Ehe mit einem Immobilienmakler, die später auf Betreiben ihres Vaters vom Papst annulliert wurde. Auch in ihrem Fall konnte ein Bezug zu Deutschland konstruiert werden: Ihre Großmutter, die Mutter von Fürstin Gracia Patricia, war deutschstämmige Amerikanerin, und Caroline selbst heiratete 1999 in zweiter offizieller Ehe den Welfenprinzen Ernst August von Hannover.

Schon vor ihrer Heirat mit dem als pressekritisch bekannten deutschen Adligen begann Caroline in der ersten Hälfte der 90er, sich gegen ungebetene Berichterstattung über sich und ihre Familie juristisch zur Wehr zu setzen.

Anders als Soraya ging es Caroline bei ihren Klagen nicht in erster Linie darum, was über sie geschrieben wurde. Im Mittelpunkt der Auseinandersetzungen standen vielmehr Fotos, mit denen Illustrierte wie *Bunte*, *Freizeit Revue* und *Neue Post* ihre Titelseiten schmückten.

In Deutschland hatte Caroline zunächst nur begrenzten Erfolg. 1993 protestierte sie gegen eine erste Serie von Fotos, die sie mit einem neuen Freund und ihren Kindern zeigte, beim Bummel über den Markt ebenso wie in der abgeschiedenen Ecke eines Restaurants. Die unteren Gerichtsinstanzen beschieden, als absolute Person der Zeitgeschichte müsse sie damit leben, ungefragt fotografiert zu werden, wenn sie sich in der Öffentlichkeit aufhalte, ob privat oder im Dienst des Fürstenhauses.

Die höheren Instanzen jedoch gaben Caroline später in einzelnen Punkten recht. Der Bundesgerichtshof befand 1995, die Privatsphäre von Prominenten beschränke sich nicht auf deren eigenes Heim, sondern auch auf abgeschiedene Orte, an die sie sich erkennbar mit dem Wunsch zurückgezogen hätten, allein und unbeobachtet zu sein.

Darüber hinaus ordnete das Bundesverfassungsgericht 1999 an, die *Bunte* müsse den Abdruck von Fotos unterlassen, die neben Caroline auch deren Kinder zeigten. Denn in der Abwägung zwischen allgemeinem Persönlichkeitsrecht und der Pressefreiheit falle hier der besondere Schutz der Familie zugunsten der Prinzessin zusätzlich ins Gewicht.

Klagen in Serie

1997 zog Caroline gegen neue Fotoserien vor Gericht: Eine davon zeigte sie und Ernst August auf der Zuschauertribüne eines öffentlichen Pferdesportwettbewerbs. Die zweite Serie war das Werk eines Paparazzo: Der private Beach Club von Monte Carlo, in dem die Prinzessin an diesem Tag badete, ist für Fotografen verbotenes Terrain.

In beiden Fällen erlebte die Fürstentochter vor den deutschen Gerichten eine Niederlage. Im Fall der Bilder aus dem Beach Club urteilte das Hamburger Landgericht, ein Freibad sei ein Freibad und damit öffentlicher Raum, auch wenn es sich im Privatbesitz befinde. Eine Revision war nicht möglich, und auch das Bundesverfassungsgericht nahm Carolines Beschwerden nicht mehr an. Frustriert zog sie daher 2000 vor den Europäischen Gerichtshof für Menschenrechte. Der sprach 2004 sein berühmtes Caroline-Urteil. Es schränkte die Möglichkeiten zur Verbreitung von Klatsch und Tratsch über Prominente auf einen Schlag in erheblichem Maße ein.

Im »Caroline-Urteil« verwarf der Europäische Gerichtshof für Menschenrechte die deutsche Rechtspraxis, Prominente wie Caroline als absolute Personen der Zeitgeschichte einzustufen und damit eine Einschränkung ihres Anspruchs auf Privatsphäre zu begründen. Die Bundesregierung erklärte sich bereit, Caroline ein Schmerzensgeld von 10.000 Euro zu zahlen sowie Prozesskosten zu übernehmen.

Seit dem Straßburger Richterspruch hat sich in der deutschen Rechtsprechung zu Streitigkeiten zwischen Presse und Prominenten die Gewichtung verschoben. Heute kommt es verstärkt darauf an, ob Berichte über Promis zeitgeschichtlich relevant sind. Nur die Neugier der Öffentlichkeit zu befriedigen, reicht nicht aus, um einen Eingriff in die Privatsphäre durch die Veröffentlichung von Paparazzi-Fotos zu begründen.

Caroline und Ernst August von Hannover prozessierten weiter, doch ihre Prozesse gingen auch nach dem europäischen Richterspruch höchst unterschiedlich aus. So durfte eine Bilderserie, die sie im Ski-Urlaub zeigte, nur als Illustration einer Story über den erkrankten Fürsten Rainier veröffentlicht werden. In diesem Fall betrachtete der Bundesgerichtshof es als zeitgeschichtlich relevant, dass die älteste Tochter des Fürsten in Ferien fuhr, anstatt ans Krankenbett ihres Vaters zu eilen. Die Richter fanden, für das Publikum lasse sich daraus schließen, dass die Krankheit nicht so schwer war, dass dringend eine Diskussion über die Thronfolge anstand. Dass weniger stark um den Fortbestand des monegassischen Fürstenhauses besorgte Leser vielleicht auch gedacht haben mögen, die Prinzessin verhalte sich herzlos, fiel nicht entscheidend ins Gewicht.

Unzulässig war hingegen nach Ansicht des Bundesgerichtshofs der Abdruck der Urlaubsfotos, wenn die Krankheit des Fürsten im Begleittext gar nicht vorkam. Auch ein anderes Urlaubsbild, das Caroline und Ernst August beim Bummeln auf der Straße zeigte, wurde gestoppt: Der Begleittext betraf die Vermietung der Villa des Paars in Kenia, nach Auffassung des Gerichts kein Thema von zeitgeschichtlicher Bedeutung.

Teil II

Die Nachricht

»Ich verstehe beim besten Willen nicht, warum unser Blatt ständig wegen schlampiger Recherche kritisiert wird. Sorgfalt und Exaktheit sind seit jeher für unsere Redaktion oberstes Prinzip.«

In diesem Teil ...

Nachrichten sind das Kerngeschäft des Journalismus. Ob in der Zeitung, im Fernsehen, im Radio oder im Internet – wer sich für das aktuelle Geschehen interessiert, wird täglich mit Nachrichten konfrontiert. Dieser Teil des Buches nimmt Sie mit hinter die Kulissen des Nachrichtengeschäfts. Sie erfahren, wie Informationen ausgewählt werden und wie sie den Weg in die Zeitung finden. Die Welt der Nachrichtenagenturen wird ebenso entschlüsselt wie der Tagesablauf einer Zeitungsredaktion.

Nach diesem Überblick wird die Entstehung von Nachrichten dann noch genauer unter die Lupe genommen. In Kapitel 7 erhalten Sie einen Einblick, wie Journalisten an ihre Informationen kommen. Sie finden dort auch einen ganzen Werkzeugkoffer voll Recherchetipps. In Kapitel 8 geht es darum, wie Nachrichten formuliert werden. An vielen Beispielen wird gezeigt, dass jeder mit ein bisschen Übung die Kunst des Nachrichtenschreibens lernen kann.

Wo die Nachricht herkommt

5

In diesem Kapitel

- Vom Ereignis bis zur Schlagzeile
- Großhändler im Nachrichtengeschäft
- Warum in allen Zeitungen so ziemlich dasselbe steht

Vor Ihnen liegt die Lokalzeitung auf dem Frühstückstisch. Sie hören die Nachrichten im Radio, während Sie Ihren Kindern die Butterbrote schmieren. Wenn Sie im Büro Ihre E-Mails abfragen, springt Ihnen auf der Webseite eine Neuigkeit entgegen.

So viel ist sicher: Wer dieses Buch gekauft hat, ist Nachrichtenkonsument. Aber woher haben die Journalisten, was sie da stündlich auf die Menschheit los lassen? Dieses Kapitel erlaubt am Beispiel einer Tageszeitung einen Blick hinter die Kulissen.

Ein Tag bei der Zeitung

Ein Freitag im Oktober. Es regnet, und die Zeitung, die im Briefkasten steckt, ist an der linken Ecke schon feucht. Das Farbfoto auf der Titelseite zeigt rauchende Trümmer auf einem Flugplatz. Ebenfalls auf der Seite Eins erfahren Sie, dass es erstmals seit zwei Jahren aufwärts geht am Arbeitsmarkt. In der rechten Spalte stehen Kurzmeldungen. Unter dem Bruch ein Artikel zum Streit um den neuen Flughafen in der Nachbarstadt.

Hat die Redaktion ihren Job gut gemacht, dann ist ihren Abonnenten das meiste von dem neu, was sie an diesem Freitag in der Zeitung lesen. Für die Journalisten hingegen ist es Schnee von gestern. Nur wenige Themen werden auch am Samstag noch eine Nachricht wert sein. Trotzdem lohnt sich ein Blick zurück.

Nachrichtenagenturen als Sicherheitsnetz

Donnerstagmorgen, gegen halb zehn. Im Verlagshaus trudeln nach und nach die Mitarbeiter der Zeitung ein. In der Lokalredaktion geht der Ressortleiter seine Terminmappe durch und spricht mit seinen Reportern. Ein Stockwerk darüber blättert die Chefredakteurin in den neuesten Ausgaben der Konkurrenz.

Ein paar Türen weiter hat der Nachrichtenchef die erste Stunde Arbeit schon hinter sich. Seit halb neun hat er sich auf den neuesten Stand gebracht. Er ist den Ticker durchgegangen, hat sich die Meldungen der Nachrichtenagenturen auf den Bildschirm gerufen und überflogen, was sich seit dem Vorabend auf der Welt getan hat.

Von Mänteln und Büchern

Jede Tageszeitung besteht aus mehreren Teilen oder Büchern, die man ohne zu blättern voneinander trennen und nebeneinander auf den Tisch legen kann. Das äußerste Buch umhüllt die anderen Zeitungsteile wie ein Mantel. Dieser Mantelteil enthält die Nachrichten- und Politikseiten. Auf seiner Rückseite findet sich oft die Vermischtenseite, auch Panorama oder Weltspiegel genannt.

Am Kiosk ist im Zeitungsständer nur die obere Hälfte der Titelseite zu sehen. Die Bilder und Schlagzeilen über dem Bruch, also über der Stelle, an der die Zeitung horizontal gefaltet ist, sind daher besonders wichtig. Sie sollen die Leser zum Kauf bewegen. Der Aufmacher ist die wichtigste Nachricht in der Zeitung. Meist ein längerer Text, der sich über mehrere Spalten zieht, wird er immer über dem Bruch platziert und mit einer zum Lesen verlockenden Überschrift versehen.

Große Zeitungen haben für Wirtschaft, Kultur, Sport und Lokales jeweils ein eigenes Buch. Kleinere Zeitungen mit weniger Seiten bringen den Börsenbericht, die Theaterkritik oder das Sportergebnis im Mantelteil unter. Immer ein eigenständiges Buch ist der Lokalteil. Es gibt Zeitungen, die so klein sind, dass sie nur noch ihre Lokalberichterstattung mit eigenen Redakteuren bestreiten. Ihre überregionalen Berichte beziehen sie von einer größeren Zeitung, die oft zum selben Verlag gehört. Weil sich die Mantelteile eines solchen Verbunds nur noch durch den Titelkopf unterscheiden, werden diese kleinen Zeitungen auch Kopfblätter genannt.

Während sich die Zeitungen in Ländern wie den USA, Frankreich oder Großbritannien meist auf ihre heimischen Nachrichtenagenturen verlassen, haben sie in Deutschland die Wahl zwischen der dpa, deren innerdeutscher Konkurrentin ddp und drei Weltagenturen: Sowohl AFP (Agence France-Presse) als auch AP (Associated Press) und Reuters bieten eine breite Auswahl ihrer Berichterstattung in deutscher Sprache an und berichten mit eigenen Korrespondenten über das Geschehen in Deutschland.

Eine Nachrichtenagentur darf sich Weltagentur nennen, wenn sie auf allen fünf Kontinenten sowohl Informationen sammelt als auch verbreitet. Internationale Nachrichtenagenturen haben zwar weltweit Mitarbeiter. Ihre Verbreitung beschränkt sich jedoch neben dem eigenen Land auf wenige weitere Staaten. Nationale Agenturen verbreiten ihr Material nur im eigenen Land. Spezialagenturen beschränken sich auf bestimmte Themenfelder.

Von Osnabrück bis Ouagadougou

Deutschland besteht aus 15 Großstädten mit mehr als 400.000 Einwohnern, außerdem aus 37 Ballungsräumen, 42 städtischen und 23 ländlichen Regionen. Wollte eine Zeitungsredaktion ständig in jeder deutschen Region präsent sein, müsste sie außerhalb ihrer eigenen Zentrale mehr als 110 Korrespondenten beschäftigen. Dieses Mitarbeiternetz würde nur dann aktiv, wenn es aus der betreffenden Region tatsächlich etwas zu berichten gibt. Viel zu teuer, völlig unwirtschaftlich und damit undenkbar für die 133 eigenständigen Zeitungsredaktionen in Deutschland.

Um das Problem zu lösen, warfen die deutschen Medien ihre Ressourcen in einen Topf. 1949 entstand die Deutsche Presse-Agentur (dpa). Gesellschafter sind Zeitungen, Zeitschriften, Rundfunk- und Fernsehanstalten, von denen keine mehr als 1,5 Prozent der Anteile halten darf. Die Meldungen der dpa-Korrespondenten werden über den Ticker an alle Abonnenten gesendet, früher per Fernschreiber, heute per Datenstrang. Die monatlichen Abokosten richten sich nach der Auflage der Abnehmer.

Im Gegensatz zur dpa können die Weltagenturen die Berichte ihrer Auslandsbüros in Deutschland zu einem günstigeren Preis anbieten. Denn die Finanzierung ihres dichten Korrespondentennetzes hängt nicht von den deutschen Zeitungen, Zeitschriften und Sendern ab. AFP, AP und Reuters haben Abnehmer in aller Welt, die mit ihren Gebühren zum Unterhalt von Tausenden Mitarbeitern rund um den Globus beitragen.

✔ Die Nachrichtenagentur Associated Press (AP) hat die 1.500 US-Tageszeitungen als Gesellschafterinnen. Die deutsche Zentrale sitzt in Frankfurt am Main.

✔ Reuters Thomson ist ein an der Börse notiertes Unternehmen mit Hauptsitz in New York. Der Großteil des Umsatzes wird mit Finanzdiensten erzielt.

✔ Die Agence France-Presse (AFP) bezieht etwa ein Drittel ihrer Einnahmen von französischen Institutionen, die ihre Dienste abonnieren. Sie unterhält das dichteste Korrespondentennetz aller Agenturen und berichtet heute viel auf Englisch.

Großhandel mit Nachrichten

Was eine Nachrichtenagentur eigentlich tut, ist für das Publikum nicht einfach zu durchschauen. Schließlich kann kein Bürger einfach die Website einer Agentur aufrufen und dort Informationen einkaufen. Denn dpa, AFP, AP und Reuters sind Großhändler im Nachrichtengeschäft. Wer ihre Ware erhalten will, muss in aller Regel ein Abonnement abschließen, so wie die Leser bei ihrer Zeitung.

Stürzt ein Flugzeug über dem Dschungel ab oder fällt der eigene Korrespondent wegen Krankheit aus, muss die Zeitungsredaktion nicht erst eigene Leute in Bewegung setzen. Sie hat über die Agenturen unmittelbaren Zugriff auf eine Vielzahl von Informationen, von der Meldung über das Feature bis zu Foto und Infografik.

Die Agenturen müssen ihr Korrespondentennetz auch in Zeiten finanzieren, in denen in einer entlegenen Region der Erde gerade nichts Berichtenswertes passiert. Indem die Abnehmer einen regelmäßigen Monats- oder Jahresbeitrag bezahlen, tragen sie zum Unterhalt dieser teuren und aufwendigen Infrastruktur bei. Im Gegenzug dürfen sie so viele Agenturtexte verwenden wie sie gerade möchten.

Manche Zeitungen geben klar zu erkennen, welche Artikel auf Agenturmaterial beruhen und welche sie selbst recherchiert haben. Die Namen der Agenturen werden meist abgekürzt. Kürzel wie dpa, ddp, AFP, AP und rtr sind entweder ganz am Anfang des Textes hinter der Ortsangabe oder am Ende des Artikels zu finden. Eine Verpflichtung, die verwendete Agentur als Quelle zu nennen, besteht nicht.

Informationen im Minutentakt

Präzision, Schnelligkeit, Nachrichtenstil – das sind die drei Maximen, die den Agenturjournalismus ausmachen.

- ✔ Eine Agenturnachricht muss präzise recherchiert sein. Denn die Abnehmer können in den meisten Fällen nicht nachprüfen, ob stimmt, was über den Ticker kommt. Sie müssen sich darauf verlassen können, dass der Inhalt der Meldungen richtig ist. Eine alte Agenturdevise lautet daher: Get it first, but first get it right. (Bring die Nachricht als Erster, aber erst wenn du sicher bist, dass sie auch stimmt.)
- ✔ Eine Agenturnachricht muss so schnell wie möglich auf den Draht. Irgendwo auf der Welt beginnt immer gleich eine Nachrichtensendung, steht immer eine Zeitung kurz vor dem Redaktionsschluss. Weltagenturen arbeiten deshalb rund um die Uhr und wetteifern darum, die entscheidende Information eine Minute früher zu liefern.
- ✔ Eine Agenturnachricht muss in neutralem Stil verfasst sein. Eine Lokalzeitung muss damit ebenso viel anfangen können wie ein Boulevardblatt. Zum Abnehmerkreis der Nachrichtenagenturen gehören Medien mit ganz unterschiedlichen Tendenzen. Im Handbuch der AFP heißt es dementsprechend: »L'Agence n'a pas de point de vue, et n'a pas a en avoir.« (Die Agentur hat keine Meinung und das ist gut so.)

Von der Eilmeldung bis zum eindrücklichen Foto

Der Text auf dem Laufband am unteren Rand des Fernsehschirms, der Zettel, den der *Tagesschau*-Sprecher gerade hereingereicht bekommen hat: Neuigkeiten wie diese stammen so gut wie immer aus dem Agenturticker. Eilmeldungen, neudeutsch auch Breaking News genannt, sind die klassische Form des Agenturjournalismus. In wenigen knappen Sätzen wird darin Unerwartetes vermeldet – oder auch etwas, auf das alle schon seit Stunden gewartet haben.

Die Steigerung der Eilmeldung ist der Blitz. Diese aus wenigen Worten bestehende Nachricht wirft alles Erwartete über den Haufen.

Zum Angebot der Nachrichtenagenturen, auf dem eine Zeitung ebenso aufgebaut ist wie eine Fernsehsendung oder ein Internetdienst, gehören nicht nur dringende Meldungen. Auch längere Texte sind dabei, Reportagen aus Krisengebieten ebenso wie lustige Provinzpossen oder die Zusammenfassung der neuesten Entwicklungen zu einem Dauerthema wie der Gesundheitsreform. Auch hier tritt die Nachrichtenagentur als Sicherheitsnetz in Aktion. Wurde der Korrespondent beim Verfolgen einer wichtigen Bundestagsdebatte von einem Anruf auf seinem Handy abgelenkt? Halb so schlimm. Denn auch der Agenturkollege war vor Ort. Er wird die wichtigsten Passagen samt knackigen Zitaten binnen einer halben Stunde auf den Draht geben.

Hilfe leisten die Nachrichtenagenturen den Zeitungsredaktionen zudem bei der Illustration von Artikeln. Bilder aktueller Ereignisse und Feature-Fotos zu zeitlosen Themen gehören zu den wichtigsten Angeboten von dpa, ddp, AFP, Reuters und AP. Trockene Inhalte werden durch Kurven und andere Grafiken veranschaulicht.

Schleusenwärter des Informationsflusses

Mit ihrem engmaschigen Netz an Mitarbeitern haben die internationalen Agenturen zusammengenommen einen unübertroffenen Überblick über das, was rund um den Globus passiert. Ihre Korrespondenten, Redakteure und freien Mitarbeiter sammeln täglich unzählige Informationen ein.

- ✔ Sie begleiten Minister, Militärkonvois, Flüchtlingshelfer und Feuerwehrleute.
- ✔ Sie hängen sich ans Telefon, um der Ursache einer Explosion nachzugehen.
- ✔ Sie stehen stundenlang in der Kälte, um das Ergebnis einer Sitzung abzuwarten.
- ✔ Sie werten die Lokalpresse in exotischen Ländern aus.
- ✔ Sie beobachten die Börsenentwicklung und befragen dazu Analysten.
- ✔ Sie verfolgen Sportereignisse und melden in Windeseile die Ergebnisse.

Nicht alle Informationen, die auf diese Art gesammelt werden, landen täglich in allen Zeitungsredaktionen. Deren Nachrichtenspeicher würde schlicht überquellen. Die Agenturen erfüllen daher noch eine weitere und oft unterschätzte Aufgabe: Sie dienen als Schleusenwärter eines Nachrichtenflusses, der ziemlich reißend ist.

An den Schaltstellen der Nachrichtenagenturen entscheidet sich Minute für Minute, welche Neuigkeit welchem Kundenkreis zugeleitet werden soll. Die Plätze der Entscheider nennen Agenturjournalisten die Slots.

Das Ganze geschieht rund um die Uhr, denn während die deutsche Zeitungsredaktion noch schläft, brummt in Tokio die Börse, wird in Bangladesch eine Slumsiedlung überschwemmt und in Australien ein Serienmörder gefasst.

Die Zeitung geht an den Start

In der Zeitung blättern, auf dem Weg ins Büro die Radionachrichten hören, im Fitnessstudio auf einen Bildschirm mit Börsendaten starren – für die meisten Menschen ist das Schöne am Nachrichtenkonsum, dass sie es tun, genauso gut aber auch lassen können. Für Journalisten dagegen ist es Pflicht, informiert zu sein, bevor ihr Arbeitstag offiziell beginnt. »Redakteure füttern sich morgens mit Nachrichten«, schreibt Regine Sylvester von der *Berliner Zeitung* über den Tagesablauf bei ihrem Blatt.

Im Vergleich zu dem, was allen Beteiligten im Laufe des Tages bevorsteht, ist der typische Morgen bei der Zeitung noch geruhsam. Solange nicht feststeht, welcher Mitarbeiter an diesem Tag welches Thema zu betreuen und wie viele Zeilen er zu verfassen hat, wird in den Redaktionsräumen, die heutzutage meist Großraumbüros sind, erst einmal Kaffee getrunken, Klatsch ausgetauscht und im Internet gesurft.

Zeitungsredakteure haben meist einen langen Tag. Im Gegenzug brauchen sie nicht pünktlich um 8 Uhr auf der Matte zu stehen. Stechuhren sind in Medienbetrieben verpönt.

Was die Zeitung morgens schon braucht, ist ein hellwacher Chef. Er oder sie muss ihr nicht nur einen kräftigen Schubs geben, sondern auch jeden Tag den Kurs neu bestimmen. In manchen Häusern sind dafür die Chefredakteure zuständig. Anderswo überlassen diese die Leitung der aktuellen Produktion komplett ihren Stellvertretern.

Konferieren geht über Studieren

Zeitung machen heißt nicht nur Recherchieren, Schreiben und Bebildern. Zeitung machen ist auch ein täglicher Verteilungskampf um knappe Ressourcen. Einerseits ist die Anzahl der Journalisten begrenzt, die in den Stunden bis zum Redaktionsschluss Artikeln produzieren können. Andererseits besteht jede Zeitungsausgabe aus einer begrenzten Zahl von Seiten für Schlagzeilen, Bilder, Grafiken, Artikel und Infokästen.

Gegen 10 Uhr steht fest, wie viele Anzeigen am nächsten Tag im Blatt stehen sollen und wie sie über die Seiten verteilt werden. Die Journalisten füllen die »Nachrichtenlücke«, den Platz, den die Werbung leer lässt.

Arbeitskraft und Nachrichtenlücke sinnvoll zu verteilen, erfordert Fingerspitzengefühl, Meinungsstärke und Überzeugungskraft. Die große Mehrheit der Redakteure muss mitziehen, wenn die Zeitung am nächsten Tag die Ansprüche ihrer Leser erfüllen soll. Maulende Ressortleiter und beleidigte Reporter sind Sand im Getriebe eines komplizierten Apparats. Erfolgreiche Chefredakteure konsultieren daher ihre Fachleute, bevor sie ihre Entscheidungen bekannt geben.

Stellen Sie sich den Werdegang einer Zeitung wie die Entstehung eines Bildes vor: Alles beginnt mit einer rohen Skizze, die im Laufe des Tages immer mehr verfeinert und mit Farben und Details ausgefüllt wird.

Schon bevor sie in die große Konferenz gegen 11 Uhr gehen, entwickeln die Chefs eine Vorstellung davon, was an diesem und in den nächsten Tagen wichtig sein wird. Welches Thema eignet sich als Aufmacher? Wo kann die Zeitung einen Schwerpunkt setzen? Was ist erklärungsbedürftig? Was schreit nach einem Kommentar?

In kleinen Runden stecken die Mitglieder der Chefredaktion mit den Vertretern der wichtigsten aktuellen Ressorts zwischen 9 und 11 Uhr die groben Linien der Zeitung von morgen ab. Der Fokus liegt dabei auf dem Mantel. Dazu gehören die Titelseite, die Nachrichten- und Politikseiten, die Hintergrundseiten und die Seite Drei, auf der die häufig besonders liebevoll geschriebenen Reportagen und Porträts stehen.

Auf der großen Konferenz sitzen Vertreter aller Ressorts mit am Tisch. Sie beginnt meist mit einer Blattkritik: Die Chefredakteurin bewertet die Ausgabe von heute, verteilt das eine oder andere Lob, merkt an, welche Geschichte verpasst wurde und was ansonsten schiefgelaufen ist.

Bei der Redaktionskonferenz geht es in erster Linie um die Zeitung von morgen. Reihum tragen die Ressortvertreter vor, welche Themen sie im Angebot haben, mit welchen Stücken sie ihre Seiten füllen wollen. Finden sie eines ihrer Themen besonders spannend, dann werben sie um möglichst viel Platz vorn im Blatt. Jeder Reporter will seine Geschichte gerne auf der Titelseite oder auf der Seite Drei sehen, auch wenn das bedeutet, noch besser zu recherchieren und noch schöner zu schreiben.

Eigentlich längst geklärt, wird auch die Frage nach den Zuständigkeiten immer wieder aufgeworfen. Gehören die neuen Arbeitsmarktzahlen der Politik oder der Wirtschaft? Oder sind sie nicht eigentlich ein regionales Thema? Findet der neue TV-Trend zu Liebespaaren über 60 auf der Medienseite statt, im Vermischten oder gar in der Kultur? Sind all diese Fragen halbwegs befriedigend geklärt, gehen die Verantwortlichen auseinander. Auf sie wartet eine neue Arena des Verteilungskampfs.

Blickfang muss sein

Zeitungsmacher haben Annahmen über ihre Leser, die von Umfragen, Auflagenentwicklungen und eigener Anschauung gestützt werden. Die wichtigste dieser Annahmen lautet, dass die meisten Menschen ungern lesen. Sie genießen Texte lieber in kleinen Happen und schauen sich immer zuerst die Bilder an. Ein Journalist hat genau das entgegengesetzte Interesse: Wenn er gründlich recherchiert hat, will er sein Thema umfassend darstellen, wofür es möglichst vieler Zeilen bedarf.

Anwälte des lesefaulen Publikums sind bei der Zeitung die Seitengestalter, die für das Layout verantwortlich sind. Sie wollen einen guten Teil der Nachrichtenlücke für Überschriften, Zwischentitel, Kästen, Fotos und Grafiken reservieren. Ihnen gegenüber stehen die Redakteure, die um möglichst viel Platz für die Texte ihrer Autoren kämpfen. Ergebnis der Auseinandersetzung zwischen diesen Gegenspielern sind die Seitenaufrisse, auf denen klar erkennbar ist, wie lang jeder Artikel werden darf.

Es gibt Themen, die geradezu nach einem Foto schreien. Kriege und Demonstrationen gehören dazu, Ereignisse, bei denen ganz normale Menschen im Mittelpunkt stehen. Auch die Natur sorgt für dramatische Bilder: Überschwemmungen, Wirbelstürme, Hitzewellen und Wintereinbrüche ziehen Leser und Zuschauer an.

Zeitungsdesign im digitalen Zeitalter

Computertechnik und Internet haben die Medienlandschaft rasant verändert. Binnen weniger Jahrzehnte verschwanden ganze Berufsgruppen wie Setzer, Monteure und Korrektoren aus den Zeitungshäusern. Heute sehen Reporter ihre Texte schon beim Schreiben auf dem Bildschirm so, wie sie später auf der gedruckten Seite erscheinen. Zeit und Personal wurden eingespart. Nicht nur inhaltlich haben sich viele Zeitungen verändert. Sie gaben sich auch ein neues Gesicht.

- **Mehr Optik, weniger Text**

  Fast keine Zeitung arbeitet heute mehr ohne Farbe. Neben farbigen Titelfotos wurden Farbleitsysteme eingeführt: Schattierungen und Rahmen in den Zeitungsfarben sollen den Lesern helfen, sich im Blatt zu orientieren. Hinzu kommen großflächige Grafiken und freigestellte Bilder. Zugenommen hat auch der Platz für die Farbe Weiß: Freie Zwischenräume sollen die Seiten luftiger erscheinen lassen. Weil die Zeitungen nicht dicker werden – ihr Umfang hängt auch vom Anzeigenaufkommen ab –, geht die zusätzliche Optik auf Kosten des Textes.

- **Mehr Magazin, weniger Nachricht**

  Weil sie mit schnelleren Medien wie Radio, Fernsehen und Online nicht mithalten können, sehen Zeitungen ihre Aufgabe zunehmend im Vertiefen von Themen. Die Palette der aktuellen Nachrichten wird schmaler. An ihre Stelle treten Themenseiten, Infokästen und Frage-Antwort-Rubriken. Die Zeitungen ähneln von der Schwerpunktsetzung her immer mehr dem Magazin. Besonders deutlich wird dies bei Blättern, die auf das kleinere Tabloid-Format umgestellt haben, das sich wie ein Heft durchblättern lässt. Die Titelseite wird von einem Foto nebst Schlagzeile dominiert, gesäumt von Anreißern, die auf weitere Themen verweisen.

- **Mehr Aktuelles, weniger Sorgfalt**

  Durch die Digitaltechnik haben sich in vielen Häusern die Redaktionsschlusszeiten etwas nach hinten verschoben. Selbst in ihren überregionalen Ausgaben können die meisten Zeitungen heute spät aufschlagende Sport- oder Wahlergebnisse noch mitnehmen. Weil weniger Stationen an der Erstellung einer Zeitung beteiligt sind, geht alles schneller, wenn natürlich auch nicht so schnell wie im Netz. Der Nachteil: Es schleichen sich öfter als früher Fehler ein.

- **Mehr Schablone, weniger Vielfalt**

  Hat sich die Zeitung erst einmal auf ein neues Design eingelassen, bleibt den Blattmachern beim Layout weniger Spielraum als früher. Das Redaktionssystem gibt vor, dass ein Zweispalter auf Seite 7 so und nicht anders auszusehen hat. Für viele Redakteure, die sich lieber mit Texten als mit Gestaltung befassen, ist das natürlich eine Erleichterung. Indes verhält es sich damit wie mit einer Farbberatung: Für immer auf den knalligen Lippenstift zu verzichten, ist langweilig.

Andere Geschichten würden Fotoredakteure am liebsten aus ihrem Blatt verbannen. Die neue Runde der Nahostdiplomatie gehört dazu. Politiker, die sich die Hände schütteln, sind optisch so langweilig, dass ein Bild von ihnen immer nur eine Verlegenheitslösung sein kann. Ähnlich sieht es aus mit Kopfporträts aus dem Archiv, die auf der Zeitungsseite deshalb meist nur in Briefmarkengröße erscheinen.

Eine harte Nuss ist es auch, den Arbeitsmarktbericht aus Nürnberg zu illustrieren. Eine Kurve, die anzeigt, ob die Arbeitslosenzahlen in den vergangenen zwölf Monaten gesunken oder gestiegen sind? Eine Deutschlandkarte, die zeigt, in welcher Region die Beschäftigung am höchsten ist? Oder vielleicht doch ein Symbolfoto aus dem Wartezimmer des örtlichen Arbeitsamtes? Der lokale Ansatz hat den Vorteil, dass die eigenen Fotografen losgeschickt werden können. Andernfalls bleibt nur die Durchsicht der aktuellen Agenturfotos oder die Suche im Archiv.

Sobald die Seiten angelegt sind, kann für die Schreiber die eigentliche Arbeit beginnen. Sie wissen jetzt, dass sie 50, 80 oder 120 Zeilen verfassen sollen. In den meisten Fällen werden sie 60, 90 oder 150 Zeilen abliefern. Die überzähligen Sätze muss ein fluchender Redakteur am Nachmittag herauskürzen. Aber noch ist es nicht so weit.

Mittags wird es bei der Zeitung ernst

Die meisten Journalisten arbeiten nicht auf Reserve. Sie brauchen eine lange Anlaufzeit, verbringen halbe oder ganze Tage mit Lesen, Denken und Recherchieren. Erst wenn der Zeitdruck übermächtig wird, fangen sie endlich an zu schreiben.

Die Chefredakteurin brütet über einem Leitartikel zu den Arbeitsmarktzahlen. Sie hat sich nach der Redaktionskonferenz in ihr Büro zurückgezogen und die Tür zugemacht. Eine Meinung hat sie schon, jetzt muss sie gute und möglichst auch originelle Argumente finden. Sie zieht das Telefon heran, um einen Studienfreund anzurufen, der Referent im Arbeitsministerium ist. Sie will ihre Argumente testen, gerade weil sie weiß, dass er ganz anderer Meinung ist als sie.

Ein Reporter und 120 Zeilen

Der Lokalreporter schwitzt über seinem Kasten zum Flughafenstreit. Sein Ressortleiter hat ihn tagelang von anderer Arbeit freigeschaufelt, damit er gründlich recherchieren kann. Er hat mit allen Beteiligten gesprochen, sich vor Ort ein Bild von der Baustelle gemacht. Er blättert durch Stapel von Notizen. Wie das alles nur in 120 Zeilen pressen?

Eigentlich wollte der Reporter eine ganze Serie schreiben, doch davon konnte er die Chefredakteurin nicht überzeugen. Immerhin, eine Story auf der Titelseite ist auch nicht schlecht. Weil der neue Flughafen teurer wird als geplant, muss er außerdem eine Vorabmeldung schreiben, die am späten Nachmittag an die Agenturen gegeben wird. Wird sie von anderen Medien verwendet, mehrt das den Ruhm der Zeitung.

Weckruf in Washington

Es ist jetzt 13 Uhr, das heißt 7 Uhr früh in Washington. Zeit für die Ressortleiterin Politik, den USA-Korrespondenten anzurufen und mit ihm seine Analyse zu den Nahostverhandlungen abzusprechen. Der Korrespondent klingt missmutig und unausgeschlafen. Warum bewirbt der sich nicht für einen Job in Moskau, die sind uns in der Zeit voraus statt hinterher, denkt die Politikchefin zum x-ten Mal.

Die Zeitung muss mehr liefern als das, was ihre Leser schon am Vorabend in der Tagesschau gesehen haben. Sie muss in die Tiefe gehen und erklären, was hinter der Nachricht steckt.

Und dann kommt alles anders

Drei Schreibtische weiter hat sich der Leiter der Panorama-Redaktion auf einen ruhigen Nachmittag eingestellt. Der Artikel über den neuen Trend zur Seniorenromanze im Fernsehen ist schon fertig redigiert. Es fehlen nur noch Überschrift und Zwischentitel.

Weil der Vermischtenchef morgens seine Kinder in die Ferienbetreuung bringt, gehört er zu den Frühaufstehern der Redaktion. Er sitzt schon seit 8.20 Uhr an seinem Schreibtisch. Jetzt hat er Hunger. Bevor er seine Seite fertigstellt, muss er erst mal etwas in den Magen bekommen. Er ist gerade auf dem Weg zum Fahrstuhl, als sein Handy klingelt. Am Apparat ist der Nachrichtenchef. »Hast du die Agentur gesehen?«

Ein Flugzeug ist bei der Landung auf Lanzarote abgestürzt. Dort verbringen viele Deutsche ihren Urlaub. Und in dem Bundesland, in dem die Zeitung erscheint, sind gerade Herbstferien.

Das verhagelte Mittagessen

Mahlzeit, denkt sich der Vermischtenchef. Er macht kehrt und klickt sich an seinem Computer hastig durch die Meldungen der Nachrichtenagenturen. Viel haben sie bisher nicht zu berichten, vor allem nicht, woher die Maschine stammte.

Aus Erfahrung weiß er, dass sich die Nachrichtenlage in den nächsten Stunden immer wieder ändern wird. Wie soll er also seine Seite füllen? Mit einer Chronologie der schwersten Flugzeugabstürze kann er rechnen, die können die Agenturen aus ihrem Speicher holen und leicht aktualisieren. Eine Karte vom Unglücksort müsste ebenfalls geliefert werden. Oder soll er darauf die eigene Grafikabteilung ansetzen?

Beratung im Stehen

Stehkonferenz, 13.30 Uhr. Um diese Zeit klopfen der stellvertretende Chefredakteur, der Nachrichtenchef und die Leiterin der Politikredaktion täglich den Aufmacher fest.

Angesichts der neuen Entwicklung werden auch der Vermischtenchef und ein Vertreter der Onlineredaktion hinzugezogen. Die erste, noch unbestätigte Nachricht lautet, dass es sich bei dem abgestürzten Flieger um eine britische Maschine handelt. Schlimm genug, aber weniger wichtig für die Leser, als dass die Zahl der Arbeitslosen in Deutschland erstmals seit zwei Jahren wieder sinkt.

Die Stehkonferenz beschließt eine zweigleisige Strategie: Bestätigt sich, dass Deutsche von dem Flugzeugabsturz nicht unmittelbar betroffen sind, bleibt es beim Aufmacher zum Arbeitsmarkt. Auf die Seite Eins kommt dann nur ein Foto von den Kanaren. Der Rest der Katastrophenberichterstattung findet auf der Panorama-Seite statt.

Ändert sich die Nachrichtenlage, wird bei der Tageszeitung oft noch umdisponiert: Die Regionalausgabe geht anders als die Fernausgabe nicht am späten Nachmittag, sondern erst abends in den Druck.

Der Vermischtenchef fragt nach der Infografik. Der stellvertretende Chefredakteur verspricht, ganz oben abzuklären, dass eine möglichst detaillierte Karte vom Absturzort jetzt wichtiger ist als die Arbeitsmarktstatistik. Zudem wird ein Nachrichtenredakteur abgestellt, um aus dem Angebot der Nachrichtenagenturen einen möglichst lebendigen Text über das Flugzeugunglück zusammenzustricken.

Alle blicken schon auf die Uhr, da kommt der Vermischtenchef mit einem weiteren dringenden Anliegen. Kann die Geschichte über den Fernsehtrend, für die er nun keinen Platz mehr hat, auf die Medienseite wandern? Es entspinnt sich eine kurze Diskussion, bis jemandem auffällt, dass am nächsten Tag gar keine Medienseite vorgesehen ist. Die Kultur ziert sich auch, den Text zu übernehmen.

Der stellvertretende Chefredakteur beschließt, dass die Geschichte noch einen Tag geschoben werden muss. Der Vermischtenchef öffnet den Mund, um zu protestieren. Wer weiß, ob ihn der Flugzeugabsturz nicht auch am nächsten Tag beschäftigen wird? Dann schließt er seinen Mund wieder. Es ist schon 13.45 Uhr. Zeit zu produzieren statt zu diskutieren.

Die erste Ausgabe hat Redaktionsschluss

In den Stunden zwischen 15.30 und 18 Uhr werden nacheinander die Seiten für die Fernausgabe der Zeitung in die Druckerei geschickt. Diese Ausgabe muss früh fertig sein, damit genug Zeit bleibt, sie per Flugzeug oder Lastwagen in andere Städte zu liefern.

Der Lokalreporter ist mit seinem Artikel über den Flughafenstreit zufrieden. Er hat die besten Zitate aus seinen Notizen gefischt, Zahlen und Einordnung geliefert und einen roten Faden gefunden, der sich durch seine ganze Geschichte zieht. Besonders stolz ist er auf Anfang und Schluss seiner Geschichte. Der Einstieg verlockt zum Weiterlesen. Der Ausstieg bietet einen Überraschungseffekt, durch den seine Story bei den Lesern hoffentlich im Gedächtnis haften bleibt.

Das einzige Manko an der Geschichte: Sie ist ganze 20 Zeilen zu lang. Der Seite-Eins-Redakteurin fällt nun die Aufgabe zu, den Artikel auf das vorgesehene Maß zu kürzen. Jedes Mal, wenn sie ein Wort markiert und auf die Entfernen-Taste drückt, empfindet der Autor dies als

Schlag in die Magengrube. Als der Schluss gestrichen werden soll – Redakteure kürzen gerne von hinten weg –, kann er nicht mehr an sich halten.

»Nicht meinen schönen Ausstieg«, jammert der Reporter. »Mach einen besseren Vorschlag«, brummt die Redakteurin. »Soll ich vielleicht die Autorenzeile weglassen?«

Widersprüchliche Opferzahlen

Der Nachrichtenredakteur, dem die Aufgabe zugefallen ist, einen Nachrichtentext zum Flugzeugabsturz auf Lanzarote zu schreiben, flucht. Zwar melden mittlerweile mehrere Agenturen übereinstimmend, dass es sich beim verunglückten Flugzeug um eine aus London kommende Maschine handelte. In einigen anderen Punkten widersprechen sich die Berichte jedoch, zum Beispiel bei der Zahl der Opfer.

Der Redakteur rätselt vergeblich, wie sich das erklären lässt. Ob nicht nur Insassen des Flugzeugs, sondern auch Unbeteiligte am Boden ums Leben gekommen sind? Eine Möglichkeit, das selbst herauszufinden, hat er auf die Schnelle nicht. Er entscheidet sich für die Formulierung, dass mindestens 150 Menschen getötet wurden.

Die Chefredakteurin hat ihren Leitartikel abgeliefert – und längst vergessen, was sie darin geschrieben hat. Auch sie ist jetzt mit der Flugzeugkatastrophe beschäftigt. Es geht darum, das Foto auszusuchen, das am nächsten Tag groß auf der Titelseite erscheinen soll. Wirklich eindrückliche Bilder, auf denen eine Vorstellung vom menschlichen Leid vermittelt wird, das der Absturz verursacht hat, gibt es noch nicht.

Notgedrungen entscheidet sich die Chefredakteurin für ein Foto, auf dem neben Flugzeugtrümmern zumindest etwas Wasser und einige Hotels zu erkennen sind. Die Menschen sollen nicht erst die Bildunterschrift lesen müssen, um zu erkennen, dass hier ein Ferienflieger verunglückt ist.

Licht und Schatten

Die Fernausgabe geht mit der Schlagzeile zu den Arbeitslosenzahlen zur Belichtung. Der Flugzeugabsturz wird auf der ersten Seite angerissen und auf der Vermischtenseite ausführlich behandelt. Neben der Nachricht stehen dort eine Illustration und eine Chronologie der schwersten Flugzeugunglücke in Europa der vergangenen 20 Jahre.

Der Grafiker hat sich selbst übertroffen. Was er gebastelt hat, ist weitaus aussagekräftiger als die Karte von der Agentur. Seine Grafik zeigt nicht nur die Insel, den Flughafen und die Absturzstelle. Sie zeigt auch, welche Flugverbindungen zwischen Lanzarote und anderen Ländern, darunter Deutschland, bestehen.

Täglich tickt die Redaktionsuhr

Der Redaktionsschluss sitzt den Zeitungsmachern im Nacken. Besonders wenig Zeit haben die Journalisten überregionaler Zeitungen. Da ihre Blätter vom jeweiligen Druckort zu den Käufern in ganz Deutschland transportiert werden müssen, ist der wichtigste Redaktionsschluss schon am späten Nachmittag. Danach muss die Zeitung noch einmal auf den neuesten Stand gebracht werden. Leser, die näher am Druckort wohnen, bekommen dadurch oft eine aktuellere Ausgabe.

Bei einer Lokalzeitung befinden sich Redakteure, Drucker und Leser am gleichen Ort. Logisch, dass hier die Journalisten am meisten Zeit haben, oft bis in den späten Abend hinein. Um besondere Ereignisse noch ins Blatt zu kriegen, kann die Redaktion beim Verlag ausnahmsweise extra späte Abgabezeiten beantragen: bei Wahlen oder Fußballspielen, die erst nach 23 Uhr abgepfiffen werden. Das ist allerdings teuer, weil Drucker und Transporteure Überstunden machen müssen.

Abends läuft die Zeitung gegen die Uhr

Das Weltgeschehen hält sich nicht an Redaktionsschlusszeiten. Fußballspiele enden erst kurz vor 23 Uhr, Wahlergebnisse verzögern sich; auf der anderen Erdhalbkugel werden Pressekonferenzen erst abgehalten, wenn die *Heute*-Sendung längst vorüber ist.

Für eine Zeitungsredaktion gehört es zum Alltagsgeschäft, auch über Ereignisse zu berichten, die erst am späteren Abend bekannt werden. Das meiste, was bis zum späten Nachmittag für die Fernausgabe produziert wurde, wird auch am nächsten Tag noch Bestand haben. Für Nachrichten, die erst spät aufschlagen, gibt es die Spätredakteurin. Sie aktualisiert einzelne Seiten, geht dabei allerdings sparsam vor: Jede neue Seite, die produziert werden muss, kostet Überstunden in der Druckerei.

Dieser Tag wird für den Zeitungsverlag teuer. Gegen 18 Uhr, kurz nachdem die Fernausgabe das Haus verlassen hat, blinkt es noch einmal rot auf den Agenturbildschirmen. Zwar stimmt es, dass die auf Lanzarote verunglückte Maschine einer britischen Fluggesellschaft gehörte. Doch an Bord befand sich eine 50-köpfige deutsche Reisegruppe. Ihr Flieger hatte am Morgen wegen eines Triebwerkschadens in Düsseldorf nicht starten können. Sie wurde auf den Flug über London umgebucht.

Aktualisieren was das Zeug hält

Die Teilnehmer der Abendkonferenz sind sich einig, dass die Schwelle überschritten ist: Die Nachricht vom Unglückstod von 50 Landsleuten übertrumpft den Arbeitsmarktbericht. Sie beschließen ohne lange Diskussion, den Aufmacher auszutauschen. Der Nachrichtentext über den Flugzeugabsturz wandert auf die Titelseite, der Arbeitsmarkt in die Wirtschaft. Fürs

Panorama ist eine Reportage aus Lanzarote vorgesehen, die von einer Agentur für 22 Uhr angekündigt wird.

Redaktionsschluss für die Regionalausgabe, die morgens in den Briefkästen liegt, ist um 23 Uhr.

Der Spätredakteurin steht ein hektischer Abend bevor. Sie muss nicht nur den langen Aufmachertext zur Flugzeugkatastrophe auf den neuesten Stand bringen. Verarztet werden muss auch das Wahlergebnis aus Polen, das für 21 Uhr erwartet wird. Vorgesehen ist eine Kurzmeldung auf der Seite Eins. Die Meldung über die Nahostverhandlungen sollte eigentlich auch aktualisiert werden, doch das muss jetzt hintanstehen. Wer die Analyse des USA-Korrespondenten auf der Hintergrundseite liest, weiß ohnehin, dass von dort nicht viel Neues zu erwarten war.

Überstunden machen müssen auch die Verantwortlichen fürs Vermischte und für die Wirtschaft. Der Vermischtenchef, seit 7 Uhr früh auf den Beinen, wartet ungeduldig auf den angekündigten Korrespondentenbericht der Agentur. In der Zwischenzeit verfolgt er die TV-Nachrichtensender, notiert sich das Zitat eines Augenzeugen, mit dem er die angekündigte Reportage möglicherweise anreichern kann. Der Wirtschaftsredakteur vom Dienst sagt einen Abendtermin beim Sparkassenverband ab. Weil der Arbeitsmarkt mit 120 Zeilen nun auf seiner Seite gelandet ist, muss er drei andere Artikel zu Meldungsgröße zusammenkürzen.

Blick auf den nächsten Tag

Um Mitternacht schaltet die Chefredakteurin noch einmal die Radionachrichten an. Der Sprecher berichtet in nüchternen Worten, dass es sich bei den deutschen Opfern des Flugzeugunglücks um eine Reisegruppe aus ihrer Stadt handelt. Für ihre eigene Zeitung kam diese Nachricht zu spät. Am nächsten Morgen wird sich zeigen, ob es die Konkurrenz noch geschafft hat, die Information mitzunehmen. Auch wenn es spät ist, hinterlässt sie dem Lokalchef sicherheitshalber eine Nachricht auf seinem Anrufbeantworter. Seine Reporter werden viel zu tun haben am nächsten Tag.

Während die Zeitungsredaktion schläft, hat die Nachtschicht bei der Nachrichtenagentur noch alle Hände voll zu tun. Neue Details des Flugzeugabsturzes werden vermeldet und für die Frühsendungen von Rundfunk und Fernsehen zusammengefasst.

In den ersten Stunden nach der Katastrophe wurde die Agenturberichterstattung von dem freien Mitarbeiter gewährleistet, den die Agentur auf Lanzarote unter Vertrag hat. Parallel dazu wurden ein Korrespondent und eine Fotografin aus Madrid auf die Kanaren-Insel beordert. Die Fotografin hat nach ihrer Ankunft auf dem Flughafen die ersten Bilder gemacht und als digitale Dateien an die Zentrale gesandt. Der Korrespondent hat seine Eindrücke in einem Bericht mit Feature-Elementen übermittelt, der noch spätabends in vier Sprachen übersetzt und an Abonnenten in ganz Europa geschickt wurde. Jetzt liegt er im Hotelzimmer und schläft auf Vorrat: Für 7 Uhr haben die Ermittlungsbehörden die erste Pressekonferenz angesetzt.

Wir unterbrechen unser Programm ...

Vieles von dem, was in der Zeitung steht oder im Radio läuft, wird von langer Hand geplant. Die Berichterstattung orientiert sich an Fixpunkten wie Pressekonferenzen, Gesetzgebungsverfahren, Wahlen oder Jahrestagen. Selbst Naturkatastrophen oder Flugzeugunglücke verlaufen nach Mustern, für die es Erfahrungswerte gibt. Nur selten werfen Ereignisse alles über den Haufen. An sie erinnert sich jeder Redakteur.

Der elfte September

Der 11. September 2001 war so ein Tag, an dem Geschichte gemacht wurde. Die Anschläge auf das World Trade Center in New York und das Gebäude des Verteidigungsministeriums in Washington erwischten Journalisten ebenso kalt wie Politiker und Börsenspekulanten. Alle waren auf einen ganz normalen Dienstag eingestellt. An der Ostküste der USA herrschte lauwarmes Wetter. Der amerikanische Präsident George W. Bush nahm einen Routinetermin in einer Schule in Florida wahr.

Augenzeugen als erste Quelle

Auf CNN läuft gerade Werbung, als die Moderatorin erfährt, dass ein Flugzeug mitten in einen der beiden Türme des World Trade Center geflogen sein soll. Der Sender richtet eine Kamera auf das schwarze rauchende Loch in dem Wolkenkratzer und unterbricht um 8.48 Uhr Ortszeit sein Programm. Der erste Reporter, den die Moderatorin am Telefon hat, ist gar keiner. Sean Murtagh arbeitet in der Verwaltungsabteilung von CNN. Doch er berichtet über das, was er mit eigenen Augen gesehen hat, in so nüchternen und klaren Worten, als sei es sein Beruf.

Ein Passagierflugzeug sei auf den Turm zugerast, berichtet Murtagh. Die Flügel der Maschine schwankten, dann prallte sie in das Gebäude. Widersprüchliche Informationen werden den Hergang in den kommenden Minuten infrage stellen. Es wird heißen, dass es in Wirklichkeit ein Kleinflugzeug war, das sich nach Manhattan verirrt und aus Versehen gegen den Turm geflogen sei. Doch die Rückschau wird die Darstellung des CNN-Finanzers in den meisten Details bestätigen.

Jedes Medium wird an Tagen wie dem 11. September auf seine Kernaufgaben zurückgeworfen. Die Nachrichtenagenturen müssen Details im Sekundentakt liefern – und zugleich in regelmäßigen Abständen zusammenfassen, was der Stand der Dinge ist. Die Fernsehsender müssen stundenlange Sonderprogramme füllen. Dieselben Videosequenzen werden endlos wiederholt.

Die Nachricht erreicht Deutschland

In Deutschland ist es mitten am Nachmittag. Überall in den Redaktionen stehen Journalisten gebannt vor TV-Schirmen. Spätestens als kurz nach 15 Uhr das zweite Flugzeug in den Südturm rast, wissen die meisten, dass sie Zeugen eines Ereignisses von monumentaler Bedeutung sind. Bei Nachrichtenagenturen, Sendern und Zeitungen melden sich Mitarbeiter, die eigentlich frei haben, unaufgefordert zum Dienst.

Ereignisse wie die Anschläge vom 11. September sind eine Sternstunde für Journalisten, aber auch eine enorme Belastungsprobe. Alles geht schief, was nur schiefgehen kann. Für emotionale Betroffenheit ist keine Zeit. Funktionieren kann nur, wer gelernt hat, auf Blindflug zu schalten.

Den Wettlauf um die schnellste und umfassendste Berichterstattung gewinnen zunächst die Radiosender – und das Privatfernsehen. RTL hat vertraglichen Zugriff auf die Livebilder von CNN, und kommentiert sie so sachlich und geschickt, dass die Berichterstattung des Senders später preisgekrönt wird. Die *Tagesschau* hingegen verpasst die Chance, die Neuigkeit schon in ihrer 15-Uhr-Sendung mitzunehmen.

Im WDR-Hörfunk gibt New-York-Korrespondent Thomas Nehls schon um 14.56 Uhr einen ersten Lagebericht von seinem Balkon aus. Natürlich erzählt auch er zunächst nur weiter, was die amerikanischen Medien berichten. Die einzige Quelle für das, was geschieht, ist fast eine halbe Stunde lang das Fernsehen.

Nichts ist klar, alles ist unklar

Selbst die CNN-Moderatoren übersehen in der Hitze des Gefechts das zweite Flugzeug, das auf dem Fernsehschirm deutlich zu sehen ist – und fragen sich, was die zweite Explosion ausgelöst haben könnte. Nordturm und Südturm werden ständig verwechselt. Chaos auch bei den Behörden. Niemand scheint zu wissen, wie viele Flugzeuge noch in der Luft und womöglich in der Hand von Entführern sind.

Die Zeitungen denken schon an den nächsten Tag, müssen Fragen beantworten, die über den ersten Schock hinausgehen. Wer steckt hinter den Attentaten? Was sind die Folgen? Sie brauchen Schlagzeilen, die das Geschehen einordnen, und frische Fotos. Überall in Manhattan sind jetzt Fotografen und Kameraleute unterwegs.

Die Magazine schicken Dutzende Reporter los, um das Ereignis in ihrer nächsten Ausgabe im Detail dokumentieren zu können. Der Flugverkehr in die USA wird eingestellt. Überall brechen Webserver und Handynetze zusammen. Jetzt hat nur der eine Chance, der sich feste Korrespondenten leistet, die schon vor Ort sind. Endlich einmal wieder regiert nicht die Nachricht aus dritter Hand, sondern der Augenschein.

Was die Nachricht wert ist

6

In diesem Kapitel

- Nur eine schlechte Nachricht ist eine gute Nachricht
- Deutsche Bronzemedaille sticht afrikanisches Gold
- Von Schleusenwärtern und Quotenjägern

Wer wäre nicht gerne sein eigener Nachrichtenchef? Anstatt vorgesetzt zu bekommen, was Journalisten wichtig finden, könnte man sich sein Informationsmenü selbst zusammenstellen. In der eigenen Zeitung stünde nur, was einen selbst interessiert, was man wichtig und bedeutsam findet.

Warum das keine gute Idee ist, steht in diesem Kapitel. Denn hier erfahren Sie, welch ein Eiertanz die Auswahl von Informationen ist. Ständig sitzt den Journalisten die Angst im Nacken, die falsche Entscheidung getroffen zu haben. Das ist ganz bestimmt nichts, was Sie freiwillig tun wollen, bevor Sie gefrühstückt haben – außer natürlich, Sie werden dafür bezahlt.

Die Dummies-Theorie der Nachrichtenbewertung

Erst eilte der Meldungsläufer von Athen nach Sparta, um Hilfe im Kampf gegen die Perser zu erbitten. Dann zurück nach Marathon, um zu berichten, dass die Spartaner erst in einer Woche so weit sein würden. Dann wieder nach Athen, um den Bürgern die Nachricht vom Sieg über die Perser bei der Schlacht von Marathon zu überbringen.

Die Legende will, dass der Mann vor Erschöpfung tot zusammenbrach, nachdem er die 42 Kilometer weite Strecke bezwungen hatte. Seine Kraftanstrengung inspiriert Millionen von Marathonläufern. Aber war die Nachricht, die er überbrachte, wirklich sein Leben wert?

Was eine Information zur Nachricht macht, beschäftigt die Kommunikationswissenschaft seit den 50er-Jahren. Hunderte wissenschaftliche Werke, Dissertationen und Definitionen wurden zu dem Thema schon verfasst. Theorien wurden aufgestellt, Zeitungsartikel analysiert, Publikumsbefragungen ausgewertet und Experimente veranstaltet.

In der Praxis befolgen Journalisten eine ganz einfache Regel, die von Generation zu Generation weitergegeben wird: Eine Information ist in dem Maße eine Nachricht, in dem sie interessant ist, und das heißt neu, wichtig und bewegend.

Diese Dummies-Theorie der Nachrichtenbewertung lässt sich leicht beweisen, wenn man sich die Topnachrichten der vergangenen 50 Jahre vergegenwärtigt. Gemeint sind Geschehnisse, die nicht nur als nackte Fakten in unserem Gedächtnis haften blieben. Wir erinnern uns auch daran, was wir gerade taten, als wir von ihnen erfuhren. Oder zumindest behaupten unsere Eltern das. Kein Zweifel, diese Nachrichten waren neu, wichtig und bewegend:

- ✔ das Attentat auf US-Präsident John F. Kennedy am 22. November 1963
- ✔ der Fall der Berliner Mauer am 9. November 1989
- ✔ der Unfalltod von Prinzessin Diana am 31. August 1997
- ✔ der Anschlag auf das World Trade Center in New York am 11. September 2001
- ✔ die Geburt des ersten Kindes am …

Journalisten als Torhüter

Wie Journalisten entscheiden, was in die Zeitung kommt, fasziniert die Forschung seit den 50er-Jahren. Einer der ersten Wissenschaftler, der dieser Frage ernsthaft nachging, war der Amerikaner David Manning White. Ursprünglich selbst Journalist, diente er im Zweiten Weltkrieg bei der Abteilung für psychologische Kriegsführung, bevor er die Universitätslaufbahn einschlug. Aus der Sozialpsychologie entlehnte er das Konzept der »gatekeeper«. Er beschloss zu testen, ob es solche Schleusenwärter oder Torhüter auch in den Medien gibt und wie sie dabei vorgehen.

White rekrutierte für seine Fallstudie einen Redakteur der Provinzzeitung *Peoria Star*. Der Mann konnte schlecht Nein sagen, denn er hatte einen Nebenjob an der Uni, und dort war White sein Boss. Auf Geheiß des Wissenschaftlers notierte er auf mehr als 900 Meldungen, die aus dem Agenturticker kamen, warum er sie zur Weiterverwendung auswählte, oder auch nicht. Seine häufigste Begründung lautete, in der Zeitung sei für diese Nachricht nicht genug Platz. 16 Mal verwarf er eine Information als reine Propaganda, 18 Mal als kompletten Quatsch. Wenn er sich für eine Meldung entschied, dann durchaus auch mit der Begründung, sie passe dem Verleger ins Konzept.

Eine Nachricht muss neu sein

Eigentlich ist es ja ganz einfach: Neu ist eine Information, die bislang unbekannt war. Ein Mensch wird geboren. Ein anderer stirbt. Ein Zug hat Verspätung. Ein Sportler stellt einen neuen Rekord auf. Ein Krieg beginnt. Ein Frieden wird geschlossen.

Neu heißt nicht unbedingt überraschend. In vielen Fällen kommen Nachrichten nicht für alle unerwartet, die von ihnen erfahren.

- ✔ Wenn am Berliner Hauptbahnhof die Ansage aus dem Lautsprecher schallt, dass der ICE aus Frankfurt am Main zwanzig Minuten später einrollen wird, wissen die Passagiere, die in dem Zug sitzen, längst davon.
- ✔ Dem Friedensschluss gehen langwierige Verhandlungen voraus. Die Unterzeichnung eines Abkommens ist der Vollzug einer Vereinbarung, deren Details seit Tagen bekannt sind.

- ✔ Die Vorbereitungen für einen Krieg dauern Monate und lassen sich nicht verheimlichen. Die erste Welle von Bombenangriffen jedoch macht alle Hoffnungen zunichte, dass der Krieg doch noch verhindert werden kann.
- ✔ Die Wahlkampfrede, die ein Politiker hält, ist dem Publikum neu, das ihm im Bierzelt zuhört. Die Journalistin, die den Kandidaten im Wahlkampf begleitet, hört die Rede schon zum zwanzigsten Mal. Die Forderungen, die der Politiker darin stellt, standen bereits in allen Zeitungen.

Wenn es von einer langweiligen Wahlkampfveranstaltung überhaupt etwas Neues zu berichten gibt, muss es sich aus dem Zusammenhang ergeben. Ist es das erste Mal, dass der Kandidat in seiner Heimatstadt auftritt? Steht eine neue Frage im Raum, die seine Äußerungen in neuem Licht erscheinen lässt? Hat er denselben Satz schon einmal, aber nicht mit genau diesen Worten gesagt?

Was ist daran neu? Diese Frage wird Journalisten im Laufe ihrer Karriere dauernd gestellt, und sie muss immer wieder aufs Neue beantwortet werden. Journalisten hören daher ständig Radio, schauen fern, lesen die Konkurrenzzeitungen und verfolgen, was Spezialmedien über die Themen berichten, für die sie selbst zuständig sind.

Wer einer Redaktion eine Geschichte anbietet, muss sich vorher gründlich kundig machen, was darüber bereits geschrieben wurde. Nur so können Journalisten klären, welche Aspekte bislang übersehen wurden, welcher frische Blickwinkel sich anbietet. Nur so können sie kontern, wenn ihr Thema mit den altbekannten, aber immer wieder populären Worten abgelehnt wird: »Das ist doch nicht neu«.

Stünde in der Zeitung nur, was allen ihren Lesern bisher gründlich unbekannt war, wäre sie nur halb so dick und bestünde größtenteils aus Anzeigen. Wochenzeitungen sähen wieder aus wie die Flugblätter, auf denen anonyme Autoren im 18. Jahrhundert ihre Kommentare zum Geschehen abgaben. Denn was wirklich neu ist, haben schnellere Medien wie Rundfunk, Fernsehen oder das Internet längst berichtet. Auch die *Tagesthemen* hätten weniger Zuschauer, nämlich nur jene, die den ganzen Tag über keine Zeit hatten, eine Nachrichtensendung zu hören oder zu sehen.

Um ihre Leser zu fesseln, versuchen Zeitungen ständig, bereits Bekanntes neu aufzuzäumen, ihm einen neuen Dreh zu geben. Nur so können sie im Konkurrenzkampf gegen schnellere Medien bestehen.

Der Eisenbahnerstreik wurde zwar in den Abendnachrichten schon ausführlich behandelt. Welche Züge in der eigenen Region stillstanden, ob die dort lebenden Pendler für den Ausstand Verständnis hatten, solche Details erfahren die Leser in ihrer Lokalzeitung. Das Thema ist zwar alt. Neu sind jedoch die Einzelheiten, neu ist der Blickwinkel, aus dem berichtet wird.

Dasselbe Prinzip funktioniert auch umgekehrt: Aus vielen bereits bekannten Details wird ein Bild zusammengeführt, auf dem ein neues Muster zu erkennen ist. Geburtenzahlen werden zum Beispiel zunächst von den örtlichen Standesämtern, dann von den Landesstatistikbehörden und schließlich, mit erheblicher Zeitverzögerung, vom Bundesamt für Statistik erhoben und veröffentlicht. In einzelnen Bundesländern mag längst bekannt sein, dass dort erstmals wieder mehr Kinder geboren werden. Doch nur wer all diese Daten zusammenträgt, kann berichten, ob ein nationaler Trend vorliegt.

Newcomer-Porträt: Die Perfektionistin

Als Kathrin Schich die Journalistenschule in München absolviert hatte, bewarb sie sich spaßeshalber auf eine Stelle in der Auslandsredaktion der Nachrichtenagentur *Reuters*. Sie wollte üben, wie man ein Vorstellungsgespräch durchsteht, erinnert sie sich. Denkste. Schich bekam den Job und fing im März 2005 bei *Reuters* an. Der ideale Job für eine Perfektionistin, die sagt: »Wenn wir uns anmaßen, als Journalisten den Menschen die Welt zu erklären, dann können wir uns eigentlich keine Fehler leisten.«

An ihre Karriere ging die Frau aus dem Spreewald von vornherein zielstrebig heran. Schreiben hatte ihr in der Schule Spaß gemacht. In den sprachlichen Fächern war sie besser als in den Naturwissenschaften. Dass sie in den schreibenden Journalismus wollte, wusste sie schon während ihres ersten Praktikums bei der *Lausitzer Rundschau.*

Schich ging nach München und schrieb sich für Politikwissenschaften ein. »Ich wollte das Fach studieren, über das ich später auch berichten wollte«, sagt sie. Sie hospitierte bei der *Passauer Neuen Presse* und arbeitete als freie Mitarbeiterin für den Lokalteil der *Süddeutschen Zeitung*. Sie wurde in die bayerische Elite-Akademie aufgenommen und machte nach dem Studium ein Praktikum bei der Südchemie in Johannesburg.

Zu den Ersten zu gehören, die erfahren, wenn sich auf der anderen Seite des Erdballs etwas Spektakuläres tut, macht die Arbeit bei einer internationalen Nachrichtenagentur so spannend. Schich mag die kurze, knappe Nachricht. Sie sieht sich eher als Korrespondentin oder Wirtschaftsredakteurin denn als Reportagetyp. Bei *Reuters* ist sie besonders stolz darauf, wenn es ihr gelingt, Interviewpartner zu gewinnen, die nicht mit jedem reden – wie den südafrikanischen Spitzenpolitiker Jacob Zuma. Das Gespräch, das Schich und eine Kollegin mit Zuma führten, ging um die ganze Welt.

Kathrin Schich: Nachrichtenredakteurin. geboren am 2.9.1978 in Herzberg.

Was sie am Journalismus begeistert: Politische Zusammenhänge nicht nur ganz einfach zu erklären, sondern auch die Verantwortung zu tragen, die damit verbunden ist.

Was ihr am Journalismus peinlich ist: Wenn Informationen verbreitet werden, die nicht sauber recherchiert sind und sich hinterher als falsch herausstellen.

Ihr Job in einem Satz:

Ich überlege mir, was bewegt aktuell die Menschen, was ist das große Thema, was ist aber auch die Geschichte hinter der Geschichte, das Interessante, das nicht auf den ersten Blick ersichtlich ist.

Von Sommerlöchern und ollen Kamellen

Journalisten, die selbst initiativ werden, schaffen nicht nur eine Neuigkeit. Sie legen damit paradoxerweise auch die Grundlage dafür, dass demnächst wieder eine olle Kamelle in der Zeitung landet. Angenommen, ein Nachrichtenmagazin hat sich die Mühe gemacht, die Geburtenzahlen aller Landesstatistikämter einzuholen. »Deutsche bekommen wieder mehr Kinder« lautet die Schlagzeile, die am Montag auf der Nachrichtenseite des Magazins steht.

Die gleiche Nachricht findet sich am selben Montag auf den Titelseiten zahlreicher Tageszeitungen. Denn das Magazin hat sein exklusives Rechercheergebnis bereits am Wochenende an die Nachrichtenagenturen gegeben, die es ihrerseits als Meldung verbreitet haben. So wird am Montag in vielen Zeitungen der Trend zum Kinderkriegen verkündet. Als Quelle dient das Nachrichtenmagazin. Es setzt darauf, dass die Leser an den Kiosk gehen und die neueste Ausgabe kaufen, weil sie noch mehr über den Geburtentrend erfahren wollen.

Sechs Wochen später nimmt der Leser die neueste Ausgabe seiner Lokalzeitung zur Hand. »Deutsche bekommen wieder mehr Kinder«, heißt es über dem Zweispalter unten rechts. Der Leser reiben sich erstaunt die Augen. Das kennt er doch schon. Genau denselben Artikel hat er schon einmal gelesen. Oder narrt ihn sein Gedächtnis?

Mit dem Erinnerungsvermögen der Leser ist alles in Ordnung, eher hat das Gedächtnis der Zeitung einen Aussetzer gehabt. Als die Pressemitteilung des Bundesamtes für Statistik ins Haus flatterte, hatte gerade ein anderer Redakteur Dienst als an jenem Wochenende, an dem das Magazin mit seiner Meldung kam. Das Bundesamt kommt zum gleichen Ergebnis wie der Magazinartikel. Die Beamten haben dafür nur sechs Wochen länger gebraucht. Um das Diktum, dass Nachrichten neu sein müssen, schert sich die Behörde wenig. »Neu war, dass der Trend jetzt amtlich ist«, verteidigt sich die Redaktion.

Das Magazin konnte sich im Fall der Geburtenzahlen über einen ehrlich verdienten Scoop freuen. Mitunter sind die von diversen Medien am Samstag oder Sonntag herausgegebenen Vorabmeldungen jedoch altbekannt. Ihre Urheber haben entweder selbst nicht aufgepasst. Oder sie setzen darauf, dass es den Wochenendredakteuren der Agenturen zu mühselig ist, den Neuigkeitswert der vermeintlichen Nachrichten nachzuprüfen. Auf diese Weise rutschen Informationen in die Zeitungen, die bei näherer Betrachtung schon Schimmelspuren aufweisen.

Besonders anfällig für Neuauflagen und Wiederholungen sind:

✔ Forderungen von Politikern: Oft hat exakt derselbe Politiker in der Vergangenheit schon exakt dasselbe gefordert wie in der Talkshow, aus der er diesmal zitiert wird. Dass die Talkshow einen rührigen Pressesprecher hat, ist noch lange kein Grund, die Aussage zum x-ten Mal weiterzuverbreiten. Bekräftigt der Politiker jedoch seine Forderung, obwohl inzwischen der Großteil seiner Partei dagegen ist, dann ist dies eine Meldung wert.

✔ Informationen, die auf Statistiken oder Umfragen beruhen: Wird etwa als Sensation verkauft, dass die deutschen Banken laut einem internen Bericht der Bundesanstalt für Finanzdienstleistungsaufsicht faule Kredite in Höhe von 188 Millionen Euro angehäuft haben, dann ist Skepsis angezeigt. In diesem Fall stammen die Zahlen aus dem Vorjahresbericht. Schon vor drei Monaten wurde über sie berichtet, allerdings nur in der Fachpresse: Denn statt einer Sensation bestätigten sie nur einen längst bekannten Trend.

- ✔ Vorlieben von Stars und Sternchen: Wird über eine Schauspielerin berichtet, sie suche noch immer nach der großen Liebe, dann stellt sich spätestens beim Googeln ein Déjà-vu-Erlebnis ein. Das gleiche harmlose und doch herzerwärmende Zitat ist schon Dutzende Male überliefert. Es zeigt, dass die Schauspielerin ein professioneller Promi ist: Muss sie anlässlich eines Filmstarts eine Serie von lästigen Interviews geben, wirft sie der Presse jedes Mal den gleichen Brocken hin. Und jedes Mal findet er sich in den Medien wieder.
- ✔ Stochern im Sommerloch: Ob es das Rätsel um das Ungeheuer von Loch Ness ist oder die Forderung nach einer Geschwindigkeitsbeschränkung auf deutschen Autobahnen – in der nachrichtenarmen Zeit der parlamentarischen Sommerpause greifen Zeitungen immer wieder gerne harmlose Themen auf, die im Herbst folgenlos wieder in den Schubladen versenkt werden können.

Eine Nachricht muss wichtig sein

Um zu beurteilen, was wichtig genug ist, um in den Medien behandelt zu werden, halten sich Journalisten an Faustregeln, die von Generation zu Generation weitergegeben werden. Eine davon stammt vom US-Fernsehnachrichtenmann Av Westin. Er riet Journalisten, sich täglich stellvertretend für ihr Publikum diese Fragen zu stellen:

> *Ist meine Welt sicher? Sind meine Stadt und mein Haus sicher? Wenn meine Frau, meine Kinder und meine Nächsten sicher sind, was ist dann in den vergangenen 24 Stunden geschehen, was sie schocken, amüsieren oder ihr Leben besser machen könnte?*

Westins Faustregel, die noch aus den Zeiten des Kalten Krieges stammt, hat einen Nebeneffekt, der bis heute spürbar ist: Jede Zeitung, jedes Magazin, jede Sendung enthält mehr schlechte als gute Nachrichten. Denn Journalisten verstehen sich als Alarmgeber. Sie wollen rechtzeitig darauf aufmerksam machen, dass am Horizont ein Gewitter aufzieht, damit noch genug Zeit bleibt, sich in Sicherheit zu bringen.

Um zur Nachricht zu werden, muss eine Information wichtig sein. Aber wichtig für wen? Und wer entscheidet, was wichtig ist? Alles eine Frage der Perspektive.

Bedeutung aus Journalistensicht

Um festzustellen, was Journalisten für wichtig halten, muss man sich nur eine Tageszeitung anschauen. Erst kommt der Politikteil, dann die Wirtschaft, dann das Lokale. Irgendwo dazwischen finden sich das Feuilleton und der Sport. Die meisten Nachrichtensendungen in Radio und Fernsehen folgen demselben Muster. Wird Deutschland nicht gerade von einem Orkan heimgesucht, steht die Politik in der Reihenfolge der Themen vorn. Die Wirtschaft kommt in der Mitte, Kultur und Sport kommen in der Regel am Schluss.

Ein Grund, warum Journalisten die Politik so wichtig finden, sind die potenziellen Folgen, die sie politischen Ereignissen zumessen. Was in der Politik geschieht, kann zu Krieg oder Frieden führen. Entscheidungen können sich auf die Börsenkurse auswirken oder ganz konkret auf den Geldbeutel der Bürger. Kriegsdrohungen im Nahen Osten wirken sich auf den Ölpreis aus, der seinerseits Konsequenzen hat für Börsen, Zinsen und Verbraucherpreise. Strom wird teurer, die Ersparnisse fürs Alter verlieren an Wert.

Die möglichen Folgen rechtfertigen aus Sicht vieler Journalisten auch die endlosen und für das Publikum oft langweiligen Berichte über den Streit zwischen Koalitionären. Kriselt es in einer Regierungskoalition, könnte das nicht nur Auswirkungen auf konkrete Gesetzesinitiativen haben. Letztlich steht auch der Fortbestand der Regierung auf dem Spiel. Platzt die Koalition, ändert sich die politische Richtung, und die Bürger haben möglicherweise die Gelegenheit, neu zu wählen. Für Menschen, die das politische Geschehen so genau verfolgen wie Journalisten, macht das eine Menge aus.

Je mehr Menschen betroffen sind, desto besser, lautet eine der Maximen, denen Journalisten bei der Auswahl von Nachrichten folgen. Ganz wörtlich ist das nicht zu nehmen. Eigentlich müsste es heißen, je mehr Leser oder Zuschauer betroffen sind, desto wichtiger ist eine Information.

Denn was in Indien oder China passiert, findet nur sporadisch den Weg in die deutschen Medien. Das lässt sich schon an dem Spruch ablesen, den Journalisten verwenden, wenn sie deutlich machen wollen, dass eine Nachricht nun wirklich nicht relevant ist. In solchen Fällen heißt es:

Das ist, als ob in China ein Sack Reis umfällt.

Das mangelnde Interesse an den Sorgen eines chinesischen Reisbauern ist nur ein Symptom. Nachrichten aus dem Ausland spielen in den Massenmedien eine immer geringere Rolle. Was in anderen Teilen der Welt passiert, ist aus Sicht von Verlagen und Sendern nicht wichtig genug, um dafür Ressourcen zu opfern, wie Geld zum Unterhalt eines Auslandskorrespondenten oder Platz für eine Reportage in der Zeitung.

Wenn der Sack Reis in China am einen Ende des Wichtigkeitsspektrums steht, dann stehen Ereignisse von historischer Bedeutung am anderen Ende.

Die besten Chancen dabei zu sein, wenn Geschichte gemacht wird, rechnen sich Journalisten aus, die über Mächtige berichten. Nicht zuletzt deshalb spielen die USA in den Nachrichten eine so zentrale Rolle. US-Präsidenten können mit einem Knopfdruck einen großen Teil der Menschheit auslöschen. Sie gelten als Herren über Leben und Tod.

Der Posten eines Washington-Korrespondenten gilt bis heute als die Krönung einer Journalistenkarriere, auch wenn er in vielerlei anderer Hinsicht nicht gerade geeignet ist, um sich Meriten als Reporter zu verdienen. Denn wer aus den USA berichtet, sitzt meist am Schreibtisch. Ausländische Reporter bekommen nur selten Zugang zum Weißen Haus.

Dass wichtige Menschen im Zentrum der Nachrichten stehen, gilt nicht nur für die US-Präsidenten. Auch von deutschen Spitzenpolitikern, Wirtschafts- oder Gewerkschaftsführern wird angenommen, dass ihr Tun besonders große Auswirkungen hat. Das Kanzlerwort zählt daher mehr als die Meinung eines einfachen Abgeordneten. Nicht genauso gut, aber auch nicht übel sind der Fraktionschef, die Generalsekretärin, der Innenexperte. Notfalls muss der Pressesprecher her, Hauptsache er spricht nicht nur für sich selbst, sondern für einen wichtigen Menschen oder eine wichtige Organisation.

Journalisten suchen ständig nach Protagonisten, die für möglichst viele Menschen sprechen, noch besser: für möglichst viele Menschen mit Einfluss. Deshalb verpassen sie auch Entwicklungen, die sich unterschwellig vollziehen, die sich nicht an einzelnen Anführern festmachen.

Ändert der Papst in einer wichtigen Frage seine Meinung, wird dies in den Medien immer Beachtung finden. Gewinnt in der muslimischen Welt eine neue Strömung an Bedeutung, fällt dies erst auf, wenn die extremsten Exponenten dieser Strömung mit Flugzeugen in Hochhäuser fliegen.

Andere Themen gibt es, die Journalisten für wichtig halten, mit denen sie jedoch beim Publikum nicht wirklich durchkommen. Bestes Beispiel dafür ist die Europäische Union. Viele Entscheidungen, die folgenreich für deutsche Bürger sind, werden seit Jahren in Brüssel getroffen. Die enge Abstimmung zwischen 25 Nationen hat historische Bedeutung, weil es so etwas noch nie gegeben hat. Jedoch fehlen erkennbare Protagonisten, sodass Brüssel weiter weg erscheint als Washington.

Informationen fließen von Nord nach Süd

Im internationalen Informationsfluss dominiert die Erste Welt. Dass eine kenianische Zeitung mehr Nachrichten über Europa bringt als über afrikanische Nachbarländer, löste in den 80er-Jahren eine intensive Debatte aus. Grundlage war die Imperialismus-Theorie des norwegischen Sozialforschers John Galtung.

Galtung beschrieb die Beziehungen zwischen Industriestaaten und Entwicklungsländern als Verhältnis zwischen dem dominanten Zentrum und der machtlosen Peripherie. Zwar fließen die Informationen innerhalb des Zentrums vergleichsweise ungehindert. Der Strom der Nachrichten vom Zentrum in Richtung Peripherie ist jedoch einseitig, und unter den Ländern der Peripherie gibt es kaum einen Austausch. Viele Nachrichten aus dem Norden gelangen nach Süden, aber nur wenige von Süden nach Norden, lautete eine Variante dieser These. Kritisiert wurde auch, dass Kriege, Krisen und Katastrophen die Berichterstattung aus Asien, Afrika und Lateinamerika dominierten.

Forderungen nach einer neuen Weltinformationsordnung verhallten im Kontext des Kalten Krieges weitgehend ungehört. Die Nachrichtenagentur IPS, die gegründet wurde, um ausgewogenere Informationen aus der Dritten Welt zu verbreiten, blieb abhängig von Subventionen und konnte sich am Markt nicht durchsetzen. Die Hoffnungen, die Dominanz der westlichen Massenmedien zu brechen, ruhen jetzt auf dem technologischen Fortschritt. Quellen, die eine alternative Version der Wirklichkeit zeigen, sind für jeden zugänglich, der über einen Internetanschluss oder eine Satellitenschüssel verfügt. Wer sich von deutschen Fernsehsendern schlecht über den Irakkrieg informiert sah, konnte sich im Netz die Sendungen von CNN oder Al-Jazeera anschauen.

Medien als Themensetzer

Ob und wie die Medien die öffentliche Meinung beeinflussen, steht seit nahezu hundert Jahren im Mittelpunkt der kommunikationswissenschaftlichen Forschung. Eine These lautet, dass ihr Einfluss über Themensetzung funktioniert. Den Begriff vom Agenda-Setting durch die Medien prägten die beiden US-Forscher Maxwell McCombs und Donald Shaw schon 1972 mit ihrer Studie zum Wahlkampf im Universitätsstädtchen Chapel Hill. Sie stellten fest, dass Medien und Publikum in ihrer Einschätzung der Bedeutung einzelner Wahlkampfthemen übereinstimmten.

Auch wenn ihre Studie keine zuverlässige Auskunft darüber gab, wer in diesem Prozess die Henne und wer das Ei war, formulierten McCombs und Shaw ihre These vom Agenda-Setting-Effekt. Demnach beruht die Wirkung der Massenmedien darin, dass sie Themen auf die Tagesordnung der Öffentlichkeit setzen. Diese These wurde seither in mehr als 200 Studien überprüft und verfeinert. Zahllose Pressestellen sind längst davon überzeugt, dass etwas dran ist an der These. Der Versuch, die Themensetzung in den Medien zu beeinflussen, ist Grundlage ihrer täglichen Arbeit.

Betroffenheit aus Publikumsicht

Leser und Zuschauer lassen sich nur begrenzt von Journalisten vorschreiben, was wichtig ist. Sie interessieren sich in erster Linie für das, was für ihr eigenes Leben relevant ist. Der New Yorker Verleger Horace Greeley riet bereits im 19. Jahrhundert einem Freund, der selbst eine Zeitung starten wollte:

> *Fang mit einem klaren Verständnis davon an, dass der Gegenstand des tiefsten Interesses eines durchschnittlichen Menschen er selbst ist; als Nächstes macht er sich dann Gedanken über seine Nachbarn.*

Kommt in Kolumbien ein Bus von der Straße ab, ist das einem Zeitungsleser in Osnabrück vermutlich schnuppe. Solche Unfälle passieren weltweit jeden Tag.

Geschieht das Busunglück in Frankreich, wird der Leser schon eher hellhörig. Denn er war schon einmal in Frankreich in Urlaub, vielleicht sogar mit eben so einem Bus. Stellt sich heraus, dass Landsleute in dem verunglückten Fahrzeug saßen, steigt die Relevanz. Der Leser denkt sich, das hätte ihm selbst auch passieren können, und fragt sich, ob Reisebusse als Verkehrsmittel noch sicher sind. Die Betroffenheit nimmt noch zu, wenn die Businsassen aus derselben Stadt wie der Leser stammen, demselben Verein angehören, oder wenn es Kinder sind und der Leser Kinder im selben Alter hat.

Noch deutlicher ist an der Sportberichterstattung abzulesen, was vom Gros des Publikums als relevant betrachtet wird. Für das Ergebnis eines Regionalligaspiels interessieren sich neben Spezialisten nur die Fans eines beteiligten Vereins. Die Olympischen Spiele hingegen schauen sich auch Menschen im Fernsehen an, die sich sonst wenig für Sport begeistern. Angesichts der schier unüberschaubaren Masse von Wettbewerben richtet sich die Aufmerksamkeit dabei vor allem auf die eigenen Kandidaten. Das geht so weit, dass bei bestimmten Sportarten nur noch nebenbei erwähnt wird, dass ein Chinese die Goldmedaille gewonnen hat. Die Bronzemedaille für die deutsche Sportlerin wird dagegen mit Fotos und Interviews gefeiert.

Journalisten haben es keineswegs mit einem passiven Publikum zu tun. Wenn es um die eigene Geldbörse, die Gesundheit der eigenen Familie oder die Freizeitgestaltung geht, gehen Leser und Zuschauer durchaus aktiv mit den Massenmedien um.

Nachrichten mit Nutzwert

Aus dem breiten Angebot, das ihnen täglich in den Nachrichten vorgesetzt wird, picken sich Medienkonsumenten das heraus, was ihnen nützlich erscheint.

Wer mit Kindern zu tun hat, liest den Artikel darüber, dass Spielzeug aus China gesundheitsgefährdende Stoffe enthält. Pendler informieren sich spätabends noch über den Streik bei der Bahn. Nachrichten mit Nutzwert, in der Fachsprache auch news-to-use genannt, gehören zu den meistgelesenen Texten in Zeitungen und Zeitschriften.

Manche Leute abonnieren eine Zeitung nur wegen des Fernsehprogramms und des Wetterberichts. Die Planung ihres Wochenendes hängt von diesen Informationen ab. Wer mit dem Internet umgehen kann, braucht allerdings dafür keine Zeitung mehr. Auch Film- und Fernsehkritiken, Kochrezepte und Warentests kann sich jeder kostenlos oder gegen eine geringe Gebühr aus dem Netz holen. Nur Sex und Spiele erzielen im Internet ähnlich viele Klicks.

Dennoch sind Nachrichten mit Nutzwert inzwischen auch fester Bestandteil jeder Zeitung und jedes Fernsehprogramms. Sie sind nicht nur inhaltlich zu erkennen, sondern auch an der Art der Präsentation. Bunte Grafiken, mundgerechte Informationshappen – was die 1982 gegründete amerikanische Zeitung *USA Today* vormachte, gelang hierzulande dem Nachrichtenmagazin *Focus*, das 1993 als Konkurrenz zum *Spiegel* an den Start ging. In der Folge machten auch die meisten Tageszeitungen Platz für nützliche Informationen, richteten Ratgeberseiten und wöchentliche Rubriken über Gesundheit oder Geld ein.

Wähler als Konsumenten

Politische Debatten werden auf die lokale Ebene heruntergebrochen. Abstraktes wird mit aus dem Leben gegriffenen Beispielen anschaulich gemacht. Das ist allerdings weit mühseliger als eine politische Forderung oder eine Unternehmensbilanz schlicht wiederzugeben. Deshalb bleiben verbrauchernahe Stücke eine Seltenheit.

Wie schwierig es ist, das Interesse des Publikums zu treffen, zeigt sich zu Wahlkampfzeiten. Zwar versuchen Meinungsforscher regelmäßig zu ermitteln, was die Bürger am meisten interessiert. Doch Umfragen haben ihre Schwächen, weil das Publikum nicht immer ehrliche Antworten gibt.

Auf die Frage, welche Wahlkampfthemen für sie die wichtigsten sind, kreuzen viele Wähler sperrige Themen wie die Arbeitslosigkeit oder die Gesundheitsreform an. Zeitungen, die daraufhin eine Serie von Artikeln über das Gesundheitssystem drucken, finden damit bei den Lesern aber wenig Beachtung. Gerade Stammwähler begnügen sich offenbar damit, die Standpunkte der Kandidaten von ihrer Parteizugehörigkeit abzuleiten.

Regelmäßig gelesen werden hingegen Geschichten über die Einstellungen, Eigenarten und Qualitäten von Kandidaten. Die Wähler ziehen daraus wohl Rückschlüsse über Vertrauenswürdigkeit und Durchsetzungsstärke von Politikern. Oft ergibt sich erst aus der Aktualität, welches Ereignis zum großen Wahlkampfthema wird. Ob das Publikum die Agenda setzt, oder doch die Medieneliten, bleibt ein ständiger Streit.

Quoten und Copytests

Medien geben viel Geld aus, um festzustellen, wie sie von ihrem Publikum genutzt werden. Die Erkenntnisse nutzen sie, um ihr Produkt attraktiver zu machen – für Leser und Zuschauer ebenso wie für Werbekunden.

Beim Copytest wird Versuchspersonen eine Zeitung oder Zeitschrift in die Hand gegeben, mit der Aufforderung, sie so zu lesen, wie sie es auch im Alltag tun würden. Danach geht ein Tester das Blatt zusammen mit dem Leser durch. Seite für Seite wird abgefragt, welche Artikel gründlich, nur flüchtig oder gar nicht gelesen wurden. Ähnlich funktioniert ein Fragebogen, auf dem die Versuchsperson notiert, an welche Artikel sie sich erinnert. Wie zuverlässig das Ergebnis ist, hängt auch von ihrem Gedächtnis ab.

Blickbewegungskameras beobachten das Leseverhalten und geben Aufschluss vor allem über die Gestaltung einer Zeitung oder Zeitschrift. Die Kamera ist in einem Gerät installiert, das einer Skibrille ähnelt. Sie misst im Millisekundentakt, worauf sich der Blick des Lesers richtet. Blickfang und erster Orientierungspunkt auf einer Zeitungsseite ist demnach immer ein Bild, am besten ein Farbfoto.

Die Gesellschaft für Konsumforschung (GfK) misst den Erfolg von TV-Programmen im Wettbewerb der Sender. Ihre Auftraggeber sind ARD und ZDF ebenso wie die Privatsender. Die Analysen der GfK beruhen auf einer repräsentativen Auswahl von Haushalten. Dort sind Messgeräte installiert, die verzeichnen, wann und wie lange ein Fernsehprogramm eingeschaltet wird. Daraus ergeben sich dann die sogenannten Einschaltquoten.

Die elementarste Methode der Nutzermessung im Internet ist die Zahl der Klicks. Sie erfasst, wie viele Menschen eine Seite besucht haben. Inzwischen kann auch festgestellt werden, woher diese Menschen kamen und wer sie sind. Relevant für die Werbung ist zudem die Verweildauer bei einem Artikel. Denn je länger ein Leser auf der Webseite bleibt, desto größer die Chance, ihn mit Werbung zu erreichen.

Eine Nachricht muss bewegen

Was wichtig ist, erfassen Menschen mit ihrem Verstand. Doch wirklich interessant werden Nachrichten erst, wenn sie auch die Gefühle bewegen. Staunen, Schaudern, Schmunzeln, Spannung, Schadenfreude – Nachrichten, die solche Reflexe auslösen, finden sich nicht nur in den Boulevardmedien. Auch wenn viele Journalisten es mit Missgunst betrachten: Infotainment hat im Nachrichtengeschäft eine lange Tradition.

Gesprächsstoff für den Marktplatz

Klatsch und Tratsch ist die älteste und volkstümlichste Form des Nachrichtenaustauschs. Was im europäischen Mittelalter die Aufgabe von Marktweibern, Waschfrauen und Barden war, hat seine Entsprechung in vielen Kulturen. Wo immer Menschen zusammentreffen, werden Neuigkeiten über Bekannte und Verwandte weitererzählt. Die Form der Kommunikation mag sich seither geändert haben. Die Inhalte, über die geschwatzt wird, blieben sich über die Jahrhunderte gleich.

Gegenstand von Klatsch und Tratsch ist das Verhalten von Leuten, die allen Gesprächspartnern bekannt sind. In den Massenmedien sind das naturgemäß Prominente wie Politiker, Angehörige von Königshäusern oder Stars. Nachrichten über schillernde Persönlichkeiten geben Otto Normalverbraucher die Möglichkeit, an deren Leben teilzuhaben. Auch wer sich nie eine Zwanzig-Zimmer-Villa leisten könnte, kann eine Vorstellung davon bekommen, wie es dort aussieht und bestenfalls sogar, wie es sich dort lebt.

Klatschgeschichten über Prominente stillen jedoch nicht nur die Neugier des Publikums. Sie lehren auch, dass Reichtum nicht unbedingt glücklich macht. Dass Stars auch nur Menschen sind, ist beruhigend. Eine schmutzige Scheidung im Königshaus lässt das eigene Leben im Reihenhaus plötzlich attraktiver wirken. Die Nachrichten, die in den Klatschspalten erscheinen, bedienen daher oft Mitleid oder Schadenfreude.

Die Human-Interest-Story

Das Publikum interessiert sich nicht nur für das Leben von Prominenten. Auch Dinge, die ganz normalen Menschen passieren, werden gerne gelesen, solange sie Anteilnahme auslösen. Im deutschsprachigen Journalismus hat sich für solche Geschichten der schwer wörtlich zu übersetzende englische Ausdruck Human Interest durchgesetzt.

Human Interest bedeutet, die menschliche Seite einer Geschichte zu zeigen, ob das Geschehen dramatisch, tragisch oder auch komisch ist.

Das Mitgefühl, das Zuschauer und Leser für völlig Fremde aufbringen, die Opfer von Naturkatastrophen geworden sind, lässt sich am Spendenaufkommen messen. Je stärker die Medien auf Einzelschicksale eingehen – wie zum Beispiel auf die Anstrengungen zur Rettung eines verschütteten Kindes –, desto größer ist die Hilfsbereitschaft des Publikums.

Gefühle öffnen Geldbeutel

Wer auf Spenden angewiesen ist, dem bleibt wenig übrig, als sich diese Tendenz zur Personalisierung und Emotionalisierung zunutze zu machen. Das wissen Hilfsorganisationen, weshalb sie Journalisten gern Zugang zu Notunterkünften verschaffen und ihnen das Gespräch mit Opfern erleichtern. Vereine, die sich eine professionelle Pressearbeit leisten können, ergreifen zudem selbst die Initiative.

Die Menschenrechtsorganisation Amnesty International etwa geht in ihren Berichten immer nicht nur auf Zahlen, sondern auch auf Einzelschicksale ein. Wichtig ist auch die Dramaturgie: Nach einer Serie von schlechten Nachrichten, die Schaudern und Spannung erzeugen, muss immer auch mal wieder ein glückliches Ende her.

Wie breit über eine Katastrophe berichtet wird, hängt zwar auch von Ausmaß, Folgen und kultureller Nähe ab. Eine zentrale Rolle spielt dazu jedoch die Unschuld der Opfer. Je unverschuldeter ein Naturereignis oder ein Unglück, desto unverfänglicher ist die Anteilnahme des Publikums. Sie kann dann große geografische und kulturelle Entfernungen überwinden und sich auch über politische Grenzen hinwegsetzen.

Das Kindchenschema

Der Unschuldseffekt bewirkt, dass oft Kinder im Mittelpunkt von Human-Interest-Storys stehen. Das gilt nicht nur für Katastrophenopfer. Immer wieder gerne gelesen werden auch Geschichten über die Trennung von siamesischen Zwillingen. Ganz zu schweigen von Kriminalfällen, in denen Kinder die Opfer sind.

Eine besonders populäre Variante von Human Interest sind Geschichten, die mit Menschen gar nichts zu tun haben. Tiere laufen immer, lautet eine der Faustregeln im Nachrichtengeschäft. Das Schicksal von Knut, dem kleinen Eisbären, der von seiner Mutter verstoßen wurde, beschäftigte 2007 nicht nur das deutsche, sondern auch das internationale Publikum. Hunderttausende pilgerten in den Berliner Zoo, um mit eigenen Augen zu sehen, was die Medien über das niedliche Tierbaby berichtet hatten. Das Interesse erlahmte, als Knut zum ausgewachsenen Eisbären herangewachsen war.

Staunen und Schmunzeln

Dass Kuriositäten beim Publikum gut ankommen, haben Journalisten vom Zirkus gelernt. Die Lust am Staunen und am Schmunzeln ist universell. Das zeigt sich immer dann, wenn kuriose Meldungen um die ganze Welt gehen.

Eine der Faustregeln des Nachrichtengeschäfts lautet, dass »Hund beißt Mann« viel zu alltäglich und deshalb keine Nachricht ist. »Mann beißt Hund« steht dagegen stellvertretend für Informationen mit einem kuriosen Dreh. Wichtig daran ist das Ungewöhnliche, der Überraschungseffekt.

Ein gutes Beispiel ist die Geschichte von den Schalentieren, die aus einem Stuttgarter Laden entsprangen. Von Australien über Asien bis nach Amerika berichteten die Medien mit Gusto über ihre Flucht. Weil sie außerhalb der Kuriosität keinen weiteren Nachrichtenwert hatte, dichteten viele Journalisten noch das eine oder andere Detail hinzu. Eine Zeitung schrieb, die Krebse und Garnelen hätten sich zielstrebig auf den Weg zum Meer gemacht. Tierfreunde debattierten im Internet, wie lange Hummer auf dem Trockenen überleben können.

Grundlage für solche kuriosen Nachrichten ist der Polizeibericht, den Lokalredaktionen und Nachrichtenagenturen regelmäßig auswerten. Weil Polizisten aber keine Journalisten, sondern Beamte sind, ist der Witz an der Geschichte nicht immer offenkundig. Geduld und Gespür sind notwendig, um aus einem Haufen Pressemitteilungen die richtige Meldung herauszupicken. Im Fall der Stuttgarter Krabbenflucht war das ausnahmsweise nicht so schwierig. Denn der Polizeisprecher vom Dienst gab schon im ersten Satz einen Fingerzeig, wie der Wortlaut seiner Meldung zeigt:

> *Zu einem nicht alltäglichen Einsatz wurden Beamte des Polizeireviers Innenstadt in der Nacht zum Sonntag gerufen. Passanten hatten gegen 01.45 Uhr im Bereich der Schmale Straße mehrere Krebse und Hummerkrabben gemeldet, die dort die Straße bevölkerten. Die Spur führte die Beamten zu einem Asia-Shop, dessen Eingangstüre offen stand und lediglich durch ein Rollgitter gesichert war. Die Krebse waren dort in Transportkisten gelagert worden, als Deckel diente jedoch nur ein grobmaschiges Gitter, wodurch den Tieren die Flucht gelang. Ein engagierter Tierschützer half den Beamten die Tiere einzusammeln und brachte diese zum Tierheim nach Botnang.*

Wer selbst einmal versuchen möchte, eine kuriose Meldung aufzuspüren, kann sich im Internet die Polizeiberichte zahlreicher Städte ansehen. Die Rohfassungen werden vom Originaltextservice der Nachrichtenagentur dpa unter `www.presseportal.de/polizeipresse` ins Netz gestellt. Für die Leser ist der Dienst kostenlos. Finanziert wird er von den Pressestellen, die ihn zur Informationsverbreitung nutzen.

Die Infotainment-Debatte

Unterhaltung hat in den Medien seit Langem ihren Platz. Jedoch herrschte Konsens, dass Verstand und Gefühl säuberlich getrennt werden müssten. An bunte Meldungen wurden deshalb andere Maßstäbe angelegt als an Berichte mit ernsthaftem Inhalt. Was auf den Panorama-Seiten zu lesen war, wurde weniger streng überprüft und flapsiger formuliert. Die Leser, so lautete die Annahme, würden den Unterschied schon erkennen.

Das alles änderte sich mit der Einführung des Privatfernsehens. Um Zuschauer zu gewinnen, räumten die Sender den Geschichten aus Bereichen wie Kriminalität, Katastrophen, Kurioses und Klatsch nicht nur mehr Platz im Programm ein. Sie machten sie auch zum Aufmacher ihrer Nachrichtensendungen. Das Infotainment war geboren.

Tratsch bringt Quote

Kritiker sind der Ansicht, dass sich die Vermischung zwischen Information und Unterhaltung negativ auf die Qualität des Journalismus ausgewirkt hat. Denn anstatt nun auch Klatsch und Tratsch genauer nachzuprüfen, wurde der Anspruch an gründliche Recherche generell aufgeweicht. Das machte sich anfangs auch im Internet stark bemerkbar. Websites lockten Leser mit Titelgeschichten über angebliche gesellschaftliche Trends und das Leben von Prominenten. Quellen fehlten in den Texten ebenso wie Hinweise auf die Validität von Statistiken oder den Zeitpunkt des Ereignisses.

Diesem Trend steuern Prominente mit ihren Klagen gegen Eingriffe in ihre Privatsphäre inzwischen entgegen. Das Urheberrecht wiederum wird dazu genutzt, um entweder die Nennung von Quellen zu erzwingen oder die unbezahlte Zweitverwertung von Nachrichten im Internet ganz zu verbieten. Gleichzeitig wird der Wahrheitsgehalt vieler Nachrichten von aktiven Webnutzern unter die Lupe genommen. Einfach ungeprüften Klatsch und Tratsch endlos weiterzuverbreiten, wird deshalb in Zukunft nicht mehr so leicht möglich sein.

Recherche

7

In diesem Kapitel

- Wie Journalisten an ihre Informationen kommen
- Augenschein und Vogelperspektive
- Die wichtigsten Tipps fürs Interview

Recherche ist die Grundlage jeder journalistischen Arbeit. Viele Journalisten halten ständig Ausschau nach Informationen, auch wenn ihr Bürotag längst zu Ende ist. Mit jedem Thema beginnt ein neuer Recherchezyklus. Erprobte, zur Routine gewordene, aber auch innovative Strategien kommen zum Einsatz.

Während wissenschaftliche Werke Dutzende, wenn nicht Hunderte von Seiten umfassen, muss ein journalistischer Text in wenige Zeilen gepresst werden. Kurz schreiben heißt indes nicht, dass ein Journalist für seinen Artikel nur wenige Informationen verarbeitet hat. Um etwas präzise auf den Punkt zu bringen, muss man es verstanden und von allen Seiten beleuchtet haben.

Journalisten müssen viel mehr wissen, als sie letztlich zu Papier bringen. Sie müssen fragen, sammeln, beobachten, verwerfen und einordnen.

Mit Hintergrund ausrüsten

Jede ordentliche Recherche fängt mit einer Orientierungsphase an. Wer keine blasse Ahnung von einem Thema hat, wird sich schwer tun, selbst über die harmloseste Pressekonferenz zutreffend und relevant zu berichten. Journalisten müssen Strategien entwickeln, sich möglichst schnell auf einem Terrain zu orientieren, auf dem sich ihre Gesprächspartner im Zweifelsfall besser auskennen. Andernfalls laufen sie Gefahr, dass ihnen ein X für ein U vorgemacht wird.

Der Erste-Hilfe-Koffer für Rechercheure

Journalisten brauchen Informationsquellen, auf die sie schnell zugreifen können. Jede gute Redaktion ist mit einem großen enzyklopädischen Lexikon ausgestattet. Dazu kommt das Munzinger-Archiv, das verlässliche Informationen über Persönlichkeiten des öffentlichen Lebens zusammenstellt. Es ist die erste Adresse für Journalisten, die ein Porträt schreiben oder auf die Schnelle einen Nachruf verfassen müssen.

Wer nicht an eine Redaktion angebunden ist, die das teure Munzinger-Archiv abonniert hat, bekommt in manchen Städten elektronischen Zugang über die Leihbücherei. Er muss dafür schlicht die Nummer seines Bibliotheksausweises auf der städtischen Webseite eingeben.

Andere Nachschlagewerke haben Journalisten am besten griffbereit. Sie sollten entweder auf dem eigenen Schreibtisch stehen oder fest auf dem Computer installiert sein. Mal abgesehen vom Duden, den jeder Journalist braucht, variiert die Auswahl solcher Standardwerke je nach Berichtsgebiet.

- ✔ Lokalreporter brauchen einen Stadtplan und ein Telefonbuch. Dazu kommen Verzeichnisse mit Namen und Telefonnummern von Ansprechpartnern bei Polizei, Feuerwehr und Rathaus, Schulen und Handelskammern, Kirchen und Vereinen. Auch die Kontaktdaten von Amtsleitern und Gemeinderäten liegen griffbereit.
- ✔ Parlamentskorrespondenten haben den sogenannten Kürschner in Reichweite stehen, der in jeder Legislaturperiode neu veröffentlicht wird. Darin enthalten sind Kurzbiografien und Fotos aller Bundestagsabgeordneten.
- ✔ Auslandsredakteure kaufen sich jedes Jahr die neue Ausgabe von Fischers Weltalmanach, um die aktuellen Basisdaten fremder Länder wie Einwohnerzahlen schnell nachschlagen zu können. Auf dem Computer haben sie einen elektronischen Atlas wie Encarta installiert.
- ✔ Rasende Reporter, die in ganz Deutschland zum Einsatz kommen, brauchen eine Landkarte, auf der sie Orte in der deutschen Provinz rasch lokalisieren können – und einen detaillierten Straßenatlas.
- ✔ Fachjournalisten haben im Zweifel die vollsten Regale oder Festplatten. Je nach Spezialgebiet brauchen sie Lexika und Journale, in denen sie Details aus ihrem Bereich rasch nachschlagen können – vom Flugzeugmodell bis zu obskuren Krankheitsbildern.

Staubfreie Archive

Mitunter reichen Nachschlagewerke, um sich rasch und ohne größeren Aufwand sachkundig zu machen. Doch um Sachverhalte richtig einordnen zu können, brauchen Journalisten auch Zugang zu einem möglichst gut geführten und umfassenden Archiv.

Nur wer weiß, was ein Politiker vergangenes Jahr angekündigt hat, kann beurteilen, wie neu seine heutige Äußerung ist. Vielleicht ist der Witz an der Geschichte ja gar nicht, was gesagt wird, sondern was ungesagt blieb?

Zu den wichtigsten Aufgaben von Journalisten gehört es, Dinge in einen größeren Zusammenhang zu stellen. Der legendäre österreichische Fernsehmoderator Robert Hochner formulierte das so:

Die Rache der Journalisten an den Politikern ist das Archiv.

Anruf genügt

Die hauseigene Dokumentationsabteilung ist ein Luxus, von dem viele Mitarbeiter kleinerer Zeitungen und Radiostationen nur träumen können: Man ruft zu Beginn einer Recherche dort an, um ein paar Stichwörter Daten und Namen anzugeben – und noch am selben Tag erhält man eine ordentliche Mappe mit den wichtigsten Artikeln, die zum Thema in der Vergangenheit erschienen sind.

Im Laufe der Recherche kommen täglich aktuelle Beiträge hinzu, die automatisch an die eigene E-Mail-Adresse gesandt werden. Ist der Artikel fertig, nehmen ihn die Dokumentare noch einmal durch die Mangel, um sicherzustellen, dass jedes Datum, jede Schreibweise, jede Tatsachenbehauptung stimmt.

Die meisten Zeitungen archivieren nur Artikel, die im eigenen Blatt erschienen sind. Früher wurden sie ausgeschnitten, kopiert und in Mappen gelegt – eine staubige Angelegenheit, bei der öfters Unterlagen verloren gingen.

In den 90er-Jahren richteten die meisten Redaktionen elektronische Archive ein: Sie indexieren Texte am Computer und stellen sie in Datenbanken ein, bei denen sie über Schlagwort- oder Volltextsuche gefunden und abgerufen werden können. Originalausgaben werden nicht mehr im Regal gestapelt oder zu Jahrgangsbänden zusammengestellt, sondern auf Mikrofilm gespeichert.

Die Fakten-Checker

Offiziell heißen sie Dokumentationsjournalisten, doch gebräuchlicher ist die Bezeichnung Fact Checker: Rund 70 Spezialisten beim *Spiegel* überprüfen jede Woche, ob richtig ist, was im Magazin stehen soll. Dafür müssen ihnen die Reporter neben den unveröffentlichten Artikeln auch Notizen, Interviewmitschnitte, Akten und andere Rechercheunterlagen vorlegen. Die Dokumentare streichen Tatsachenbehauptungen ebenso an wie Zahlen, Schreibweisen oder Altersangaben. Mithilfe von Datenbanken oder Experten klopfen sie jede Einzelheit ab.

Fakten-Checker leisten sich neben dem *Spiegel* auch andere Magazine wie *Focus*, *Stern*, *Wirtschaftswoche*, *Brigitte* oder *GEO*. Weil diese Hefte wochenlang in Wohnzimmern, Arztpraxen oder beim Frisör ausliegen, ist die Gefahr groß, dass Leser einen Fehler entdecken. Das ist nicht nur peinlich, sondern auch schlecht für das Ansehen der Zeitschrift und damit für die Werbeeinnahmen.

Bezahlte Dienste

Große Verlage wie Gruner + Jahr oder Springer werten nicht nur die eigenen Blätter aus, sondern auch anderswo erschienene Zeitungen und Zeitschriften. Die *Spiegel*-Dokumentation durchkämmt regelmäßig 300 Publikationen in 15 Sprachen.

Das ist teuer, weshalb die Verlage ihre Archive auch anderen Nutzern zur Verfügung stellen – natürlich gegen Geld. Die Suche über die Website ist meist kostenlos, doch wer einen Artikel aufrufen, speichern oder drucken will, muss bei vielen Zeitungen pro Dokument 50 Cent und mehr bezahlen. Besonders teuer sind Fachartikel aus den Bereichen Wirtschaft und Recht, an denen nicht nur Journalisten, sondern auch Anwaltskanzleien oder Unternehmen interessiert sind.

Sammeldatenbanken

Wer es eilig hat, kann sich in Sammeldatenbanken einklinken: Genios zum Beispiel archiviert seit den 90er-Jahren alle Artikel, die in mehr als 180 deutschsprachigen Zeitungen erschienen sind, von der *Frankfurter Allgemeinen Zeitung* über das *Handelsblatt* und die *Süddeutsche Zeitung* bis hin zur *Passauer Neuen Presse*. Ein einziges Dokument herunterzuladen, kostet so viel wie ein Cappuccino.

Sammeldatenbanken geben Zeitungsredaktionen einen Mengenrabatt. Zwar werden einzelne Abrufe dadurch billiger, doch bei hoher Nutzung summieren sich die Gebühren. Deshalb bekommen Redakteure, die sich allzu ausgiebig bedienen, Ärger mit der Verlagsbuchhaltung.

Suchmaschinen

Nach wie vor tippen zwar viele Journalisten, wenn sie ein Thema anrecherchieren, als erstes Namen oder Suchwörter in die Google-Suchmaschine ein. Doch das Ergebnis genügt nur selten professionellen Ansprüchen. Viele Treffer sind Blog-Einträge ohne Quellenangaben oder Seiten von Buchversandhändlern.

Google oder andere Suchmaschinen sind nützlich, um Websites von Organisationen, Personen, Unternehmen oder Institutionen zu finden. Einen systematischen Überblick über die wichtigsten Berichte und Erkenntnisse zu einem Thema bieten sie nicht.

Der Kreis der Weisen

Manche Journalisten haben keine Lust, sich stundenlang durchs Internet zu klicken oder stapelweise alte Artikel zu lesen. Sie schreiben lieber Dutzende von E-Mails und hängen ständig am Telefon. Sie plaudern, pflegen Kontakte und bauen Vertrauensverhältnisse auf. Oft sind sie in der Lage, sich rascher einen treffenden Überblick zu verschaffen als die Fans von Google und Archiven.

Wer sich auf einen eigenen Kreis der Weisen stützen kann, stellt hinterher oft originellere Fragen als jene Journalisten, die lediglich die Darstellung kennen, die schon in der Vergangenheit die Medien beherrscht hat. Man muss dafür kontaktfreudig sein – und in der Lage, die Beweggründe der Vertrauensleute zu durchschauen.

Der Fußballfan aus der Nachbarschaft kommt ebenso als Weiser infrage wie die Atomphysikerin im Ruhestand. Wer aus der Hauptstadt berichtet, profitiert vom Wissen eines Praktikers aus der Provinz. Lokaljournalisten können Fachleute mit breitem Horizont gut brauchen.

Für den eigenen Hintergrund sind Experten am nützlichsten, die entweder wirklich unbeteiligt am Geschehen sind oder deren Parteilichkeit säuberlich von ihrem Fachwissen getrennt werden kann. Solche Weisen verfolgen Entwicklungen über Jahre und kennen jeden Akteur eines Themas genau. Sie können helfen, Ereignisse einzuordnen und in einem anderen Licht zu sehen.

Auch vermeintlich unabhängige Fachleute können parteiisch sein. Ein Professor, der viel über die Autobranche forscht, wird womöglich von dieser bezahlt. Die lukrativen Auftragsgutachten dankt er der Industrie mit ihr willkommenen Einschätzungen im Gespräch mit Journalisten.

Im Idealfall gehören zum Kreis der Weisen nur Menschen, die selbst gar nicht im Artikel auftauchen wollen. Sie können sich ungeschminkt äußern, sofern sie darauf vertrauen können, dass ihr journalistischer Partner sie nicht plötzlich doch zitiert.

Quellen vom Dienst

Für Journalisten auf der Suche nach Gesprächspartnern oder Informationen sind Pressestellen oft die erste Anlaufstation. Sie haben den Vorteil, dass sie eine ähnliche Sprache sprechen und schon einmal vom Redaktionsschluss (siehe Kapitel 5) gehört haben. Sie wissen also, dass die Medien eine möglichst schnelle Auskunft brauchen.

Ein Irrtum wäre es jedoch anzunehmen, dass sich Organisationen eine Pressestelle leisten, um Journalisten damit einen Gefallen zu tun. Sie tun dies vielmehr, um die Botschaft zu steuern, die an die Öffentlichkeit gelangt. Andernfalls würde eine Telefonzentrale ausreichen, die Reporter zu den zuständigen Fachleuten durchstellt.

Welche Auskünfte sich Journalisten von einer Pressestelle erhoffen können, ist von Organisation zu Organisation unterschiedlich. Man sollte sich nicht entmutigen lassen: Woanders hat man vielleicht mehr Glück.

Manche Pressereferenten verstehen sich als reine Vermittlungsstation, die den Kontakt zu Experten oder Funktionsträgern herstellt, die zur Auskunft berechtigt sind. Im schlimmsten Fall sind diese Quellen vom Dienst nichts anderes als sprechende Archive. Sie tragen vor, was schon einmal in einer Pressemitteilung veröffentlicht wurde und damit von oben abgesegnet ist.

Es gibt Pressestellen, die selbst aus Terminen von Politikern ein Geheimnis machen, solange diese Termine nicht unwiderruflich und damit amtlich sind. Sie beantworten Fragen nicht und sind dann beleidigt, wenn am nächsten Tag in der Zeitung steht, dass ihre Organisation nicht zu einem Kommentar bereit war.

Professionelle Presseschweiger können privat durchaus nette Menschen sein. Wenn sie Auskünfte verweigern, erfüllen sie schließlich nur ihre Pflicht. Andere Pressesprecher sind einfach schlecht organisiert und befinden sich ständig in Besprechungen. Diese Spezies heißt unter Journalisten »die Besprecher«.

Wer regelmäßig bei Pressestellen anruft, entwickelt schnell ein Ohr dafür, ob er mit einer Auskunft rechnen kann oder ob seine Anfrage mit Phrasen abgeblockt wird:

- »Stellen Sie Ihre Anfrage bitte per Fax.«
- »Lesen Sie doch erst einmal unseren Jahresbericht.«
- »Wären Sie bei unserer Pressekonferenz gewesen, müssten Sie das nicht fragen.«
- »Alle Pressesprecher sind zu Tisch.«
- »Sie stehen schon auf der Rückrufliste.«

Gibt es einen aktuellen Anlass, dann werden oft Anfragen von großen, bekannten und als wichtig erachteten Medien schneller beantwortet. Mit der Bild-Zeitung wollen es sich die meisten Politiker nicht gern verscherzen. In einem Arbeitskampf wollen sowohl die Unternehmensführung als auch die Gewerkschaft möglichst ausführlich in der *Tagesschau* oder auf *RTL Aktuell* vertreten sein.

Die Chance auf eine Auskunft steigt auch, wenn sich Journalist und Pressereferent persönlich kennen. Es erhöht das Vertrauen, wenn der Ministeriumssprecher zu der Stimme am Telefon auch das Gesicht kennt. In Berlin und anderswo sticht eine örtliche Rückrufnummer die Anfrage aus einer anderen Stadt. Schließlich hat der Pressesprecher Grund zu der Hoffnung, dass er dem Journalisten aus Buxtehude, den er nie zurückgerufen hat, nie auf einem Empfang in der Bundeshauptstadt begegnen wird.

Am besten ist es aus Reportersicht, die Pressestelle zu umgehen und einen direkten Draht zu Verantwortlichen und Beteiligten herzustellen. Handynummern und persönliche E-Mail-Adressen von Politikern, Gewerkschaftsfunktionären oder Anwälten sind für Journalisten daher ein nützliches und überaus kostbares Gut.

Waschzettel sind billig

Nichts ist im Journalismus leichter, als an eine Information heranzukommen, die in einer Pressemitteilung enthalten ist. Notwendig ist dafür lediglich, sich auf den Verteiler der jeweiligen Organisation setzen zu lassen, und schon laufen massenweise Verlautbarungen per E-Mail oder Fax bei der Redaktion ein. Für viele Journalisten ist das heutzutage eher eine Plage. Weil Pressemitteilungen oft Gewäsch enthalten, werden sie im Branchenjargon auch Waschzettel genannt.

Pressemitteilungen haben den Vorteil, dass ihr Inhalt abgestimmt ist und dass sie so selten im Nachhinein dementiert werden. Gerade deshalb sind sie jedoch für Journalisten mit Vorsicht zu genießen. Denn keine Organisation weist freiwillig in schriftlicher Form auf eigene Schwachstellen hin.

Meist fängt die Recherche daher mit der Verlautbarung erst richtig an. Pressemitteilungen enthalten Lücken, die Reporter per Rückfrage füllen müssen. Was wurde weggelassen? Welche Fragen blieben unbeantwortet? Was ist wirklich neu?

Per Fax übermittelte oder auf Websites veröffentlichte Mitteilungen können gefälscht sein. Spaßvögel entwickeln da beträchtliche Fertigkeiten. Falsche Websites sehen der echten Version täuschend ähnlich. Auch Faxkennung und Briefkopf geben keine hundertprozentige Gewähr dafür, dass der vermeintliche der wahre Absender ist. Wer Zweifel hat, sollte sich die Echtheit deshalb per Anruf bestätigen lassen.

Eine Sonderform der Pressemitteilung sind die Ad-hoc-Meldungen der Unternehmen. Nach dem Wertpapierhandelsgesetz sind Firmen verpflichtet, Nachrichten umgehend zu veröffentlichen, die den Kurs ihrer Aktie beeinflussen können. Die Verbreitung läuft in Deutschland über die Deutsche Gesellschaft für Ad-hoc-Publizität (DGAP). Sobald die Mitteilung auf deren Server gestellt ist, wird sie erst an die Aufsichtsbehörden und dann an die Nachrichtenagenturen und Wirtschaftsredaktionen versandt.

Schaulaufen im Pressesaal

Setzt eine Organisation eine Pressekonferenz an, ist es in der Regel nicht schwierig, als Journalist daran teilzunehmen. Denn die Horrorvorstellung jedes Pressesprechers ist, eine solche Veranstaltung zu organisieren, zu der dann nur eine Handvoll Medienvertreter erscheint. Selbst eine Anmeldung ist meist nicht erforderlich, auch wenn Pressestellen dies natürlich bestreiten würden. Sie wissen gerne im Voraus, mit wie vielen Teilnehmern sie rechnen müssen – schließlich hängt die Größe des Raums, die Zahl der Stühle, Kaffeetassen, Häppchen und Pressemappen davon ab.

Wichtig hingegen ist Pünktlichkeit. In den Minuten vor einer Pressekonferenz haben Reporter viel zu tun. Sie müssen sich einen günstigen Platz suchen und das Aufnahmegerät aufbauen. Sie müssen feststellen, welcher Name zu welchem Gesicht gehört, wer welchen Titel führt und sich die Schreibweisen von Namen notieren.

Gerade wer mit einem Thema weniger vertraut ist, sollte mindestens fünf Minuten vor Beginn einer Pressekonferenz zur Stelle sein.

Früh kommen, spät gehen

Günstig ist es auch, nach der Pressekonferenz noch ein paar Minuten zu verweilen. Gerade für aktuell arbeitende Journalisten ist das schwierig. Alle anderen aber profitieren davon, dass spannende Informationen oft am Rande von Veranstaltungen ausgetauscht werden. Wer da nicht gleich weg muss, ist gut dran.

Der weniger förmliche Informationsaustausch vor und nach einer Pressekonferenz hat in Deutschland inzwischen dermaßen an Bedeutung gewonnen, dass bei der eigentlichen Veranstaltung manchmal kaum noch Fragen gestellt werden. Im Umkehrschluss heißt das: Wer eine Frage parat hat, kann sich gute Chancen ausrechnen, an die Reihe zu kommen, selbst wenn er ein Neuankömmling ist.

Das große Wort führen bei Pressekonferenzen oft altgediente Journalisten, die seit Jahren über das Thema schreiben, das auf der Tagesordnung steht. Manchmal dienen ihre Fragen nur der eigenen Profilierung. Sie sind mit Anspielungen auf Insiderkenntnisse gespickt. Das begleitende Augenzwinkern auf beiden Seiten ist bezeichnend: Politiker und Journalist kennen sich schon lange und wissen daher, wovon sie reden, auch wenn ein Außenseiter dabei kein Wort versteht.

Mutige stellen dumme Fragen

Die meisten Journalisten wissen auch nicht viel mehr als ein Neuankömmling über das Thema der Pressekonferenz. Sie scheuen sich nur, dies zuzugeben. Insgeheim warten sie darauf, dass sich jemand dazu aufrafft, eine grundsätzliche oder von Unkenntnis zeugende Frage zu stellen. Wie war das noch einmal, wie viele Soldaten sind derzeit in Afghanistan stationiert? Die wievielte Pflegereform steht hier zur Debatte?

Im Jargon werden solche Fragen manchmal auch »Lernfragen« genannt. Man könnte die Antworten vielleicht auch in einer Pressemitteilung oder auf der Website der Bundeswehr oder des Gesundheitsministeriums finden. Oft sind die Leute auf dem Podium damit überfragt, weil sie diese Informationen nicht in ihrem Redetext parat haben. Gar nicht so selten kommen auf diese Weise aktuelle Fakten an die Öffentlichkeit, die das Getriebe einer Behörde noch gar nicht durchlaufen haben.

Es gehört Mut dazu, auf einer Pressekonferenz die Hand zu heben und eine Frage zu stellen. Gerade Politiker und Firmenvertreter sind darin geschult, unangenehmen Fragen auszuweichen. Eine beliebte Methode ist dabei, den Fragesteller vom Podium aus für dumm und sein Begehren für idiotisch oder irrelevant zu erklären. Manchmal wird ein junger Reporter so zum Gespött aller Anwesenden. In allzu seltenen Fällen greift die Solidarität unter Journalisten. Dann springen andere Medienvertreter dem unerfahrenen Kollegen bei und verlangen ihrerseits eine Antwort auf dessen Frage.

Frühstück mit dem Vorstandschef

Mitunter ist ein Pressegespräch nichts anderes als eine Pressekonferenz mit weniger Teilnehmern. In der Regel jedoch findet es in intimerer und exklusiverer Atmosphäre statt. Nur wer auf der Teilnehmerliste steht, wird hereingelassen. Es empfiehlt sich daher, sich vorher anzumelden – vor allem wenn man keine Einladung bekommen hat.

Vertrauen und Professionalität sind bei Pressegesprächen wichtig. Denn hier werden öfter auch Sachen gesagt, die nicht zum Zitieren oder zur Veröffentlichung bestimmt sind. Die Referenten springen manchmal zwischen »unter eins« und nur »unter drei« gemachten Angaben hin und her. Was sich hinter solchen Codewörtern verbirgt, ist in Kapitel 2 erklärt.

Die Regierungspressekonferenz

Dreimal in der Woche stehen Vertreter der Bundesregierung den Journalisten Rede und Antwort. Schauplatz dieser Tradition ist die Regierungspressekonferenz, kurz auch Regierungs-PK genannt. Veranstaltet wird sie nicht von der Bundesregierung oder dem Bundespresseamt, sondern vom Verein der Hauptstadtjournalisten, der sogenannten Bundespressekonferenz. Das ist wichtig, denn dadurch sind es die Journalisten, die bestimmen, welche Themen auf der Tagesordnung stehen und welche Fragen an die Vertreter der Bundesministerien zugelassen werden.

An der Regierungs-PK dürfen nur Mitglieder der Bundespressekonferenz sowie Korrespondenten aus anderen Ländern teilnehmen, die im Verein der ausländischen Presse (VAP) organisiert sind. Mitschriften werden meist am nächsten Tag auf der Internetseite der Bundesregierung veröffentlicht (`www.bundesregierung.de`). Die Pressekonferenz wird außerdem per Standleitung live in zahlreiche Redaktionsräume in Berlin übertragen. Viele Journalisten sparen sich den Weg ins Pressehaus am Berliner Schiffbauerdamm und verfolgen die Fragen und Antworten am Bildschirm. Die Regierungsvertreter treten daher oft vor dünn besetzten Reihen auf – ein ständiges Ärgernis für die Organisatoren.

Für Neulinge ist es wichtig, im Gespräch mit erfahrenen Kollegen oder mit dem Pressesprecher genau zu klären, welche Information wie verwendet werden darf.

Pressegespräche sind vor allem nützlich zur Kontaktpflege. Journalisten zeigen ihre Nase und signalisieren damit, dass sie weiterhin der Ansprechpartner für ihr Themengebiet sind. Gelegentlich sind Pressegespräche auch nützlich, um Lernfragen zu stellen und damit Fehler bei der Berichterstattung über komplexe technische Bereiche wie den Verteidigungshaushalt oder die Rentenreform zu meiden. Häufig rechtfertigt der Zeitaufwand jedoch nicht den unmittelbaren Nachrichtenertrag.

Organisationen veranstalten Pressegespräche und Pressekonferenzen, um zu erreichen, dass ihr Anliegen oder ihre Sicht der Dinge in den Medien erscheint. Sie konkurrieren ständig um die Zeit und Aufmerksamkeit der Presse. Eine Zeit lang galten Kaffee, Frühstücksbüfetts oder Häppchen als zentrale Instrumente in diesem Wettbewerb. Viel entscheidender ist jedoch der Nachrichtenwert, den Journalisten von einer Presseveranstaltung erwarten. Woran sich dieser Nachrichtenwert bemisst, können Sie in Kapitel 6 nachlesen.

Das Recherche-Interview

Wer recherchiert, hat Fragen. Das Interview ist deshalb das wichtigste Instrument der Recherche überhaupt. Erfolgreich Interviews zu führen, ist eine der schwierigsten Übungen im Journalismus. Reporter müssen dafür nicht nur über Qualitäten wie Neugier, Offenheit und

Hartnäckigkeit verfügen. Sie müssen auch ihre eigene Technik entwickeln, das Gespräch zu führen und die Ergebnisse festzuhalten.

Journalisten erhoffen sich von Interviews nicht nur nackte Fakten, sondern auch Zitate, Einschätzungen und gegebenenfalls szenische Elemente für ihre Geschichten. Ob eine Unterhaltung den erhofften Ertrag bringt, hängt von einer Reihe von Faktoren ab.

- ✔ Die Gesprächspartner müssen gut gewählt und die Fragen durchdacht sein.
- ✔ Während des Interviews müssen Reporter das Steuer in der Hand behalten.
- ✔ Reporter müssen zuhören, ermutigen, unterbrechen, nachhaken und mitschreiben – alles zur gleichen Zeit.

Auf zur Partnerwahl

An der Frankfurter Börse hat es über Nacht gebrannt. Das Parkett liegt in Schutt und Asche; im Keller wurde eine Computeranlage beschädigt. Ein Wachmann wurde verletzt und liegt im Krankenhaus. Der örtliche Radiosender setzt ein Team von Mitarbeitern ein, um über das Feuer zu berichten. Reporter schwärmen aus, sprechen mit Polizeibeamten und Feuerwehrleuten, befragen Zeugen, Finanzexperten und die Börsenleitung. Im Prinzip gehen sie dabei drei Leitfragen nach:

- ✔ Was genau ist geschehen?
- ✔ Wie kam es dazu?
- ✔ Was sind die Folgen?

Journalisten wählen ihre Gesprächspartner unabhängig vom Thema meist nach ähnlichen Maßstäben aus. Wie auf einem Ball guckt man sich Partner aus, die einem am attraktivsten erscheinen. Menschen, die für Interviews infrage kommen, sollten mindestens zwei der folgenden Kriterien erfüllen. Sie sollten zugänglich, zuständig und betroffen sein, sich auskennen, für viele sprechen und sich verständlich ausdrücken.

Zuständig sind in der Regel die Behörden und andere öffentliche Institutionen: bei einem Brand zunächst die Feuerwehr, zumindest solange die Löscharbeiten andauern. Sobald die Ermittlung der Brandursache beginnt, kommt die Polizei dazu. In herausragenden Fällen wird eine Sonderkommission eingerichtet oder die Kriminalämter von Land oder Bund werden hinzugezogen. Liegt ein Verdacht auf einen terroristischen Hintergrund vor, schaltet sich die Bundesanwaltschaft ein.

Zuständigkeit hat auch mit Verantwortung zu tun. Brennt ein Gebäude, dann muss der Eigentümer die Frage beantworten, ob er die Wartung der Gasleitungen vernachlässigt hat. Die Börsenleitung kann sagen, ob der Betrieb trotz des Feuers weitergehen kann.

Eigentümer und Betreiber sind in diesem Fall nicht nur zuständig, sondern auch betroffen, ebenso wie der verletzte Wachmann und seine Angehörigen. Die Auswirkungen des Feuers gehen jedoch noch viel weiter: Parketthändler müssen womöglich ihre Arbeit einstellen, Investoren auf der ganzen Welt sind betroffen.

Während die Polizei beginnt, in mühseliger Kleinarbeit jeden verfügbaren Zeugen zu befragen, bemühen sich Journalisten um einen schnellen Überblick. Sie suchen nach Gesprächspartnern, die sich auskennen.

Der IT-Chef der Börse kann am ehesten Auskunft darüber geben, wie stark der Betrieb von dem Feuer beeinträchtigt worden ist. Ein Finanzexperte weiß hoffentlich zu sagen, wie stark der weltweite Aktienhandel von der reibungslosen Funktion der Frankfurter Wertpapierbörse abhängig ist.

Eine schnelle Rundfrage bei Händlern oder ein Interview mit einem Augenzeugen sind vor allem in der ersten Phase der Berichterstattung nützlich. Journalisten ernten so lebendige Zitate und farbige Details. Sobald etwas Abstand gewonnen ist, werden Reaktionen auf das Geschehen jedoch möglichst bei Menschen eingeholt, die nicht nur für sich selbst sprechen. Das kann der Präsident des Kleinanlegerverbands sein ebenso wie ein Vertreter der Dienstleistungsgewerkschaft, welcher der Wachmann angehört.

Sobald sie an die Arbeit gehen, stellen Reporter im Kopf eine Wunschliste von Menschen zusammen, die sie für ihre Recherche gerne interviewen würden. Die Liste schrumpft meist schnell zusammen, weil viele Interviewpartner nicht zugänglich sind.

- ✔ Der behandelnde Arzt weigert sich unter Verweis auf seine Schweigepflicht, etwas zum Zustand des verletzten Wachmanns zu sagen.
- ✔ Die Frau des Verletzten sitzt im Wartezimmer der Klinik und hat ihr Handy abgeschaltet.
- ✔ Die städtische Polizei verweist an die Kripo, die Kripo ans hessische Lagezentrum, das Lagezentrum ans BKA.

Die Schwierigkeit, bei einer aktuellen Nachrichtenlage gute Gesprächspartner zu finden, ist der Grund dafür, dass im Fernsehen, Radio und in der Zeitung immer wieder dieselben Menschen interviewt werden. Zugänglichkeit und die Fähigkeit, sich in kurzen, verständlichen Sätzen auszudrücken, sind in solchen Situationen oft die Königskriterien.

Haben Journalisten mehr Zeit für die Recherche, dann stöbern sie meist interessantere Gesprächspartner auf. Zu einem Streitthema werden dann Vertreter beider Seiten gehört. Ein Artikel über einen Skandal zitiert Betroffene und Experten. Ein Porträt beruht nicht nur auf einem Interview mit dem Protagonisten, sondern enthält auch Aussagen von Weggefährten, Kollegen, Vertrauten und Kritikern.

Auf die Plätze, fertig ...

Interviews umfassen eine große Spannbreite – von der Straßenumfrage bis zum *Spiegel*-Gespräch. Manchmal geht es schlicht darum, den Polizeisprecher am Telefon kurz zu befragen. In solchen Fällen notieren sich Journalisten ein paar Fragen, die sie in aufsteigender Reihenfolge stellen, also zuerst solche, die leicht zu beantworten sind. Am schwierigsten ist es meist, den Gesprächspartner überhaupt zu erreichen.

Längere Interviews, die tragende Bestandteile einer Geschichte sind oder gar im Wortlaut veröffentlicht werden sollen, erfordern gründlichere Vorbereitung.

Überblick gewinnen

Bevor sie den ersten Kontakt herstellen, finden Profis mehr über die Person heraus, die sie interviewen wollen. In welchen Bereichen kennt sich der Gesprächspartner aus? Was hat er zu dem Thema, um das es geht, schon gesagt oder geschrieben? Ist er befugt, dazu etwas zu sagen? Wie kann er davon überzeugt werden, ein Interview zu gewähren? Gibt es gemeinsame Bekannte, die als Referenz dienen oder anders bei der Gesprächsanbahnung helfen können? Welche ungewöhnliche Fragestellung könnte einen Anreiz schaffen, sich noch einmal zu äußern?

Ziele bestimmen

Hat sich der Journalist für einen Gesprächspartner entschieden, muss er sich darüber klar werden, was er erfragen und erfahren will. Geht es um harte Fakten? Um eine Reaktion? Um Zusatzinformationen? Oder darum, Informationen zu bestätigen?

Der Journalist überlegt allein oder mit Kollegen, welche Informationen nützlich, spannend, unabdingbar oder originell wären. Beim Notieren ist es nützlich, zwischen Muss- und Kann-Fragen zu unterscheiden. Denn wird kein Interviewtermin gewährt, kann man versuchen, die wichtigsten Fragen gleich am Telefon zu stellen.

Gespräch anbahnen

Wer versucht, einen Interviewtermin auszumachen, sollte sich und das Medium, in dessen Auftrag er unterwegs ist, kurz vorstellen. Erwähnen muss er natürlich auch, worum es in der Story gehen soll. Dies sollte kurz und allgemein gehalten werden. Klarmachen muss man indes, warum man gerade diese Person befragen will.

Hilfreich bei der Gesprächsanbahnung ist es natürlich auch, wenn man sich kennt oder zumindest schon einmal kennengelernt hat. Dann ist es nämlich schwieriger für den Interviewpartner, den Journalisten abzuwimmeln. Man kann sich auch auf gemeinsame Bekannte berufen oder sagen: »xy hat mich an Sie verwiesen«.

Aus Journalistensicht ist es fast immer am besten, einen Interviewtermin direkt mit dem Betroffenen auszuhandeln. Kennt man die E-Mail-Adresse, kann dies eine gute Form der Anbahnung sein. Per E-Mail fühlen sich Menschen nicht so überfallen, und doch genötigt, eine Anfrage relativ rasch zu beantworten.

In einer Anbahnungsmail nur das allgemeine Thema und vielleicht eine Lockfrage stellen, nicht aber schon den Fragenkatalog verraten.

Bekommt man nicht schnell genug eine Antwort, dann muss man zum Telefon greifen und nach dem Motto »Frechheit siegt« versuchen, durchgestellt zu werden. Pressesprechern und Sekretären gefällt das natürlich gar nicht, denn sie möchten die Kontrolle behalten. Häufig wird man deshalb erst einmal im Vorzimmer landen. Dabei ist es wichtig, sich den Namen der Person am anderen Ende der Leitung zu notieren, um sie persönlich ansprechen zu können.

Vorzimmerdamen sind auch Menschen. Sie beim Namen zu nennen hilft bei der Herstellung einer persönlichen Kommunikation, die wiederum die Chancen erhöht, dass das Anliegen erfüllt wird. Hat man den Namen nicht verstanden, sollte man gleich zu Beginn nachfragen.

Fragenkatalog erstellen

Ist ein Interviewtermin vereinbart, geht es an die intensive Vorbereitung. Nun gilt es, genauer nachzulesen, was die Person schon zu den Fragen gesagt hat, die man stellen will. Außerdem muss man sich einen Überblick über Gegenargumente verschaffen.

Vor ausführlicheren Interviews sollte man Menschen kontaktieren, die mit der Person zu tun haben oder hatten. Ziel solcher Kontakte ist es, interessante Anekdoten, Widersprüche und Ticks zu erfahren, aus denen heraus man Fragen oder Hypothesen entwickeln kann.

Auf der Grundlage solcher Erkenntnisse wird nun der grobe Fragenkatalog überarbeitet und verfeinert. Dabei müssen sich Journalisten vergewissern, welche Frage unbedingt beantwortet werden sollte, weil sich sonst der ganze Aufwand nicht gelohnt hat. Alle anderen Fragen ranken sich um diese Hauptfrage.

Professionell auftreten

Wer ernst genommen werden will, muss bei Interviews professionell auftreten. Das heißt einerseits, dass die Kleidung dem Umfeld angemessen sein sollte. Wer einen Bauern auf seinem Hof interviewt, sollte die hochhackigen Schuhe im Auto lassen. Wer in ein Ministerium oder Unternehmen geht, tut dies am besten in Geschäftskleidung.

Bei der Auswahl der Kleidung für einen Interviewtermin sollte man sich an den örtlichen Gepflogenheiten orientieren.

Genauso wichtig für einen Profi ist die Pünktlichkeit. Wer zu spät zu einem Interviewtermin kommt, wird in neun von zehn Fällen keine Gelegenheit mehr zum Gespräch haben. Am besten ist es, fünf Minuten früher da zu sein. Viel früher kann kontraproduktiv sein, weil dies stark beschäftigte Interviewpartner womöglich stresst.

Für Rundfunk- und Fernsehleute gelten andere Regeln, weil es einige Zeit erfordert, die Technik aufzubauen. Der Aufbau sollte zu dem Zeitpunkt stehen, zu dem der Termin vereinbart war.

Gute Frager sind Strategen

Interviews zu führen ist schwer, weil Journalisten dabei mehrere Dinge gleichzeitig tun müssen: zuhören, mitschreiben und nachfragen.

Zunächst ist wichtig, dass der Interviewpartner überhaupt den Mund aufmacht und bereit ist, mehr zu sagen als das, was bereits in der Pressemitteilung enthalten ist. Deshalb bedarf jedes Interview einer möglichst kurzen Aufwärmphase.

Journalisten sollten ihren Gesprächspartnern nicht allzu sehr auf den Leib rücken. Am besten ist es, sich über Eck zu setzen, damit man sich nicht gegenseitig anstarren muss. Auch ein Schreibtisch kann einen Sicherheitsabstand schaffen.

Zur Aufwärmphase gehört es, das Thema kurz vorzustellen. Nützlich kann auch ein Eisbrecher sein. Man kann einen gemeinsamen Bekannten oder einen Ort erwähnen, den beide gut kennen. Der Einstieg ins Gespräch ist oft eine harmlose und leicht zu beantwortende Frage. Eine Ausnahme sind kurze Telefoninterviews, bei denen man schneller zur Sache kommen muss. Ein härterer Einstieg ist auch bei notorischen Quasselstrippen angebracht.

Die Einstiegsfrage sollte man nicht allzu offen formulieren. Sonst gerät am Ende das ganze Interview zur Plauderei.

Wer einen Wissenschaftler zu einer neuen Studie oder einen Politiker zu einer Gesetzesinitiative befragt, sollte nicht um eine Zusammenfassung bitten. Denn dann besteht die Gefahr, dass die erste Frage auch die letzte bleibt, weil die Zeit herum ist, bevor sie beantwortet ist. Besser ist es zuzuspitzen: »Wenn Sie sich zurückerinnern, was gab für Sie den ersten Anstoß zu dieser Studie oder zu diesem Gesetzesentwurf?«

Journalisten verwenden unterschiedliche Fragestrategien. Welche geeignet ist, hängt davon ab, was für ein Typ der Reporter ist und wie er seinen Gesprächspartner einschätzt. Aber auch Ziel und Zweck des Interviews spielen eine wichtige Rolle.

- **Einfach ganz naiv**

  Vor allem wenn es um komplizierte wissenschaftliche oder technische Zusammenhänge geht, kann es nützlich sein, die Rolle des naiven Fragestellers einzunehmen. »Können Sie das für Laien erklären?« ist eine Frage, die den Gesprächspartner dazu bringen kann, auf Fachausdrücke zu verzichten und anschaulicher zu erzählen.

- **Der Bürokratenknacker**

  Beamte und Juristen versuchen oft, sich mit bürokratischen Formeln abzusichern. Geschickte Journalisten fassen kurz in allgemein verständlicher Sprache zusammen, was der andere gesagt hat, und sagen dann: »Ist das richtig so?« Wer diese Technik konsequent durchhält, bringt seinen Interviewpartner häufig im Laufe des Gesprächs dazu, sich von selbst prägnanter und weniger verquast zu äußern.

Schreiben Sie doch einfach eine Mail ...

Bürokraten lieben sie, ebenso schüchterne Journalisten: Interviews per E-Mail sind längst keine Seltenheit mehr. Für den, der interviewt wird, liegt der Vorteil darin, dass er seine Worte sorgfältig abwägen kann. Der Fragesteller wiederum muss sich keine Sorgen darum machen, Zitate richtig mitzuschreiben. Was einmal aufgeschrieben ist, das steht.

E-Mail-Interviews haben jedoch auch gewichtige Nachteile: Die Möglichkeit zum Nachhaken ist beschränkt. Oft klingen die Sätze leblos. Reporter haben überdies keine Gelegenheit, ihr Gegenüber zu beobachten. Körpersprache und spontane Reaktionen fallen weg.

Wer ein Interview per E-Mail führt, muss sicherstellen, dass der Mensch am anderen Ende tatsächlich derjenige ist, der er vorgibt zu sein. Er muss offenlegen, dass er die Antworten journalistisch verwerten will. Zudem sollte er die Zahl seiner Fragen beschränken. Ein bis zwei Fragen sind die Regel, fünf Fragen sind das Maximum.

Wortreiche Interviewpartner treiben Journalisten oft zur Verzweiflung: Sie kommen vom Hölzchen aufs Stöckchen und differenzieren nicht zwischen Wichtigem und Unwichtigem. Es ist schwierig, ihren Redeschwall zu unterbrechen, ohne unhöflich zu wirken, und die Kontrolle über das Gespräch wiederzuerlangen. Ein Weg, dies zu tun, ist, einen Aspekt herauszugreifen und zuzuspitzen: »Wenn ich Sie vorhin richtig verstanden habe, dann sind Sie dafür, dies oder jenes zu tun.«

✔ Teufels Advokat

Wer seinen Interviewpartner mit kritischen Fragen konfrontieren will, muss sich die Kritik nicht zu eigen machen. Oft ist es sinnvoll, politische Gegner als Kronzeugen heranzuziehen. Eine Variante ist es auch, ganz offen zu sagen, dass man als Journalist des Teufels Advokat spielen wird. »Man könnte Ihnen vorwerfen, dass Sie ... « lautet die typische Frage eines solchen Advocatus Diaboli.

✔ Schritt für Schritt

Geht es weniger um Meinungen und Einschätzungen als um die Beschreibung eines Erlebnisses, bietet sich eine Zeitfolge als Gerüst an. Der Interviewpartner wird darum gebeten und im Laufe des Gesprächs immer wieder daran erinnert, Schritt für Schritt nachzuerzählen, was er erlebt hat. Die typische Frage dieser Technik lautet: »Und dann?«

✔ Erzählen lassen, aber genau

Narrative Geschichten leben davon, dass Journalisten das Geschehen so detailliert recherchieren, dass sie hinterher darüber schreiben können, als wären sie selbst dabei gewesen. Dafür brauchen sie nicht nur Fakten, sondern auch Kenntnisse über Gefühle, Gedanken und Situationen. »Was ging Ihnen in diesem Augenblick durch den Kopf?«, »Was haben Sie dabei empfunden?« sind Fragen, die Material für erzählenden Journalismus erbringen.

- **Detektivarbeit**

  Investigative Journalisten müssen fragen wie Detektive. Denn wer einen Skandal aufdecken will, muss sicherstellen, dass sein Gesprächspartner die Wahrheit sagt. Er gibt sich nicht mit Behauptungen zufrieden, sondern fragt: »Was haben Sie genau gesehen?«, »Wann war das genau?«, »Wer war noch dabei?«, »Wer könnte das bestätigen?«.

Zögerliche oder schüchterne Interviewpartner können manchmal durch gezieltes Schweigen aus der Reserve gelockt werden. Man stellt eine Frage, auf die nur eine wortkarge Antwort kommt. Dann lässt man eine gezielte Gesprächslücke. Oft ergreift der Interviewte nach 20 Sekunden selbst das Wort – und ist bereit, von sich aus zu erzählen.

- **Der Fragebogen**

  Geht es darum, überraschende Facetten einer Persönlichkeit zu entdecken, können Fragen aus einem standardisierten Katalog nützlich sein. Die meisten Menschen kennen solche Fragebogen und wissen, dass sie nicht lange überlegen, sondern spontan und möglichst originell darauf antworten sollen. Gerade Prominente, die immer wieder dieselben Fragen beantworten müssen, haben an dieser Methode vielleicht sogar Spaß. Typische Fragen lauten: »Welchen Beruf wollen Sie in Ihrem nächsten Leben ergreifen?« oder »Was soll auf Ihrem Grabstein stehen?«.

- **Der Hürdenlauf**

  Diese Interviewmethode stammt aus dem amerikanischen Journalismus und zielt darauf ab, Dynamik in den Gesprächsverlauf zu bringen. Der erste Fragenblock behandelt die Ziele, die sich der Interviewte ursprünglich gesetzt hat. Im zweiten Teil geht es darum, welche Hürden er auf dem Weg dorthin überwinden musste und wie ihm das gelungen ist.

  Dabei sollte nie nach der höchsten Hürde oder dem wichtigsten Ziel gefragt werden. Denn dies setzt den Interviewten unter Druck, eine Bewertung vorzunehmen, anstatt spontan die Frage zu beantworten. Im dritten Teil folgen Einschätzung und Ausblick: »Warum haben gerade Sie es geschafft? Was ist der nächste Schritt?«

Recherche vor Ort

Viele Artikel werden heutzutage recherchiert, ohne dass Reporter sich einen Schritt aus der Redaktion bewegen. Wenn nur per Telefon und am Computer gearbeitet wird, spricht man vom PC-Journalismus.

Immer reicht das nicht – zumindest dann nicht, wenn eine Zeitung den Ehrgeiz hat, farbig zu schildern, was geschehen ist. Damit dies gelingt, müssen sich Reporter vor Ort ein Bild machen. In der Lokalberichterstattung, wo die Wege kurz sind, geschieht das noch vergleichsweise häufig. Dass es sonst eher die Ausnahme als die Regel ist, liegt am Aufwand: Reportagen kosten Zeit und Geld.

Zeitungen und Sender wägen daher sorgfältig ab, ob es sich lohnt, einen Reporter an den Ort des Geschehens zu schicken. Sie tun es, wenn sie sonst zu langsam oder gar nicht an die wichtigsten Informationen herankämen – zum Beispiel kurz nachdem ein Verbrechen bekannt wurde oder weil ein Fußballspiel erst knapp vor Redaktionsschluss abgepfiffen werden wird.

Achtung Aufnahme!

Mitschneiden oder nicht – für viele Journalisten ist das eine Glaubensfrage. Während die einen darauf schwören, bei Interviews ein Aufnahmegerät mitlaufen zu lassen, verlassen sich die anderen auf ihre Notizen. Beide Vorgehensweisen haben ihre Vor- und Nachteile. Gegen das Aufnahmegerät spricht, dass es Gesprächspartner befangen machen kann. Ein Interview ohne Zustimmung mitzuschneiden, ist verboten. Weitere Nachteile: Es ist enorm zeitaufwendig, das Band hinterher komplett abzuhören. Ganz zu schweigen von den Tücken der Technik: Jeder Reporter hat schon einmal erlebt, dass es nach dem Zurückspulen nur rauschte.

Auf der anderen Seite ermöglichen es moderne digitale Geräte, bestimmte Passagen nach dem Gespräch rasch und zuverlässig anzusteuern. Gibt es Streit darum, was gesagt wurde, verfügt der Reporter über ein Beweismittel. Für die Website der Zeitung kann er zudem eine Audioversion anbieten. Viele Berichterstatter argumentieren auch, dass sie das Band davon entlastet, Zitate mitzuschreiben, sodass sie sich stärker aufs Zuhören und Nachhaken konzentrieren können. Denn Steno können heute nur noch eine Handvoll Journalisten.

Mord und Totschlag

In einem Garten irgendwo in der Provinz werden vergrabene Leichen entdeckt. Polizei und Staatsanwalt würden am liebsten erst einmal tagelang ungestört ermitteln. Am Telefon sind ihre Sprecher daher wortkarg und geben nur bereits gesicherte Informationen preis. Medien, die trotzdem ausführlich berichten wollen, müssen selbst ermitteln. Reporter überregionaler Zeitungen und Kamerateams reisen an.

Beim Kontakt zu den Ermittlungsbehörden sind die alteingesessenen Journalisten zunächst im Vorteil. Sie haben bereits ein Vertrauensverhältnis zu den Beamten aufgebaut und erfahren eher unter der Hand, auf welche Spur die Polizei gerade setzt. Das Handicap der ortsansässigen Reporter: Sie wollen es sich nicht mit dem Staatsanwalt verderben und halten deshalb oft interessante Informationen zurück.

Auswärtige Journalisten, die an den Ort eines Verbrechens entsandt werden, tun gut daran, möglichst rasch ihre Professionalität unter Beweis zu stellen. Unabdingbar ist es, sich den Anwesenden vorzustellen. Im Gegenzug sollte man die Namen und Funktionen seiner Gesprächspartner rasch auswendig lernen.

Ortsfremden Reportern empfiehlt es sich, die Platzhirsche davon zu überzeugen, dass sie an Zusammenarbeit statt Konkurrenz interessiert sind. Sie können sich zwar mehr Freiheiten bei der Verwendung wichtiger Informationen nehmen. Jedoch sollten auch sie sich an Absprachen halten und sorgfältig mit Quellen umgehen.

Eine Kombination von Hartnäckigkeit und Behutsamkeit ist auch bei der Befragung von Zeugen angebracht. Nachbarn oder Verwandte von Opfern oder Tätern fühlen sich schnell bedrängt und öffnen dem vierten Reporter, der klingelt, nicht mehr die Tür. Wer einen langen Atem hat, kann versuchen, Bekanntschaften zu knüpfen, um über Dritte doch noch an Beteiligte heranzukommen. Solcherart Vertrauen zu schaffen, braucht allerdings Zeit. Einige Medien gehen deshalb aggressiver vor und bedrängen Angehörige und Opfer so lange, bis diese nur deshalb ein Interview gewähren, um die Reporter loszuwerden. Andere Medien versuchen es mit Geld.

Wichtiger Bestandteil einer Vorortrecherche ist, genau hinzuschauen. Auch wenn der Garten längst abgesperrt ist, in dem die Leichen gefunden wurden, so lohnt doch der Augenschein in der Nachbarschaft. Wie sieht es in der Gegend aus? Wie wirken die Menschen, die dort leben?

Reporter tun gut daran, in Ruhe mit Einheimischen zu sprechen, selbst wenn diese keine Kenntnisse über das Verbrechen haben. Zuhören ist dabei das Wichtigste. Die Eindrücke, die Reporter vor Ort sammeln, bieten Material für ein plastisches Bild. Sie helfen ihren Lesern und Zuschauern, die Ereignisse einzuordnen.

Wenn sechs Monate später der Prozess gegen die mutmaßlichen Täter eröffnet wird, schlägt die Stunde der Gerichtsreporter: Dort treten genau die Akteure auf, die sich die Medien kurz nach der Tat für ein Interview ersehnt haben. Gerade für Zeitungen lohnt sich diese Investition zum Auftakt, zur Aussage wichtiger Zeugen, zu den Plädoyers und zur Urteilsverkündung. Denn Fernsehen ist in den Gerichtssälen nicht zugelassen.

Scheckbuchjournalismus

Dass Magazine und Fernsehsender für Interviews bezahlen, wird vom Publikum grummelnd akzeptiert. Entrüstung kommt erst auf, wenn ein Bieterwettbewerb um Exklusivrechte entbrennt, wie im Fall der Österreicherin Natascha Kampusch, die acht Jahre lang in einem Kellerverlies festgehalten wurde. Sechsstellige Summen sollen Blätter und Sender für die Ausstrahlung des ersten Interviews und den Nachdruck der ersten Fotos bezahlt haben.

Apologeten des Scheckbuchjournalismus argumentieren, der Pakt mit dem Teufel sei für Betroffene eine legitime Möglichkeit, die Journalistenmeute auf Distanz zu halten. *Stern*-Gründer Henri Nannen wiederum sah im Bezahlen für Interviews einen Akt ausgleichender Gerechtigkeit: Wenn Prominente mit der Veröffentlichung ihrer Memoiren viel Geld verdienen dürften, dann solle auch Lieschen Müller etwas dafür bekommen, wenn sie einmal im Leben etwas Spannendes zu erzählen habe.

Rechtlich und ethisch sind dem Scheckbuchjournalismus dort Grenzen gesetzt, wo ein berechtigtes und erhebliches Interesse der Öffentlichkeit besteht, unterrichtet zu werden. In diesem Fall dürfen Informationsquellen nicht durch Exklusivverträge verstopft werden. Denn das behindert die Informationsfreiheit.

Nur ein Reporter, der die Verhandlung verfolgt, kann wirklich plastisch erzählen, was sich dort abspielt. Der Gesichtsausdruck des Angeklagten, das Verhalten des Strafverteidigers – eine gute Gerichtsreportage setzt sich aus genauer Beobachtung, Zitaten und Hintergrundinformationen zusammen und ist so dramatisch wie ein Thriller.

Für tagesaktuell arbeitende Journalisten ist die Prozessberichterstattung eine logistische Herausforderung. Handys sind im Gerichtssaal häufig verboten, sodass der Reporter hinausgehen muss, um Informationen über wichtige Entwicklungen an seine Redaktion durchzugeben. Oft verpasst er deswegen kostbare Minuten des Dramas: Häufig darf er den Saal erst in der nächsten Verhandlungspause wieder betreten.

Die Gipfelstürmer

Zu Gipfeln, Parteitagen und anderen Großveranstaltungen reisen manchmal über tausend Journalisten an. Zwar rechtfertigt der Gehalt der dort gefassten Beschlüsse selten die hohen Kosten für Flug und Hotel. Schlussdokumente stehen bis auf wenige offene Punkte schon vorher fest und gehen zeitnah auch in der Redaktion per Fax oder E-Mail ein. Doch wird den Veranstaltungen wegen der Prominenz der Teilnehmer von den Medien hohe Bedeutung eingeräumt. Reporter sind vor Ort, um die Stimmung einzufangen und im Idealfall hinter die Kulissen zu schauen, so schwierig das auch ist.

Treffen sich die Mächtigen zu einem Gipfel, müssen Zeitungen über Tage hinweg Spalten füllen. Radio- und TV-Stationen brauchen Material für die bereitgestellte Sendezeit. Am meisten zu tun haben bei solchen Gelegenheiten die Mitarbeiter von Fernsehsendern. Sie sammeln am Rande der Veranstaltung Gerüchte, Eindrücke und Informationsbrocken, die der Reporter dann weitererzählt, wenn er zugeschaltet wird.

Akkreditierung

Für den Zugang zu Parteitagen, Gipfeln oder Konferenzen reicht ein Presseausweis in der Regel nicht aus. Wer berichten will, muss sich bei den Veranstaltern akkreditieren, und dies häufig Wochen oder sogar Monate im Voraus. Dies soll einerseits die Sicherheit der Konferenzteilnehmer gewährleisten. Andererseits treffen die Organisatoren so eine Auswahl, wer berichten darf. Denn das Fassungsvermögen von Pressezentren und Konferenzsälen ist nicht unbegrenzt.

Akkreditierungswünsche müssen meist von einer Bestätigung des Auftrag gebenden Mediums begleitet sein. Das gilt vor allem für Berichterstatter, die sich noch keinen Namen gemacht haben. Organisationen wie der Bundestag, die Europäische Union oder die UNO vergeben Jahresakkreditierungen an Journalisten, die regelmäßig über sie berichten. Der Sicherheitscheck muss dann nur einmal durchlaufen werden. Auch Börsen- oder Sportvereine prüfen die Bonität eines Reporters nur einmal im Jahr.

Recherche besteht bei Großveranstaltungen zunächst einmal darin, nichts zu verpassen. Das kann schwierig sein. Zu den eigentlichen Konferenzteilnehmern haben Journalisten nur sporadischen Zugang. Die Veranstaltung spielt sich aus Sicherheitsgründen häufig weit entfernt vom Pressezentrum ab.

Um etwas über den Diskussionsstand zu erfahren, sind die versammelten Medienvertreter oft auf Pressesprecher angewiesen, die in unregelmäßigen Abständen und unangemeldet an den Journalistenbänken vorbeischauen. Pech für den, der in diesem Moment gerade ein dringendes Geschäft erledigen muss.

Das Kollegialprinzip

Wichtig bei der Berichterstattung über Großveranstaltungen ist das Kollegialprinzip. Niemand kann stets überall sein. Journalisten helfen sich daher gegenseitig mit Notizen, Zitaten und Dokumenten aus. Dies funktioniert nur über ein möglichst ausgewogenes Geben und Nehmen. Reporter, die an einer Delegation besonders nah dran sind, weil sie regelmäßig über das betreffende Ministerium berichten, tauschen ihr Wissen gegen die Mitschrift von einer verpassten Pressekonferenz.

Bei internationalen Zusammenkünften kommen Reporter aus kleinen Ländern oft schneller an Entwürfe für Schlusserklärungen heran, denn Geheimnistuerei und Kontrollwahn von Regierungen sind erfahrungsgemäß proportional zur Einwohnerzahl.

Interessante Aspekte tun sich jenen Journalisten auf, die bei Gipfeln den Fuß vor die Tür des Pressezentrums setzen. Nicht nur Demonstranten ist daran gelegen, dass ihr Protest von den Medien verbreitet wird. Ganz generell schwirrt eine große Zahl von Aktivisten und Lobbyisten um Großveranstaltungen, bei denen es um ihr Thema geht. Sie verfügen über Fachwissen und manchmal auch über gute Kontakte zu den Konferenzdelegationen. Die Gerüchte, die sie dabei aufschnappen, geben sie bereitwillig zum Besten. Diese Gerüchte dann nachzuprüfen ist mühselig. Doch viele so entstandene Geschichten haben eine Veranstaltung letztlich geprägt.

Die Wahlkämpfer

Wahlkämpfe, zumal solche auf nationaler Ebene, finden heutzutage mehr in den Medien als auf den Marktplätzen statt. Journalisten können darüber berichten, ohne ein einziges Mal den Fuß vor die Tür zu setzen. Hauptsache, sie lesen alle Interviews, schauen alle Talkshows, bekommen die Umfragen mit und überfliegen das eine oder andere Positionspapier.

Weil Politiker die Medien gerade in Wahlkampfzeiten als Multiplikatoren brauchen, liefern sie Informationen frei Haus. Sie kommen gerne ins Studio oder in die Redaktion, um ein paar Informationshappen zu verteilen.

Wenn Journalisten dennoch die eine oder andere Wahlkampfveranstaltung besuchen oder einen Politiker ein paar Tage lang auf seiner Tour begleiten, wollen sie damit ihr Publikum überzeugen, dass sie die Kandidaten durchleuchtet und auch ihre Schattenseiten betrachtet haben. Es geht darum, neue Trends frühzeitig zu wittern, um wie ein Buchmacher den Ausgang des Rennens möglichst zuverlässig vorauszusagen.

Das Fernsehduell

Am besten wird dieser Prozess der Rückkoppelung bei den Fernsehduellen der Spitzenkandidaten deutlich. Während sich die Kamera meist auf das Gesicht der Duellanten richtet, kann vom Zuschauerraum aus der ganze Mensch im Blick behalten werden. Ein nervöses Zupfen an der Krawatte verrät Unsicherheit, die im Fernsehen vielleicht gar nicht zu sehen ist, weil gerade der andere Kandidat gezeigt wurde.

Unmittelbar nach der Veranstaltung schlägt die Stunde der sogenannten Spindoktoren: Diese Berater der Kandidaten treffen auf die Journalisten, die sich die Debatte angesehen haben, und versuchen, dem Geschehen ihren eigenen Dreh zu geben. Binnen weniger Minuten bildet sich unter den Berichterstattern eine dominante Meinung heraus, wer das Duell gewonnen und wer es verloren hat. Die meisten werden diese vorherrschende Meinung dann in Liveschaltungen für ihre Sender oder später in Zeitungs- oder Onlinekommentaren vertreten.

Wie trügerisch dieser vor Ort gewonnene Eindruck sein kann, müssten Journalisten eigentlich schon seit 1960 wissen. Damals, beim ersten TV-Duell, trat in den USA der junge John F. Kennedy gegen den erfahrenen Richard Nixon an. Berichterstatter, die den Schlagabtausch im Studio mitverfolgt hatten, erklärten Nixon zum Sieger. Die TV-Zuschauer fanden genau das Gegenteil: Der finstere Bartschatten des Republikaners, der nur auf dem Fernsehschirm deutlich zu sehen war, stieß sie ab. Nixons Niederlage bei der Präsidentschaftswahl wird heute gemeinhin auf seine Schlappe bei diesem Duell zurückgeführt.

Fußballarena und Orchestergraben

Auf den ersten Blick haben Sportreporter und Theaterkritiker wenig gemeinsam. Im Vergleich zu anderen Journalisten arbeiten sie jedoch in einer Hinsicht ähnlich: Beide müssen für ihre Berichte vor Ort sein. Denn sowohl in der Kultur als auch im Sport besteht die wichtigste Rechercheleistung in der Beobachtung. Dazu kommen Gespräche mit Beteiligten wie Sportlern, Trainern, Schauspielern oder Regisseuren.

Je mehr Spiele oder Stücke die Sportreporter und Kritiker gesehen haben, desto besser wird ihre Berichterstattung. Denn um ihre Einschätzungen zu untermauern, stützen sie sich auf Vergleiche, die auf Erfahrung und Hintergrundrecherche basieren.

Anstatt den Ball ins Tor gehen zu lassen, lassen manche Reporter gern das »Leder im Netz zappeln». Solche abgedroschenen oder überkandidelten Bilder stoßen anspruchsvolle Leser und Zuschauer ab. Wer über Kultur oder Sport berichtet, muss besonders sorgfältig mit Sprache umgehen, um wirklich treffend beschreiben zu können, was er erlebt hat.

Pressekarten

Früher konnten Journalisten an der Stadions- oder Theaterkasse schlicht ihren Presseausweis vorlegen – und bekamen kostenlosen Zutritt. Heutzutage versuchen die meisten Veranstalter zu steuern, wer berichtet. Professionelle Pressestellen wollen wissen, ob sich die Gratiskarte für den Veranstalter gelohnt hat. Meist gibt es mehr Interessenten als Presseplätze. Die PR-Leute treffen daher eine sorgfältige Auswahl und prüfen hinterher, ob die Journalisten tatsächlich über das Ereignis berichtet haben.

Bei Fußballspielen und anderen regelmäßig stattfindenden Veranstaltungen werden Redaktionen meist nur eine oder zwei Pressekarten zugeteilt. In die Umkleidekabine eines Erstligisten kommen nach dem Spiel nur namhafte Reporter. Freie Journalisten müssen sich akkreditieren und ihre Auftraggeber nachweisen.

Weniger restriktiv verfahren die Veranstalter von Ausstellungen. Manchmal nutzen auch Frechheit oder Charme – vor allem dann, wenn man es nicht geschafft hat, sich vorher anzumelden. Eine Garantie, dass sich die Türen öffnen, gibt es allerdings nicht.

Kriege, Krisen und Katastrophen

Sie landen in Erdbebengebieten wie Fallschirmspringer und jagen Geschichten, die nur vor Ort zu haben sind: Reporter, die auf die Berichterstattung über Kriege, Krisen und Katastrophen spezialisiert sind. Ihre Aufgabe ist es, dem heimischen Publikum ferne Ereignisse nahezubringen, indem sie ihnen ein Gesicht geben. Schnell soll das gehen, bevor sich die Aktualität wieder einem anderen Thema zuwendet. Doch das ist schwierig. Wer in fremden Ländern recherchieren will, anstatt sich lediglich mit einem Mikrofon in der Hand vor ein Flüchtlingslager zu stellen, braucht vor allem viel Zeit.

Erste Anlaufstationen bei der Recherche sind für westliche Reporter häufig Organisationen, die ihre Sprache sprechen, wie Hilfsorganisationen, die UNO oder die Botschaften. Deren Hilfsbereitschaft gegenüber Journalisten ist oft groß. Die Zentrale der Organisation oder Behörde ist weit weg, sodass die Vorgesetzten im fernen Berlin weniger Kontrolle ausüben können.

Für die Recherche in Ländern außerhalb ihres eigenen Kulturkreises brauchen Journalisten einen ortskundigen Einheimischen, den sogenannten Fixer. Er kümmert sich um den Transport, stellt Kontakte zu Quellen her und überbrückt kulturelle Gräben. Manchmal dient er auch als Fahrer und Dolmetscher.

Unter Einsatz des Lebens

Jedes Jahr werden laut der Journalistenhilfsorganisation Reporter ohne Grenzen viele Dutzend Berichterstatter getötet. Das größte Risiko gehen in Ländern wie dem Irak einheimische Reporter ein, die im Auftrag örtlicher, aber auch internationaler Medien recherchieren. Die Gefahr besteht nicht nur darin, zwischen die Fronten zu geraten. Häufig werden Journalisten auch Opfer von Entführungen und Raubüberfällen.

Vor allem für Fotojournalisten und Kameraleute ist die Recherche in Krisen- und Katastrophengebieten mit erheblichen Risiken verbunden. Um das Ausmaß von Leid deutlich zu machen, brauchen sie die Nahaufnahme. Zugleich fehlt ihnen der Überblick. Oft müssen Reporter in der Heimatredaktion anrufen, um zu erfahren, wie viele Menschen bei einem Anschlag in der Nachbarstadt getötet wurden.

Das geht auch »eingebetteten« Journalisten so, die eine Militäreinheit begleiten. Denn Kriegsberichterstatter sehen seit jeher nur einen kleinen Frontabschnitt. Sie können farbige Details und die Stimmung bei ihrer Einheit einfangen. Eine Einschätzung des Kriegsverlaufs oder der Erfolgsaussichten bieten sie nicht.

Reporter, die sich für eine Recherche in Gefahr begeben, brauchen einen kühlen Kopf. Das ist gerade dann schwierig, wenn sie mit dem Leid konfrontiert werden, das Kriege und Katastrophen verursachen.

Journalisten, die regelmäßig in Krisengebiete reisen, absolvieren ein Spezialtraining, das von Sicherheitsfirmen oder der Bundeswehr angeboten wird. Dort wird zum Beispiel das Verhalten im Fall einer Entführung thematisiert. Solche Übungen können den Einzelfall freilich nie voraussehen. Sie sollen lediglich die Wachsamkeit erhöhen.

Investigative Recherche

Wenn Politiker, Manager oder Kirchenfürsten gegen geschriebene oder ungeschriebene Gesetze verstoßen, ist ihnen daran gelegen, dass die Öffentlichkeit nichts davon erfährt. Journalisten, die solche Skandale aufdecken wollen, müssen vorgehen wie Ermittler: Sie sammeln Beweisstücke und Zeugenaussagen, mit denen sie die Beschuldigten in die Enge treiben können. Anders als die Kriminalpolizei können sie jedoch keine Durchsuchungsbefehle beantragen oder Zeugen vorladen. Sie müssen sich ihre Informationen auf anderen Wegen beschaffen.

Eine investigative Recherche beginnt oft mit einem oder zwei Mosaiksteinchen. Ausgehend von diesen Steinchen setzen die Rechercheure das ganze Bild zusammen.

BEISPIEL

Ein unzufriedener Mitarbeiter plaudert aus, dass ihm Unregelmäßigkeiten bei den Spesenabrechnungen eines Spitzenmanagers aufgefallen sind. Enthüllungsjournalisten entwickeln aus diesen Mosaiksteinchen eine These: Der Manager hat über sein Spesenkonto die Bordellbesuche des Betriebsrats abgerechnet. Die anschließende Recherche dient dazu, die These zu erhärten – auf den ersten Blick oft ein Ding der Unmöglichkeit, und doch gelingt es immer wieder.

Einkreisen und absichern

Eine investigative Recherche beginnt stets mit den unverfänglichsten Aspekten eines Themas. Die Reporter arbeiten sich von außen nach innen vor. Sie sammeln ein Höchstmaß an Belegen, bevor sie Menschen in Machtpositionen mit Vorwürfen konfrontieren. Im Verlauf ihrer Recherche kreisen sie ihren Gegenstand ein.

Wer einem Skandal auf der Spur ist, sollte nie versuchen, mit dem Kopf durch die Wand zu rennen. Ohne gut dokumentierte Argumente können Vorwürfe leicht abgetan werden. Der Betreffende ist zudem gewarnt. Er kann Akten verschwinden lassen und Zeugen unter Druck setzen.

Bei aller Umsicht sollten Enthüllungsjournalisten stets mit Ehrgeiz an ihr Thema herangehen. Sie dürfen sich nicht in Details verlieren, sondern müssen ihre These im Blick behalten. Die beste Recherche nutzt wenig, wenn die Vorwürfe dem Publikum nicht relevant erscheinen. Der Journalist Jeff Leen, der bei der *Washington Post* ein Team investigativer Reporter leitet, beschreibt die beste Herangehensweise so: »Handle strategisch sehr kühn und taktisch sehr vorsichtig.«

Decken die Medien einen Skandal auf, kann dies zu Rücktritten, Strafverfahren, Entlassungen oder gar Selbstmorden führen. Angesichts derart schwerwiegender Folgen müssen die Rechercheergebnisse hieb- und stichfest sein. Dabei wenden seriöse Reporter das Zwei-Quellen-Prinzip an: Jede Information muss von unabhängiger Seite bestätigt sein. Dafür müssen sich Journalisten zunächst Klarheit darüber verschaffen, woher ihr Informant sein Wissen hat. Nur so können sie sicherstellen, Fakten von womöglich bewusst gestreuten Gerüchten zu trennen.

Whistleblower als Verbündete

Whistleblower sind Menschen, die aus uneigennützigen Motiven Alarm schlagen, wenn sie von Missständen in ihrer Behörde, ihrer Firma oder ihrem Verein erfahren. Ein Whistleblower ist wörtlich übersetzt jemand, der in die Trillerpfeife bläst. Häufig suchen solche Menschen dabei Unterstützung bei den Medien. Sie sind bereit, vertrauliche Akten und Informationen an Journalisten weiterzugeben, verlangen im Gegenzug jedoch oft, dass ihre Identität geschützt wird, weil sie sonst fürchten, ihren Arbeitsplatz zu verlieren.

Für investigative Reporter sind Whistleblower ein Glücksfall. Journalisten, die sich auf solche Hinweisgeber stützen, dürfen sich aber nicht instrumentalisieren lassen. Denn manchmal werden brisante Hinweise gezielt an bestimmte Medien gegeben, um die Augen der Öffentlichkeit auf ein Thema zu lenken, das für den Informanten bedeutsamer ist als für das Publikum. In solchen Fällen heißt es in der Branche, eine Information wurde durchgestochen.

Journalisten müssen stets die Motive ihrer Informanten hinterfragen, um sicherzustellen, dass sie nicht einem Schaumschläger oder Denunzianten aufsitzen. Hinweise müssen sorgfältig überprüft und bewertet werden.

Ist der Reporter davon überzeugt, dass ein Informant im Interesse der Öffentlichkeit handelt und tatsächlich über wertvolle Insiderkenntnisse verfügt, kann er ihm Vertraulichkeit zusichern. Journalisten können sich auf das Zeugnisverweigerungsrecht berufen und müssen ihre Quellen nicht preisgeben. Der Geltungsbereich dieses Rechts ist im Detail umstritten. Professionelle Enthüllungsjournalisten bauen daher vor.

Reporter sollten brisante Unterlagen, die Hinweise auf ihren Informanten enthalten, nicht in der Schreibtischschublade aufbewahren. Auch die Computerfestplatte sollte keine Spuren aufweisen, die zu einem Whistleblower führen könnten. Dasselbe gilt für Spesenabrechnungen und Telefongespräche.

Im Gegensatz zu den USA oder Großbritannien gibt es in Deutschland keine Gesetze, auf die sich Whistleblower berufen können, wenn sie Repressalien ausgesetzt sind. Sie müssen sich also gut überlegen, was sie riskieren, wenn sie vertrauliche Informationen an Journalisten weitergeben. Tipps dazu gibt es im Internet unter `www.informanteninfo.de`.

Akten und Zahlen unter Verschluss

Die Informationsfreiheit des Bürgers ist wichtiger als das Amtsgeheimnis. Dieses Prinzip ist seit 2006 auch in Deutschland gesetzlich niedergelegt. Doch das dazugehörige Informationsfreiheitsgesetz krankt daran, dass die Behörden sich auf zahlreiche Ausnahmen berufen können:

- ✔ Die Geheimdienste sind von dem Informationsgesetz generell ausgenommen.
- ✔ Die innere und äußere Sicherheit der Bundesrepublik geht vor.
- ✔ Die internationalen Beziehungen dürfen nicht gefährdet werden.
- ✔ Betriebs- und Geschäftsgeheimnisse müssen gewahrt bleiben.
- ✔ Personalakten und sonstige personenbezogene Daten sind tabu.
- ✔ Behördliche Entscheidungsprozesse bleiben vertraulich.

Zwar sind die Behörden angehalten, die verlangten Auskünfte »unverzüglich« zu erteilen. In der Praxis brauchen sie dafür jedoch Monate und damit für die Medien meist zu lange. Wird die Auskunft verweigert, so zieht sich der Rechtsweg mitunter über Jahre hin.

Dass es sich trotzdem lohnen kann, Einblick in offizielle Daten zu verlangen, zeigt das Beispiel der USA, wo die Informationsfreiheit schon seit 1967 gesetzlich verankert ist. Investigative Journalisten arbeiten dort zunehmend mit Software und Analysewerkzeugen, die helfen, Muster in einem Wust von Zahlen zu erkennen oder festzustellen, in welcher Beziehung etwa Wahlkampfspender zueinander stehen.

BEISPIEL

Einen spektakulären Erfolg verzeichnete der britische Journalist Stephen Grey bei der computergestützten Auswertung von Flugplänen, Besatzungslisten und Luftraumüberwachungsdaten. Es gelang ihm nachzuzeichnen, wie Terrorverdächtige nach dem 11. September von der CIA mit Zivilmaschinen in Länder geflogen wurden, in denen sie ungestraft gefoltert werden konnten. Grey stützte sich dabei auf Daten, die er teils offiziell von der US-Flugaufsicht, teils inoffiziell von Fluglotsen bekam.

Verschlusssachen und Dienstgeheimnisse

Offiziell haben Journalisten keinen Zugang zu Akten, deren Veröffentlichung nach Ansicht ihrer Verfasser der Bundesrepublik konkreten Schaden zufügen könnte. Solche Verschlusssachen sind nur für einen begrenzten Empfängerkreis bestimmt, der sich einer Sicherheitsüberprüfung unterziehen musste. Eine allgemeine Verwaltungsvorschrift des Bundesinnenministeriums unterteilt Verschlusssachen (VS) in vier Kategorien:

- ✔ »Nur für den Dienstgebrauch« bestimmte Unterlagen: Dazu gehören die Lageberichte der Polizei. Sie müssen in einem verschlossenen Schrank aufbewahrt werden und dürfen nicht in der Kantine oder in der U-Bahn erörtert werden.
- ✔ »Vertrauliche« Verschlusssachen: Dazu zählen Erkenntnisse über die Arbeitsweise von als terroristisch eingestuften Organisationen oder diplomatische Verhandlungspositionen. Sie dürfen von Beamten nicht zur Bearbeitung mit nach Hause genommen werden.
- ✔ »Geheime« Papiere wie militärische Aufklärungsdaten. Sie werden mit einem roten Stempel markiert. Jede Ausfertigung wird durchnummeriert. Sie müssen selbst dann im Tresor eingeschlossen werden, wenn ein Beamter sein Büro nur für kurze Zeit verlässt.
- ✔ »Streng geheime« Verschlusssachen wie Erkenntnisse des Bundesnachrichtendienstes. Sie tragen eine diagonale gelbrote Markierung und dürfen nur mit Zustimmung der herausgebenden Stelle kopiert werden.

Investigative Reporter müssen sich Unterlagen oft auf verschlungenen Wegen beschaffen. Voraussetzung ist, dass sie den Ruf haben, vertrauenswürdig zu sein und professionell zu arbeiten. Sie brauchen ein dichtes Netzwerk von Kontakten. Journalisten, die regelmäßig über die Geheimdienste, die Streitkräfte oder Justizthemen berichten, sammeln im Lauf ihrer Karriere Tausende Telefonnummern.

Das Netzwerk Recherche

Während in den USA jedem Journalistenschüler beigebracht wird, die schlichteste Polizeimeldung genau und akribisch zu recherchieren, ist die Bereitschaft dazu in Deutschland eher unterentwickelt. Das hat auch das Netzwerk Recherche erkannt, ein 2001 gegründeter Verein namhafter Reporter. Sein Ziel: das Baggern, Nachhaken und Überprüfen im deutschen Journalismus zu fördern. Dies geschieht durch Konferenzen, Workshops, die Veröffentlichung von Rechercheprotokollen und durch Lobby- und Bildungsarbeit.

Intensive journalistische Spürarbeit »jenseits der Google-isierung« unterstützt das Netzwerk mit Recherchestipendien. Besondere publizistische Leistungen werden mit dem Leuchtturm ausgezeichnet, einem Medienpreis. Informationsblockierer, die Journalisten notorisch in ihren Recherchen behindern, erhalten einen Spottpreis: Ihnen wird einmal im Jahr die verschlossene Auster verliehen. Der Verein steht im Internet unter `www.netzwerkrecherche.de`.

Weiß ein Reporter von einem Dokument, das ihm helfen kann, seine These zu beweisen, so findet sich im Idealfall ein Insider, der Kopien anfertigt.

Häufig ist ein Informant nur bereit, eine Akte kurz auf seinem Schreibtisch offen liegen zu lassen, während er unter einem Vorwand für zehn Minuten sein Büro verlässt. Der Reporter muss sich dann hastig Notizen machen, wobei es wichtig ist, dass er nicht nur den Inhalt, sondern auch Absender, Adressatenkreis, Datum und Aktenzeichen vermerkt.

Verdeckte Recherche

Eigentlich gehört es zu den journalistischen Grundregeln, sich als Reporter erkennen zu geben. Dementsprechend umstritten ist die verdeckte Recherche, bei der sich Journalisten als jemand anderes ausgeben. Sie kommen so an Informationen, die sonst schwieriger oder gar nicht zu haben wären. Zudem ermöglicht es die verdeckte Recherche, die Einschätzungen und Meinungen von Informanten außen vor zu lassen. Der Reporter macht sich ein unmittelbares Bild von den Verhältnissen. Es regiert der Augenschein.

Entscheidet sich ein Journalist, undercover zu recherchieren, erzielt er oft spektakuläre Rechercheergebnisse. Volker Lilienthal, Redakteur beim Fachdienst *epd Medien*, deckte so 2003 den Schleichwerbungsskandal in der ARD auf. Er tarnte sich als Unternehmensberater und erhielt das Angebot einer Agentur, die Turnschuhe der angeblich von ihm vertretenen Firma in der Fernsehserie »Marienhof« zu platzieren.

Die Wallraff-Methode

Durch seine Milieuschilderungen bekannt wurde der Journalist Günter Wallraff. Er nahm immer wieder neue Rollen an, mal als türkischer Arbeitnehmer, mal als »Bild«-Redakteur und zuletzt als Mitarbeiter eines Callcenters. Seine Erfahrungen beschrieb er in Büchern wie »Der Aufmacher« und »Ganz unten«, die von einem Millionenpublikum gelesen wurden.

Aus Sicht des Presserats ist die verdeckte Recherche nur im Einzelfall gerechtfertigt – wenn Informationen von besonderem öffentlichem Interesse nicht anders beschafft werden können. Grundsätzlich seien unwahre Angaben des recherchierenden Journalisten über seine Identität und das Medium, das er vertritt, mit dem Ansehen und der Funktion der Presse nicht vereinbar, heißt es im Pressekodex.

Undercover-Rechercheure müssen sich auch auf juristische Auseinandersetzungen einstellen. Betroffene ziehen regelmäßig vor Gericht, zum Beispiel mit dem Argument, sie seien durch die Täuschung in ihren Persönlichkeitsrechten verletzt worden. Besteht jedoch an der Aufklärung eines Sachverhalts ein ausreichendes öffentliches Interesse, dann ist auch die verdeckte Recherche im Ausnahmefall erlaubt. Dies beschied 2005 das Oberlandesgericht München dem Journalisten Lilienthal, den die von ihm getäuschte Agentur wegen unlauteren Wettbewerbs verklagt hatte.

Nachrichten schreiben

8

In diesem Kapitel

- Im ersten Satz steckt alles drin
- Küchenzuruf und umgekehrte Pyramide
- Rettet den Konjunktiv!

Eine Nachricht zu verfassen gehört zu den Grundfertigkeiten, die jeder Journalist beherrschen muss. Nicht nur auf den Titelseiten, sondern auch im Lokalteil oder im Feuilleton sind Meldungsspalten zu finden, in denen Neuigkeiten berichtet werden. Solche Kurznachrichten werden mehr gelesen als kunstvoll formulierte Theaterkritiken oder aufwendig recherchierte Reportagen. Beim Nachrichtenschreiben ist daher besondere Sorgfalt geboten, sowohl beim Aufbau als auch bei Inhalt und Sprache.

Nachrichtenschreiben kann jeder lernen, der zwischen Wichtigem und Unwichtigem unterscheiden kann. In diesem Kapitel erfahren Sie, wie man eine Nachricht aufbaut und formuliert. Künftig werden Sie die Zeitung kritischer lesen. Keine fehlende Quelle und kein falsch gebrauchtes Plusquamperfekt werden Ihrem geschulten Auge entgehen.

Wie eine Nachricht aufgebaut wird

Nachrichten folgen einer Grundregel: Sie beginnen immer mit der wichtigsten Information. Das ist einfacher gesagt als getan. Denn oft ergibt eine Recherche eine Fülle von Fakten und Äußerungen, die um den ersten Platz konkurrieren. Journalisten müssen sorgfältig, nüchtern und mit Blick auf den Kenntnisstand und die Interessen ihres Publikums bewerten, welche Information ganz vorn stehen soll.

Eine Nachricht erzählt sich nicht von Anfang an. Was zuerst passierte, ist fast nie das Wichtigste. Die Tatsache, dass eine Pressekonferenz stattgefunden hat, interessiert hinterher nur Journalisten, die am Morgen verschlafen und sie deshalb verpasst haben.

Die klassische Einleitung mag beim Schulaufsatz oder bei der Seminararbeit gefragt sein. Im Nachrichtenjournalismus ist sie verpönt. Anstatt ihr Publikum hinzuhalten, müssen Reporter gleich zum Kern der Nachricht vorstoßen.

Die Leser wollen wissen: »Was gibt es Neues? Was kam bei der Pressekonferenz heraus?« Wer diese Fragen nicht gleich beantwortet, muss damit rechnen, dass sein Publikum den Sender wechselt, zur Konkurrenzzeitung greift oder sich zumindest einem anderen Artikel zuwendet. Leser haben es eilig und sind daran gewöhnt, dass das Wichtigste im Nachrichtenteil gleich am Anfang kommt.

Pressekonferenz einer Sonderkommission der Polizei, die in einem Mordfall ermittelt. Wer seine erste Nachricht verfasst, läuft Gefahr, in der Redaktion den folgenden Satz abzuliefern: »Die Sonderkommission der Polizei hat am Freitag eine Pressekonferenz abgehalten.« Die Chancen stehen 100 zu 1, dass dieser Satz im Papierkorb landet. Ganz anders sieht das aus, wenn der Einstieg lautet: »Bei den Ermittlungen im Mordfall XY hat die Sonderkommission eine heiße Spur.«

Auf die Technik kommt es an

Die Regel, dass Nachrichtentexte mit der wichtigsten Information beginnen, entstand Mitte des 19. Jahrhunderts. Damals wurde die Nachrichtenübermittlung per Telegraf gebräuchlich. Nun ging zwar alles schneller. Doch für die notorisch schlecht bezahlten Reporter war es teuer, Berichte an die Zentrale zu telegrafieren. Zudem war die Technik anfangs unzuverlässig. Oft kam nur die erste Hälfte einer Depesche bei der Zeitung an. Ein Frontbericht über den amerikanischen Bürgerkrieg, der den Ausgang der Schlacht erst am Ende verriet, konnte sich schnell als wertlos erweisen.

Auch die Entstehung der Pfennigpresse beeinflusste den Aufbau der Nachrichten. Statt an wohlhabende Händler wandten sich die Zeitungen ab der zweiten Hälfte des 19. Jahrhunderts an das breite, weniger gebildete Publikum. Diese Zeitungen wurden zu Massenmedien. Nur mit großen Auflagen ließen sich gute Geschäfte machen. Nachrichten verkauften sich umso besser, je sensationeller sie aufgemacht waren.

Mitreißen statt einleiten

Weil das Wichtigste am Anfang steht, kommt dem ersten Absatz einer Nachricht besondere Bedeutung zu. Angelehnt an den amerikanischen Journalismus wird er Lead genannt. Doch während in der englischen Nachrichtensprache der erste Absatz aus nur einem Satz besteht, umfasst der deutsche Beginn einer Nachricht drei bis fünf Sätze.

Es wird daher unterschieden zwischen dem Lead-Absatz und dem Lead-Satz, dem eigentlichen ersten Satz einer Meldung oder eines Berichts. Anstatt betulich den Text einzuleiten, soll der Lead die Leser von Anfang an mitreißen.

Der Küchenzuruf

Um sich darüber klar zu werden, was der Clou an einer Nachricht ist, wenden Journalisten unterschiedliche Techniken an. Am bekanntesten ist der Küchenzuruf. *Stern*-Gründer Henri Nannen verstand darunter folgendes Szenario:

Der Familienvater sitzt im Wohnzimmer und liest die Zeitung, während seine Frau in der Küche steht und das Abendessen zubereitet. Er entdeckt eine wichtige Nachricht – und ruft ins Nebenzimmer: »Muttern, hast du schon gehört, dass ...?«

Der Küchenzuruf reduziert eine Nachricht auf ihren Kern. Er greift das Überraschende und Bedeutende heraus und ist in einfache Worte gefasst.

Stellen Sie sich vor, Sie teilen einem Freund oder Kollegen eine wichtige Information per SMS mit. Der Effekt ist derselbe wie beim Küchenzuruf: Sie werden sich klar darüber, was die Hauptsache an der Nachricht ist.

Entscheidend ist, dass der imaginäre Leser oder Hörer ein interessierter Laie ohne besonderes Vorwissen ist. So vermeiden Journalisten, über die Köpfe ihres eigentlichen Publikums hinweg zu schreiben.

Die umgekehrte Pyramide

Um zu beschreiben, dass die wichtigste Information am Anfang einer Nachricht steht, hat sich das Bild der umgekehrten Pyramide durchgesetzt. Sie steht auf dem Kopf, ist also oben am breitesten. Der Text beginnt mit der Hauptsache statt mit Details. Nach unten läuft die Pyramide spitz zu, verliert also sozusagen zunehmend an Substanz.

Wer mit dem Bild der umgekehrten Pyramide wenig anfangen kann, muss nicht verzweifeln. Einfacher ist es oft, sich vor Augen zu führen, wie Redakteure vorgehen, die einen Text kürzen müssen, damit er auf die Zeitungsseite passt. Haben sie es eilig, streichen sie bei Nachrichtentexten am liebsten von hinten weg.

Die Regel von der umgekehrten Pyramide bedeutet nicht, dass die ersten Sätze einer Nachricht besonders lang sein dürfen. Irrelevante Informationen sollte man gleich weglassen, anstatt sie am Ende eines Nachrichtentextes zu verstecken.

Das Stundenglas

Eine Alternative zur umgekehrten Pyramide besteht darin, sich eine Nachricht wie ein Stundenglas vorzustellen: eine gläserne Sanduhr, die aus zwei Hälften besteht. Sie verengt sich in der Mitte und weitet sich dann wieder. Auch in diesem Bild beginnt der Text mit den wichtigsten Informationen. Im zweiten Teil der Nachricht wird das Geschehen dann der Reihe nach ausführlich erzählt.

Das Stundenglas-Prinzip eignet sich besonders gut, um komplizierte Abläufe zu schildern. Der chronologische Aufbau hilft den Lesern, Ursachen und Folgen nachzuvollziehen. Zudem ermöglicht diese Technik, Spannung aufzubauen. Die Nachricht beginnt mit einem klassischen Lead:

BEISPIEL

Bei einem schweren Erdbeben sind in der Türkei mindestens 300 Menschen ums Leben gekommen. Tausende Menschen wurden am Mittwoch noch vermisst, wie das Katastrophenschutzministerium in Ankara mitteilte. Der Erdstoß wurde mit Stärke 7,5 auf der nach oben offenen Richterskala gemessen. Am schwersten betroffen war die Region um Izmir an der Ägäis-Küste. Dort leben fast vier Millionen Menschen.

Der zweite Absatz enthält weitere Informationen, die der Einordnung dienen, für das Verständnis aber nicht zwingend notwendig sind. Das Stundenglas verengt sich.

Das Epizentrum des Bebens lag nach Angaben des Istanbuler Messzentrums Kandilli rund 55 Kilometer südwestlich von Izmir im Ägäischen Meer. Dort treffen die große nordafrikanische und die euroasiatische Kontinentalplatte aufeinander. Obwohl die Region als äußerst gefährdet gilt, sind die meisten Gebäude nicht erdbebensicher. Über deutsche Opfer lagen zunächst keine Informationen vor.

Der zweite Teil des Nachrichtentextes enthält die detaillierte chronologische Schilderung eines Augenzeugen: Das Stundenglas erweitert sich wieder.

Das Erdbeben überraschte die meisten Menschen im Schlaf. »Ich wurde dadurch wach, dass ein Bücherregal umfiel und auf die Fliesen krachte«, berichtete der deutsche Generalkonsul in Izmir, Klaus von Müller, am Telefon. Er hastete ans Fenster seiner erdbebensicheren Villa. Im Licht der Straßenlaternen sah er, dass das Mietshaus am Ende der Straße nur noch ein Haufen Trümmer war.

Die sieben W-Fragen

Menschen hören, lesen oder schauen Nachrichten, um einen Überblick darüber zu gewinnen, was geschehen ist. Sie wollen sich informieren – möglichst schnell und dennoch möglichst komplett. Nachrichtenschreiber rechnen mit den Fragen ihres Publikums – und setzen sich zum Ziel, die wichtigsten bereits im Lead zu beantworten.

Redakteure stellen an jede Nachricht sieben Fragen, auch W-Fragen genannt:

- ✔ Was?
- ✔ Wer?
- ✔ Wo?
- ✔ Wann?
- ✔ Warum?
- ✔ Wie?
- ✔ Woher?

Eigentlich leicht zu merken. Doch Praktiker und Wissenschaftler sind sich keineswegs einig darüber, wie viele W-Fragen es eigentlich gibt. Manche argumentieren, die Antwort auf die Warum-Frage solle Analyse und Kommentar vorbehalten bleiben. Andere klammern die Notwendigkeit aus, die Quelle einer Nachricht zu nennen.

Die sieben W sind eine Faustregel. Mehr aber auch nicht. Meist hängt es vom Thema ab, welche Fragen schon im ersten Satz beantwortet werden sollten und welche Antworten bis zum zweiten oder dritten Satz warten können. Nicht jede Nachricht kann alle W-Fragen klären. In diesem Fall müssen Journalisten am Thema dranbleiben und die Antworten in ihrem nächsten oder übernächsten Artikel liefern.

Was, wirklich?

Die Frage nach dem Was spielt beim Nachrichtenschreiben die Hauptrolle. Denn wer nicht sagen kann, was los ist, der hat höchstwahrscheinlich nichts zu berichten. Der knappe Platz in der Zeitung sollte dann mit einer anderen Nachricht gefüllt werden. Auf ein starkes Was reagieren Leser, Hörer oder Zuschauer mit der Nachfrage »Wirklich?«.

- ✔ Ereignisse bilden die greifbarsten Antworten auf die Frage danach, was passiert ist. Ein Mensch ist gestorben. Ein vorhergesagter Sturm ist ausgeblieben.
- ✔ Entscheidungen werden getroffen oder auf die lange Bank geschoben. Der Bundestag verabschiedet ein Gesetz. Der UN-Sicherheitsrat kann sich nicht einigen.
- ✔ Ergebnisse werden erzielt oder infrage gestellt. Eine Partei gewinnt die Wahl. Ein Forscher meldet Zweifel an der Wirksamkeit eines neuen Medikaments an.
- ✔ Forderungen werden gestellt oder zurückgewiesen. Ein Politiker verlangt die Verschärfung der Strafgesetze. Die Regierung verweigert die Entsendung von Soldaten in ein afrikanisches Land.

Um die Was-Frage sinnvoll zu beantworten, müssen sich Journalisten darüber im Klaren sein, dass sich Nachrichten nicht im luftleeren Raum ereignen. Sie stehen immer im Verhältnis zu einem Erwartungshorizont. Ein Beispiel sind Wahlergebnisse.

Landet die CSU in Bayern bei 43 Prozent, hat sie zwar nach wie vor weit mehr Stimmen erzielt als jede andere Partei. Die Antwort auf die Frage, was geschehen ist, wird jedoch nicht lauten, »CSU gewinnt Landtagswahl«, sondern »CSU erleidet schwerste Wahlschlappe seit Jahrzehnten«. Denn erwartet worden war, dass die Partei auch diesmal wieder so gut wie die absolute Mehrheit erzielen würde.

Wer? Etwa der?

Nachrichten werden fast immer von Menschen gemacht. Sie stellen Forderungen, treffen Entscheidungen und reagieren auf Ereignisse. Die Tragweite hängt oft davon ab, wie mächtig die handelnden Personen sind. Aber auch die Zahl der Akteure oder Betroffenen spielt eine Rolle für die Bedeutung einer Nachricht.

Nicht immer erschließt sich sofort, wer hinter einem Geschehen steckt. Ein Anschlag ist berichtenswert, auch wenn noch nicht feststeht, wer ihn verübt hat. Bei Naturkatastrophen stehen Opfer und Helfer im Mittelpunkt, deren Identität fast nie direkt nach dem Ereignis klar ist.

Die Bezeichnung der Akteure von Nachrichten folgt Konventionen.

- ✔ Menschen werden bei der ersten Nennung mit vollem Namen genannt. Bei der zweiten Nennung fällt der Vorname weg. Bei Tatverdächtigen wird der Nachname abgekürzt; wären sie wegen eines seltenen Vornamens selbst dann identifizierbar, schreibt die Redaktion zum Beispiel »der 33 Jahre alte Angestellte«.

- ✔ Berufs- und Funktionsbezeichnungen werden genannt, da sie dem Verständnis und der Einordnung einer Nachricht dienen. Es heißt also: die britische Königin, der Vorstandschef, die Bundeskanzlerin oder der Biologe. Dagegen werden Doktortitel, Adelsprädikate und andere Ehrenbezeichnungen weggelassen.
- ✔ Die Parteizugehörigkeit steht bei deutschen Politikern bei der ersten Nennung in Klammern hinter dem Namen. Ausnahme ist der Bundespräsident, dessen Amt nicht parteipolitisch geprägt sein soll.
- ✔ Die weibliche Anrede wird bei Politikerinnen oder anderen Akteurinnen von Nachrichten nicht mehr verwendet (»Frau Merkel sagte ...«). Eine Ausnahme wird gemacht, um Unklarheiten und Verwechslungen zu vermeiden, etwa wenn das Geschlecht aus dem Vornamen nicht ersichtlich ist.

Bei der Recherche achten Profis nicht nur darauf, dass sie die Schreibweise eines Namens richtig notiert haben. Sie sammeln auch zusätzliche Informationen zur Person, wie deren Alter, Herkunft und Wohnort. Damit verschaffen sie sich Material für Synonyme, die sie brauchen, damit ihre Texte nicht allzu eintönig werden. Eine Schauspielerin kann so alternativ als 23-Jährige, als Fernsehstar oder als Berlinerin bezeichnet werden.

Sinnverwandte Bezeichnungen müssen auf ihre Relevanz abgeklopft werden. Zwar trifft es beispielsweise zu, dass Bundeskanzlerin Angela Merkel (CDU) in Templin aufgewachsen ist. In der außenpolitischen Berichterstattung hat sie als Templinerin aber nichts zu suchen – es sei denn, sie lädt einen ausländischen Amtskollegen in ihren Heimatort ein.

Amtsbezeichnungen

Kopfzerbrechen bereiten Journalisten auch Amtsbezeichnungen, die so lang sind, dass es mehrere Zeilen bräuchte, sie wörtlich wiederzugeben. Sie müssen gekürzt oder gegebenenfalls sogar in eine verständliche Sprache übersetzt werden.

- ✔ Der Beauftragte des Bundes für den Datenschutz und die Informationsfreiheit (kürzer: der oberste Datenschützer)
- ✔ Die Bundesministerin für wirtschaftliche Zusammenarbeit und Entwicklung (kürzer: die Entwicklungsministerin)
- ✔ Die stellvertretende Vorsitzende der CDU/CSU-Fraktion im Deutschen Bundestag (kürzer: Unionsfraktionsvize)

Manchmal geht die Lesbarkeit auf Kosten von Eitelkeit oder sogar Genauigkeit. Solche Beschwerden kann eine Nachrichtenredaktion nur höflich zur Kenntnis nehmen.

Niederlage des Binnen-I

Nachrichtenschreiber unterliegen dem Diktat der größtmöglichen Kürze. Dennoch ist den meisten von ihnen nicht wohl dabei, die Wer-Frage in Bezug auf größere Gruppen stets mit der männlichen Form zu beantworten. Aus Studenten, die protestierten, würden sie am liebsten Studentinnen und Studenten machen. Dafür fehlt jedoch in der Zeitung der Platz.

Als Alternative führten Blätter wie die schweizerische *Wochenzeitung* und die Berliner *tageszeitung* gegen Ende der 80er-Jahre das sogenannte Binnen-I ein. Aus Studenten und Studentinnen wurden StudentInnen, aus dem Wörtchen man wurde öfters mal der Ausdruck frau. Weil das Binnen-I gegen die deutsche Rechtschreibung verstößt, die Großbuchstaben nur am Anfang eines Wortes vorsieht, buchstabierten andere Medien und auch manche Ämter Student/innen oder Student(innen).

Diese Schreibweisen haben sich in den deutschen Medien nicht durchgesetzt. Dafür werden häufig neutrale Ausdrücke gebraucht, wie Studierende oder Lehrkräfte, auch wenn sie sperriger oder bürokratischer klingen.

Fremde Schriftzeichen übertragen

Wer schon einmal versucht hat, den Namen eines arabischen oder russischen Politikers in eine Suchmaschine einzugeben, kennt das Problem: Die Namen existieren in zwei oder mehr unterschiedlichen Schreibweisen. Teile zusammengesetzter Namen werden mal groß-, mal kleingeschrieben, mal mit Bindestrichen verknüpft, mal nicht.

Hintergrund der Sprachverwirrung: Die Namen stammen aus einer Sprache, die nicht mit lateinischen Buchstaben, sondern mit anderen Schriftzeichen geschrieben wird. Sie werden lautmalerisch übertragen, doch oft ist der Unterschied zwischen Vokalen oder Konsonanten nicht so leicht zu vernehmen. Jeder hört oder schreibt etwas anderes.

Die Nachrichtenagenturen wenden Transkriptionsregeln an, deren Ergebnis von den meisten Zeitungen übernommen wird. Russische Namen, die in der englischen Fassung mit -ev enden, werden zum im Deutschen gebräuchlichen -ow transkribiert. Was bei uns wie ein -u- klingt, wird im Französischen -ou- geschrieben.

Wo? Gleich um die Ecke?

Nachrichtentexte müssen einen Hinweis darauf enthalten, wo sich ein Ereignis zugetragen hat. Je näher der Ort des Geschehens liegt, desto größer sind die potenziellen Konsequenzen für das Publikum. Treten giftige Gase aus einer Fabrik aus, sind die Anwohner unmittelbar betroffen, während in einem anderen Erdteil lebende Menschen keine direkten Folgen zu spüren bekommen.

Die Sprachbereiniger

Nachrichtenagenturen haben täglich mit exotischen Namen und Ortsbezeichnungen zu tun. Die Schreibweisen, die sie wählen, finden sich unweigerlich in den Zeitungen wieder. Damit es dabei nicht wild durcheinandergeht und die Leser fremde Namen leichter wiedererkennen, sprechen die deutschsprachigen Nachrichtenagenturen Regeln und Ausnahmen miteinander ab.

Eine Arbeitsgruppe der Agenturen trifft sich einmal im Jahr. Beteiligt sind dpa, AFP, AP, Reuter, epd, KNA, ddp, sid, die schweizerische sda und die österreichische APA. Sie befassen sich nicht nur mit Transkriptionen, sondern etwa auch mit der Frage, ob die Medien jeden Gag mitmachen sollen, den sich Organisationen zur Stärkung der eigenen Marke ausdenken, wie die Großschreibung einzelner Buchstaben mitten in einem Wort. Nicht immer, aber meistens setzt sich dabei die Auffassung durch, dass die Agenturen sich an der von Firmen, Personen oder Vereinen selbst gewählten Schreibweise orientieren.

Auch sonst hilft die Beantwortung der Wo-Frage bei der Einordnung. Ob ein Politiker eine Forderung in einer Bundestagsdebatte, in einem Zeitungsinterview oder in einem Bierzelt aufstellt, gibt einen Hinweis auf seine Motive.

Spielt eine Nachricht in einer fernen Weltgegend, haben Journalisten die Aufgabe, ihrem Publikum zu helfen, den Ort des Geschehens zu lokalisieren. Himmelsrichtungen und regionale Bezeichnungen (im Südwesten der Türkei; im Mittleren Westen der USA) geben einen ersten Anhaltspunkt.

Bei der Lokalisierung eines Ereignisses ist es hilfreich, einen Bezug zu Referenzpunkten auf der Weltkarte herzustellen, die den Lesern bekannt sind. Dazu zählen Hauptstädte und Touristenzentren.

Ebenso wie bei Eigennamen gelten für Ortsnamen bestimmte Konventionen. Bei der Bezeichnung von Ländern und ihren Einwohnern orientieren sich die Nachrichtenredaktionen an den Sprachregelungen des Auswärtigen Amtes.

Abweichungen sind aber auch hier möglich. Das Außenministerium neigt aus diplomatischen Gründen dazu, von ausländischen Regierungen verfügte Namensänderungen rasch zu akzeptieren – zum Beispiel wenn sich Birma in Myanmar umbenennt. Die Medien zögerten, dies nachzuvollziehen, mit dem Argument, die birmanische Regierung sei undemokratisch und zur Umbenennung nicht legitimiert.

Orte und Regionen werden eingedeutscht, wenn dies seit Langem im Sprachgebrauch so üblich ist. Beispiele sind Brüssel, Nizza, Straßburg, Rom, Mailand, Danzig, Prag, Sankt Petersburg, Kalifornien und das Elsass. Orte im flämischsprachigen Teil Belgiens wie Antwerpen werden mit ihrem flämischen Namen genannt, auch wenn die französische Fassung Anvers auf der Landkarte der Firma Michelin steht.

Orte in Mittel- und Osteuropa, die von den Nazis umbenannt wurden, tragen in den Nachrichten ihren heutigen Namen. Ausnahmen gelten, wenn die deutsche Bezeichnung schon vor der Naziherrschaft existierte und sich im Sprachgebrauch eingebürgert hat. Dann wird der deutsche Name im Text einmal in Klammern genannt: Kaliningrad (Königsberg).

Wann war das noch?

Die Wann-Frage gibt Aufschluss über die Aktualität einer Nachricht. Hat sich etwas schon vor Tagen oder Wochen zugetragen, liest sich eine Meldung vielleicht vergnüglich oder lehrreich. Dringlich ist sie jedoch normalerweise nicht mehr.

Der Zeitpunkt eines Geschehens wird von manchen Journalisten gerne unterschlagen, weil sie es peinlich finden, dass sie mit ihrer Berichterstattung spät dran sind. Anstelle von »gestern« oder »am Mittwoch« steht dann das ungenaue »jetzt«.

Wie das Wann formuliert wird, ist von Medium zu Medium unterschiedlich.

- ✔ Jede Agenturmeldung ist mit dem Datum ausgezeichnet, an dem sie gesendet wurde. Im Text steht dann der Wochentag, an dem sich etwas ereignet hat.
- ✔ In der Tageszeitung und in den Radio- und Fernsehnachrichten werden meist die Ausdrücke heute, gestern und morgen verwendet, wobei der Zeitungsredakteur beachten muss, dass die Nachricht erst am nächsten Tag erscheinen wird.
- ✔ Onlinemedien tun gut daran, ein Datum aus Tag, Monat und Jahr zu nennen, weil ihre Nutzer eine Nachricht oft erst Wochen später beim Surfen aufspüren.

In Nachrichtentexten ist es verpönt, Wendungen wie »letzte Woche« oder »letztes Jahr« zu gebrauchen. Denn solange die Welt nicht untergehe, argumentieren Puristen, werde es ja noch eine weitere Woche und ein weiteres Jahr geben. Gebräuchlich sind deshalb die Wendungen »vergangenes Jahr« oder »vorige Woche«.

Wieso, weshalb, warum?

Kaum hat das Publikum von einem Ereignis erfahren, will es auch schon wissen, warum es geschah. Die Zeitung muss am Morgen danach eine erste Antwort darauf geben. Ihre Leser wollen mehr wissen als das, was sie bereits in den Radio- oder Fernsehnachrichten gehört und gesehen haben. Wer eine Zeitungsnachricht schreibt, bemüht sich stets, das Geschehen einzuordnen – am besten gleich im ersten Satz.

Antworten auf die Warum-Frage sind zwangsläufig selektiv und subjektiv. Sie erfordern Erfahrung und Einschätzungsvermögen. Sie sind immer vorläufig. Vorschnell sollten sie möglichst nicht sein. Am besten werden sie durch Zitate und Fakten belegt.

Redakteure müssen nicht direkt auf die Warum-Frage antworten. Sie können dem Publikum auch zusätzliche Informationen an die Hand geben, die bei der Interpretation eines Sachverhalts helfen. Die Leser werden in eine Richtung gestupst und sollen sich dann selbst einen Reim auf das Geschehen machen. Nachrichten sind eben nicht objektiv.

Eine gängige Methode, einen Zusammenhang herzustellen, ist die chronologische Einordnung. Wird in der Nachricht beschrieben, dass ein Ereignis auf das nächste folgte, dann folgern die Leser unwillkürlich, dass das erste Ereignis ursächlich für das nächste war.

Drei Tage nach dem Einsturz von 22 Hotels bei dem Erdbeben in Izmir hat der türkische Bauminister seinen Rücktritt erklärt. Der Minister ziehe sich aus gesundheitlichen Gründen aus der Politik zurück, sagte ein Regierungssprecher am Donnerstag vor Journalisten in Ankara.

Neutraler als die chronologische Herstellung eines Zusammenhangs ist die Formulierung eines oder mehrerer Hintergrundsätze. Sie werden von den Redakteuren zwar subjektiv gewählt. Den Lesern wird jedoch selbst überlassen, aktuelles Geschehen und Hintergrund zu verknüpfen.

Hintergrundsätze werden in der Regel im zweiten oder einem der nachfolgenden Absätze einer Nachricht platziert. Sie sind kurz gefasst und enthalten unstrittige Informationen, die nicht weiter belegt werden müssen.

Forscher des Erdbebenzentrums in Istanbul hatten schon vor fünf Jahren gewarnt, dass die meisten Hotels in Izmir einem Erdstoß der Stärke 7 auf der Richterskala nicht standhalten würden. Das Bauministerium wurde daraufhin beauftragt, sämtliche Touristenunterkünfte zu überprüfen. Kein Hotel wurde seither geschlossen.

Wie bitte?

Der klassische Nachrichteneinstieg fasst einen Sachverhalt zusammen und ist dementsprechend allgemein formuliert. Ist das Interesse der Leser erst einmal geweckt, wollen sie mehr Details erfahren. Sie wollen nicht nur wissen, dass ihr Lieblingsstar geheiratet hat, sondern auch wie sich die Hochzeit im Einzelnen zugetragen hat. Diese Wie-Frage wird im weiteren Verlauf des Textes beantwortet.

Anders als die Autoren von Reportagen, die auch eigene Empfindungen beschreiben, beschränken sich Nachrichtenjournalisten darauf zu berichten, was sie gesehen, gehört und gelesen haben. Sie beschreiben die Einzelheiten eines Geschehens möglichst genau und lassen die Details für sich sprechen. Das Gesamtbild ergibt sich aus den Antworten auf viele untergeordnete Fragen:

- ✔ Was trug die Braut an ihrem Hochzeitstag?
- ✔ Aus welchem Material war ihr Kleid gefertigt und welche Farbe hatte es?
- ✔ Begann die Hochzeit pünktlich oder mit Verspätung?

✔ Was wurde zum Sektempfang serviert?

✔ Was sagten Schaulustige dazu, dass sie auf Distanz gehalten wurden?

Nachrichtenschreiber verzichten auf blumige oder gar wertende Adjektive. Auch poetische Vergleiche sind in einem nachrichtlichen Text fehl am Platz. Zwar ist bei sogenannten bunten Themen ein lockerer Stil erlaubt oder sogar erwünscht. Passagen wie die folgende haben auf einer Nachrichtenseite jedoch nichts zu suchen:

Strahlend wie einst Lady Diana schritt die Braut die Freitreppe herunter. Ihr von Dior entworfenes Kleid war so geschmackvoll, dass den schaulustigen Damen der Neid ins Gesicht geschrieben stand. Sie schaute ihrem frischgebackenen Ehemann tief in die Augen und beschenkte ihn mit einem seligen Lächeln.

Eine Nachricht über dieselbe Hochzeit würde sich eher so lesen:

Die Braut trug ein von Dior entworfenes Kleid. »Sie sieht fast so aus wie Lady Diana«, sagte eine Zuschauerin, die sich bis an die Absperrung vorgekämpft hatte. Neben ihr setzte eine Frau das Opernglas ab, durch das sie die Perlenstickerei am Ausschnitt des Brautkleids genau betrachtet hatte. »Ich wünschte, so ein Outfit könnte ich mir auch leisten, wenn es bei mir ans Heiraten geht«, sagte sie.

Wo kommt das her?

Journalisten legen offen, woher die Informationen stammen, auf denen ihr Text basiert. Sie nennen ihre Quellen, damit ihr Publikum selbst entscheiden kann, ob es eine Nachricht für glaubwürdig hält.

Je ungesicherter und spektakulärer die Information erscheint, desto enger wird sie sprachlich ihrer Quelle zugeordnet. Kontroverse Sachverhalte oder Äußerungen werden schon im Lead-Satz belegt, während die Quelle für weniger Strittiges erst im zweiten oder dritten Satz genannt werden kann, um den Anfang nicht zu überfrachten.

Auf die Nennung der Quelle kann verzichtet werden, wenn sich ein Sachverhalt von selbst versteht. Dass die Bundestagswahl stattgefunden hat, ist ebenso unstrittig wie die Tatsache, dass die Sonne auch am Wahltag aufgegangen ist. Eine Quelle wird hingegen für Angaben zur Wahlbeteiligung oder zum Wahlergebnis benötigt.

Ob Quellen namentlich oder nur mit ihrer Funktion genannt werden, ist stets eine Abwägungsfrage. Einerseits wollen Nachrichtenredakteure ihre Texte kurz und verständlich halten. Unbekannte Namen samt genauen Funktionsbezeichnungen machen einen Text umständlich und stiften eher Verwirrung statt zu erhellen.

Andererseits ist Journalisten daran gelegen, dass nicht sie selbst, sondern ihre Quellen für eine Fehlinformation geradestehen müssen. Dies gelingt eher, wenn die Angaben einem namentlich genannten Urheber zugeordnet werden können. Zudem ist es für die Leser oft nützlich zu erfahren, aus welcher politischen Ecke eine Information kommt.

Ranghohe Verantwortungsträger werden namentlich genannt, vor allem wenn ihre Namen einem breiten Publikum bekannt sind. Dies gilt für Spitzenpolitiker und Minister ebenso wie für Staatsanwälte und Kommandeure sowie für die Chefs von Unternehmen und Verbänden.

Pressesprecher werden nur namentlich genannt, wenn sie eine Leitungsfunktion innehaben. Ansonsten heißt es »nach Angaben eines Sprechers«; die Autorität der Quelle beruht dann nicht auf der Person des Sprechers, sondern auf der Organisation, für die er spricht. Mitarbeiter, die nicht hauptberuflich mit Pressearbeit betraut sind, werden nicht als Sprecher, sondern als Vertreter der Organisation bezeichnet.

Skepsis ist angebracht, wenn Journalisten schwammige Quellen wie politische Beobachter oder Reisende zitieren. Hinter den Beobachtern verbergen sich oft andere Journalisten oder gar der Autor selbst. Reisende dichten häufig etwas zu ihren Beobachtungen hinzu und sind deshalb weniger glaubwürdig. Ausnahmen können für Länder wie Nordkorea oder Birma gemacht werden, die für Journalisten nur sehr eingeschränkt zugänglich sind.

Tonhappen für die Meute

Radio- und Fernsehbeiträge werden immer kürzer, angeblich weil die Aufmerksamkeitsspanne des Publikums schwindet. In den aktuellen Sendungen der elektronischen Medien gilt daher die Regel, dass O-Töne, also in Beiträge eingebaute Originalzitate, kaum länger als 20 Sekunden dauern dürfen. Wer es schafft, einen Gedanken in zehn Sekunden auszudrücken, hat dagegen beste Chancen, dass seine Ansichten in Radio oder Fernsehen wörtlich verbreitet werden.

Weil Politiker ein Interesse daran haben, möglichst oft in den Medien vorzukommen, spicken sie Reden, Pressemitteilungen und Statements mit potenziellen O-Tönen. Für Pressekonferenzen werden Antworten vorbereitet, die wohl abgewogen sind, jedoch nur wenige Sekunden in Anspruch nehmen. Die Wahrscheinlichkeit, dass Journalisten nach diesen Soundbites genannten Tonhappen schnappen, ist hoch. Aus Sicht der Politiker verringert das geplante Vorgehen zudem die Gefahr, dass O-Töne geschnitten werden und dadurch der Sinn entstellt wird.

Das Zitat

Wörtliche Zitate sind ein besonders guter Beleg für Informationen, ob es um die Pläne der Regierung oder die Folgen eines Erdbebens geht. Sie dürfen nie umgedichtet werden, auch nicht im Interesse von Kürze oder Lesbarkeit. Ganze wörtliche Zitate sollten nur verwendet werden, wenn sie knackig und aussagekräftig sind. Allgemeinplätze gehören nicht in Anführungszeichen.

Es ist unbedenklich, Verlegenheitslaute wie »äh« oder »hm« aus Zitaten herauszuredigieren. Schon bei Versprechern ist eine Nachbearbeitung aber riskant. Ist eine Aussage grammatikalisch unlogisch, unverständlich oder zu lang, gibt es die Möglichkeit, nur ein Fragment zu verwenden. Der Sinn der Aussage muss dabei aber gewahrt bleiben.

Die indirekte Rede

Die Alternative zum wörtlichen Zitat ist die indirekte Rede. Sie bietet viele Vorteile: Journalisten können Äußerungen paraphrasieren und dabei umständliche Wendungen über Bord werfen. Sie können kürzen, zusammenfassen und umformulieren, wie es ihr Herz begehrt – solange sie dabei den Inhalt der Ausführungen getreu wiedergeben.

Die indirekte Rede hat einen Nachteil, der auf viele Journalisten abschreckend wirkt: Sie erfordert die Verwendung des Konjunktivs. Durch diese Möglichkeitsform wird die sprachliche Distanz hergestellt, die sonst durch Anführungszeichen oder O-Ton vermittelt wird. Weil der Konjunktiv in der gesprochenen Sprache jedoch nur selten verwendet wird, ist er immer weniger Deutsch sprechenden Menschen vertraut.

BEISPIEL

Der Tatverdächtige sei etwa 20 Jahre alt, ungefähr 1,80 Meter groß und habe eine grüne Armeejacke getragen, sagte der Polizeisprecher.

Vermieden werden kann der Konjunktiv, wenn sprachlich ein direkter Bezug zur Quelle hergestellt wird. In solchen Fällen kann wieder in den Indikativ gewechselt werden, ohne dass sich der Nachrichtenschreiber die Information oder das Zitat zu eigen macht. Das gelingt mit folgenden Wendungen:

- ✔ nach Angaben eines Polizeisprechers war der Tatverdächtige ...
- ✔ nach den Worten eines Polizeisprechers ...
- ✔ einem Polizeisprecher zufolge ...
- ✔ laut einem Polizeisprecher ...
- ✔ wie ein Polizeisprecher sagte ...

Wie eine Nachricht formuliert wird

Nachrichtensprache gilt als hölzern und formelhaft. Manche Journalisten sprechen abfällig von Agenturstil. Dabei gibt es wenige Medien, die so systematisch über die Sprachpflege diskutieren wie die Nachrichtenagenturen. Gerade weil ihr Dienst ein einheitliches Bild abgeben soll, denken Agenturjournalisten ständig über Sprache nach.

Von Nachrichtenredakteuren wird nicht nur erwartet, dass sie Grammatik und Rechtschreibung beherrschen. Verständlichkeit und Lesbarkeit werden in den Stilfibeln von dpa oder AFP ebenfalls großgeschrieben. Allerdings werden diese Ansprüche unter dem hohen Zeitdruck des Nachrichtengeschäfts nicht immer erfüllt.

Einfache Sätze gegen Bandwurmbestien

Nachrichten bestehen aus kurzen, einfach gebauten Sätzen. Besonders der Einstieg darf den Lesern keine Rätsel aufgeben. Er muss klar benennen, worum es in der Nachricht geht. Der Lead-Satz beginnt deshalb nie mit einem Nebensatz.

Wenn möglich, sind Nachrichtensätze linear aufgebaut. Sie beginnen mit dem Subjekt, gefolgt von Objekt und Verb. Aktive Konstruktionen sind besser als Passivsätze.

Nur im Notfall schreibt der Nachrichtenredakteur, es sei zu einer Festnahme oder zu gewalttätigen Auseinandersetzungen gekommen – nämlich dann, wenn er partout nicht feststellen kann, wer gehandelt hat und wer betroffen war. Weil es den oder die Handelnden unterschlägt, ist auch das Fürwort »man« in Nachrichten verpönt.

Manche Sätze winden sich in Nebensätzen wie ein Bandwurm. Solche Bestien werden aus Nachrichtentexten am besten herausgehalten. Das Gleiche gilt für einfache Einschübe, die das Verb weit vom Subjekt wegschieben. Sonst können sich die Leser am Ende des Satzes kaum noch daran erinnern, wer eigentlich die Handelnden sind. Wird ein Nachrichtenredakteur mit Bandwurmsätzen konfrontiert, muss er sie fluchend in ihre Bestandteile auflösen. Zum Beispiel folgende Wettermeldung:

In Niedersachsen regnete es nach tagelangen Niederschlägen, bei denen Dutzende Keller, die nicht richtig abgedichtet waren, vollliefen, am Freitag weniger stark als in den Vortagen, und fürs Wochenende kündigen sich laut dem Deutschen Wetterdienst ein Auflockern der Bewölkung, im Norden aber erneute starke Regenfälle an.

Wer feststellen will, ob seine Nachricht allzu kompliziert formuliert ist, braucht sich nur eine Minute in einen Radiosprecher zu verwandeln. Umschreiben muss, wer beim lauten Vorlesen über die eigenen Sätze stolpert oder unterwegs aus der Puste gerät.

Das perfekte Timing

Vorherrschende Zeit in Nachrichtentexten ist die Vergangenheit, genauer gesagt, das Imperfekt oder Präteritum: die Bombe explodierte, der Sturm tobte, das Volk protestierte.

Die wichtigste Ausnahme ist der Lead-Satz. Er steht in der Regel im Perfekt, weil diese Vergangenheitsform auf die Gegenwart verweist und knackiger klingt. Manchmal steht der erste Satz einer Nachricht auch im Präsenz oder Futur I. Ab dem zweiten Satz wird meist ins Imperfekt gewechselt.

Vor einem Hotel in Kabul ist am Freitag eine Bombe explodiert. Bei der Explosion wurden mindestens zwölf Menschen verletzt, wie die Rettungsdienste mitteilten.

Um Ereignisse zu beschreiben, die sich noch früher in der Vergangenheit zugetragen haben, wird das Plusquamperfekt verwendet. Einmal in der Vorvergangenheit angekommen, geht es weiter im Imperfekt. Nur in Ausnahmefällen werden im Verlauf einer Nachricht das Präsens oder das Perfekt angewandt, etwa für einen zeitlosen Hintergrundsatz.

Der neue Berliner Flughafen wird frühestens 2020 gebaut. Das Bundesverwaltungsgericht verhängte laut einem Sprecher am Montag einen Baustopp. Umweltverbände hatten gegen den Bau geklagt. Sie begründeten ihre Klage damit, dass die Anwohner nicht ausreichend vor Lärm geschützt würden. Das Bundesverwaltungsgericht ist für seine Entscheidungen zugunsten von Umweltschützern bekannt.

Eine Besonderheit bei der Formulierung von Zeitungsnachrichten ist die vorausgreifende Vergangenheit. Sie wird angewandt, wenn ein Ereignis bei Redaktionsschluss schon absehbar war und voraussichtlich bereits geschehen ist, wenn die Zeitung am nächsten Morgen erscheint. Einfach frech zu behaupten, das Ereignis sei eingetreten, nachdem die Zeitung in den Druck ging, ist riskant. Redakteure verwenden daher den Kunstgriff der vorausgreifenden Vergangenheit:

Die Bundesregierung erwägt eine Erhöhung der Benzinsteuer. Das Kabinett wollte am Dienstagabend über eine Anhebung um zwei Prozentpunkte beraten, wie ein Regierungssprecher bestätigte.

Aufgeladene und neutrale Verben

Nachrichten müssen möglichst unparteilich formuliert sein. Diese Distanz zu den Handelnden in Politik, Wirtschaft und Showgeschäft spiegelt sich auch in der Verwendung von Verben bei der Wiedergabe von Zitaten wider.

In der Formulierung »Der Minister behauptete, er habe mit der Affäre nichts zu tun« ist das Wort »behaupten« mit Zweifeln an der Aussage des Ministers aufgeladen, nach dem Motto: »Der kann viel behaupten, wenn der Tag lang ist«.

Unerreicht in seiner Neutralität ist das Verb sagen. Weitere wertfreie Verben sind:

- ✔ berichten – ein Zeuge oder eine Zeitung
- ✔ erklären – wenn Äußerungen schriftlich vorliegen
- ✔ mitteilen – eine Behörde oder Institution
- ✔ beobachten – der Korrespondent vor Ort

Andere Synonyme des Sagens werden nur sehr sparsam verwendet, nämlich immer dann, wenn sie tatsächlich im eigentlichen Wortsinn passen:

- ✔ meinen – können wir Gedanken lesen?
- ✔ klarstellen – war wirklich etwas vorher unklar?
- ✔ deutlich machen – war der Sachverhalt vorher undeutlich?
- ✔ betonen – hob sich die Stimme des Politikers, als er dies sagte?

Die Wendung »so« als Synonym des Sagens ist eine Marotte des Magazins *Spiegel*. Sie wird im Nachrichtenjournalismus nicht gebraucht. Auch in der gesprochenen Sprache verwendet schließlich niemand dieses leblose Wörtchen.

Ausschreiben statt abkürzen

Abkürzungen, unter denen sich das Publikum nichts vorstellen kann, ermuntern nicht gerade zum Weiterlesen. Nachrichtenredakteure schlüsseln sie deshalb bei der ersten Nennung oder spätestens im folgenden Satz auf. Ausnahmen gelten für Abkürzungen, die so bekannt sind, dass sie keiner Aufschlüsselung mehr bedürfen, wie die Kürzel der Parteien (CDU, SPD, FDP) und Zusammenschlüsse wie UNO oder NATO.

Organisationen wie UNICEF müssen nicht umständlich in ihre englischen Bestandteile zerlegt werden. Sie werden vielmehr kurz und treffend umschrieben. In diesem Fall steht das Kürzel für UN-Kinderhilfswerk.

Nachrichten verzichten auf unnötige Abkürzungen. Lkw, km/h und kg machen einen Text nur unwesentlich kürzer. Lastwagen, Stundenkilometer und Kilogramm sind besseres Deutsch. Auch Währungen und Temperaturangaben werden ausgeschrieben.

Nur von Insidern gebrauchte Abkürzungen wie IMK für Innenministerkonferenz müssen Journalisten ihren Lesern gar nicht erst zumuten. Anstatt bei der zweiten Erwähnung das Insiderkürzel einzuführen, schreiben sie einfach »die Innenminister«.

Zahlen: Bekömmlich, aber richtig

Zahlen bis einschließlich zwölf werden in den Nachrichten ausgeschrieben. Ausnahmen sind Tabellen oder tabellenähnliche Aufzählungen wie Wahlergebnisse: Hier verbessert es die Lesbarkeit, wenn auch Zahlen unter 13 als Ziffern stehen.

Bei Größenangaben bemühen sich Nachrichtenjournalisten um Verständlichkeit. Wenige Leser können sich unter einer Fläche von 53.000 Hektar etwas vorstellen. Da ist es hilfreich hinzuzufügen, dass ein Gebiet so groß ist wie der Bodensee.

Zahlen sind für die Leser besser zu verdauen, wenn sie gerundet werden: Aus 98 Menschen werden knapp hundert, aus 102 Menschen gut oder mehr als 100. Durch solche ungefähren Angaben wird vermieden, dass der Text bei jeder kleinen Schwankung aktualisiert werden muss.

Richten sich Nachrichten ans breite Publikum, werden Angaben in Fremdwährungen in Euro umgerechnet. Beträge werden mit bis zu zwei Stellen hinter dem Komma angegeben. Auf- und abzurunden ist erlaubt, erfordert besonders bei hohen Beträgen jedoch viel Umsicht. Aus 1,3 Milliarden Euro rund eine Milliarde Euro zu machen, ist unzulässig, weil dadurch zu viele Euro unter den Tisch fallen.

Häufig verwechselt werden die Begriffe Prozent und Prozentpunkte. Prozent heißt ein Teil von Hundert. Prozentpunkte geben die Differenz zwischen Prozentwerten an. Ist die Zustimmung zur Arbeit eines Politikers innerhalb eines Monats von 38 auf 55 Prozent gestiegen, dann macht die Steigerung 17 Prozentpunkte aus.

Falsche Freunde

Sprache verändert sich ständig. Das bedeutet auch, dass Wortschöpfungen oder Fremdwörter darin Eingang finden. In Nachrichtentexten dürfen solche Ausdrücke erst vorkommen, wenn sie geläufig geworden sind. Solange sie fremd sind, müssen sie übersetzt werden. Denn Nachrichten sollen in einem Rutsch gelesen oder gehört und verstanden werden.

Der Ausstoß an Kohlendioxid ist in Deutschland im vergangenen Jahr leicht gestiegen. Die CO2-Emissionen lagen insgesamt bei 895 Millionen Tonnen, wie das Umweltbundesamt mitteilte. Damit wurden 0,8 Prozent mehr klimaschädliche Gase ausgestoßen als im Jahr zuvor. Die verstärkte Nutzung von Windkraft, Wasserkraft und Biomasse half dabei, den Anstieg zu begrenzen. Durch die sogenannten Renewables wurden zwölf Millionen Tonnen Kohlendioxid vermieden.

Denglisch

Die Übersetzung von Fremdwörtern ist löblich, aber nicht ohne Tücken. Jeder Nachrichtenredakteur fällt früher oder später auf einen falschen Freund herein. Gemeint sind englische oder französische Begriffe, die den Eindruck erwecken, sie seien leicht ins Deutsche zu übertragen. In Wirklichkeit verfremdet die allzu wörtliche Übersetzung jedoch die Bedeutung. Plötzlich steht da auf Deutsch etwas ganz anderes als gemeint war.

Gerade bei Funktionsbezeichnungen wimmelt es vor solchen falschen Freunden. Ein Beispiel ist das US-Parlament. In einer der beiden Parlamentskammern, dem House of Representatives, gibt es einen Speaker. Es liegt nahe, ihn als US-Parlamentssprecher zu bezeichnen. Tatsächlich handelt es sich jedoch um den Parlamentspräsidenten.

Schwierig ist es auch, Wirtschaftsposten in eine Sprache zu übersetzen, die sowohl fachlich korrekt als auch für die Leser nachvollziehbar ist. Vorstand und Aufsichtsrat haben etwa in amerikanischen Unternehmen keine direkte Entsprechung. Es ist daher riskant, den CEO (Chief Executive Officer) eines Weltkonzerns unbedacht den Vorstandsvorsitzenden zu nennen. Mit der Übernahme der englischen Bezeichnung ist jedoch nur dem Fachpublikum gedient.

Nachrichtenseiten sind gespickt mit ungelenken Übernahmen aus dem Englischen. Jeder aufmerksame Leser ist schon einmal über einen Anglizismus gestolpert. Bei der Übersetzung von englischen Begriffen wie diesen ist Vorsicht geboten:

- ✔ administration: Verwaltung, nicht Administration; in den USA die Regierung.
- ✔ billion: Milliarde. Die deutsche Billion hat drei Nullen mehr als die englische.
- ✔ in front: vorn, nicht in Front.

- vital: lebenswichtig, entscheidend, nicht vital.
- marines: Marineinfanteristen, nicht Marinesoldaten. Die US-Marine heißt Navy.
- secretary of state: in den USA der Außenminister, nicht ein Staatssekretär.
- to make sense: sinnvoll erscheinen, nicht Sinn machen.
- in 2008: im Jahre 2008, 2008, nicht in 2008.

Teil III

Journalisten als Geschichtenerzähler

The 5th Wave By Rich Tennant

»Ich muss schon sagen: Dafür, dass es Ihr erster Artikel für ›Verbrechen lohnt doch‹ ist, haben Sie den Stil unserer Zeitung schon sehr gut verinnerlicht.«

In diesem Teil ...

Journalisten verstehen sich nicht nur als Nachrichtenübermittler, sondern auch als Geschichtenerzähler. Lange Artikel sollen Sie als Leser verführen, am Wochenende mit der Zeitung im Bett zu verweilen oder auf einer langen Bahnfahrt nicht zum Taschenbuch zu greifen, sondern zu einer Zeitschrift oder einem Magazin.

In diesem Teil wird verraten, wie Journalisten an Ideen für ihre Geschichten kommen. Sie erfahren, welche Formen des Geschichtenerzählens es im Journalismus gibt, vom Feature bis zur Fotoreportage. Zur Nachahmung geeignet ist Kapitel 11: Es leitet zum Schreiben von Geschichten an, komplett mit Tipps für den besten Einstieg, den Aufbau eines Spannungsbogens und schöne Formulierungen. Kapitel 12 schlägt den Bogen von der Erzählkunst zum Geschäft: Sie erfahren, wie Verlage und Sender ihr Geld verdienen und wie sie um das Publikum konkurrieren.

Wie die besten Storys entstehen

9

In diesem Kapitel

- Von der Idee zum erfolgreichen Themenvorschlag
- Gut beobachtet ist halb gewonnen
- Der imaginäre Leser, Hörer oder Zuschauer

Nachrichten und Kommentare füllen jeden Tag nur einen Teil der Zeitungsspalten und Sendeminuten. Der Rest sind Geschichten, die das Publikum ergötzen sollen: Unterhaltung, Bildung und Aufklärung statt reiner Information.

Wer findet diese Geschichten? Meist die Redakteure, die neben der Bearbeitung und Produktion von Artikeln stets schon daran denken, wie sie die nächste Ausgabe bestreiten sollen. Doch auch den besten Redakteuren gehen manchmal die Ideen aus, vor allem dann, wenn sie ein bestimmtes Themengebiet schon seit Jahren betreuen. Sie sind darauf angewiesen, dass Reporter ihre Augen und Ohren ebenfalls nach Geschichten offen halten, die ihr Publikum interessieren könnte.

Wer als freier Mitarbeiter erfolgreich sein will, darf nicht darauf warten, dass ihm von der Redaktion ein Auftrag erteilt wird. Eigene Themenvorschläge sind gefragt, die gut durchdacht und überzeugend präsentiert werden müssen. Wie das geht, erfahren Sie in diesem Kapitel.

Quellen der Inspiration

Auf der Suche nach guten Geschichten entwickeln Journalisten über die Jahre ganz unterschiedliche Strategien. Eines jedoch ist allen gemeinsam: Nur wer neugierig und offen ist, hat Ideen. In dieser Hinsicht gibt es für Reporter weder Dienstbeginn noch Dienstschluss. Oft geben Beobachtungen auf dem Weg zur Arbeit den Anstoß zu einer Themenidee. Oder Journalisten schnappen zufällig eine interessante Information auf, ob an der Supermarktkasse, beim Elternabend oder im Freundeskreis.

Mit offenen Augen durch den Alltag

Der eigene Alltag ist eine unerschöpfliche Quelle der Inspiration – nicht nur für Reporter, die über Lokales oder Verbraucherthemen berichten. Alle Journalisten tun gut daran, ihre Sinne für Veränderungen zu schärfen.

✔ Was ist das für eine Baustelle, die neuerdings die Hauptstraße blockiert und den Weg zur Arbeit um zehn Minuten verlängert?

- Warum quillt der Mülleimer neben der Imbissbude am Bahnhof seit Kurzem schon um die Mittagzeit über?
- Warum führen heutzutage so viele Menschen laute Selbstgespräche?
- Seit wann trägt jedes zweite Schulkind eine rote Jacke?

In dieser frühen Phase der Ideenfindung hilft es, die eigene Verblüffung zuzulassen. Die Energiesparlampe gibt schon nach anderthalb Jahren den Geist auf? Damit hat der Reporter nicht gerechnet, als er doppelt so viel bezahlte wie für eine herkömmliche Glühbirne. Natürlich gibt es Spezialisten, die ihm hätten sagen können, dass der Begriff »Energiesparlampe« keine Langlebigkeit garantiert. Aber vielleicht wussten darüber außer dem Reporter noch andere Leute nicht Bescheid.

Die Antwort auf die Frage, ob eine Geschichte wirklich neu ist, kostet meist nur einen Anruf oder einen Blick ins Archiv. Gute Reporter informieren sich dabei mit Blick auf die Zukunft.

Eine Geschichte anzurecherchieren bedeutet, nicht nur nach dem »Was?« zu fragen, sondern auch mögliche Folgen auszuloten. Im Fall der Baustelle, die den Stau auf der Hauptstraße verursacht, erkundigt sich der Journalist, wie lange die Verkehrsstörung andauern soll. Er notiert das Datum und hakt nach, wenn sie nicht zum angekündigten Termin behoben worden ist.

Die Ichgeschichte

Journalisten mit Stammpublikum verarbeiten ihre Alltagserlebnisse auch unmittelbar. Solche Icherzählungen erscheinen meistens in Form einer Kolumne. Den Autoren muss es dabei gelingen, Banales oder Persönliches besonders witzig, weise oder anrührend darzustellen. Weil ihr Name bekannt ist, bekommen sie dafür von den Lesern oder Zuschauern einen Glaubwürdigkeitsvorschuss.

Gespitzte Ohren

Würden Journalisten für ihre Geschichten nur aus dem eigenen Alltag schöpfen, wäre ihre Berichterstattung auf die enge Welt von Menschen mittleren Alters und Einkommens beschränkt. Offene Ohren sind bei der Ideenfindung daher genauso wichtig wie offene Augen.

Wenn Redakteure mit einem neuen Themengebiet betraut werden, müssen sie sich ohnehin mit den wichtigsten Ansprechpartnern in ihrem Bereich bekannt machen. Bei solchen Vorstellungsgesprächen ist es geschickt zu fragen: »Welche Geschichte würden Sie denn gerne mal zu diesem Thema in der Zeitung lesen?« Die Antwort gestattet nicht nur Rückschlüsse auf die Interessenlage des Gesprächspartners. Sie kann auch das Samenkorn einer Idee enthalten.

Gute Journalisten suchen das Gespräch nicht nur mit ihresgleichen. Sie unterhalten sich auf Stehempfängen mit Konzernvorständen über deren Lieblingsspeise und diskutieren mit

Taxifahrern über Börsenkurse. Was sie dabei erfahren, findet selten direkt den Weg in die Berichterstattung. Doch in Kombination mit einem anderen Fakt ergibt es eines Tages vielleicht eine Themenidee – etwa für eine Geschichte über den Gesundheitswahn der Reichen und Mächtigen.

Stichwortgeber auf dem Stehempfang

Beiläufige Unterhaltungen, die in erster Linie der Ideenfindung dienen, sollten sich klar von einem Interview unterscheiden. Journalisten wählen zum Einstieg am besten ein Thema, zu dem jedermann etwas zu sagen hat, wie die Klimakatastrophe oder die Pläne für den nächsten Urlaub. Denkbar ist es auch, das Fachgebiet des Gesprächspartners mit einer sehr offenen Frage anzusprechen: »Könnten Sie mir vielleicht etwas erklären, was ich noch nie richtig kapiert habe?«

Oft ist die Antwort ganz erstaunlich und wirft die eigenen Vorurteile über den Haufen.

Gute Quellen für Geschichten sind auch aktive Ruheständler. Sie reden nicht nur offener als Berufstätige, weil sie nicht mehr um ihren Job fürchten müssen. Sie haben oft auch mehr Zeit und freuen sich über ein Gespräch. Häufig halten sie noch Kontakt zu ehemaligen Kollegen und wissen, was sich in Betrieben und Organisationen abspielt. Vor allem aber haben sie den Vergleich.

Zwar beginnen solche Gespräche häufig mit der Plattitüde, dass früher alles besser war. Geduldiges und genaues Nachfragen ergibt jedoch ein lebendiges Bild davon, was sich im Stadtteil oder in einer Behörde verändert hat.

Wer auf einem Empfang von einem Journalisten angesprochen wird, sollte sich bewusst sein, dass alles, was er sagt, zu einer Geschichte werden kann. Besser gesagt, fast alles. Wird ihm ein Thema regelrecht aufgedrängt, ärgert sich der Journalist, dass er nicht selbst darauf gekommen ist – und findet einen guten Grund, die Idee als dämlich zu verwerfen.

Goldkörnchen im Kleingedruckten

Journalisten lesen Zeitung in erster Linie mit professionellen Augen: Welcher Kollege schreibt über was? Was habe ich selbst verpasst? Welches Thema greift die Konkurrenz heute auf? Ist mir jemand mit einem Artikel zuvorgekommen? Wäre diese Zeitungsgeschichte auch etwas für unser Magazin?

Gerade Medien, die von den Lesern nicht selbst genutzt werden, eignen sich als Quellen für Themenvorschläge. Am offenkundigsten gilt dies für die Nachrichtenagenturen, aus denen viele Redaktionen ihre Ideen schöpfen – und dies tun dürfen, ohne sich dem Vorwurf des Ideenklaus auszusetzen. Schließlich bezahlen sie die Agentur für ihre Dienste.

Ergiebige Ressourcen sind auch obskure ausländische Zeitungen, Lokalzeitungen mit geringer Auflage oder Mitgliederzeitschriften. Das vom Bauernverband herausgegebene Blatt kann

Reporter frühzeitig darauf aufmerksam machen, dass die Milchpreise steigen werden – eine Tatsache, die nicht nur für Bauern interessant ist.

Die besten Ideen für originelle Geschichten stehen oft nicht im redaktionellen Teil der Zeitung. Sie verstecken sich in Kleinanzeigen, Terminvorschauen und Leserbriefspalten:

- ✔ Für einen Film, der in der eigenen Stadt spielt, werden tausend Statisten gesucht.
- ✔ Ein Studienrat moniert, dass seine Straße auf einer neuen Schilderserie falsch buchstabiert ist.
- ✔ Eine Billigsupermarktkette verkauft Kaviar im Sonderangebot.
- ✔ Ein Nachlassverwalter sucht Angehörige eines australischen Millionärs.

Viele solche Goldkörnchen finden sich heutzutage im Internet, weil sich ein großer Teil des Kleinanzeigenmarktes dorthin verlagert hat. Für Journalisten auf der Suche nach guten Geschichten sind auch Websites interessant, auf denen ganz normale Menschen den Service von Hotels oder Behörden kommentieren. Onlineforen geben Aufschluss darüber, was die Anwohner einer neuen Bahnstrecke oder die Eltern eines vor der Schließung stehenden Kindergartens bewegt.

Wenn Faszinierendes im Papierstapel steckt

Jahresberichte, Bilanzen und Statistiken haben auf den ersten Blick etwas Einschüchterndes. Zeit und Sachverstand sind notwendig, um Stapel von Papieren durchzuackern. Journalisten, die es eilig haben, begnügen sich oft damit, die beigelegte Pressemitteilung oder Zusammenfassung zu lesen. Dabei entgehen ihnen gerade jene Geschichten, welche die Autoren des Berichts nicht an die große Glocke hängen wollen, weil sie kontrovers oder peinlich sind.

Jede Behörde, jede Firma und jede Organisation hat Kritiker, die sich die Mühe machen, dicke Berichte bis ins Kleinste auszuwerten. Manche tun das berufsmäßig, wie Analysten, die Unternehmensbilanzen für ihre Investoren bewerten. Andere fühlen sich aus politischen Gründen dazu berufen, wie Umweltorganisationen, die Ministerien auf die Finger schauen.

Die beste Gelegenheit, solche Helfer kennenzulernen, sind öffentliche Anhörungen, Aktionärsversammlungen oder wissenschaftliche Kongresse. Die Zeit, die für den Besuch solcher Veranstaltungen nötig ist, ist auf lange Sicht gut investiert. Wer sich dauerhaft mit einem bestimmten Themenbereich beschäftigt, lernt nach und nach, die Berichte selbst zu interpretieren und die Fachsprache zu verstehen.

Dem Watchdog auf der Spur

Auch für Anfänger gut zugänglich sind Publikationen von Aufsichtsgremien wie dem Bundesrechnungshof oder von sogenannten Watchdog-Organisationen wie Transparency International. Dabei sollte man nicht in jedem Fall auf die Veröffentlichung warten. Man kann schon vorher nachfragen, ob die Kritik vom vorigen Jahr dazu führte, dass Missstände behoben wurden.

Übrigens: Auch die Kritiker stehen nicht über jeder Kritik. Manchmal kann man unterschiedlicher Meinung sein, ob ein öffentliches Schwimmbad weiterbetrieben werden sollte – auch unabhängig davon, wie wirtschaftlich dieses Schwimmbad ist.

Newcomer-Porträt: Die Querschreiberin

Wenn Franziska Reich von ihren Anfängen im Journalismus erzählt, entstehen Bilder von einer wilden Zeit. Experimente beim autonomen Radio Dreyeckland in Freiburg. Die Uni-Zeitung in Hamburg, »ein totaler Chaoshaufen«. Das Zeitgeistmagazin *Wiener*, das in den letzten Zuckungen lag. Heute ist sie Reporterin im Berliner Büro des *Stern*. Und das, obwohl sie ihr erstes Praktikum dort nach drei Wochen abgebrochen hatte und erst einmal in die Arme der *tageszeitung* geflohen war.

Reich wollte schon immer schreiben, aber man kann nicht sagen, dass sie ihre Karriere im Journalismus besonders systematisch angepackt hat. Als sie über ihrem aus Verlegenheit begonnenen Ethnologie- und Politikstudium schier verzweifelte, lief ihr ein Mentor zu: der Journalist Helge Timmerberg, ein Vertreter des Gonzo-Stils, bei dem es um subjektives Erzählen statt um vermeintlich objektives Berichten geht.

Schreiben ist für Reich ein Prozess, bei dem etwas passieren muss, mit ihr selbst wie mit dem Leser. Dafür muss sie ihre Sichtweise und ihre Beweggründe offenlegen, ob sie die Bundeskanzlerin porträtiert oder die Rentenversicherungsanstalt. Entsprechend schwer fiel es ihr, während ihrer Ausbildung an der Berliner Journalistenschule distanzierte Nachrichtentexte einzuüben. »Ich hatte eine innerliche Abwehrhaltung.« Dass sie sich dort gefahrlos ausprobieren konnte, gefiel ihr dagegen gut.

Beim *Stern* hat Reich den Freiraum, selbstbestimmt zu arbeiten und nahezu uneingeschränkt zu recherchieren. Sie arbeitet meistens parallel an mehreren Geschichten und genießt die Zusammenarbeit mit erfahrenen Kollegen. Nach einem Ausflug zu *Neon* kehrte sie deshalb 2004 zum *Stern* zurück. Dass es in ihrer eigenen Generation so wenige Quereinsteiger in den Journalismus gibt, bedauert sie. »Bei diesem betont Vernünftigen geht zum Teil einfach das Leben verloren, das man haben muss, um über andere zu erzählen.«

Franziska Reich: Reporterin. Geboren am 20.1.1974 in Bonn.

Was sie am Journalismus begeistert: Sich ein Thema so anzueignen, dass es ein richtiges Anliegen wird und aus subjektiver Perspektive etwas darüber zu erzählen ist.

Was ihr am Journalismus peinlich ist: Der erhobene Zeigefinger, die moralinsauren Pfui-Pfui-Geschichten, denn Journalisten wissen auch nicht besser, wie es laufen muss.

Ihr Job in einem Satz:

Ich beschäftige mich mit Menschen und deren Welt, und erzähle darüber Geschichten.

Auf der Suche nach dem Trend

Wer seine Umwelt aufmerksam beobachtet und das Gespräch mit unterschiedlichen Menschen sucht, kann Trends aufspüren, bevor sie in Ranglisten oder Umfrageergebnissen auftauchen. Diese Fähigkeit zu entwickeln ist besonders wichtig für Journalisten, die auf Lifestylethemen spezialisiert sind, für Zeitschriften schreiben oder Rubriken wie Modernes Leben beliefern. Neben der Lebenswelt selbst finden sich Trends aber auch bei Forschungsinstituten und anderen Datensammlern.

Gute Quellen für Trends sind die Zahlen des Statistischen Bundesamtes oder der Europäischen Statistikbehörde Eurostat, besonders wenn man sie auf die lokale Ebene herunterbricht.

Trendspotter suchen nach ungewöhnlichen Mustern im Verhalten anderer Menschen. Sie beobachten zum Beispiel, wie ein Passagier einen raschelnden Korb an Bord eines Flugzeugs trägt, und fragen sich flüchtig, seit wann es erlaubt ist, Haustiere als Handgepäck zu deklarieren.

Zwei Wochen später sitzt in der Maschine von München nach Berlin eine Frau auf dem Nachbarsitz, die einen Pudel zu ihren Füßen mit Käsehappen füttert. In der Redaktion angekommen, gibt der Journalist ein paar Stichwörter in die Internetsuchmaschine ein – und stellt fest, dass die fragliche Fluggesellschaft ihre Regeln für die Mitnahme von Haustieren ohne großes Aufsehen vor ein paar Monaten geändert hat.

Bei zwei Beispielen beginnt die Recherche, doch erst drei Fälle machen einen Trend aus. Weitere Belege sind nötig, wie Statistiken, Umfragen oder die Einschätzung von Experten.

Wenn der Redaktion die Themen zulaufen

Viele Themen laufen Journalisten zu, ohne dass sie sich speziell darum bemüht hätten. Leser oder Interessengruppen geben ihrer Zeitung einen Hinweis auf etwas, das sich in ihrer Umgebung abspielt und von dem die Redaktion auf andere Weise nichts erfahren hätte. Solche Themen haben es an sich, dass über sie häufig noch in keinem anderen Medium berichtet wurde.

Wie zugelaufene Katzen oder Hunde können zugelaufene Themen ein Glücksfall sein. Man sollte aber prüfen, ob sie Flöhe haben, beißen oder womöglich tollwütig sind. Denn völlig uneigennützig sind Tipps aus der Bürgerschaft natürlich nie.

Vor allem Lokalzeitungen, auflagenstarke Magazine oder quotenstarke Fernsehsendungen bekommen solche Hinweise. Manche Fernsehsender haben eigene Zuschauerredaktionen eingerichtet: So geht kein Tipp verloren und nebenbei wird die Beziehung zum Publikum gepflegt.

Bisweilen ist es schwer, zwischen einer seriösen Anregung und dem Anruf eines geistig verwirrten Menschen zu unterscheiden: Interessante Geschichten hören sich oft auf Anhieb unglaublich an. Für beide Fälle empfiehlt es sich, durch präzise Nachfragen auszuloten, woran man ist. Selbst wenn eine Anruferin die Landung einer fliegenden Untertasse auf der Kirchturmspitze enthüllt, hat sie ein Recht auf höfliche Behandlung.

Aufhänger und Dreh

Bevor ihr Themenvorschlag angenommen wird, müssen sich Journalisten zwei Fragen stellen:

- ✔ Warum jetzt?
- ✔ Was ist daran neu?

Nur wer zumindest eine dieser beiden Fragen überzeugend beantworten kann, hat eine Chance auf Veröffentlichung. Die meisten Geschichten sind alte Themen in neuem Gewand. Zyniker sagen, dass über alles schon einmal berichtet wurde.

Wer ein bekanntes Thema angehen will, muss es aus einem neuen, originellen Blickwinkel betrachten. Journalisten sprechen von einem neuen Dreh. Zumindest aber braucht man einen äußeren Anlass, sich einem Thema erneut zuzuwenden, über das eigentlich schon alles gesagt worden ist. Dieser Anlass wird auch Aufhänger genannt.

Die Suche nach neuen Blickwinkeln

Amoklauf an einer Universität: Ein 17-Jähriger stürmt in einen Hörsaal und eröffnet das Feuer. Der Dozent und 13 Studenten werden getötet. Dutzende werden bei der anschließenden Panik verletzt. Der Amokschütze flieht und verletzt auf dem Flur acht weitere Kommilitonen. Nach 20 Minuten wird er vom Hausmeister überwältigt.

Es ist das schlimmste Massaker an einer Hochschule in der Geschichte der Bundesrepublik. Das Fernsehen überschlägt sich mit Sondersendungen. Die Zeitungen berichten tagelang über wenig anderes. Auch die internationale Presse ist vor Ort.

Doch schon nach kurzer Zeit geht den Medien das Material aus. Die bekannten Fakten sind erzählt, die Ermittlungen fördern nur wenige neue Informationen zutage. Die Reaktionen sind vorhersehbar. Das Thema wird die Öffentlichkeit noch tagelang interessieren, doch die Redaktionen stehen vor dem Problem, sich nicht wiederholen zu dürfen. Einzeln und im Team zerbrechen sich die Journalisten die Köpfe darüber, welche Aspekte noch interessant sein könnten. Sie suchen nach dem neuen Dreh.

Oft lohnt ein Blick auf einen ähnlichen Fall in der Vergangenheit. Wie wurde damals die Tat verarbeitet? Wie lange dauerte es, bis so etwas wie Normalität einkehrte? Was genau hat sich dort seither verändert?

Themen systematisch suchen: Das Ideendiagramm

Eine der Möglichkeiten, systematisches Brainstorming zu betreiben, ist die Erstellung eines Ideendiagramms. Es beginnt mit dem Kerngeschehen. Einzelne Aspekte werden herausgegriffen. Dann werden weitere Verästelungen notiert. Je spektakulärer das Thema, desto komplexer wird das Diagramm. Details werden getrennt voneinander vertieft, anstatt sie in einem Text zusammenzufassen.

Der Amoklauf an der Universität gleicht in einem solchen Diagramm einem Baumstamm mit einer Reihe von Hauptzweigen. Dazu zählen der Täter, die Tat, die Opfer, der Tatort und die Ermittlungen.

- ✔ Die Motive des Täters sind ebenso interessant wie seine Herkunft, seine psychische Verfassung und sein Verhältnis zu seiner Umwelt.
  - Wie kam er an seine Waffe?
  - Wurde er von Videospielen inspiriert?
  - Deutete er die Tat in einem Internetforum oder im Gespräch mit Freunden an?
- ✔ Zur Tat gehören Uhrzeit, Hergang und Waffe.
  - Welcher Waffentyp wurde verwendet?
  - Wer benutzt normalerweise diese Art von Waffen?
  - Ist der Besitz dieses Waffentyps generell verboten?
- ✔ Der Tatort wirft eine ganze Reihe von Fragen auf:
  - Welche Sicherheitsvorkehrungen gab es an der Universität?
  - Wurden die feuerpolizeilichen Bestimmungen über Fluchtwege eingehalten?
  - Gab es in der Geschichte der Institution schon einen ähnlichen Gewaltakt?
- ✔ Die Opfer können als Gruppe oder einzeln porträtiert werden.
  - Welche Folgen hat die Tat für Familienangehörige und Kommilitonen?
  - Welche Möglichkeiten der psychologischen Betreuung gibt es?
  - Wie kann ein solches Trauma verarbeitet werden?
- ✔ Die Ermittlungen schließen die erste Reaktion der Polizei ebenso ein wie eine Beschreibung der Aufgaben eines Polizeipsychologen.
  - Wie arbeitet eine Sonderkommission?
  - Gab es Pannen beim Einsatz des Sonderkommandos der Polizei?

Von der Totalen zur Naheinstellung

Eine andere Methode des Brainstormings ist es sich vorzustellen, mit einer Kamera unterwegs zu sein. Durch den Sucher erblickt man einzelne Ausschnitte des Geschehens, die mit dem Zoom näher herangeholt werden können. Die Brennweite regelt, ob Aspekte im Hintergrund scharf oder unscharf erscheinen. Auch der Standort des Fotografen oder Kameramanns beeinflusst das Bild.

- ✔ Die Chronologie zeichnet Bild für Bild den Hergang des Geschehens nach – im Stundentakt oder sogar Minute für Minute.
- ✔ Die Nahaufnahme greift einzelne Personen heraus und porträtiert sie. Dabei können Einzelaspekte wie Motive oder Herkunft gesondert herangezoomt werden.
- ✔ Das Panorama zeigt, was sämtliche Beteiligten zum Zeitpunkt des Geschehens taten. Um dies darzustellen, eignen sich Infografiken besonders gut.
- ✔ Die Vogelperspektive gibt Auskunft, wie Unbeteiligte das Geschehen erlebt haben.
- ✔ Der Ausschnitt vertieft einzelne, im Vordergrund stehende Aspekte des Ereignisses.
- ✔ Die maximale Tiefenschärfe erlaubt den historischen Blick.

Es kommt vor, dass Reporter alle Beteiligten, Informationen und Orte gleich behandeln. Nähe und Schärfe variieren nicht. Um gerecht zu sein, wird alles mit mittlerer Brennweite betrachtet. Dies erzeugt Langeweile. Der Journalist hat sich vor einer Entscheidung gedrückt.

Mit den Augen eines anderen

Manche Journalisten versuchen sich in Beteiligte hineinzuversetzen, um einen neuen Dreh zu finden. Eine ungewöhnliche Perspektive auf eine Tragödie wie das Schulmassaker könnten beispielsweise U-Bahnfahrer bieten, die das Trauma kennen, das eine Wahnsinnstat auslösen kann, weil sich ein Selbstmörder vor ihren Zug geworfen hat. Solche Vorschläge müssen sich immer dem Test unterziehen, ob sie – wie in diesem Fall – womöglich zu weit hergeholt sind.

Ein Thema mit anderen Augen zu sehen ist besonders nützlich, wenn es darum geht, Abstraktes greifbar zu machen oder zu personalisieren.

Eine Reform des Ausländerrechts betrifft in erster Linie in Deutschland lebende Menschen, die aus anderen Ländern stammen. Einen alternativen Blickwinkel haben die Eheleute der Betroffenen, aber auch schon seit Längerem eingebürgerte Ausländer oder die Anbieter von Volkshochschulkursen.

Reportage ganz nah

Klassische Reportagen entstehen, wenn Journalisten stellvertretend für ihre Leser in fremde Lebenswelten eintauchen. Sie beobachten Geschehnisse nicht nur, sondern erleben sie mit all ihren Sinnen. In ihren Geschichten schildern sie, wie es sich anfühlt, Teil einer anderen Welt zu sein.

Ob sie sich einen Tag lang in einen Rollstuhl setzen, einen Politiker 18 Stunden auf Wahlkampftour begleiten oder sich einem Rebellenkommando im afrikanischen Busch anschließen – wenn sie sich in eine andere Welt versetzen, kommen Journalisten dem Gegenstand ihrer Berichterstattung besonders nahe und nehmen ihr Publikum dabei mit. Sie brauchen dafür nicht nur viel Zeit, sondern auch Mut und Risikobereitschaft. Beiträge, die so entstehen, sind verschenkt, wenn ihnen in der Zeitung nur 80 Zeilen oder im Rundfunk nur zweieinhalb Minuten eingeräumt werden.

Wer eine gute Idee zu einer klassischen Reportage entwickelt hat, sollte sich der Unterstützung einer Seite-Drei- oder Magazin-Redaktion versichern. Er kann auch versuchen, seine Erlebnisse als Onlinetagebuch zu veröffentlichen. Das gilt insbesondere für Geschichten, die im Ausland spielen. Sonst lohnen sich die Investition der Reise und der damit verbundenen Risiken womöglich nicht.

Alter Fall in neuem Licht

Im Zeitalter von 24-Stunden-Kanälen und Rund-um-die-Uhr-Nachrichten im Internet gehen die Medien rasch zur Tagesordnung über. Selbst nach spektakulären Ereignissen erscheint nach wenigen Wochen alles gesagt. Ursachen sind benannt, Schuldige in Haft und Rezepte formuliert. Schon wird die nächste Sau durchs Dorf getrieben.

Viele gute Geschichten entstehen, wenn sich Journalisten genau gegenläufig zum herrschenden Trend verhalten. Hartnäckigkeit und Geduld zahlen sich im Journalismus aus. Hat sich die Meute verzogen, sind Beteiligte eher bereit sich zu äußern, ohne dafür Geld zu verlangen.

Reporter, die langen Atem zeigen und tiefer bohren, gewinnen leichter Vertrauen und Respekt. Im Allgemeinen honoriert es das Publikum, wenn nachgefragt oder ein alter Fall ausgegraben wird, um zu prüfen, ob die ursprünglichen Schlussfolgerungen nach einiger Zeit noch Bestand haben.

BEISPIEL

In aufsehenerregender Weise gelang dies Journalismusstudenten aus Chicago. Sie griffen in ihrem Seminar den Fall eines zum Tode verurteilten Mannes auf, konsultierten Akten und befragten Zeugen. Als Ergebnis ihrer Recherche konnten sie nachweisen, dass ein anderer die Morde begangen hatte, die dem Todeskandidaten zur Last gelegt wurden. Der Verurteilte kam nach 17 Jahren frei. In der Folge prüfte die Regionalzeitung *Chicago Tribune* alle Todesstrafenfälle im Bundesstaat Illinois – und fand so viele fragwürdige Urteile, dass der Gouverneur ein Hinrichtungsmoratorium verhängte.

Ein Jahr später: Nachgefragt!

Schon Routine ist es in Redaktionen, ein Jahr später nachzufragen, wie sich ein Thema weiterentwickelt hat. Wie steht es mit dem Wiederaufbau in den von einer Flutkatastrophe verwüsteten Regionen? Wurden die Hilfsgelder deutscher Spender richtig angelegt oder verschwendet? Wurden die Warnsysteme verbessert, oder könnte dasselbe noch einmal geschehen?

Eine verbreitete Technik besteht darin zu prüfen, was aus Menschen wurde, die seinerzeit im Mittelpunkt des Geschehens standen. Im Fall eines Uni-Massakers kommen Angehörige der Opfer dafür ebenso infrage wie Professoren. Und was wurde eigentlich aus dem Hausmeister, der den Täter überwältigte?

Politiker sind meist schon damit vertraut, dass sie nach hundert Tagen im Amt eine erste Bilanz ihrer Tätigkeit vorlegen müssen. Andere Leute wie die neue Schulrektorin oder der neue Besitzer einer Jazzkneipe werden von der Frage überrascht sein – und schon ist eine interessante Geschichte geboren.

Wer ein Jahr später nachfragen möchte, was aus den Beteiligten eines spektakulären Ereignisses geworden ist, muss damit rechnen, dass er nicht als Einziger auf diese Idee gekommen ist. Häufig sind Gesprächspartner schon vergeben, weil sie sich angesichts einer Vielzahl von Medienanfragen entschlossen haben, nur mit einer Zeitung oder einem Magazin zu reden.

Durch Stichproben neugierig machen

Abstraktes zu veranschaulichen gehört zu den wichtigsten Aufgaben des Journalismus. Anstatt eine allgemeine Feststellung einfach wiederzugeben, wird sie am konkreten Einzelfall dargestellt. Reporter nehmen eine Stichprobe. Anstatt wissenschaftlich vorzugehen, suchen sie dabei nach besonders plastischen Beispielen oder nach Situationen, in denen ein Trend besonders gut deutlich wird.

Um aufzuzeigen, dass eine Volkspartei in jüngster Zeit viele Wähler verloren hat, eignet sich das Porträt eines Ortsvereins, der nur noch aus einem einzigen Mitglied besteht.

Das Phänomen der Arbeitslosigkeit lässt sich gut beschreiben am Beispiel der Gemeinde mit der höchsten Arbeitslosenquote. Umgekehrt hat eine Geschichte über die Gemeinde mit der höchsten Beschäftigungsquote ebenfalls ihren Reiz.

Wie lässt sich etwa erklären, dass die Arbeitslosigkeit im bayerischen Landkreis Eichstätt unter zwei Prozent liegt? Neben den Ursachen von Arbeitslosigkeit rücken in dieser Geschichte Rezepte zur Förderung von Beschäftigung in den Vordergrund.

Von lokal bis global

Die originellsten Geschichten entstehen oft, wenn Reporter ein Thema in einen neuen Zusammenhang stellen. Ein fernes Ereignis bekommt einen lokalen Dreh. Oder ein Problem in der eigenen Stadt wird mit globalen Entwicklungen verknüpft.

Lokaljournalisten fragen zum Beispiel nach, was geschähe, wenn ein verwirrter Student an der Universität der eigenen Stadt das Feuer auf seine Kommilitonen eröffnete.

- ✔ Wäre die Polizei auf so etwas vorbereitet?
- ✔ Wie populär ist im Verbreitungsgebiet der eigenen Zeitung das Videospiel, das den Täter anscheinend inspirierte?

Die Alternative ist, das Ereignis in einen größeren Kontext zu stellen.

- ✔ Welche Maßnahmen wurden in den USA ergriffen, wo Schulmassaker schon fast an der Tagesordnung sind?
- ✔ Nehmen von Jugendlichen verübte Gewalttaten zu, sind sie ein nationales oder sogar internationales Phänomen?

Auslandsthemen werden für das Publikum greifbarer, wenn sie auf die lokale Ebene heruntergebrochen werden. Was erhoffen sich in der eigenen Stadt lebende Afghanen von den Wahlen in ihrem Heimatland? Und umgekehrt: Wie wird die Bundestagswahl in anderen Ländern bewertet? Wie sehen Gemeinden mit vielen deutschstämmigen Bewohnern in Kanada oder Südafrika die Wahl?

Komplexe volkswirtschaftliche Prozesse lassen sich gut mithilfe von Beispielen erklären, die für Leser und Zuschauer unmittelbar nachvollziehbar sind. Wie wirkt sich die Krise im Nahen Osten auf den Benzinpreis in Deutschland aus? Was bedeutet der schwache Dollarkurs für einen Automobilzulieferbetrieb in der eigenen Region?

Austausch der Lokaljournalisten

Im Bereich Ideenfindung hat sich das Programm für Lokaljournalisten der Bundeszentrale für politische Bildung einen Namen gemacht. Es stellt Ideenlisten zu Themenbereichen wie »Ostern«, »Migration« oder »Rauchen auf der Kippe« zur Verfügung. Unter der Adresse `www.drehscheibe.org` können sich Interessierte kostenlos als Mitglied registrieren lassen.

Die Drehscheibe versteht sich als Forum für guten Lokaljournalismus. Das Konzept: Wenn eine Redaktion eine gute Themenidee hatte und sie kompetent umgesetzt hat, sollen die Kollegen anderswo davon profitieren können. Dafür werden gute Beispiele analysiert und Kontakte genannt. Die Drehscheibe wertet täglich etwa 150 Zeitungen aus und hält Kontakt zu vielen Redaktionen. In einem Redaktionskalender auf der Internetseite finden sich Jahrestage und andere Termine, die bei der Themensuche anregen.

Aufhänger begründen den richtigen Zeitpunkt

Selbst wenn für ein Dauerbrennerthema ein spannender Dreh gefunden ist, bleibt die Konkurrenz um den Platz in Sendung oder Magazin hart. Aktuelle Nachrichten, Ratgeber oder Klatsch und Tratsch schieben sich in den Vordergrund und drängen längere Beiträge auf die Warteliste. Jede Zeitschrift bekommt mehr Reportagen, Analysen und Porträts angeboten als sie drucken kann. Wer sicherstellen will, dass seine Geschichte veröffentlicht wird, braucht daher einen Anlass, der die Veröffentlichung zu einem bestimmten Zeitpunkt rechtfertigt.

Jahrestage und Jubiläen

Klassische Aufhänger sind Jahrestage. Jährt sich ein Ereignis zum ersten Mal, nutzen Redaktionen gerne die Gelegenheit, es aufs Neue zu beleuchten. Je nach Bedeutung ist auch der zweite, fünfte oder zehnte Jahrestag ein Anlass für eine neue Geschichte zu einem alten Thema.

Immer häufiger berichten Medien anlässlich von Jahrestagen über Themen. Wird diese Technik zu oft eingesetzt, nutzt sie sich ab, und die Leser fragen sich: Gibt es nichts Neues? 20 Jahre Mauerfall ist ein Aufhänger, der trägt. Anders sieht es schon mit mehr oder weniger runden Geburtstagen aus. Dass Politiker XY gerade 55 Jahre alt geworden ist, lockt keinen Zuschauer hinter dem Ofen vor.

Je länger das Ereignis zurückliegt, desto runder sollte die Zahl sein. 20, 25, 50 oder 100 Jahre später erscheinen oft ganze Serien, die nacherzählen, neu interpretieren oder bewerten. Runde Geburtstage wiederum eignen sich als Aufhänger für Porträts, die sonst keinen aktuellen Anlass haben.

Auf der Suche nach einem Aufhänger lohnt es, frühzeitig über runde Geburtstage von Technologien Bescheid zu wissen. Die magische Zahl lautet 65: »Das Computerspiel kommt ins Rentenalter« ist eine Schlagzeile, an der keine Zeitung vorbeikommt.

Rekorde sind ebenfalls gute Aufhänger. Spätestens wenn die Zahl der Verkehrstoten so hoch ist wie seit 20 Jahren nicht mehr, muss ein Reporter die Ursachen beleuchten. Der 100.000. Besucher ist ein willkommener Anlass, erneut darüber zu berichten, dass der städtische Zoo nach der Geburt eines exotischen Tierbabys ungeahnten Zulauf hat.

Der erfolgreiche Themenvorschlag

Ein journalistischer Text ist kein Schulaufsatz. Themenvorschläge nach dem Motto »Ich würde mal gerne was über Obdachlosigkeit schreiben« sind so allgemein, dass sie in den Redaktionen ein Gähnen auslösen. Starautoren können sich solch ein Vorgehen leisten, weil angenommen wird, dass sie einen originellen Zugang zu jedem beliebigen Thema finden. Alle anderen Journalisten müssen ihre Ideen besser verkaufen, gerade wenn sie Anfänger im Beruf sind.

Zwar beginnt jede gute Geschichte mit der Neugier und dem Interesse des Reporters an seinem Thema. Ein Themenvorschlag wird jedoch nur dann erfolgreich sein, wenn der Autor plausibel machen kann, dass die Geschichte auch sein Publikum interessieren wird. Bevor er seine Idee anbringt, sollte er sie gründlich durchdacht haben.

Vorspann als Appetithappen

Ein professioneller Themenvorschlag beginnt mit einem Vorspann aus drei bis fünf Sätzen, aus dem Dreh und Aufhänger der Geschichte deutlich werden. Im Idealfall geht daraus hervor, was den vorgeschlagenen Ansatz so einzigartig macht, dass die Redaktion gar nicht daran vorbeikommt. Zumindest aber sollte das Thema eingeordnet und durch ein Beispiel lebendig gemacht werden.

Wenn die letzte Rakete verschossen ist, geht Machmud Jassin auf die Knie. In mühseliger Kleinarbeit klaubt er auf den Gehsteigen die Überreste des Silvesterabends auf. Aus dem Feuerwerksmüll fertigt er Bilderrahmen, für die Sammler bis zu 10.000 Euro zahlen. Manchmal ist die Kunst des gebürtigen Libanesen riskant – etwa als ihn die Polizei verdächtigte, Schwarzpulver zu Bomben zu verarbeiten.

Die Idee rückt das Thema Silvesterböller in ein neues Licht. Artikel über Verschwendung, Umweltbelastung und Straßenverschmutzung durch Feuerwerke kennen die Leser schon auswendig. Die Geschichte vom Böllerüberreste-Sammler ist da eine erfreuliche Abwechslung. Dass ein geschäftstüchtiger Künstler als Terrorist verdächtigt wird, gibt dem Thema einen weiteren interessanten Dreh. Mit dem Jahreswechsel bietet sich ein geeigneter Termin zur Veröffentlichung der Geschichte.

Rechercheweg aufzeigen

Hat der Autor seiner Redaktion erfolgreich Appetit auf ein Thema gemacht, muss er sie als Nächstes davon überzeugen, dass er seinen Vorschlag innerhalb eines vernünftigen Zeitrahmens umsetzen kann. Dazu muss er in Vorleistung gehen. Er muss die Geschichte anrecherchieren, bevor sie überhaupt in Auftrag gegeben ist. Zu diesem Vorstadium der Recherche gehört:

- ein Blick ins Archiv, um sicherzugehen, dass das Thema nicht schon in der Zeitung stand
- klären, ob und wie die wichtigsten Beteiligten zu erreichen sind

Der erfolgreiche Themenvorschlag nennt die Quellen, die Reporter für ihre Geschichte verwenden wollen. Dabei müssen Journalisten abwägen, wie tiefen Einblick sie Redaktionen geben wollen, mit denen sie bisher noch nicht zusammengearbeitet haben.

Es gibt Fälle, in denen Redaktionen die Ideen von freien Journalisten klauen: Ein attraktives Themenangebot lassen sie einfach von einem eigenen Mitarbeiter umsetzen. Telefonnummern und andere Kontaktdaten sollte man daher auf jeden Fall für sich behalten. Der schriftliche Themenvorschlag aber ist im Streitfall ein Nachweis, wer der eigentliche Urheber einer Idee war.

Im besten Fall kann der Autor in seinem Themenvorschlag darauf verweisen, dass der Protagonist einer Geschichte bereit ist, ihm ein Interview zu gewähren. Zumindest aber sollte der Reporter geprüft haben, dass die wichtigsten Beteiligten nicht gerade nach Australien ausgewandert sind oder nach der Explosion eines Raketenblindgängers mit einem Herzinfarkt im Krankenhaus liegen.

Gutes Timing erhöht die Chancen

Einen Themenvorschlag zu einem günstigen Zeitpunkt anzubringen ist wichtig. Doch richtiges Timing ist schwierig, weil Redaktionen ganz unterschiedlich arbeiten.

Wie lange im Voraus geplant wird, hängt nicht nur von der Erscheinungsweise des Mediums ab. Manche Redaktionen sind auch besser organisiert als andere und bereiten die Berichterstattung von langer Hand vor, während andere von der Hand in den Mund leben und spontan entscheiden, wie sie die nächste Ausgabe bestreiten wollen.

Freie Mitarbeiter tun gut daran, sich sachkundig zu machen, wer die Planung eines Ressorts versieht und ob der Arbeitsstil dieses Planers eher chaotisch oder gut organisiert ist.

Themen frühzeitig anbieten

Als Faustregel innerhalb einer Redaktion gilt, dass sich Korrespondenten möglichst frühzeitig in die Planung einschalten sollten. Dies trifft vor allem für Geschichten zu, die einem bestimmten Termin zugeordnet werden können. Gerade Tageszeitungen sehen es zunehmend als ihre Aufgabe an, ihre Leser im Voraus über ein Geschehen zu informieren.

Einen Tag vor dem Wahltag in einem lateinamerikanischen Land mit einem Themenvorschlag anzukommen, ist in aller Regel zu spät.

Freie Journalisten gehen mit der frühzeitigen Anmeldung von Ideen freilich ein Risiko ein: Die Zeitung hat nun Gelegenheit, einen eigenen Mitarbeiter auf das Thema anzusetzen. Auf die Dauer arbeiten Autoren daher lieber mit Redaktionen zusammen, zu denen ein Vertrauensverhältnis besteht. Auch die Redaktionen haben etwas davon: Sie müssen wissen, ob sie sich darauf verlassen können, dass der Autor tatsächlich liefert, was er in seinem Themenvorschlag versprochen hat.

Der Journalist, der eine Geschichte über einen Künstler schreiben will, der die Überreste von Silvesterböllern als Material benutzt, sollte damit die Silvesterausgabe der Zeitung anpeilen. Am besten meldet er seine Idee schon vor den Feiertagen in der Redaktion an, bevor die Planer in den Urlaub gehen und der Stallwache das Feld überlassen. Blieb die Reaktion aus, kann es sich durchaus lohnen, am 27. Dezember noch einmal in der Redaktion vorstellig zu werden. Wer weiß, vielleicht ist ja ein Thema geplatzt, und die dezimierte Feiertagsbesetzung sucht noch verzweifelt nach einem Feature, mit dem sie die Silvesterausgabe füllen kann.

Geschichten und ihre Genres

10

In diesem Kapitel

- Von der Infobox zum großen Porträt
- Bilder, Grafiken und Karikaturen
- Da schicken wir lieber den Praktikanten hin

Journalisten verstehen sich nicht nur als Berichterstatter, sondern auch als Geschichtenerzähler. Sie haben dabei die Wahl zwischen ganz unterschiedlichen Darstellungsformen, auch Genres genannt. Wie auf einer Speisekarte gibt es einfache Gerichte ebenso wie kunstvoll gestaltete kulinarische Kreationen. Eintöpfe konkurrieren mit Appetithappen und Überraschungssoufflés.

In diesem Kapitel erfahren Sie, was sich hinter Begriffen wie Feature oder Reportage verbirgt. Es enthält zwar wie immer ein paar praktische Tipps, aber keine Rezepte. Wer wissen will, wie man die Speisen zubereitet, wie man also eine Nachricht oder eine Reportage schreibt, wird in den Kapiteln 8 und 11 fündig.

Darstellungsformen der Wirklichkeit

Kurz oder lang, trocken oder lebendig – welche Darstellungsform ein Journalist wählt, hängt von seinem Thema ebenso ab wie von seinem Auftraggeber. Dreht sich alles um einen Menschen, bietet sich ein Porträt an. Spielt sich vor den Augen eines Journalisten eine fesselnde Geschichte ab, empfiehlt sich eine Reportage. Absurde Verhältnisse lassen sich als Glosse oder Satire darstellen. Manche Sachverhalte lassen sich bildlich besser vermitteln als mit Worten. Kritik übt sich am besten per Kommentar.

Anspruchsvolle Medien spiegeln diese Vielfalt wider. In jeder Zeitung gibt es einen Platz für längere Texte, traditionell die Seite Drei. Auf die großen Geschichten sind Autoren und Redakteure besonders stolz. Am meisten gelesen werden indes die kleinen Meldungen, die deshalb nicht stiefmütterlich behandelt werden dürfen. Das Fernsehinterview verschafft Politikern und gesellschaftlichen Kräften ein Forum, hinterfragt aber auch deren Ansichten und Pläne.

Welche Darstellungsform ein Journalist wählt, hängt nicht nur vom Thema ab, sondern auch von seinem Talent. Große Reportagen und Porträts erfordern besondere Beobachtungsgabe und ausgeprägte sprachliche Gewandtheit. Menschen vor laufender Kamera zum Reden zu bringen, ist ebenso eine Kunst wie Politiker bei einem Interview dazu zu bewegen, sich kurz zu fassen und Fragen aufrichtig zu beantworten.

Das Internet verwischt die Grenzen zwischen den Medien und damit auch zwischen den Erzählformen. Internetseiten bieten unbegrenzt Platz für lange Geschichten, die allerdings geschickt aufbereitet werden müssen, um Leser zu finden. Video, Audio, bewegte Grafiken und Diashows begleiten die Texte. Die Reporter der Zukunft werden sich wohl immer seltener auf eine Erzählweise zurückziehen können.

Die Meldung

Auf dem Speisezettel des Journalismus sind die Meldungen die Brötchen: Sie sind klein, unterscheiden sich kaum im Geschmack, stillen verlässlich den ersten Hunger und schmecken einen Tag später schon nicht mehr. Meldungen erzählen kurz und knapp, was passiert ist. Ihr Ton ist meist nüchtern. Nicht Formulierung, sondern Auswahl lassen auf Schwerpunkte und Tendenz eines Mediums schließen.

Kurze Meldungen sind die am liebsten gelesenen Artikel in einer Zeitung. Sie sind im Schnitt 15 Zeilen lang, das sind weniger als hundert Wörter pro Text. Meist in Rubriken gesammelt, füllen sie im Schnitt ein Fünftel der Zeitungsseite. Auf den meisten Titelseiten stellen sie sogar die Hälfte des Wortanteils. Die ersten Zeitungen bestanden fast ausschließlich aus Kurzberichten, die Korrespondenten auf dem Postweg übermittelten. Diese Meldungen nannte man damals Zeitungen.

Für die Nachrichtenagenturen sind Meldungen das Kerngeschäft. Für zahlreiche Varianten haben sich unterschiedliche Bezeichnungen eingebürgert.

- ✔ Die Eilmeldung, auch Dringend- oder Klingel-Meldung genannt, enthält wichtige oder überraschende Nachrichten, die besonders schnell übermittelt werden sollen. Die Agentur versieht sie mit einem Computerbefehl, der beim Empfänger ein Klingeln oder eine farbige Hervorhebung auf dem Bildschirm auslöst.
- ✔ Die Auftakt-Meldung teilt mit, dass ein erwartetes Ereignis begonnen hat, auch wenn es inhaltlich noch nichts zu berichten gibt. Sie richtet sich vor allem an Radio und Fernsehen, die sie häufig in ihren Morgensendungen verwenden.
- ✔ Die Leute-Meldung erzählt Begebenheiten aus dem Leben von prominenten Zeitgenossen. Sie beginnt mit Namen und Zuordnung (»Hollywoodstar Julia Roberts«) und enthält Klatsch und Tratsch, von der neuen Liebe eines Stars bis zu seiner Scheidung. Mitunter handeln Leute-Meldungen auch von Nichtprominenten, wenn etwa ihre Liebesgeschichte besonders anrührend oder merkwürdig ist.
- ✔ Personalien sind die braven Geschwister der Leute-Meldungen. Sie drehen sich meist um die Neubesetzung von Ämtern in Politik, Wirtschaft und Gesellschaft.
- ✔ Die bunte Meldung spießt kuriose Begebenheiten aus dem In- und Ausland auf. Sie verdient ihren Namen nur, wenn sie die Leser tatsächlich zum Schmunzeln bringt. Weil sie lustig sein sollen, dürfen bunte Meldungen lockerer formuliert sein.
- ✔ Die Vorabmeldung ist die nachrichtliche Version eines Interviews oder einer Exklusivgeschichte, die eine Zeitung, ein Magazin oder eine Sendung in ihrer nächsten Ausgabe bringen wird. Die Kurzfassung wird vorab an die Agenturen gegeben, damit diese sie ver-

breiten und so wiederum Werbung für die Urheber machen. Bedingung dafür ist, dass sie tatsächlich Neues enthält.

Die Reportage

Die Reportage, oft als Königin der journalistischen Darstellungsformen bezeichnet, funktioniert eigentlich ganz einfach: Journalisten gehen dorthin, wo etwas geschieht, notieren, was sie erleben und erfahren, und verfassen dann einen Augenzeugenbericht, der in der Zeitung veröffentlicht wird. Das wichtigste Merkmal einer Reportage ist, dass der Autor sich nicht nur ans Telefon gehängt, sondern selbst dabei gewesen ist. Seine Eindrücke und Assoziationen sind ebenso wichtig wie nackte Fakten.

Schauplatz von Reportagen sind häufig Orte, die für das Publikum schwer zugänglich sind. Reporter begeben sich stellvertretend für ihre Leser oder Zuschauer dorthin und nehmen in Augenschein, wie es dort aussieht und was dort geschieht. Der Obdachlosen-Unterschlupf unter der Brücke eignet sich dafür ebenso wie der Ballsaal von Schloss Bellevue.

Die Kunst der Reportage beginnt mit der genauen Beobachtung. Farben, Stimmen, Dialekte, Temperaturen – gute Reporter müssen nicht nur alle Sinne anstrengen, sondern in der Lage sein, ihre Eindrücke so zu ordnen und zu charakterisieren, dass ihr Publikum sie nachvollziehen kann.

Beim Beobachten vermessen viele Reporter ihre Umgebung mit den Augen. Mit der Zeit wird es zur zweiten Natur, mitzuzählen oder Größenordnungen abzuschätzen.

- ✔ Wie groß ist ein Raum oder ein Platz?
- ✔ Wie viele Menschen halten sich dort auf?
- ✔ Wie viele Schnäpse trinkt der Wirt an einem Abend?
- ✔ Welche Kleidergröße trug die Kellnerin?
- ✔ Wie viele Blutflecke führen vom Tatort zur Straße?

An ihren Schreibtisch zurückgekehrt, schildern gute Reportagenschreiber das Erlebte so elegant und plastisch, dass ihr Publikum an den Ort des Geschehens versetzt wird.

Reportageschreiber erleben ein Ereignis mit, kommen jedoch selbst nur selten in ihren Geschichten vor. Das Wörtchen »ich« ist in der Reportage ebenso unüblich wie der erhobene Zeigefinger.

Die Tradition des rasenden Reporters

So wie sich die Trennung zwischen Meinung und Nachricht erst im 20. Jahrhundert durchsetzte, fand auch die Reportage erst nach und nach zu ihrer heute als klassisch empfundenen Form. Egon Erwin Kisch, der sich selbst als rasenden Reporter bezeichnete, erklärte 1920 die »unbefangene Zeugenschaft« zur obersten Reporterpflicht. Um seine Leser aufzurütteln, beschrieb er die Zustände in Fabriken ebenso wie in Obdachlosenasylen oder im Leichenschauhaus. Mit seiner subjektiven Sachlichkeit prägte er den Stil und die Einstellung vieler Reportage-Autoren bis heute.

Mikrofon und Kamera auf dem Reporterbuckel

Während Autoren wie Kisch ihren Schreibstil verfeinerten, nahmen Radiojournalisten die Technik zu Hilfe. Tonbandaufnahmen von Hintergrundgeräuschen und Stimmen verliehen ihren Reportagen zusätzliche Authentizität.

Radioreportagen gibt es heutzutage vor allem noch im Sport. Heiß geliebt von den Zuhörern wird die samstägliche Schaltkonferenz der ARD-Hörfunkprogramme, bei der sich die Reporter in der Schlussphase der Bundesligaspiele abwechseln.

BEISPIEL

Berühmt ist Herbert Zimmermanns legendäre Reportage vom WM-Finale von 1954. Mit überschnappender Stimme brüllte er über die Stadiongeräusche hinweg, dass die deutsche Fußballnationalmannschaft das Endspiel gegen Ungarn gewonnen hatte. Von Objektivität konnte dabei keine Rede sein: Der Reporter verfolgte das Spiel stellvertretend für Millionen Hörer und wünschte sich den Sieg des eigenen Teams.

Schwerer als der Hörfunk tut sich das Fernsehen mit Reportagen, auch wenn es Sendeplätze gibt, die sich dieser Darstellungsform verschrieben haben. Denn TV-Reportagen sind zwangsläufig inszeniert. Fernsehreporter können sich nicht einfach unters Volk mischen, sondern müssen immer eine Kamera mitschleppen. Sie brauchen starke Bilder, um die Gefühle der Zuschauer unmittelbar anzusprechen.

Reportagen als Talenttest

Die meisten Journalistenschulen wählen ihre Talente anhand einer Testreportage aus. Ein oder mehrere Themen werden vorgegeben, zu denen Bewerber einen Text in vorgeschriebener Länge recherchieren, verfassen und einschicken müssen. Getestet werden Beobachtungsgabe, Sprachgefühl und die Fähigkeit, spannend zu erzählen.

Journalistenschulen suchen die Themen für ihre Testreportagen bewusst so aus, dass alle Bewerber die Gelegenheit bekommen, selbst vor Ort zu recherchieren. Typische Beispiele sind der Alltag eines Arbeitslosen oder eines Notarztes. Eine Testreportage, die nicht auf eigener Anschauung beruht, hat keine Aussicht auf Erfolg.

Aus der Palette der angebotenen Aufgaben sollten Bewerber das Thema auswählen, zu dem sie am leichtesten Zugang finden. Für die Beobachtung sollten sie sich Zeit nehmen, um möglichst viele Eindrücke, Details und Zitate notieren zu können. Gesondert im Archiv, bei Pressestellen oder im Internet recherchiert man allgemeine Informationen, die dazu dienen, die Beobachtungen einzuordnen – im Fall des Notarztes etwa die Zahl der Einsätze in der eigenen Stadt pro Jahr, das Durchschnittsgehalt oder andere demografische Angaben.

Das Feature

Anders als bei der Reportage müssen sich Journalisten für ein Feature nicht unbedingt vor Ort begeben. Diese Darstellungsform lebt weder ausschließlich von der eigenen Anschauung des Reporters noch von dessen Teilnahme an einem Ereignis. Sie beleuchtet ein Thema, indem sie typische Beispiele vorführt und diese mithilfe verwandter Fakten in einen größeren Zusammenhang stellt. Zur szenischen Schilderung kommen Interviewelemente, Expertenaussagen, Auszüge aus Büchern und Archivmaterial. Erlebnisse und Erfahrungen anderer Menschen werden zitiert.

Gesichtszüge von Geschichten

Feature bedeutet ursprünglich Gesichtszug. Ein Feature zu schreiben heißt, die typischen Merkmale eines Themas herauszustellen – mit allen Mitteln, die Journalisten zur Verfügung stehen.

Erfunden wurde das Feature im britischen Rundfunk. Die BBC richtete schon in den 30er-Jahren eine Feature-Redaktion ein. Sie hatte den Auftrag, Elemente des Interviews und des Korrespondentenberichts mit den Mitteln des Hörspiels zu verknüpfen. Geräusche, unterschiedliche Sprechstimmen und Musik machten Beiträge zu Sachthemen dramatischer und damit unterhaltender.

Wer heutzutage ein Radiofeature hören will, wird bei den ARD-Sendern fündig. Bei jeder Landesrundfunkanstalt gibt es noch eine Redaktion, die dieses kostbare Genre pflegt. Der WDR sendet täglich das berühmte Kurzfeature »Zeitzeichen« und ruft damit Begebenheiten und Persönlichkeiten für eine Viertelstunde aus der Geschichte zurück.

Außer dem Grundgedanken haben Features im Radiojournalismus mit denen in der Presse und bei Nachrichtenagenturen wenig gemeinsam. Bei Agenturen sind sie heute am häufigsten zu finden: Sie haben sich diese Darstellungsform zu eigen gemacht, weil sie weniger subjektiv als die Reportage und doch eine willkommene Abwechslung zur trockenen Nachricht ist. Das Feature gibt Agenturjournalisten die Gelegenheit, lebendig zu berichten, ohne dabei in den Verdacht der Kommentierung zu geraten.

Viele Agentur-Features handeln von bunten Themen und werden von den Zeitungen auf den Vermischtenseiten abgedruckt. Ein Feature zum zehnten Jahrestag des Erscheinens des ersten Harry-Potter-Bandes könnte sich beispielsweise den Lesegewohnheiten der »Generation Harry Potter« widmen. Zusammensetzen würde es sich aus folgenden Elementen:

- ✔ Fallbeispiel einer inzwischen fast erwachsenen Leserin
- ✔ Statistik zur Lesefähigkeit deutscher Schüler
- ✔ Interview mit dem Verfasser einer Doktorarbeit zu den Auswirkungen auf das Leseverhalten
- ✔ Auszüge aus dem Buch
- ✔ Rückblick auf den ersten Erscheinungstag

Das Porträt

Porträts gehören zu den reizvollsten Darstellungsformen, für Journalisten wie für ihr Publikum. Im Mittelpunkt stehen nicht nur Prominente, sondern mitunter auch ganz normale Menschen, die ins Scheinwerferlicht geraten oder stellvertretend für eine Gruppe porträtiert werden. Denn auch wenn sich Porträts um Personen drehen, so können sie doch viel mehr leisten als die Motive eines Einzelnen zu beleuchten. Am Beispiel eines Menschen kann auch ein gesellschaftliches Problem erörtert werden. Besonders die Politik wird durch die Personalisierung lebendiger.

Jede Zeitung, die etwas auf sich hält, hat einen festen Platz für das Porträt. Dort werden Menschen porträtiert, die gerade im öffentlichen Interesse stehen, etwa weil sie ein neues Amt übernommen oder eine Kontroverse ausgelöst haben. Solche Porträts müssen innerhalb kurzer Zeit angefertigt werden. Häufig haben die Autoren keine Möglichkeit zu einem ausführlichen Gespräch mit dem Porträtierten und müssen sich deshalb auf ihr Wissen, Archivmaterial und Angaben von Dritten stützen.

Große Porträts stehen auf der Reportage-Seite oder im Wochenendmagazin. Sie werden mit viel Aufwand recherchiert und basieren auf mehreren Interviews, darunter in der Regel eines mit dem Porträtierten selbst. Ist er nicht zu einem Gespräch bereit, versuchen Journalisten, ihn zumindest live zu beobachten, um einen Eindruck zu gewinnen und dann ihrem Publikum vermitteln zu können. Im Fernsehen ist es unverzichtbar, Persönlichkeiten mit der Kamera zu begleiten, um ihr Verhalten in unterschiedlichen Situationen zeigen zu können.

Wer auszieht, um ein Porträt zu schreiben, muss mehr Aufwand betreiben als einen Interviewtermin zu vereinbaren. Gründliche Vorbereitung ist gefragt. So sollten biografische Daten bereits im Vorfeld geklärt werden, damit nicht kostbare Interviewzeit darauf verwendet werden muss. Wichtig ist auch die Befragung von Leuten, die den Protagonisten kennen. Einige Journalisten machen es sich zur Regel, stets einen Freund und einen Feind ihrer Porträtperson zu kontaktieren.

Das Rätsel Mensch entschlüsseln

Zur Grundhaltung des Porträtschreibers gehören Neugier und Skepsis. Jeder Mensch baut eine Legende seines Lebens auf, die journalistisch hinterfragt werden muss. Wer porträtiert wird, muss sich darauf einstellen, eine andere Version seiner selbst in der Zeitung zu lesen als jene, die er selbst gern verbreitet. Hat der Journalist seine Arbeit gut gemacht, fühlt sich der Porträtierte fair behandelt. Lobhudelei ist ebenso verfehlt wie einen Menschen in die Pfanne zu hauen.

Menschen sind ein Rätsel, und Leser erwarten Hilfe bei der Entschlüsselung.

- ✔ Wie tickt die porträtierte Person?
- ✔ Was treibt sie an?
- ✔ Wie lässt sich ihr Verhalten erklären?

Meist gehen Journalisten, die Porträts schreiben, von einem psychologischen Ansatz aus. Sie suchen nach Schlüsselerlebnissen, Wendepunkten und Brüchen im Leben eines Menschen. Solche Momente eignen sich besser als die Stationen des offiziellen Lebenslaufs, um ein Porträt spannend zu strukturieren.

Kein Zeitungsporträt kommt ohne eine Abbildung des Porträtierten aus. Im Idealfall handelt es sich dabei nicht um die altbekannte »Briefmarke« aus dem Archiv, sondern um ein Foto, das mehr über das Wesen des Betreffenden aussagt. Manche Blätter wie die *Frankfurter Allgemeine Sonntagszeitung* arbeiten mit Zeichnungen.

Der Leichenspeicher

Wenn berühmte Persönlichkeiten sterben, bringt die *Tagesschau* schon am selben Abend einen ausführlichen Nachruf. Nur im Ausnahmefall lässt sich daraus schließen, dass sich Dutzende fleißige Reporter nach Bekanntwerden des Todesfalls flugs an die Arbeit gemacht und in Windeseile Archivmaterial zusammengetragen haben. Meist war der Nachruf längst vorbereitet. Bei der Nachrichtenagentur dpa wird der Platz, an dem solche Stücke auf den Tag X warten, despektierlich »der Leichenspeicher« genannt. In der *tageszeitung* heißt er vornehmer die »Halde Pietät«.

Anlass für die Vorbereitung eines Nachrufs ist meist das hohe Alter oder der schlechte Gesundheitszustand eines Prominenten. Ein Porträt sollte auch für Persönlichkeiten vorrätig sein, die in besonderer Gefahr sind, gewaltsam ums Leben zu kommen. Das beste Beispiel dafür sind die US-Präsidenten. Wichtig ist, dass der Leichenspeicher einer Redaktion gut verschlossen ist. Nichts ist peinlicher für eine Nachrichtenagentur, als versehentlich einen Nachruf auf jemanden zu senden, der noch quicklebendig ist.

Der Korrespondentenbericht

Wie beim Auflauf, der aus dem Ofen kommt, besteht der Korrespondentenbericht aus vielen, hoffentlich zueinander passenden Zutaten. Auf ihre Herkunft kommt es weniger an als darauf, was der Koch aus ihnen macht. Bei der Zusammenstellung können sich Korrespondenten einiges erlauben. Weil sie dauerhaft vor Ort sind, werden ihnen Erfahrung und Überblick zugetraut. Appetitlich muss der Auflauf trotzdem aussehen.

Ortsmarke und Autorenzeile sind die Gütesiegel von Korrespondentenberichten. Je näher sich der Autor zum Schauplatz befindet, desto mehr Kompetenz wird ihm von seinen Lesern eingeräumt. Das Vertrauen wird noch gesteigert, wenn ein Autorenname immer wieder in der Zeitung auftaucht. An die Schauplätze von Topereignissen entsandte Reporter sind »unser Sonderkorrespondent«.

Im Korrespondentenbericht vermischen sich Nachricht, Interview, Reportage, Hintergrund und Analyse. Nur wenige Informationen hat der Korrespondent eigenhändig recherchiert, nur selten hat er selbst beobachtet, was er beschreibt. Seine Artikel sind die Summe dessen, was er im Fernsehen gesehen, in den Zeitungen und im Internet gelesen hat. Auch das Material der Nachrichtenagenturen schlachten Korrespondenten weidlich aus.

Die besondere Note bekommt der Korrespondentenbericht durch ein exklusives Element. Das kann ein Interview oder kurzes Gespräch mit einem Beteiligten sein. Geeignet sind auch Details, die der Korrespondent von Teilnehmern einer Sitzung erfahren hat. Weil sein Name den Leuten bekannt ist, über die er berichtet, werden ihm gelegentlich Informationen zugesteckt, die sonst nicht zu haben sind.

Viele Leser gehen davon aus, dass die Autoren von Korrespondentenberichten alles selbst recherchiert haben, was sie nicht einer Zweitquelle zuschreiben. Doch die Realität sieht anders aus. Gerade Auslandskorrespondenten schreiben hemmungslos aus örtlichen Zeitungen ab, ohne dies ihren Lesern mitzuteilen.

Der Hintergrundbericht

Wer mit seinem Thema auch Leser ansprechen will, die keine oder nur geringe Vorkenntnisse haben, liefert einen Hintergrund, der hilft, Informationen einzuordnen und zu bewerten. Dafür muss er

- ✔ auf verbürgten Fakten statt auf Meinungsäußerungen oder Vermutungen beruhen,
- ✔ der Einordnung eines Sachverhalts oder dem besseren Verständnis dienen,
- ✔ in eine einfache Sprache gefasst sein, die gerade Laien gut verstehen können.

Hintergrundstücke können ganz unterschiedliche Formen annehmen, von der kurzen Textpassage bis zum hundert Zeilen langen Artikel. Weil Zeitungen Wert auf formale Abwechslung legen, bieten sich besonders kurze oder auch grafische Formen an.

- ✔ Der Hintergrundkasten, auch Infobox genannt, wird optisch vom restlichen Text abgesetzt, oft mit einem Rahmen. Er steht neben oder mitten in einem Artikel.
- ✔ Die Chronologie zeichnet die wichtigsten Daten einer Entwicklung nach. Zu den Standards gehören Listen wie die schwersten Flugzeugunglücke aller Zeiten.
- ✔ Das Stichwort erläutert die Bedeutung und Entstehungsgeschichte von Begriffen, die gehäuft auftauchen, dem Publikum jedoch noch nicht geläufig sind.
- ✔ Der Wortlaut dokumentiert Auszüge aus einer Rede oder einem Gesetzestext. Werden die Originaltexte nur mit wenigen Auslassungen in voller Länge abgedruckt, greift die Bezeichnung Dokumentation.
- ✔ Die Analyse verbindet das Hintergrundwissen des Autors mit Stellungnahmen von Experten. Die daraus resultierende Einschätzung ist die am stärksten meinungsbetonte Darstellungsform, die bei Nachrichtenagenturen erlaubt ist.

Der Report

Wer auf einen Schlag alles Wissenswerte über ein Problem erfahren will, kauft sich keine Tageszeitung, sondern ein Wochenblatt oder ein Magazin. Vorzugsweise eines, das auf dem Titel mit dem »großen Report« zu dem Thema wirbt, für das man sich gerade interessiert.

Der Report nimmt den Lesern die mühselige Arbeit ab, Informationen aus unterschiedlichen Quellen zusammenzusuchen. Journalisten müssen ihr Thema dafür umfassend und erschöpfend studieren. Sie bringen sich auf den neuesten Stand der Wissenschaft, machen sich vor Ort ein Bild und führen unzählige Interviews. Anders als im Tagesgeschäft lesen sie nicht nur Artikel, sondern ganze Bücher zu einem Thema. Häufig geben Magazine sogar eigene Umfragen oder Tests in Auftrag.

Vor Denkfaulheit sei gewarnt

In ihrem alltäglichen Medienkonsum neigen Leser dazu, Artikel auszuwählen, die sie in ihren Ansichten und Urteilen bestätigen. Journalisten, die einen Report oder ein Dossier recherchieren, dürfen sich das nicht erlauben. Die Leser erwarten von ihnen, dass sie auch die Argumente der Gegenseite eingehend geprüft haben. Die Autoren sollen so objektiv vorgehen wie Wissenschaftler. Ihre Ergebnisse sollen Bestand haben, über die Grenzen von Parteipolitik und Ideologien hinweg.

Fähige Redakteure, die mit der Erstellung eines Dossiers betraut sind, treiben ihre Reporter dazu an, ihre eigenen Schlussfolgerungen immer noch einmal zu hinterfragen. Just in dem Moment, da ein Reporter der Meinung ist, sein Thema erschöpfend bearbeitet zu haben, wird er erneut losgeschickt – zum Beispiel um mit jemandem zu sprechen, der eine völlige Außenseitermeinung vertritt. Dieses Spannungsverhältnis zwischen Redakteur und Reporter ist bei der Erstellung eines Reports unverzichtbar.

Die Autoren von Reports sind auch nur Menschen: Wer über eine Sekte berichtet, hat wenig Lust zu versuchen, die Weltsicht der Anhänger ernsthaft nachzuvollziehen. Er muss sich aber dazu zwingen – oder dazu gezwungen werden. Denn sonst haben die Leser umsonst dreimal so viel Geld für ein Magazin hingelegt wie für ihre Tageszeitung.

Um einen Report besser lesbar zu machen, wird er oft in Happen serviert. Zum Haupttext gesellen sich Beisteller, die einzelne Erkenntnisse der Recherche veranschaulichen.

- ✔ das Experteninterview
- ✔ das Erfahrungsprotokoll
- ✔ das Fallbeispiel
- ✔ die Umfrage
- ✔ der Test
- ✔ der Tipp

Das Interview

Interviews sind eine besonders heikle Darstellungsform, weil das Publikum den Journalisten dabei quasi bei der Arbeit zusehen kann. Jeder Fehler fällt auf, vor allem im Fernsehen. Dennoch breiten sich Talkshows, Schaltgespräche, Chats und auf Interviews basierende Nachrichten in den Medien stetig aus. Nicht nur sind sie billig zu produzieren und potenziell werbewirksam. Journalisten haben auch ein ganzes Arsenal von Tricks entwickelt, um eigene Fehler oder Schwächen zu kaschieren.

Zur Sache, Leute!

Sachbezogene Interviews sind darauf angelegt, Informationen zu ermitteln, die einen Sachverhalt erhellen, oder Meinungen zu einer laufenden gesellschaftlichen Debatte einzuholen. Bei personenbezogenen Interviews geht es darum, die Gesprächspartner besser kennenzulernen, etwas über sie, ihre Einstellung und ihr Leben zu erfahren.

Das typische Interview zur Sache ist das Gespräch mit Experten. Die Interviewten werden aufgrund von Sachkenntnis und sprachlicher Gewandtheit ausgewählt. Ihre Persönlichkeit spielt eine geringe Rolle. Interviews mit Politikern zielen darauf ab, deren Ansichten zu ergründen und zu hinterfragen. Zumindest aus Sicht des Interviewers. Politikern geht es schlicht darum, ihre Botschaft zu verbreiten.

Reine Interviews zur Person sind selten, weil sie beim Gesprächspartner viel Offenheit voraussetzen. Sowohl Politiker als auch Stars oder Betroffene möchten jedoch in der Regel nur preisgeben, was sie in positivem Licht erscheinen lässt.

Vom Kurzinterview zum Schwatzfest

Das Interview ist als Genre sowohl in der Zeitung als auch in Zeitschriften, im Fernsehen und im Radio verbreitet. Die Aufbereitung hängt vom vorgesehenen Programm- oder Druckplatz ab.

- ✔ Die Nachrichtensendungen im Fernsehen bringen regelmäßig kurze Interviews mit Experten oder politischen Akteuren. Sie werden live geführt oder in Filmbeiträge eingebaut. Oft wird nur ein Statement eingeholt, bei dem der Gesprächspartner eine Suggestivfrage beantwortet. Talkshows und Diskussionsrunden zeichnen sich dadurch aus, dass in derselben Sendung gleich mehrere Personen befragt werden. Tiefe und Dynamik entstehen, indem die Teilnehmer aufeinander reagieren.

- ✔ Die Morgensendungen der öffentlich-rechtlichen Radioprogramme führen regelmäßig vergleichsweise lange und ausgeruhte Interviews. Die Gesprächspartner schätzen daran, dass sie mehr Zeit haben als anderswo, um einen Gedanken zu entwickeln. Für die Interviewer bedeutet dies höchste Konzentration zu früher Stunde. Das Radio ist auch ein beliebter Programmplatz für Stimmen aus dem Volk, die auf der Straße oder auf dem Marktplatz gesammelt werden.

- ✔ Zeitungen und Magazine drucken Interviews gerne in Wortlautform. Den Lesern wird suggeriert, dass die Fragen und Antworten tatsächlich in Reihenfolge und Wortwahl so gefallen sind wie gedruckt. In Wirklichkeit wurden auch seitenlange Interviews fast immer gekürzt und nachbearbeitet. Die aktuellste oder provokativste Aussage des Gesprächspartners wird zusätzlich zu einer Vorabmeldung verarbeitet, die zur Weiterverbreitung an die Agenturen gegeben wird.

Die Straßenumfrage

Wer als Praktikant bei einer Zeitung oder einem Sender anfängt, sollte darauf gefasst sein, alsbald auf die Straße geschickt zu werden. Interviews mit Otto Normalverbraucher werden bei den meisten Medien an Anfänger delegiert. Altgediente Journalisten haben wenig Lust, sich eine Abfuhr bei Passanten in der Fußgängerzone zu holen. Das schmälert die Bedeutung von Straßenumfragen keineswegs. Das Publikum liebt sogenannte Vox-Pop-Elemente. Wenn Menschen wie du und ich ungekünstelt ihre Meinung äußern, dann ist dies eine angenehme Abwechslung zum sorgfältig austarierten und deshalb oft leblosen Politikerwort.

Straßenumfragen sind am erfolgreichsten überall dort, wo Menschen es nicht eilig haben: auf dem Marktplatz, an der Bushaltestelle oder im Straßencafe. »Haben Sie einen Moment Zeit?« ist immer die falsche Einstiegsfrage. Besser funktioniert es so: »Ich heiße Marita Jung und bin Reporterin beim *Morgenblatt*. Uns interessiert Ihre Meinung zu den Preisen, die gerade wieder gestiegen sind. Wann hatten Sie denn das letzte Mal den Eindruck, dass Sie für etwas viel zu viel bezahlt haben?«

Schon zur ersten spontanen Antwort wird dann die Kamera oder das Bandgerät eingeschaltet. Unverzichtbar ist es am Schluss, sich Namen, Wohnort, Beruf und Alter zu notieren. Profis lassen sich Vor- und Nachnamen stets buchstabieren.

Fünf Faustregeln für Interviewer

Erfolgreiche Interviews basieren auf Talent, Fleiß, Disziplin und Übung. Talent, denn nicht jeder Journalist ist ein guter Zuhörer. Fleiß, denn nur wer vorbereitet ist, erntet Respekt. Übung, denn aus der Erfahrung wird man schlauer. Disziplin, denn Interviews erfordern volle Konzentration.

- ✔ Gute Vorbereitung ist ein Muss. Nur wer sich auskennt, kann klug fragen.
- ✔ Im Kopf tickt die innere Uhr. Das Gespräch muss nah am Punkt bleiben.
- ✔ Respekt statt Verhör. Interviews beruhen letztlich auf Freiwilligkeit.
- ✔ Distanz schafft Vertrauen. Das Publikum mag keine Speichellecker.
- ✔ Ganz Ohr sein. Nur wer zuhört, kann auch nachhaken.

Einen Fragenkatalog abzuarbeiten, die Gesprächsführung in der Hand zu behalten, die Uhr im Blick zu haben, sich Notizen zu machen und gleichzeitig auch noch aufmerksam zuzuhören, ist eine der schwierigsten Aufgaben im Journalismus überhaupt. Neben viel Übung und Routine hilft es, das Interview gut zu strukturieren. Die Beschränkung auf wenige Leitfragen lässt einen freien Kopf für Nachfragen und Spontaneität.

Aus Fehlern lernt es sich am besten

Bei Interviews kann eine Menge schiefgehen. Gerade Profis gestehen freimütig ein, welche Fehler ihnen schon einmal unterlaufen sind. Wer einmal hereingefallen ist, stellt sich das nächste Mal schlauer an. Beruhigend an den folgenden Horrorszenarien ist, dass sie schon Generationen von Journalisten nachts wach gehalten haben.

- Der Gesprächspartner labert in einem fort und ist überhaupt nicht mehr zu stoppen.
- Der Gesprächspartner sagt gar nichts mehr.
- Der Gesprächspartner gibt gebetsmühlenhaft immer dieselbe Antwort.
- Der Gesprächspartner rastet aus, stürmt aus dem Studio oder wird handgreiflich.
- Der Gesprächspartner nutzt das Interview zur Verbreitung von Hetzparolen.
- Der Interviewer verliert den Faden; ihm fällt partout keine Frage mehr ein.
- Nach seiner Rückkehr in die Redaktion stellt der Journalist fest, dass sein Tonband leer ist, weil irgendwas mit der Technik schiefgelaufen ist.

Der Boxer Norbert Grupe, der sich auch Prinz von Homburg nannte, saß nach einer Niederlage 1969 im *Aktuellen Sportstudio* und ärgerte sich so über eine spitze Frage des Moderators, dass er gar nichts mehr sagte. Obwohl der Journalist es mehrfach versuchte und dabei alle Register der Interviewtechnik zog – Grupe lächelte nur noch verächtlich und schwieg, wie im Dokumentarfilm *Der Boxprinz* verewigt ist.

Für diese Gespräche danken wir besonders

Die britische Boulevardzeitung *Daily Mirror* brüstete sich 1905 mit dem weltweit ersten Exklusivinterview. Legendär ist auch die US-Fernsehsendung *Meet The Press*, die seit 1947 jeden Sonntag führende Politiker zu aktuellen Themen interviewt.

Das Spiegel-Gespräch

Das Nachrichtenmagazin *Spiegel* führte 1956 ein besonderes Interview ein. Das Spiegel-Gespräch lebt davon, dass Journalisten nicht nur Fragen stellen, sondern Thesen und Themen mit ihren Gesprächspartnern kontrovers diskutieren. Um Politiker dazu zu bringen, bei dieser

Debatte mehr zu riskieren und aus sich herauszugehen, wird ihnen das Recht eingeräumt, den Text zu autorisieren. Mehr als 3.000 solche Interviews wurden in den vergangenen 50 Jahren veröffentlicht. Sie endeten immer mit den Worten: »Wir danken Ihnen für dieses Gespräch.«

Zur Person

Im deutschen Fernsehen setzte Günter Gaus ab 1963 Maßstäbe mit der Interviewsendung »Zur Person«. Während des 45 Minuten langen Gesprächs war die Kamera bis auf eine kurze Anfangssequenz auf den Gast gerichtet. Das Vorgehen erscheint angesichts des Rummels um Fernsehleute heutzutage undenkbar. Dem Fragesteller trug es den Beinamen des »berühmtesten Hinterkopfs der Republik« ein.

Gaus' Interviews wurden nicht live gesendet, sondern aufgezeichnet. Sie wurden jedoch nicht gekürzt oder geschnitten. Ausschnitte in anderen Sendungen zu zeigen war untersagt, um zu verhindern, dass Aussagen des Gesprächspartners aus dem Zusammenhang gerissen werden konnten. Die Atmosphäre der Gespräche war von Vertrauen und Offenheit geprägt.

Schönheit und Biestigkeit

Einen ganz anderen Stil pflegte die italienische Journalistin Oriana Fallaci: Sie verstand jedes Interview als Duell und ließ dabei, wie sie sagte, »Fetzen ihres Herzens und ihrer Seele« zurück. Sie schmeichelte, provozierte und attackierte, drehte ihren Gesprächspartnern das Wort im Mund herum und pfefferte ihre Interviews mit ungeschminkten Beschreibungen. Von der Fallaci befragt zu werden, war eine Ehre. In den 60er- und 70er-Jahren stellten sich ihr Persönlichkeiten wie Henry Kissinger, Willy Brandt, der Schah von Persien und der Ayatollah Chomeini.

Neue Trends im Frage-Geschäft

Politische und gesellschaftliche Debatten finden heutzutage nicht im Bierzelt oder am Küchentisch, sondern in den Medien statt. Politiker und Interessenvertreter streben danach, im Fernsehen, im Rundfunk oder in der Presse zu Wort zu kommen. Das Interview ist dafür aus Sicht der Akteure das ideale Vehikel. Es hat sich neben der Nachricht zur dominanten Darstellungsform entwickelt.

Talkshows ohne Ende

Diskussionsrunden haben sich im Fernsehen geradezu inflationär vermehrt. Kaum ein Abend, an dem nicht zumindest auf einem Sender eine Talkshow läuft. Dort treffen sich immer wieder die gleichen Darsteller. Nur wer sich im Fernsehen gut verkauft, wird auch in die nächste und die übernächste Sendung eingeladen.

Begehrte Gesprächspartner müssen nicht nur äußerlich einigermaßen attraktiv aussehen und über einen eindrucksvollen Titel verfügen. Um wirklich erfolgreich zu sein, brauchen sie auch die richtige Mischung aus Aggressivität und Sprachwitz. Routiniert bringen sie die eigene Botschaft unters Volk, oft unbeirrt von den Fragestellern.

Eigenwerbung per Vorabmeldung

In den Printmedien sind Dutzende Politikberichterstatter damit beschäftigt, Interviewpartner zu aktuellen Fragen zu gewinnen – am besten exklusiv. Letzteres gelingt nur selten, denn auch hier kommt immer der gleiche Kreis von Akteuren infrage. Interviews werden daher so weit wie möglich zugespitzt.

Hauptzweck der Jagd nach dem Interview ist es, eine Aussage zu erhalten, die sich als Nachricht weiterverkaufen lässt. Denn wenn die Agenturen die Nachrichtenfassung eines Interviews verbreiten und es dann in der *Tagesschau* heißt, dass Politiker A der Zeitung B etwas sagte, ist dies kostenlose Werbung für die Zeitung.

Politiker kennen den Mechanismus der Vorabmeldung natürlich – und bieten sich für Interviews an, wenn sie eine Botschaft unters Volk bringen wollen. Entstanden ist eine Hackordnung, in der die Nachrichtenmagazine und die überregionalen Zeitungen ganz oben stehen. Aber auch Regionalzeitungen bemühen sich zunehmend um Exklusivinterviews und opfern dafür Reportagen oder Features.

Visuelle Darstellungsformen

In Illustrierten und im Fernsehen spielten sie schon immer eine Hauptrolle, doch in der Zeitung galten Bilder lange nur als Beiwerk. Das änderte sich in den 90er-Jahren, als Wissenschaftler mit Experimenten bewiesen, dass Fotos und andere Illustrationen von den Lesern als wichtigstes Element einer Seite wahrgenommen werden. Sie fangen den Blick ein und wecken im Idealfall das Interesse des Publikums für die in ihrem Umfeld platzierten Geschichten. Bilder bleiben auch länger im Gedächtnis haften als Texte. Sie sprechen die Gefühle eher an als den Verstand.

Stimmt der Inhalt eines Bildes nicht mit dem dazugehörenden Text überein, entsteht eine Text-Bild-Schere. Das ist zum Beispiel der Fall, wenn ein Bericht mit dem Titel »Airbus im Sinkflug« mit dem Bild eines Flugzeugs illustriert wird, das gerade abhebt. Die Zuschauer sind verwirrt – und erinnern sich schlechter an die Sachinformationen, die vermittelt werden sollten.

Bilder vom Tage

Fotografien in der Zeitung sind schon seit Ende des 19. Jahrhunderts technisch möglich. Durchgesetzt haben sie sich jedoch erst im Ersten Weltkrieg. Besonders Zeitungen, die nicht im Abonnement, sondern am Kiosk verkauft werden, setzten auf den Blickfang, um Kunden anzuziehen.

Bis in die 90er-Jahre waren die meisten Pressefotos schwarz-weiß. Sie wurden als Funkbilder übermittelt oder von den eigenen Fotografen als Abzüge geliefert. Inzwischen arbeiten fast alle Pressefotografen mit Digitalkameras. Farbige Bilder werden mit Speichermedien oder per E-Mail übermittelt.

Aktuelle Pressefotos dienen nicht nur als Blickfang. Sie sollen Ereignisse darstellen, die nur umständlich beschrieben werden können oder einen Sachverhalt veranschaulichen. Oft geht es auch darum, den Beweis zu führen, dass tatsächlich passiert ist, worüber ein Text berichtet. Bildjournalisten gehen dabei beträchtliche Risiken ein, gerade in der Berichterstattung über Kriege oder Katastrophen.

Ein einfacher Trick beim Fotografieren für die Presse ist die Drittelregel. Dabei wird das Bild gedanklich mit zwei horizontalen und zwei vertikalen Linien überzogen. Es entsteht ein Raster aus neun gleich großen Rechtecken. Winkel und Ausschnitt sollten nun so gewählt werden, dass das wichtigste Bildelement an einer Schnittstelle zwischen den Linien liegt. Das Foto wird so interessanter als wenn der Fokus in der Mitte liegt. Auch der Horizont sollte nicht durch die Mitte verlaufen, sondern sich mit der oberen oder unteren waagrechten Linie decken.

Geschenkte Fotos

Ein Teil der Fotos in der Zeitung stammt weder von Agenturfotografen noch von den eigenen Mitarbeitern. Es handelt sich vielmehr um Aufnahmen, die von einer Organisation kostenlos zur Verfügung gestellt werden. Ein typischer Fall dafür sind Bilder von Missionen der US-Raumfahrtbehörde NASA. Schließlich ist an Bord einer Raumfähre kein Pressefotograf, der seine Kamera auf die Erde richten kann.

Geschenkte Fotos erkennt man daran, dass statt dem Namen des Fotografen oder der Agentur in der Bildzeile »Verleih« oder der Name der Firma oder Institution steht, von der das Foto stammt.

Feature-Fotos

Fotos werden zunehmend auch verwendet, um ihre eigene Geschichte zu erzählen. Sie stehen allein, anstatt einen Text zu begleiten und zu illustrieren. Damit sie vom Betrachter verstanden werden können, müssen sie mindestens eine der Kernfragen wie »Was?«, »Wer?«, »Wann?« und »Wo?« aus dem Bild heraus beantworten. Zusätzliche Informationen, Erläuterungen und Hintergrund folgen dann in der Bildunterschrift.

- ✔ Das Stimmungsbild ist vor allem für den Lokalteil wichtig. Es soll beschaulich oder heiter stimmen und hat oft mit dem Wetter oder dem Kalender zu tun.
- ✔ Das Symbolfoto dient der Illustration von Ratgebern oder abstrakten Themen, zu denen es kein aktuelles Ereignis gibt, das fotografiert werden könnte – wie die Aufnahme von zwei Rentnern beim Bergwandern zur Bebilderung eines Artikels über eine zunehmend aktive ältere Generation.

- Der Augenblick zeigt eine frappierende Situation oder eine ungewöhnliche Perspektive. Er lebt vom einzigartigen und doch typischen Moment.

Ein berühmter Augenblick ist Robert Capas Bild eines Soldaten im spanischen Bürgerkrieg, aufgenommen in dem Moment, in dem er von einer Kugel getroffen wurde. Manchmal sind Augenblicke gestellt, wie Joe Rosenthals Foto von den Soldaten, die auf der japanischen Insel Iwo Jima die amerikanische Fahne hissten.

Die Fotostrecke

Zeitschriften räumen besonders aussagekräftigen Aufnahmeserien mehr als nur eine Seite im Blatt ein. Für solche Fotostrecken werden Bilder von hoher Qualität und außergewöhnlicher Komposition ausgewählt. Häufig zeigen sie unterschiedliche Aspekte desselben Geschehens. Sie können aber auch in einem thematischen Zusammenhang stehen. Ein Bildbericht über die Erderwärmung setzt sich etwa aus Aufnahmen von verschiedenen Orten zusammen, von der Arktis bis zur Südsee.

Paparazzi-Bilder

Heimlich aufgenommene Fotos von Stars, sogenannte Paparazzi-Fotos, eignen sich oft nicht dafür, ganzseitig präsentiert zu werden, weil die Entfernung bei der Aufnahme zu groß war und sie dementsprechend unscharf sind. Sie werden deshalb häufig auf einer oder zwei Seiten im Magazin zusammengestellt. Geradezu langweilig für den Betrachter sind Fotostrecken vom roten Teppich, auf denen jeder Star in derselben Haltung erscheint. Sie leben nicht von der kreativen Leistung des Fotografen, sondern von der Neugier des Publikums auf die Aufmachung der Prominenten.

Fotoreportagen

Fotostrecken können aus Aufnahmen verschiedener Fotografen bestehen. Die Fotoreportage trägt hingegen die Handschrift eines Bildjournalisten. Er begibt sich vor Ort und hält seine Erlebnisse und Beobachtungen mit der Kamera fest. Oft verbringt er Tage damit, das Vertrauen der Menschen zu gewinnen, über die er berichtet. Die Authentizität seiner Aufnahmen hängt davon ab, dass die Fotografierten vergessen, dass eine Kamera auf sie gerichtet ist. Gute Fotoreportagen zeigen ihren Gegenstand aus verschiedenen Blickwinkeln, von der Vogelperspektive bis zur Großaufnahme.

Die Karikatur

Karikaturen sind der Zerrspiegel der Gesellschaft. Sie spitzen zu, spießen auf, provozieren – und erregen damit häufig Anstoß. Kein Kommentator und auch kein Glossenschreiber würde es wagen, ein Problem oder einen Menschen so verkürzt und unter bewusstem Einsatz von Stereotypen darzustellen. Guten Karikaturisten gelingt es, dabei auch noch hintersinnig und gerecht zu sein.

Der Begriff »caricatura« tauchte erstmals um 1600 in Italien auf und gelangte von dort nach Deutschland. Für den 1896 gegründeten *Simplicissimus* zeichneten Künstler wie George Grosz, Heinrich Zille und Thomas Theodor Heine. Das Maskottchen des Satireblatts: eine rote Bulldogge, die ihre Ketten zerbeißt.

Ehrenplatz für Kritzeleien

Karikaturen haben in den Zeitungen einen Ehrenplatz. Sie erscheinen immer auf derselben Seite und meist in einem Standardformat. Das Thema wird mit der Redaktion abgesprochen. Wie der Karikaturist damit umgeht, entscheidet er ähnlich wie der Kolumnist weitgehend selbst.

Karikaturisten ist eigen, dass sie lieber zeichnen als sprechen oder schreiben – und dies meist pausenlos. Manche entwerfen ihre Zeichnungen im Kopf; andere stricheln auf Papier und korrigieren ein ums andere Mal. Alle entwickeln eine Bildsprache, mit der sie ihre Betrachtungen ins Sichtbare übersetzen. Ihr Ziel ist immer eine Reaktion, die über das Schmunzeln hinausgeht.

Eine Tasse Kaffee und eine Idee

Neben zeichnerischem Talent brauchen Karikaturisten die Fähigkeit, scharf zu beobachten. Ihre Arbeit fängt schon morgens mit der Zeitungslektüre an. Fotos, Schlagzeilen und Nachrichten werden registriert und mehr oder weniger förmlich archiviert. Dasselbe geschieht mit Alltagsbeobachtungen.

Gleichzeitig beginnen die Zeichner, frei zu assoziieren. Sie verfolgen das Verhalten von Politikern wie eine tägliche Soap und spekulieren, was in der nächsten Folge passieren könnte. Ist eine Idee für eine Karikatur geboren, dann wird sie in einem Wechselspiel aus Reduzierung und Übertreibung gedanklich weiterentwickelt.

Karikaturisten nutzen in ihrer Arbeit häufig Sinnbilder, die ihr Publikum sofort versteht. Die Lederhose, der deutsche Michel oder das Hitlerbärtchen tauchen über Generationen hinweg immer wieder auf. Zudem entwickeln politische Zeichner für zentrale Figuren eigene Mienen: Gesichtszüge werden auf ihre markanten Aspekte reduziert, die dann übertrieben dargestellt werden. Ein ebenfalls gern gebrauchtes Mittel ist die Übertragung – ein Politiker ähnelt dann einem Tier oder einer Frucht.

Der Karikaturenstreit

Gerade weil sie mit kulturellen Stereotypen arbeiten, sind Karikaturen wie kaum eine journalistische Darstellungsform in der Lage, Vorurteile und Hass zu schüren. Der Grat zwischen Zuspitzung und Verunglimpfung ist schmal. Oft hängt es von kulturellen oder sogar individuellen Sensibilitäten ab, ob eine Karikatur als Satire verstanden oder als Hetze wahrgenommen wird.

Der Streit um die Karikatur, die den Propheten Mohammed mit einer Bombe als Turban zeigte, führte 2006 zu einer Kontroverse, die von den Kontrahenten ihrerseits zur Förderung ihrer Ziele genutzt wurde: Während die westlichen Medien ein Bekenntnis zur Pressefreiheit ablegten oder einforderten, wurden Menschen im Iran zur Wut und Gewalt gegen westliche Institutionen aufgepeitscht.

Die Infografik

Immer wenn Zahlenreihen oder komplizierte technische Verfahren im Spiel sind, bietet sich als Hintergrundstück eine Infografik an. Sie kann Aussagen auf einen Blick vermitteln, deren sprachliche Erläuterung viele Zeilen in der Zeitung kosten würde. Wichtig ist dabei die Genauigkeit.

Während schreibende Journalisten sich durch Auslassungen und Allgemeinplätze um fehlende Informationen herummogeln können, brauchen Infografikredakteure komplette Zahlenreihen und vollständige technische oder Ortsangaben. Weiße Flecken darf es auf einem Schaubild ebenso wenig geben wie auf einer Landkarte.

Gute Infografiken sind Koproduktionen von Redakteuren und Grafikern. Die Redakteure recherchieren die Informationen, die bildlich dargestellt werden sollen, entscheiden über den Ausschnitt einer Karte oder Zeitreihe und vergewissern sich über kausale Zusammenhänge. Die Grafiker setzen diese Aussage optisch ansprechend und nachvollziehbar um.

Ein- oder zweispaltige Infografiken sollten sich nur auf eine Aussage beschränken – zum Beispiel wie stark die Börsenkurse im Vergleich zu den vergangenen fünf Jahren gesunken sind. Infografiken, denen mehr Platz im Blatt eingeräumt wird, können komplizierte Zusammenhänge veranschaulichen – zum Beispiel die Spielregeln einer olympischen Sportart oder die Ausbreitung des Vogelgrippe-Virus.

Infografiken werden nicht nur verwendet, wenn ein Sachverhalt der Erläuterung oder des Hintergrunds bedarf. Als grafisches Element dienen sie dazu, eine Seite aufzulockern, die sonst wie eine Bleiwüste aussähe. Dies gilt besonders, wenn noch keine oder nur eintönige Fotos von einem Ereignis vorliegen.

Wie eine Geschichte erzählt wird

11

In diesem Kapitel

- Menschen im Mittelpunkt
- Fakten zum Anfassen
- Das Publikum fesseln bis zum Schluss

Journalisten schreiben nicht nur, um ihr Publikum zu informieren. Sie wollen mit ihren Texten auch bewegen, erklären, aufrütteln und unterhalten. Damit das gelingt, müssen sie ihre Leser einfangen und fesseln. Eine gute Geschichte wird so erzählt, dass sie Spuren hinterlässt.

In diesem Kapitel erfahren Sie, worauf es beim Schreiben ankommt: Gute Geschichten verwenden nicht nur treffende und anschauliche Worte. Sie sind auch so aufgebaut, dass die Leser folgen können. Auf einen verlockenden Einstieg folgt ein abwechslungsreich aufgebauter Hauptteil. Der Schluss sorgt dafür, dass etwas von der Geschichte haften bleibt.

Vor dem Schreiben

Anders als Dichter haben Journalisten nicht viel Muße, um an ihren Texten zu feilen. Oft entstehen Artikel innerhalb weniger Stunden. Mehrere Tage sind schon ein Luxus. Weil man ja auch noch recherchieren muss, bleibt fürs Schreiben wenig Zeit.

Um mit dem Zeitdruck umzugehen, entwickelt jeder Journalist seine eigene Strategie. Manche flüchten sich ins Formelhafte. Andere schreiben ihre Geschichten im Kopf vor. Viele kürzen die Recherche ab, um Zeit fürs Schreiben zu gewinnen. Während die einen sich nur wenige Notizen machen, hören die anderen stundenlang Tonbänder ab.

Ein Text ist das Ergebnis eines Arbeitsprozesses. Wer sich diesen Prozess bewusst macht und ihn in verschiedene Arbeitsschritte zerlegt, verliert keine Zeit – er gewinnt sie.

Die Quintessenz

Bevor sie mit dem Schreiben beginnen, müssen sich Journalisten darüber klar werden, was die Quintessenz ihrer Geschichte ist. Worauf wollen sie hinaus? Um das herauszufinden, gibt es verschiedene Techniken:

- ✔ Erzähl's einem Freund – oder der eigenen Großmutter. Nachfragen der Zuhörer zeigen, was die Leser interessieren dürfte, und weisen auf Schwachstellen hin.

- Erzähl's dir selbst. Und zwar unter Zeitdruck, beispielsweise bis die Ampel auf Grün schaltet oder die nächste Bushaltestelle erreicht ist.
- Na und? Wer diese Frage beantworten kann weiß, dass seine Geschichte relevant ist.

Material sichten

Bei einer Recherche kommt einiges an Material zusammen. Auf dem Schreibtisch stapeln sich Kopien aus dem Archiv. In der Bookmark-Leiste sind zahlreiche Websites verzeichnet. Der Notizblock enthält Eindrücke, Zitate und Details.

Bevor man in seinen Notizen blättert, empfiehlt es sich, kurz in sich zu gehen.

- Welche Fakten haben einen selbst erstaunt?
- Welche Bilder gehen einem nicht aus dem Kopf?

Wer weiß, worauf er mit seiner Geschichte hinauswill, sortiert sein Material gezielt. Nebensächliches wird zur Seite gelegt. Dann wird sparsam markiert, was fürs Erzählen nützlich ist. Knappe Zitate, anschauliche Einzelheiten, zentrale Fakten und Quellen werden im Geiste ausgeschnitten. In diesem Stadium stellt sich oft auch heraus, was fehlt und nachrecherchiert werden muss.

Die Skizze

Auch wenn es an die Gliederung eines Schulaufsatzes erinnert – eine Geschichte erst einmal zu skizzieren, kann außerordentlich nützlich sein. Wichtige Entscheidungen werden frühzeitig getroffen, etwa ob trockene biografische Daten in einen Kasten ausgelagert werden können. Doppelungen werden ebenso offenkundig wie Unstimmigkeiten und Ungleichgewichte. Das Anlegen verschiedener Erzählebenen wird erleichtert, sodass die Geschichte abwechslungsreicher wird.

Das Gerüst einer Geschichte legt fest, aus welchen Protagonisten, Argumenten, Schauplätzen und Hintergrundinformationen sie gebaut werden soll. Elemente werden in eine Ordnung gebracht, die das Publikum nachvollziehen kann. Diese Ordnung ist vorläufig und kann während des Schreibens oder danach noch geändert werden. Sie garantiert aber, dass bei Redaktionsschluss eine druckfähige Geschichte steht.

Zu einer guten Skizze gehört auch der Schluss: Jeder Text wird stringenter, wenn beim Schreiben klar ist, wohin sich die Geschichte entwickeln wird.

Der Einstieg

Um kaum etwas wird im Journalismus so viel Aufhebens gemacht wie um den Einstieg in eine Geschichte. Es besteht Einigkeit darüber, dass die Leser sich einem Text nur zuwenden, wenn er ihnen gleich zu Anfang schmackhaft gemacht wird. Andernfalls wandert ihre Aufmerksamkeit woanders hin. Es gilt, das Publikum einzufangen, damit es gerade jene Geschichte liest, die man selbst unter die Leute bringen will.

Der Einstieg bringt die Leser in wenigen Sätzen auf den Geschmack. Er verrät nicht alles, muss aber einen Hinweis darauf geben, wovon der Text handelt und worauf der Autor hinauswill. Viele Journalisten suchen mit dem Einstieg auch den sprachlichen Ton für ihren Text. Auf keinen Fall darf er langweilig oder unverständlich sein.

Es bringt nichts, tagelang über dem perfekten Lead zu brüten und dann nur zehn Minuten für den Rest der Geschichte übrig zu haben. In solchen Fällen lässt sich die Schreibblockade überwinden, indem man den Anfang erst mal unfertig lässt. Man kann ihn kurz skizzieren, in Stichpunkten mehrere Varianten notieren oder einfach den Einfall hinschreiben, der einem überhaupt nicht gefällt. Der zwingende Lead ergibt sich dann oft bei der Arbeit am Hauptteil.

Der nachrichtliche Einstieg

Der nachrichtliche Einstieg nimmt die zentrale Botschaft des Artikels vorweg. Er ist nüchtern formuliert und einfach aufgebaut. Das Grundschema verlangt aktive Konstruktionen in der Reihenfolge Subjekt-Prädikat-Objekt. Die Stellung der Satzelemente kann jedoch variiert werden, um Neues oder Bedeutendes zu betonen.

Mitten in Tel Aviv hat sich am Freitag ein Palästinenser in die Luft gesprengt. 15 Passanten wurden bei dem Anschlag auf einer belebten Einkaufsstraße getötet, wie der israelische Rundfunk berichtete.

Der einordnende Einstieg

Der einordnende Einstieg stellt Ereignisse in einen größeren Zusammenhang und gibt den Lesern einen zusätzlichen Grund, sich mit dem Thema zu befassen. Die Gefahr dabei ist, eine Kausalkette herzustellen, die nicht durch die vorhandenen Informationen gedeckt wird. Die gebräuchlichste Art der Einordnung ist der zeitliche Zusammenhang.

Beim schwersten Selbstmordanschlag in Tel Aviv seit zwei Jahren sind 16 Menschen getötet worden, darunter der Attentäter.

Der szenische Einstieg

Eine Szene haarklein zu beschreiben, gehört zu den am häufigsten gebrauchten Stilmitteln bei der Formulierung eines Einstiegs. Die Leser werden mitten ins Geschehen versetzt. Ihre Sinne werden angesprochen. Sie lernen Figuren und Schauplätze kennen. Sie bekommen ein Gefühl dafür, in welchem Milieu sich die Geschichte abspielt und in welchem Ton sie erzählt werden soll.

Die Szene beginnt oft mit einem Detail. Es darf nicht willkürlich ausgewählt sein, sondern muss einen zentralen Aspekt der Geschichte veranschaulichen. Einen Bericht mit einer Detailwahrnehmung zu beginnen, die im weiteren Verlauf nie mehr eine Rolle spielt, heißt ihn »anzufietschern«. Diese Technik ist zwar beliebt, lässt die Leser jedoch letztlich unzufrieden zurück.

Der erzählende Einstieg

Steht ein Mensch im Mittelpunkt der Geschichte, kann man damit beginnen, einen Gedankengang der Hauptfigur oder einen Wendepunkt in ihrem Leben zu schildern. Solch ein narrativer Einstieg erzeugt Spannung wie ein Roman. In der Zeitung geht das nur, wenn der Reporter gründlich recherchiert hat.

Leser gehen davon aus, dass Zeitungsgeschichten nicht erfunden, sondern wirklich passiert sind. Wer Techniken des erzählenden oder narrativen Schreibens verwendet, erweckt indes den Eindruck, er sei bei Geschehnissen, die sich in der Vergangenheit abgespielt haben, selbst dabei gewesen. Stattdessen wurde ihm nur davon erzählt. Damit das Publikum dies schluckt, müssen Reporter beweisen, dass sie ganz genau recherchiert haben – zum Beispiel durch unverwechselbare Details.

Der Eigentlich-Einstieg

Gute Geschichten überraschen ihre Leser – zum Beispiel weil alles anders kam als gedacht. Stehen im Mittelpunkt eines Textes eine unerfüllte Erwartung oder eine Ausnahme von der Regel, dann kann man darauf gleich zu Beginn hinweisen. Fertig ist der Eigentlich-Einstieg. Er eignet sich besonders für Berichte über sorgfältig orchestrierte Veranstaltungen, die dann doch nicht so verliefen wie geplant. Das können Wahlen oder Gipfel, Familientreffen oder Karrieren sein. Auch in Kommentaren und Analysen wird der Widerspruch zwischen Erwartung und Ergebnis gern an den Anfang gestellt.

Der Eigentlich-Einstieg fußt meist auf einer enttäuschten Annahme des Autors oder seiner Figuren. Für die Leser ist die Geschichte hoffentlich neu, weshalb er eigentlich keine Ahnung hatte, was zu erwarten war. Ein Journalist, der dieses Stilmittel als Einstieg verwendet, muss daher rasch und möglichst mit Zitaten belegen, dass es die Erwartung gab und dass sie enttäuscht worden ist.

Der langweiligste Lead der Welt lautet: »Das Gesetz hat den Bundestag *erwartungsgemäß* passiert.« Für die Leser ist die einzige mögliche Antwort darauf das Weiterblättern. Denn entweder hatten sie keine Ahnung, was zu erwarten war, und fühlen sich gedemütigt. Oder sie wissen schon, was im Rest des Artikels steht.

Die direkte Ansprache

Journalisten können im Einstieg ihre Leser auch direkt ansprechen – in deren Eigenschaft als Wähler oder Steuerzahler, Eltern oder Singles, Versicherungskunden oder Computernutzer. Ein solcher Lead signalisiert, dass das Publikum einen Nutzen aus der Geschichte ziehen kann, ob es sich nun um eine politische Entscheidung handelt oder um Tipps zum Umgang mit lärmenden Kindern. Die direkte Ansprache eignet sich daher besonders gut für Verbrauchergeschichten und Erklärstücke.

Wer nicht länger allein bleiben will, sollte sich einen Hund zulegen. Spaziergänge sind die beste Möglichkeit, andere Singles kennenzulernen, wie eine Studie des Oldenburger Instituts für Partnerschaftsforschung ergab. Die Wissenschaftler fragten 5.000 Paare, was sie zusammenbrachte.

Der Wir-Einstieg

Mitunter glauben sich Journalisten im Einklang mit ihrem Publikum. Sie verwenden den Lead, um ihren Lesern aus der Seele zu sprechen. Der Wir-Einstieg suggeriert gemeinsame Interessen und überwältigende Mehrheiten. Er wird besonders gerne in Boulevardzeitungen verwendet. Abonnementszeitungen benutzen die gleiche Formel lieber für die Überschrift.

Ob ein Wir-Einstieg funktioniert, hängt von der Intensität des Ereignisses oder Gefühls ab, auf das er abhebt. Die Freude über einen internationalen Sporttitel oder die Erleichterung über den glücklichen Ausgang einer Entführung wird wahrscheinlich von fast allen Lesern geteilt. Häufig wird das kollektive Empfinden durch den Lead erst konstruiert. Das ist vor allem bei negativen Wir-Anfängen der Fall, etwa wenn Ärger über steigende Preise angestachelt werden soll.

Der plakative Einstieg

Der plakative Einstieg ist kurz, laut und parteiisch. Schließlich kündigt er eine Sensation an, mindestens aber saftigen Gesprächsstoff. Worum sich die Geschichte dreht, wird mit wenigen Worten verraten. Der Sachverhalt an sich muss so interessant sein, dass das Publikum auf jeden Fall alle Details wissen will.

Ein knalliger Lead wird häufig unter Zuhilfenahme des Doppelpunkts formuliert. Der erste Satz ist wie eine Schlagzeile, der zweite Satz liefert die Begründung oder den Beweis hinterher. Eine seltenere Variante ist der Satz mit Ausrufezeichen. Zu beachten ist, dass sich der plakative Einstieg nicht mit der Überschrift doppeln darf. Sind Schlagzeile und erster Satz wortgleich, muss einer verzichten.

Zauberhafte Nachricht für Harry-Potter-Fans: Autorin J. K. Rowling hat sich nun doch entschlossen, die beliebte Buchreihe fortzusetzen.

Der spekulative Einstieg

Seriös ist es nicht, aber man kann einen Einstieg natürlich auch erfinden. Manche Journalisten spekulieren wild, wie sich eine Sache abgespielt hat oder was sich hinter einem Ereignis verbirgt. Der darauf folgende Text hält zwar nicht, was der Anfang versprochen hat. Das hindert jede Menge Leute jedoch nicht daran, Blätter zu kaufen, in denen es solche Artikel zu lesen gibt.

Wer einen spekulativen Lead schreibt, sollte seinem Publikum einen Anhaltspunkt geben, dass er sich die darin enthaltenen Behauptungen ausgedacht hat. Das kann ein Satz darüber sein, dass sich die Sache so wie beschrieben, aber auch ganz anders zugetragen haben könnte. Auch Ironie oder Übertreibung signalisieren den Lesern, die angeblichen Fakten nicht allzu ernst zu nehmen. Es bleibt meist trotzdem schwierig fürs Publikum, auseinanderzuhalten, was denn nun stimmt und was nicht.

Kreiiiisch! Ausnahmsweise war es mal nicht der Star-Auflauf bei einer Filmpremiere, der vergangene Woche in Los Angeles für ohrenbetäubendes Geschrei sorgte. Der Grund war etwas viel, viel Schöneres: Gleich zwei Hollywoodstars haben ihre Babys zur Welt gebracht.

Der sprichwörtliche Einstieg

Sprichwörter, Werbeslogans oder Sentenzen werden besonders in Meinungsartikeln gern als Einstieg verwendet. Das ist riskant: In 99 von 100 Fällen schmecken solche Redensarten schal. Denn gerade dass sie so bekannt sind, gibt ihnen eine verbrauchte Note. Anstatt mitgenommen zu werden, fühlen sich die Leser gelangweilt oder belehrt. Sie verdächtigen die Journalisten, dieses Stilmittel nur zu verwenden, um Belesenheit zu demonstrieren. Oft haben die Leser recht mit ihrem Verdacht.

Der sprichwörtliche Einstieg sollte deshalb sparsam verwendet werden. Es gibt sehr seltene Fälle, in denen eine Redensart den Sachverhalt so treffend beschreibt, dass es nicht besser geht. Ein Überraschungseffekt entsteht, wenn der Spruch verfremdet, in einen ungewöhnlichen Zusammenhang gestellt oder ins Gegenteil verkehrt wird. Das kann unterhaltsam sein – sofern es zum ersten Mal geschieht und nicht schon von einem Dutzend anderen Journalisten so gemacht wurde.

Das Fallbeispiel

So wie die Szene für die Reportage ist das Fallbeispiel für das Feature die Normalvariante des Einstiegs: vielleicht nicht originell, aber effektiv. Das Fallbeispiel funktioniert beim Feature, weil es hilft, ein abstraktes Thema zu veranschaulichen, ohne dass die eigene Anschauung des Reporters erforderlich ist. Ein Fall kann geschildert werden, ohne dass der Journalist sich vor Ort begeben hat. Hauptsache, das Beispiel ist exemplarisch, stützt also die These, die der Autor aufgestellt hat.

Als Einstieg gebraucht, hat das Fallbeispiel den Nachteil, dass es den Rest der Geschichte in eine bestimmte Struktur zwingt. Wer mit einem Einzelfall beginnt, muss als Nächstes verallgemeinern. Dann werden Fakten, Einschätzungen und eventuell weitere Beispiele geliefert, woraufhin die These normalerweise etwas eingeschränkt dargeboten wird. Mindestens ein weiteres Mal muss der am Anfang geschilderte Fall in der Geschichte vorkommen. Häufig geschieht das zum Schluss.

Der Zitaten-Einstieg

Viele Texte beginnen mit einem Zitat, obwohl es wenig Zitate gibt, die wirklich zum Lesen reizen. Manchmal fällt Journalisten eben beim besten Willen keine eigene Formulierung ein. Sie brauchen aber unbedingt eine Alternative zum Nachrichten-Einstieg, weil ihr Text als Feature oder Korrespondentenbericht verkauft werden soll. Der Zitaten-Einstieg dient dann als Notlösung. Er suggeriert dem Leser, live bei einer Veranstaltung oder einem Interview dabei gewesen zu sein. Im besten Fall dient er der Charakterisierung einer Figur, erweckt sie für das Publikum zum Leben.

Wörtliche Zitate, die am Anfang eines Artikels stehen, sollten möglichst kurz sein, auf keinen Fall länger als 20 Wörter. Ihr Sinn oder Unsinn muss sich den Lesern sofort erschließen. Unmittelbar auf das Zitat muss die Quelle folgen, also Name und Rolle desjenigen, der es gesagt hat.

Der vorgreifende Einstieg

Die meisten Geschichten sind bemüht, die Leser gleich zu Beginn mitten ins Geschehen zu katapultieren. Geschichten, die tatsächlich mit dem Anfang einsteigen, sind eine Seltenheit. Auf der anderen Seite kann es sich lohnen, den Schluss im Lead vorwegzunehmen. Wie man leicht bei Thrillern und Krimis nachprüfen kann, erhöht dies die Spannung, anstatt sie zu verringern.

Der vorgreifende Einstieg zeigt den Lesern gleich zu Beginn, was bei der Geschichte auf dem Spiel steht. Er lässt sie aber im Ungewissen darüber, wie es zu diesem Ende gekommen ist. Die Leser beginnen sich sofort selbst darüber Gedanken zu machen und sind gefesselt. Dreht sich die folgende Geschichte um einen Unfall, um ärztliches Versagen, um eine mysteriöse Krankheit oder um Mord?

BEISPIEL: Als der Krankenwagen vor Heinrich Schmidts Haustür vorfuhr, hatte der 32-Jährige noch genau drei Stunden und 45 Minuten zu leben.

Der Hauptteil

Die Stoßrichtung der Geschichte ist klar, und vielleicht hat man auch schon eine Idee für einen Einstieg. Fragt sich, wie man die Ergebnisse der Recherche in das vorgeschriebene Format von 50, 80, 120 oder selten 200 Zeilen pressen soll. Was nimmt man mit, was lässt man weg? Vor allem aber: Wie schafft man es, seine Leser so zu fesseln, dass sie bis zum Schluss dabeibleiben?

Einen Artikel aufzubauen ist weniger schwierig als sich das anhört. Denn jeder, der schon einmal eine Geschichte erzählt hat, kennt die Gesetze der Dramaturgie.

Um seine Zuhörer zu fesseln, muss der Erzähler seine Figuren zum Leben erwecken. Schilderungen wechseln sich ab mit wörtlichen Zitaten und Erläuterungen. Um nicht an Fahrt zu verlieren, wird Unwichtiges weggelassen. Stattdessen werden Kunstpausen gemacht, um die Spannung zu erhöhen. Die ganze Geschichte strebt einem Höhepunkt zu, der die Zuhörer empört, zum Lachen bringt, schaudern oder schluchzen lässt. Zum Schluss folgt noch eine Pointe, eine Moral oder ein Ausblick.

Der Spannungsbogen

Jede Geschichte muss so konstruiert sein, dass die Leser ständig gespannt auf den nächsten Absatz sind. Am besten stellt man sich einen Flitzebogen vor: Erst wird er aufs Äußerste gespannt. Dann wird der Pfeil abgeschossen. Soll die Geschichte weitergehen, muss man den Bogen gleich noch einmal spannen. Je länger die Sehne locker bleibt, desto schneller vergnügt sich der Leser anderswo.

Ist der Einstieg geglückt, ist der Bogen von Anfang an gespannt. Nun geht es darum, ihn straff zu halten. Ob dies gelingt, hängt sowohl von der Sprache als auch vom Aufbau des Textes ab. Auf dem Weg zu ihrem persönlichen Stil experimentieren die meisten Journalisten mit Schemata, die bei anderen funktioniert haben.

Ringbau und Rahmenhandlung

Damit ihre Geschichte nicht auseinanderläuft, verpassen ihr viele Reporter einen Rahmen. Sie steigen mit einer Situation ein, lassen dabei aber offen, wie sie weitergegangen ist oder welches Ergebnis sie gehabt hat. Dann wird ausgeholt, vor und zurück geblendet, erläutert und erklärt. Zum Schluss kehrt der Autor zur ursprünglichen Situation zurück und löst sie auf.

Der Ringbau, den man auch als Rahmenhandlung bezeichnen könnte, birgt sowohl für den Journalisten als auch für seine Leser Vorteile. Der Journalist diszipliniert sich mit einem Korsett und muss am Ende nicht noch über einen Schluss nachgrübeln. Die Leser werden neugierig gemacht und sind befriedigt, wenn die Auflösung erfolgt. Es ist angenehm, wenn ein Kreis sich schließt. Allerdings ist diese Bauweise sehr beliebt. Wird sie in jedem zweiten Artikel einer Zeitungsausgabe verwendet, nervt sie.

Das Rezept des Wall Street Journal

Ähnlich wie der Ringbau funktioniert das Feature-Rezept des *Wall Street Journal*. Es wurde von der Redaktionsleitung der Wirtschaftszeitung entwickelt, um dafür zu sorgen, dass ihre Reporter trockene Stoffe anschaulich machen.

Das Wall-Street-Journal-Rezept besteht daraus, vom Spezifischen zum Allgemeinen zu kommen. Als Einstieg wird ein Ereignis, eine Situation oder ein Fallbeispiel gewählt, das hilft, einen Sachverhalt zu illustrieren. Als Nächstes folgt der Na-und-Absatz – worum es sich dabei handelt, wird ein paar Seiten weiter hinten in diesem Buch beschrieben.

Danach führt der Autor Argumente ins Feld, die seine These stützen. Dies können Zitate und Statistiken ebenso sein wie Beobachtungen und Anekdoten. Am Ende kehrt die Geschichte wieder zum Ausgangspunkt zurück. Anstatt wie beim Ringbau eine Situation aufzulösen, gibt sie oft einen Ausblick.

Die Story als Film

Beim Versuch, sich vorzustellen, wie eine Geschichte aussehen soll, hilft der Vergleich mit Hollywood-Filmen. Ihnen liegt fast immer eins von zwei Modellen zugrunde, die nach Belieben ausgestaltet werden können:

- ✔ Schema 1: Ein Mensch zieht hinaus in die weite Welt.
- ✔ Schema 2: Ein Fremder kommt in die Stadt.

Im Mittelpunkt jeder Hollywood-Geschichte steht der Protagonist, meist ein Held, mitunter aber auch ein Bösewicht oder ein Antiheld. Im Laufe des Dramas macht dieser Protagonist eine Entwicklung durch, sodass er am Schluss nicht mehr derselbe ist wie zu Beginn. Seine Entwicklung wird bedingt durch seine Auseinandersetzung mit anderen, mit der Natur und mit sich selbst. Die Umstände, der Schauplatz und die Lebenswelt der Akteure geben dieser Art von Geschichten die eigene Note.

Die Collage

Wer nicht daran glauben mag, dass sich Geschichten im wirklichen Leben nach den Gesetzen von Tragödie oder Komödie abspielen, wählt die Technik der Collage. Sie ist weit schwerer zu handhaben. Denn damit sich ein hoher Grad an Spannung durch die ganze Geschichte zieht, muss jede Episode in sich spannend sein.

Collagen erkennt man häufig daran, dass die einzelnen Episoden mit Sternchen oder Zwischentiteln voneinander getrennt sind. Den Lesern signalisiert das, dass sie eine Pause einlegen können, dann aber leicht wieder die Stelle zum Weiterlesen finden.

Argumente und Listen

Analytische Texte lassen sich gut als Debatte inszenieren. Der These folgen Argumente dafür und dagegen, jeweils untermauert mit Zitaten, Fakten und Beispielen. Die Stimmen, die zugunsten der einen oder der anderen Position laut werden, müssen für die Leser klar identifizierbar sein. In einer Argumentation sollten also nicht allzu viele Experten vorkommen.

Bei Verbrauchergeschichten, Vergleichen oder Überblicken bietet es sich an, optisch erkennbare Listen zu bilden. Nach Einstieg, Quelle, Quintessenz und Hintergrund werden Tipps, Sitzungsergebnisse oder Argumente untereinander aufgeführt. Wichtig dabei ist, sich durch die Spiegelstriche nicht dazu verleiten zu lassen, in Substantivierungen zu verfallen oder die Aktensprache einfach zu kopieren.

Der rote Faden

Gerade komplexe Texte brauchen Elemente, die das Publikum bei der Orientierung unterstützen – wie den roten Faden, der sich durch die ganze Geschichte zieht. Er hilft den Lesern, sich zurechtzufinden, nachdem sie einen Augenblick lang abgelenkt waren. Wer einen Teil der Geschichte nicht verstanden hat, findet durch den roten Faden ebenfalls wieder den Anschluss. Texte, die länger als 120 Zeilen sind, kommen ohne eine solche Hilfe für die Leser nicht aus.

Es gibt verschiedene Elemente, die sich zum roten Faden eignen.

- ✔ Die Hauptfigur: Sie muss gleich zu Anfang eingeführt werden.
- ✔ Die Chronologie: Tagesablauf, Jahreszeiten, Stoppuhr
- ✔ Der Schauplatz: Reiseroute, Rundgang, kontrastierende Orte
- ✔ Die Stationen eines Lebens: Karriere, Familie, Umzüge
- ✔ Die Parallele: Gedicht, Märchen oder Sprichwort
- ✔ Die Produktionskette: vom Rohstoff zum Fertigprodukt

Rhythmus und Tempo

Wie im Kino hängt auch der Spannungsbogen einer Zeitungsgeschichte von Rhythmus und Dynamik ab. Schnitt und Perspektivwechsel sorgen für Kurzweil und Drama. Schnell aufeinanderfolgende Actionszenen haben ebenso ihre Berechtigung wie reflektierende Passagen. Um ihre Leser in Atem zu halten, verwenden Journalisten zum Beispiel folgende Stilmittel:

- ✔ Wechsel der Erzählzeit: Das historische Präsenz versetzt die Leser in die Vergangenheit. Dazu kommen Vor- und Rückblenden.
- ✔ Wechselnder Sprachstil: nüchtern und gefühlig, Hochdeutsch und Slang
- ✔ Redeformen: wörtliche Zitate und indirekte Rede

✔ Wechselnde Schauplätze: zu Hause und auf der Straße, daheim und in der Fremde

✔ Wechselnde Perspektive: Nahaufnahme, Totale und Draufsicht

Dynamisch wird ein Text auch durch die Wahl der Worte. Verben des Werdens sind besser als Verben des Seins. Enttäuschte Worterwartungen wecken die Leser auf. Auf manche Bilder muss frische Farbe aufgetragen werden.

Aus lieb und nett wird lieb und fett. Statt der Fischer und seine Frau heißt es der Fischer und sein Mann. Aus dem Zungenbrecher wird der Zungenverknoter.

Die menschliche Komponente

Fast alle guten Geschichten drehen sich um Menschen. Selbst ein Report über Genmanipulationen an Pflanzen oder über die Finanzkrise in China kommt nicht ohne menschliche Komponente aus. Die Geschichte vom Eisbärbaby Knut wäre ohne Tierpfleger Thomas Dörflein nur halb so schön gewesen.

Beim Porträt ist es am offenkundigsten, dass ein Mensch im Mittelpunkt steht. Ein Lebenslauf allein ist jedoch noch keine Geschichte. Das Publikum will erfahren, wie der Porträtierte zu dem geworden ist, der er heute ist. Dazu braucht es mehr als Daten oder Aussagen. Der Erzähler muss Wendepunkte im Leben der Persönlichkeit benennen, die er porträtiert. Er muss zeigen, was sie erlebt und wie sie sich in unterschiedlichen Situationen verhalten hat.

Features und Reportagen stellen Spannung ebenfalls über die Schilderung menschlichen Verhaltens her. Die Autoren dürfen ihre Bühne nur nicht überbevölkern. Je kürzer der Text, desto weniger Figuren dürfen darin vorkommen. Selbst eine lange Geschichte verträgt nicht mehr als ein bis zwei Protagonisten und drei bis vier Nebendarsteller. Sonst fehlt der Platz, die Figuren handeln und sprechen zu lassen. Mit Pappfiguren ist keiner Geschichte gedient.

Die Hauptfiguren müssen die Bühne frühzeitig betreten. Je nach Länge des Textes werden sie spätestens im dritten bis vierten Absatz eingeführt. Den Lesern wird dadurch genug Zeit gegeben, Helden und Bösewichter der Geschichte kennenzulernen. Mitfiebern macht Lesespaß.

Geschichten werden lebendig, indem sie Menschen in Aktion zeigen. Man kennt das aus Filmen: Die Stimme eines Erzählers ist blass; viel lieber schaut man den Figuren beim Handeln zu. Der Schriftsteller Mark Twain beschrieb diesen Effekt so:

Schreib nicht, dass die alte Dame schrie. Bring sie auf die Bühne und lass sie schreien.

Der Na-und-Absatz

Weder Identifikationsfiguren noch spannungsreiche Momente reichen aus, damit das Publikum eine Geschichte bis zum Ende liest. Journalisten kommen deshalb nicht umhin, ihre Leser frühzeitig darüber aufzuklären, warum die Geschichte für sie relevant ist. »Na, und?«, fragt das Publikum selbst nach einem aufregenden Einstieg. »Was kann ich hier lernen, was nutzt es mir weiterzulesen, was hat das alles mit mir zu tun?« Beantwortet sich die Frage nicht schon durch die Nachrichtenlage oder den Lead, müssen Journalisten sie in aller Kürze und Klarheit beantworten.

Der Na-und-Absatz kommt am besten rasch nach dem Einstieg. Er enthält die These, die dem Artikel zugrunde liegt. Alternativ gibt er einen Anlass für den Artikel an, benennt der Kreis der Betroffenen oder stellt den Bezug zu einer aktuellen Debatte her.

Übergänge

Wie man die Übergänge zwischen Absätzen gestaltet, ist umstritten. Die eine Schule lehrt, der Autor müsse den Leser an die Hand nehmen und ihn von Absatz zu Absatz geleiten. Im Notfall heißt dies, Hilfswörter wie zugleich, unterdessen oder derweil zu gebrauchen. Oder man nimmt eine Wendung aus dem vorigen Absatz wieder auf.

Die andere Schule hält solche Hilfskonstruktionen für allzu künstlich. Sie fordert, der Autor müsse den Verständnissprung von Absatz zu Absatz wagen, anstatt seine Leser mit Bindewörtern einzuschläfern. Dabei wird angeführt, dass viele Leser durch Fernsehen und Kino an immer härtere Schnitte gewöhnt werden. In 99 von 100 Fällen wird der Leser nicht stolpern, sondern springen: Er erkennt den Zusammenhang von selbst.

Bei einem Wechsel des Themas oder des Sprechenden muss das den Lesern sofort zu Beginn des neuen Absatzes mitgeteilt werden, etwa indem die neue Quelle benannt wird, bevor sie zitiert wird.

Wer gegen diese Regel verstößt, kann seine Leser weidlich verwirren. Oft merken sie erst zehn Zeilen später, dass sie immer noch glaubten, die ursprüngliche Quelle äußere sich. Sie müssten jetzt die Passage noch einmal von vorn lesen. Natürlich können sie sich die Zeit auch anders vertreiben – im Fernsehen beginnt gerade die *Tagesschau*.

Der Schluss

Wer sich beim Aufbau für eine Rahmenhandlung entschieden hat, ist jetzt fein raus. Denn er weiß schon, wie seine Geschichte enden wird. Die meisten anderen Journalisten tun sich mit dem Schluss ähnlich schwer wie mit dem Einstieg. Dabei ist der letzte Eindruck, den ein Leser vom Text mitnimmt, fast ebenso wichtig wie der Anreiz, der ihn überhaupt erst zum Lesen brachte.

Für den Ausstieg aus einer Geschichte gibt es zahlreiche Varianten, zum Beispiel:

- die Pointe
- der Ausblick

- ✔ die Moral (von der Geschicht)
- ✔ der Epilog

Starke Titel

Als sich Union und SPD nach der Bundestagswahl 2005 und langen Verhandlungen auf eine große Koalition mit Angela Merkel als Kanzlerin einigten, berichteten Radio, Fernsehen und Internet ausführlich. Für die Zeitungen stellte sich daher die Frage, mit welchem Titel sie am nächsten Tag noch Leser anlocken könnten. Suchen Sie sich die Schlagzeile aus, die Sie am meisten zum Weiterlesen verlockt hätte.

- ✔ Angela Merkel wird Kanzlerin *(Süddeutsche Zeitung)*
- ✔ Merkel wird erste deutsche Kanzlerin *(Financial Times Deutschland)*
- ✔ Merkel gewinnt Kampf ums Kanzleramt – SPD bekommt acht Ministerposten *(Die Welt)*
- ✔ Merkel zahlt hohen Preis für Einzug ins Kanzleramt *(Handelsblatt)*
- ✔ Miss Germany! *(Bild-Zeitung)*
- ✔ Es ist ein Mädchen *(die tageszeitung)*

Eine gute Überschrift macht neugierig auf den Text. Sie zeigt an, was an der Geschichte einmalig und unverwechselbar ist. Mithilfe von Reizwörtern signalisiert sie den Lesern, um welches Themenfeld es sich handelt. Zugleich müssen Überschriften unbedingt von den Fakten im Text gedeckt sein: Was der Titel verspricht, sollte möglichst im ersten Drittel des Textes gehalten werden.

Die Sprache

Deutsch ist die Sprache der Dichter und Denker, aber eignet sie sich für den Journalismus? Ausländer werfen einen Blick auf unsere Zeitungen und schütteln den Kopf. Sie sehen Absätze, die wie dicke Blöcke in den Spalten liegen. Sie lesen Sätze, deren Sinn sich erst erschließt, wenn man den Anfang schon vergessen hat. Sie stolpern über Wörter, die so lang sind, dass sie fast die ganze Zeile füllen. Sie zählen die R, Sch, N und E und sehnen sich nach A, I und U.

Hätten die ausländischen Leser genauer hingeschaut, wäre ihnen aufgefallen, dass die deutschen Zeitungen mehr vertraute Wendungen enthalten als erwartet. Wo Action und Feeling gefragt sind, bedienen sich die Journalisten im englischen Sprachschatz. Geht es um Charme und Esprit, entlehnen sie Ausdrücke aus dem Französischen. Aus Bequemlichkeit setzen sie Lehnwörter an die Stelle bewährter, aber schwer zu deklinierender Vokabeln. Das trägt den Berufsschreibern den Vorwurf ein, die Sprache zu verhunzen, anstatt sie zu pflegen. Dabei verdienen sie doch mit Texten ihr Geld.

Die deutsche Sprache ist offen für Neuschöpfungen. Ihre Vielfalt ist gerade das Schöne an ihr. Nur müsste ab und zu mal jemand das Unterholz wegräumen. Wer es eilig hat wie ein Journalist, schleppt in seinen Texten viele abgestorbene und faule Zweige mit.

Die Sprachwächter

Gut, dass die Bürde des Sprachschatzes nicht allein auf den Schultern der Reporter liegt, die durchs Unterholz stapfen. Die Baumkronen sind voll von Deutschlehrern mit oder ohne Staatsexamen. Ganz oben auf den Wipfeln sitzen die Sprachwächter. Das sind Journalisten, die ihr Geld weniger damit verdienen, dass sie die Zeitungen vollschreiben. Sie verfassen dafür amüsant geschriebene Bücher, die denen da unten zeigen, wo Breschen geschlagen werden müssen und welches Ästchen wohin passt.

Gut, dass sich für den Anfang ein paar Regeln aus den Werken der Analytiker herausdestillieren lassen. Wer sie befolgt, erntet vielleicht nicht gleich das erste Profischreiberdiplom. Doch sein Publikum wird seine Texte lieber lesen. Und darauf kommt es schließlich jedem Journalisten an.

- ✔ Gehe sparsam mit den Wörtern um.
- ✔ Benutze viele aktive Verben.
- ✔ Variiere bei Satzlänge und Satzmelodie.
- ✔ Verzichte auf altbekannte Formulierungen.

Sparen hilft beim Schreiben

Journalisten tendieren dazu, ihre Leser zu unterschätzen. Sie liefern ihnen Bindewörter als Verständnishilfen, die sie nicht brauchen, sondern einlullen. Je weniger solche Regieanweisungen ein Text enthält, desto wahrscheinlicher ist es, dass er die Leser fesselt und ihnen im Gedächtnis bleibt. Auch der inflationäre Gebrauch von Adjektiven hinterlässt ein unangenehmes blähendes Gefühl.

Bindewörter

Hier eine Auswahl von Bindewörtern, die man möglichst selten verwenden sollte:

- ✔ unterdessen
- ✔ indes
- ✔ hingegen
- ✔ obgleich
- ✔ gleichwohl
- ✔ dabei
- ✔ schließlich
- ✔ nun
- ✔ besagter
- ✔ zunächst
- ✔ selbst
- ✔ immerhin
- ✔ nämlich
- ✔ natürlich

Nehmen Sie sich fünf Minuten Zeit und schwärzen Sie in einem beliebigen Artikel Ihrer Tageszeitung sämtliche Bindewörter. Lesen Sie den Text dann von Neuem, um zu prüfen, welches dieser Wörter wirklich zum Verständnis nötig war. Übrigens: Wenn Sie ganz gemein sein wollen, können Sie natürlich auch dieses Buch diesem Test unterziehen.

Doppelt gemoppelt hält schlecht

Doppelt gemoppelte Wörter sagen zweimal dasselbe, meist unter Zuhilfenahme eines Adjektivs oder Adverbs. Oder ein deutsches Wort wird dem Fremdwort vorangestellt. Solche Wendungen brauchen eine Schlankheitskur.

- ✔ Außenfassade
- ✔ Fußpedal
- ✔ Glasvitrine
- ✔ dichtes Gedränge
- ✔ alter Greis
- ✔ seltene Rarität
- ✔ auseinanderdividieren
- ✔ vorprogrammiert
- ✔ soll angeblich
- ✔ immer und ewig

Adjektive und Superlative

Im Wettstreit um die Aufmerksamkeit des Publikums neigen Journalisten zu Übertreibungen. Aus einem schweren wird ein verheerendes Erdbeben. Luftangriffe werden als massiv beschrieben, Forderungen als drastisch. Schießereien werden zu Blutbädern, Morde zu Massakern. Konflikte eskalieren, jeder parteiinterne Streit wird zum Zweikampf, der sich immer weiter zuspitzt.

Der Gebrauch solcher Superlative ist inflationär. Denn je häufiger sie gebraucht werden, desto mehr stumpfen Leser, Hörer und Zuschauer ab. Für die Gesellschaft wäre es besser, die Nachrichtensprache rüstete ab.

Sorgsamer Umgang mit Sprache bedarf des Augenmaßes. Das übt sich, indem man dem ursprünglichen Sinn der Wörter auf den Grund geht. Ein Beispiel ist die Wendung »immer mehr«. Sie wird für fast jede auf Zahlen basierende Nachricht gebraucht, obwohl sie streng genommen erst bei der zweiten Steigerung angebracht ist.

Nahm die Zahl der tödlichen Verkehrsunfälle von 2006 auf 2007 um 14 Prozent zu, dann muss es heißen »mehr Verkehrstote«. Nur wenn die Zahl auch zwischen 2005 und 2006 schon gestiegen ist, ist die Formulierung »immer mehr Verkehrstote« sprachlich richtig.

Bevor Journalisten ein Adjektiv verwenden, sollten sie prüfen, ob es wirklich dazu dient, einen Sachverhalt zu veranschaulichen. Wertende Adjektive wie die folgenden dürfen nur verwendet werden, wenn der Autor seine Einschätzung beweisen kann.

- massiv
- verheerend
- scharf
- eklatant
- verdient
- besonders
- heimtückisch
- unsäglich
- fleißig
- überwältigend
- blutig
- sympathisch

Der französische Verleger und spätere Staatsmann Georges Clemenceau stieß auf die beste Methode, den Schreibern im Erdgeschoss des Verlagshauses die Eigenschaftswörter auszutreiben. Er gab seinen Redakteuren folgenden Rat:

> *Bevor Sie ein Adjektiv hinschreiben, kommen Sie zu mir in den dritten Stock und fragen Sie, ob es nötig ist.*

Handeln statt Sein

Verben sind die Freunde der Journalisten. Sie machen einen Text lebendig und treiben die Geschichte voran. Sprachstillehrer Wolf Schneider nennt sie »Königswörter«. Die Leser können nicht genug davon bekommen, vor allem dann, wenn es Verben des Handelns und der sinnlichen Erfahrung sind.

Wer sich dabei ertappt, immer dieselben Verben zu verwenden, muss seinen Wortschatz nach und nach erweitern. Goethe und Schiller zum Beispiel verwendeten Verben, deren Existenz wir fast vergessen haben. Sie sind frisch, anschaulich und treffend. Man muss sie nur sammeln. Dafür braucht man ein Gedicht nicht einmal zu verstehen.

Gute und schlechte Verben

Nicht alle Verben sind gute Verben. Von Bürokraten genutzt, verschleiern sie Sachverhalte. Schlichte Zeitwörter wie »sein«, »haben« oder »machen« sind besser als aufgeblähte und inhaltsleere Ausdrücke wie »aufweisen«, »beinhalten« oder »weilen«.

Wann immer möglich, sollten Sie Passivkonstruktionen meiden und in aktive Sätze umwandeln. Statt »Die Kinder wurden von ihrer Mutter in die Schule gebracht« ist es besser zu schreiben »Die Mutter brachte die Kinder in die Schule«.

Der *Spiegel*-Reporter Alexander Smoltczyk beschleunigt seine Texte mit ganzen Reihen starker Verben. In einer temporeichen Reportage über Literaturagenten auf der Frankfurter Buchmesse schreibt er:

> *Sie lotsen ihre Autoren durch den Dschungel des Literaturbetriebs. Sie bieten Verlagen die Manuskripte ihrer Klienten an, handeln Nebenrechte, Vorschüsse, Werbeunterstützung für einen Titel aus, haken nach und feilschen, setzen Ultimaten, locken, drohen, lächeln und kassieren in der Regel 15 Prozent vom Honorar.*

Verben brauchen die passende Präposition

Wer Verben benutzt, muss auch die passende Präposition einsetzen. Sonst stolpern die Leser über den Satz, auch wenn ihnen nur selten bewusst ist, was an der Konstruktion nicht stimmte.

Kinder streiten *um* ein Spielzeug. Aber CDU und CSU streiten *über* die Höhe des Kindergeldes.

Verbrauchte Bilder

Ein guter Artikel regt die Leser auch durch seine Sprache an. Manche Bilder und Wendungen haben sie schon hundert Mal gelesen. Sie sind nicht falsch oder schief, aber sie machen den Text dröge. Noch schlimmer wird es, wenn der Autor sich für das Bild auch noch lobt – zum Beispiel mit der Bemerkung »wie es so schön heißt«.

- ✔ Er ist ein ganz alter Fuchs in dem Geschäft.
- ✔ Es regnet in Strömen.
- ✔ Mit einem raubkatzenhaften Sprung hielt der Schlussmann sein Tor sauber.
- ✔ Die Sorgen standen ihm ins Gesicht geschrieben.

Folgende Ausdrücke sollte man sich plastisch vorstellen, bevor man sie benutzt:

- ✔ sintflutartige Regenfälle
- ✔ fieberhafte Suche
- ✔ explodierende Benzinpreise
- ✔ historisches Treffen
- ✔ Pfadfinder-Gipfel

Polizeideutsch

Auch wenn es mühselig ist und Zeit kostet – Journalisten müssen Bürokratensprache in allgemein verständliches Deutsch übersetzen. Wer einen Begriff wie Abstandseinhaltungserfassungsvorrichtung einfach übernimmt, hat seine Nachricht umsonst geschrieben. Die Leser jedenfalls dürften schreiend davonlaufen, sobald sie auf diesen Ausdruck stoßen. (Gemeint ist übrigens eine Markierung auf der Autobahn, mit der ein Fahrer den Sicherheitsabstand zum vor ihm fahrenden Wagen messen kann.)

Übersetzungsbedürftig ist vor allem die Polizeisprache, weil sie dazu tendiert, Sachverhalte zu entmenschlichen und Zwangsmaßnahmen zu verharmlosen. Journalisten müssen allerdings darauf achten, dass sie dabei nichts Falsches schreiben. Häufig ist ein Anruf beim Polizeisprecher nötig, um festzustellen, wer oder was sich hinter bewusst so schwammig gewählten

Ausdrücken wie Personenschaden oder Sicherheitskräfte verbirgt. Journalisten müssen auch sichergehen, dass sie keine Verfahrensschritte vorwegnehmen. Ein Festgenommener ist beispielsweise erst verhaftet, wenn ein Richter einen Haftbefehl erlassen hat.

Folgende Begriffe aus dem Polizeijargon können leicht durch lebendigere Wörter ersetzt werden:

- ✔ in Gewahrsam nehmen (besser: festnehmen)
- ✔ Personen (besser: Menschen)
- ✔ sicherstellen (besser: beschlagnahmen)
- ✔ gebührenpflichtige Verwarnung (besser: Knöllchen)
- ✔ Bußgeldbescheid (besser: Strafzettel)
- ✔ Lichtzeichenanlage (besser: Ampel)
- ✔ Ordnungshüter (besser: Polizisten)
- ✔ Stehlgut (besser: Beute)

Nach dem Schreiben

So ziemlich jedes journalistisches Lehrbuch empfiehlt Autoren, ihre Texte erst abzugeben, wenn sie eine Nacht darüber geschlafen und dann noch einmal mit frischen Augen darübergeschaut haben. Ein ausgezeichneter Rat, der jedoch von so gut wie niemandem befolgt wird. Fast alle Journalisten reizen den Redaktionsschluss aus und schreiben ihre Geschichten erst kurz vor knapp zu Ende. Sie liefern sich damit den ungeliebten Redakteuren aus, anstatt ihre Texte selbst noch einmal zu überarbeiten.

Gegenlesen

Die Alternative dazu, eine Geschichte wie ein gutes Steak abhängen zu lassen, ist, sie von einem kritischen Vertrauten gegenlesen zu lassen. Besonders bei Texten, die einem am Herzen liegen oder die man für einen Preis einreichen möchte, sollte man dies unbedingt tun. Der Ehemann oder die beste Freundin sind allerdings nicht zwingend die am besten geeigneten Kandidaten. Hier die Qualitäten, die gute Gegenleser mitbringen sollten:

- ✔ Sie sind darin geübt, mit Sprache umzugehen. Wenn sie selbst keine Journalisten sind, sollten sie Texte zumindest bewusst lesen.
- ✔ Sie können Schwachpunkte konkret benennen. Ein generelles Urteil über einen Text bringt dem Autor überhaupt nichts, selbst wenn es sich um Lob und Preis handelt.
- ✔ Sie machen brauchbare Verbesserungsvorschläge.
- ✔ Sie können zwischen Geschmacksfragen und Regeln des Handwerks unterscheiden.
- ✔ Sie sind keine Experten für das Thema des Textes.

Wer hauptberuflich mit Redigieren befasst ist, sollte über diese Fähigkeiten übrigens auch verfügen. Glaubt man aber Korrespondenten, dann sind Redakteure eher unerfahren, lieblos oder überheblich. Mancher Redakteur sagt dasselbe über seine Schreiberlinge.

Kürzen

Liegt der fertige Entwurf vor, fällt es Journalisten oft schwer, daran zu kürzen. Schließlich erinnern sie sich noch zu gut, was sie bereits an wichtigen Informationen weggelassen haben, weil ihnen ein geiziger Ressortleiter nur 120 Zeilen eingeräumt hat. Wer das Gefühl hat, um jedes Wort gerungen zu haben, wehrt sich dagegen, dass an seinem Text noch herumgestrichen wird.

Für den Sprachphilosophen Ernst A. Rauter enthalten die meisten Geschichten noch viel zu viele überflüssige Wörter. Am liebsten würde er den Journalisten die Tastatur wegnehmen und ihnen stattdessen einen Meißel in die Hand geben. Denn aus seiner Sicht geht nur jener Autor sparsam genug mit den Wörtern um, der sie in Granit hauen muss.

> *Es gibt keinen Artikel auf der ersten Seite irgendeiner Tageszeitung, den man nicht um ein Drittel bis um die Hälfte kürzen könnte, ohne dass etwas vom Sinn verloren ginge oder die Verständlichkeit litte.*

Für den, der kürzen soll, hier ein paar nützliche Ratschläge aus der Praxis:

- ✔ Lesen Sie Ihren Text nach dem Abendessen laut vor. Wenn Sie das unbestimmte Gefühl haben, dass Sie eine Passage lieber überspringen würden, dann sind Sie einer Textschwäche auf der Spur.
- ✔ Machen Sie sich eine schwarze Liste mit Bläh-, Binde- und Füllwörtern (siehe voriger Abschnitt). Gehen Sie anhand dieser Liste Ihren Text durch und streichen Sie konsequent alle Wörter, die Sie selbst indiziert haben. Na gut. Sagen wir, jedes darf ein einziges Mal in Ihrem Text vorkommen.
- ✔ Gehen Sie ins Detail, anstatt zu hoffen, dass die Streichung einer längeren Passage Sie schneller an die notwendige Zeilenzahl bringt. Kleine Überflüssigkeiten herauszukürzen, verbessert gleichzeitig Ihren Text.
- ✔ Versuchen Sie, Ihren Text daraufhin zu trimmen, dass die letzte Zeile eines Absatzes niemals nur ein Wort enthält. Solche Kurzzeilen zu vermeiden, hat zwar keinen tiefen Sinn. Großartig ist aber die Nebenwirkung: Füllwort um Füllwort purzelt in den Papierkorb.
- ✔ Achten Sie nicht nur auf sprachliche, sondern auch auf inhaltliche Fehler. Erscheint Ihnen eine Schlussfolgerung plötzlich schwach oder sind Sie nicht mehr sicher, einen Menschen wirklich richtig zitiert zu haben, dann müssen Sie auf die entsprechende Passage verzichten.

Ein tröstendes Wort für jeden, der sich über Kürzungen grämt, überlieferte Kurt Tucholsky. Es stammt ursprünglich vom Berliner Schauspielercoach Otto Brahm:

> *Wat jestrichen is, kann nich durchfallen.*

Geschäfte mit Geschichten

12

In diesem Kapitel

- Zeitungen und ihre Rivalen
- Zahlen zum Merken über die Medien
- Chancen und Schwächen des weltweiten Web

Journalisten recherchieren und schreiben nicht umsonst. Sie wollen mit ihren Geschichten ihren Lebensunterhalt verdienen. Dafür brauchen sie die Medien. Ohne Zeitung, Fernsehen oder Internet wäre der Journalismus eine brotlose Kunst.

Dieses Kapitel handelt davon, wie der Journalismus unter die Leute gebracht wird. Man könnte es auch als Medienkunde im Schnelldurchlauf bezeichnen. Sie erfahren, warum Zeitung nicht gleich Zeitung ist und wie sich Rivalitäten und Rangeleien in Spalten und Sendungen niederschlagen. Wie Zeitungen organisiert sind, wem sie gehören, wer daran verdient, wer die meisten Leser hat und wer mit wem konkurriert – dies alles zusammen hilft, das Geschäft mit den Geschichten zu verstehen.

Die Massenmedien und ihr Publikum

Das Wort Medium ist ein weiter Begriff, der alles umfasst, was zur Übermittlung von Botschaften dient – bis hin zum Spiritisten, aus dem der Geist von Friedrich dem Großen spricht. Journalisten haben es mit einer Auswahl dieser Übermittlungswege zu tun, den Massenmedien. Über Blätter, Sender und das Internet kommunizieren sie mit einem Publikum, das sie nicht persönlich kennen.

Von den Massenmedien nutzen Journalisten die flüchtige Spezies, um ihre Botschaften unters Volk zu bringen: das Fernsehen statt das Kino, die Zeitung statt das Buch. Das erschwert den Lebensunterhalt: Weil eine Tageszeitung nach einem Tag nur noch Altpapier ist und der Fernsehbeitrag nach seiner Sendung nur noch Schall und Rauch, besteht das Geschäft der Massenmedien darin, die vergleichsweise kurze Aufmerksamkeitsspanne von Lesern und Zuschauern zu Geld zu machen.

Wer sich besonders intensiv mit Politik befasst, nutzt Massenmedien anders. Anstatt den Tag mit einem sanften Musikprogramm zu beginnen, das nur zur vollen Stunde von Nachrichten unterbrochen wird, hört ein Drittel der Politiker und Journalisten morgens Wortprogramme im Radio, wie die »Informationen am Morgen« des Deutschlandfunks.

Zahlen und Fakten über die Massenmedien

Wer sich auf einem Großstadtbahnhof vor einer längeren Zugfahrt noch etwas Lektüre besorgen will, hat die Qual der Wahl: Am Verkaufstisch stapeln sich regionale und überregionale Zeitungen. Dazu kommen Wochenblätter, Nachrichtenmagazine und Zeitschriften für jeden Geschmack. Der Eindruck von einer überwältigend vielfältigen Presselandschaft ist jedoch trügerisch. Die Zahl der Vollredaktionen, die einzigartige Blätter erstellen, geht in Deutschland seit Jahren zurück.

Titel und Ausgaben

In Deutschland werden rund 350 Tageszeitungen herausgegeben. Sie erscheinen in 1.512 Ausgaben, die sich häufig nur durch einzelne Seiten unterscheiden. Auf 600.000 Einwohner kommt eine Vollredaktion, die nicht nur Lokalseiten, sondern auch einen eigenständigen Politik-, Wirtschafts-, Kultur- und Sportteil bestreitet. Genau besehen gab es in Deutschland zuletzt nur 135 publizistische Einheiten, also wirklich miteinander konkurrierende Redaktionen.

Während die Zahl der Zeitungstitel schrumpft, wird das Zeitschriftenangebot immer unübersichtlicher. Schätzungsweise gibt es 20.000 Publikationen in Deutschland, die mindestens einmal im Jahr erscheinen, mit einer Gesamtauflage von über 200 Millionen Exemplaren. 6.000 Blätter werden vom Verband Deutscher Zeitschriftenverleger (VDZ) als Zeitschriften gezählt. Gerade 900 Titel richten sich an das allgemeine Publikum und finanzieren sich zu einem erheblichen Teil durch Werbung. Dazu gehören Klatschzeitschriften ebenso wie Hochglanzmagazine.

Schrumpfende Auflagen

Die Zeitungen in Deutschland erschienen 2008 in einer Gesamtauflage von 25,95 Millionen Exemplaren. Die meisten Blätter werden im Abonnement vertrieben. Ein Viertel der Exemplare kaufen sich die Leute am Kiosk. Die Auflagen verringerten sich in Westdeutschland in den vergangenen zehn Jahren um 14 Prozent. In den neuen Bundesländern betrug das Minus sogar 30 Prozent.

Zeitungen tun viel dafür, ihre Leserschaft als möglichst zahlreich darzustellen. Schwächelt die Auflage, dann argumentieren die Verlage mit der Reichweite. Diese Größenordnung hebt darauf ab, dass jedes Zeitungsexemplar von mehreren Leuten gelesen wird. Entwickelt sich die Reichweite nicht so wie erwartet, wird auf die Kaufkraft der Leserschichten verwiesen.

BEISPIEL

Die Bild-Zeitung druckt täglich vier Millionen Exemplare, verkauft aber im Schnitt nur 3,3 Millionen am Tag. Sie verweist gerne darauf, 11,64 Millionen Leser am Tag zu erreichen. Sorgen um die Führungsrolle in der Zeitungslandschaft muss sie sich trotz sinkender Auflage nicht machen. Sie verkauft immer noch achtmal so viel Exemplare wie die *Süddeutsche*.

Die Zeitungshitparade

Die Auflagenzahlen schwinden, aber die Rangliste der zehn Tageszeitungen mit der größten Verbreitung ist in Deutschland in den vergangenen Jahren ziemlich konstant geblieben. Sie basiert auf den jüngsten verfügbaren Erkenntnissen des Zeitungswissenschaftlers Walter J. Schütz aus dem Jahr 2006.

1. *BILD:* 3.716.000
2. *Westdeutsche Allgemeine Zeitung:* 459.000
3. *Süddeutsche Zeitung:* 433.000
4. *Rheinische Post:* 391.000
5. *Hannoversche Allgemeine Zeitung:* 390.000
6. *Frankfurter Allgemeine Zeitung:* 363.000
7. *Augsburger Allgemeine Zeitung:* 343.000
8. *Südwestpresse:* 342.000
9. *Freie Presse Chemnitz:* 319.000
10. *Sächsische Zeitung:* 287.000

Wellen und Quoten

Seit der Einführung des privaten Rundfunks und Fernsehens in den 80er-Jahren hat sich die Zahl der Wellen und Programme vervielfacht. Der durchschnittliche Haushalt kann heute 55 Fernsehprogramme empfangen. Im Hörfunk tummeln sich gut 400 Programme, die meist nur regional zu empfangen sind. Das ändert sich durch Satellitentechnik und Digitalisierung. In Zukunft werden viele Zuschauer und Hörer genau das Programm finden, das ihren Interessen entspricht.

Marktführer beim Fernsehen sind nach wie vor ARD und ZDF, dicht gefolgt von RTL. Das liegt vor allem an der Treue älterer Zuschauer zu den öffentlich-rechtlichen Programmen. Nimmt man nur die 14- bis 49-Jährigen, führt RTL. Informationskanäle wie n-tv oder N24 haben Marktanteile von höchstens einem Prozent.

BEISPIEL

Die Fußball-WM in Deutschland schlug im Fernsehen alle Rekorde. 2006 waren die 14 meistgesehenen TV-Sendungen allesamt WM-Spiele. Die Liveübertragung Deutschland gegen Italien schauten 29,66 Millionen. Das ZDF erzielte damit eine Reichweite von 84 Prozent.

Die Presseverlage

Verlage müssen zwei Kundengruppen bedienen. Da sind auf der einen Seite die Leser, die sich interessante, aktuelle, richtige und unabhängige Informationen wünschen, dafür aber möglichst wenig bezahlen wollen. Auf der anderen Seite stehen die Inserenten. Sie wollen mit ihren Anzeigen möglichst viele Leser erreichen, und das auch noch zu einem günstigen Preis. Manchmal wollen sie auch den redaktionellen Inhalt beeinflussen und dabei ihre Stellung als Kunden des Verlags geltend machen.

Der typische Verlag besteht aus Abteilungen, die oft rivalisierende Interessen haben, letztlich aber an einem Strang ziehen müssen, damit das Ganze funktioniert.

- ✔ Die Redaktion sorgt für die Inhalte der Zeitung. Sie braucht dafür Unabhängigkeit, Informationsquellen, Recherchebudgets und möglichst viel Zeit. Je später der Redaktionsschluss und je weniger Einfluss seitens der Anzeigenkunden, desto besser kann sie ihren Auftrag erfüllen.
- ✔ Die Anzeigenabteilung verkauft Werbeplatz und trägt damit zu einem erheblichen Teil zum Umsatz des Verlags bei. Um den Firmen ein Inserat schmackhaft zu machen, versucht sie die Finanzkraft und Kauflust ihrer Leser unter Beweis zu stellen. Ein wichtiges Argument ist dabei die Zielgenauigkeit. Reiselustige lesen die Reiseseite, weshalb Anzeigen von Reiseunternehmen dort günstig platziert sind. Aber wehe, die Firma kommt im daneben stehenden Artikel schlecht weg!
- ✔ Die Herstellung macht aus den elektronisch zusammengestellten Seiten die Zeitung zum Anfassen. In der kurzen Zeit zwischen Redaktionsschluss und Beginn der Auslieferung werden Zigtausend Exemplare gedruckt. Die Herstellung ist auch für die Beschaffung von Papier und anderem Material zuständig. Sie wickelt den Druck im eigenen Haus und außerhalb ab.
- ✔ Der Vertrieb sorgt dafür, dass die Zeitung rechtzeitig zu den Abonnenten und Verkaufsstellen gelangt. Damit das klappt, wünschen sich die Vertriebsleute einen frühen Redaktionsschluss und – bei Boulevardzeitungen – eine möglichst sensationelle Schlagzeile. Zudem kämpfen sie ständig darum, den Schwund an Abonnenten auszugleichen. Sie treiben also selbst Werbung, bis hin zu Inseraten, die in anderen Medien geschaltet werden, um neue Leser anzulocken.

Die Riege der großen Medienmacher

Fast alle deutschen Zeitungsverlage sind als Familienbetriebe entstanden. In manchen Fällen lässt sich die Linie bis ins 19. Jahrhundert zurückverfolgen. Viele werden heute zwar von Managern geleitet, sind aber immer noch in Privatbesitz. Einige sind Medienkonzerne von internationalem Rang.

Der Riese aus Gütersloh

Der Bertelsmann-Konzern ist das größte europäische Medienunternehmen. Er verkauft nicht nur Zeitschriften und Bestseller, sondern betreibt auch Fernsehsender und Musiklabels. Weltweit arbeiten 87.000 Menschen für den Konzern aus Gütersloh in Nordrhein-Westfalen, 30.000 davon in Deutschland.

Bertelsmann ist nicht an der Börse notiert, sondern gehört einer gemeinnützigen Familienstiftung. Den Grundstein zum Imperium legte 1835 der Verleger Carl Bertelsmann. 1947 übernahm sein Enkel Reinhard Mohn die Firmenleitung. Er machte sein Geld erst mit Buchclubs. In den 50er-Jahren kamen Plattenfirmen hinzu, in den 80er-Jahren begann das Engagement im Privatfernsehen. Heute gehört Bertelsmann die RTL-Gruppe. Seit Mohns Rückzug aus der Leitung des Unternehmens ist seine Frau Liz die Entscheiderin.

Für Zeitschriften und Zeitungen ist der Verlag Gruner + Jahr verantwortlich. Nach dem Verleger John Jahr und dem Drucker Richard Gruner benannt, wurde der Verlag 1973 von Bertelsmann übernommen. Flaggschiff ist der *Stern*. Gruner + Jahr als größter Zeitschriftenverlag Europas hat weltweit 12.500 Mitarbeiter.

Der Konzern hinter den großen Lettern

An der Tageszeitungsauflage gemessen, ist die Axel Springer AG mit Abstand das größte deutsche Zeitungshaus. Von *Bild*, *Die Welt*, *Hamburger Abendblatt* und kleineren Blättern wie den *Elmshorner Nachrichten* werden täglich zusammen 4,8 Millionen Exemplare verkauft. Die Tageszeitungen bestreiten etwa 60 Prozent des Umsatzes. Dazu kommen Zeitschriften, *Bild am Sonntag* und *Welt am Sonntag*.

Die Axel Springer AG gehört zu mehr als 50 Prozent den Erben des Gründers Axel Cäsar Springer unter Führung seiner Witwe Friede. Springer starb 1985. Sein Versuch, die Geschicke des Unternehmens kurz vorher in die Hände des Burda-Verlags zu geben, scheiterte am Bundeskartellamt.

Das Springer-Hochhaus in Berlin steht ausgerechnet an der Rudi-Dutschke-Straße. Ein Volksentscheid führte zur Benennung des Straßenstücks nach dem Führer der Studentenbewegung. Das in Sichtweite der Mauer platzierte Hochhaus war nach dem Attentat auf Dutschke im Frühjahr 1968 Schauplatz von hitzigen Demonstrationen. Denn vor dem Attentat hatten die Springer-Zeitungen jahrelang gegen die »langhaarigen Affen« und »Gesinnungslumpen« gehetzt.

Das Zeitschriftenimperium

Der Burda-Verlag erwirtschaftet zwei Drittel seines Umsatzes mit Zeitschriften. Insgesamt haben die deutschen Burda-Blätter eine Auflage von 14,6 Millionen. Flaggschiffe sind *Bunte* und *Focus*. Zum Angebot gehören auch Blätter wie *Super Illu*, der deutsche *Playboy* und die biedere *Burda Moden*, die in 17 Sprachen erscheint.

Der Verlag wurde 1902 von Franz Burda im südbadischen Offenburg gegründet und ist bis heute in Familienbesitz. In den 80er-Jahren zerstritten sich die Nachkommen. Hubert Burda zahlte seine Brüder aus und führt heute allein das Unternehmen. Dazu gehört seit 2004 auch die Verlagsgruppe Milchstraße. Der Burda-Verlag hat mehr als 7.300 Mitarbeiter. Die meisten arbeiten am alten Verlagssitz in Offenburg, wo heute noch die wichtigste Druckerei ihren Standort hat.

Bekannt ist Burda als familienfreundlichster Großverlag: Seit 1997 gibt es am Verlagssitz München die Kindertagesstätte Burda Bande, in der der Nachwuchs schon ab dem Alter von drei Monaten betreut wird.

Die einflussreichen Hamburger

Am Umsatz gemessen, ist die Spiegel-Gruppe deutlich kleiner als die anderen deutschen Medienkonzerne. Anders sieht das aus, wenn man ihren publizistischen Einfluss bedenkt. Das wirkt sich auch auf die Werbeumsätze aus: Weil sie die Leser des *Spiegel* für besonders einflussreich halten, sind Unternehmen bereit, dort mehr für Anzeigen zu zahlen als anderswo. Zur Gruppe gehören auch das *Managermagazin*, die Produktionsfirma Spiegel TV und *Spiegel Online*.

Das Nachrichtenmagazin *Der Spiegel* wurde 1947 von Rudolf Augstein gegründet. 1974 schenkte er die Hälfte der Anteile den Mitarbeitern. Wer drei Jahre dabei ist, kann stiller Gesellschafter werden. Jährlich wird die Hälfte des Gewinns nach einem Punktesystem ausgeschüttet. Die Mitarbeiter-KG hat zudem erheblichen Einfluss auf die Lenkung des Unternehmens, zusammen mit dem ebenfalls beteiligten Verlag Gruner + Jahr sowie den Erben von Augstein, der 2002 starb.

Die stille Zeitungsmacht

Ohne großes Tamtam hat sich in Stuttgart die zweitgrößte Tageszeitungsgruppe formiert. Die Südwestdeutsche Medienholding (SWMH) verleibte sich 2007 die *Süddeutsche* ein. Zur Gruppe gehören außerdem die beiden Stuttgarter Zeitungen, die *Südwestpresse*, die *Rheinpfalz* aus Ludwigshafen, die Chemnitzer *Freie Presse* sowie die in Baden-Württemberg mit Millionenauflage erscheinende *Sonntag Aktuell*.

Hinter der SWMH verbirgt sich einerseits die Medien Union GmbH der Verlegerfamilie Schaub. Ebenso viele Anteile hält die Gruppe Württembergischer Verleger, die von Eberhard Ebner dominiert wird, der seinen *Schwarzwälder Boten* einbrachte. Die Holding meldete zuletzt einen Umsatz von 255 Millionen Euro. Der Süddeutsche Verlag mit 710 Millionen Euro war da noch nicht mit eingerechnet.

Die Aufkäufer

Die *Westdeutsche Allgemeine Zeitung* (*WAZ*), die *Neue Ruhr Zeitung* (*NRZ*), die *Westfalenpost* und die *Braunschweiger Zeitung* gehören zur WAZ-Gruppe, dem drittgrößten deutschen Zeitungsunternehmen. Der Essener Konzern hat 16.000 Mitarbeiter. Allein in Nordrhein-Westfalen erzielen seine Tageszeitungen eine Auflage von rund 850.000. Außerdem gehören ihm bunte Zeitschriften wie *Frau im Spiegel* und das *Goldene Blatt*.

Der Erfolg des Familienunternehmens beruht auf einer ungewöhnlichen Expansionsstrategie. Nach der Gründung im Jahr 1948 wurden weitere Regionalzeitungen hinzugekauft. Synergien und damit Einsparungen wurden hergestellt bei Technik, Anzeigen, Verwaltung und Vertrieb. Redaktionell blieben die Titel aber unabhängig und konkurrierten in manchen Gegenden sogar miteinander. Das gilt nicht fürs Internet: Dort treten alle nordrhein-westfälischen Regionalzeitungen der *WAZ* unter dem Portalnamen *Der Westen* auf.

Die vorsichtigen Verlagsväter

Wie Bertelsmann hat auch der Holtzbrinck-Konzern seine Wurzeln im Buchgeschäft. Der Gründer Georg von Holtzbrinck war ursprünglich Buchvertreter. Zu den Verlagen, die er übernahm, gehörten große Namen wie Droemer Knaur, S. Fischer und Rowohlt. Mehr als die Hälfte seines Umsatzes erzielt der Konzern heute im Ausland. Ein Nachkomme des Gründers, Stefan von Holtzbrinck, führt seit 2001 die Geschäfte.

Das Presseengagement von Holtzbrinck begann Ende der 60er-Jahre. Heute zählen Zeitungen und Wirtschaftsinformationen zum Hauptgeschäft. Zum Verlag gehören große Namen wie das *Handelsblatt* und die *Zeit*, aber auch Regionalzeitungen wie der *Tagesspiegel*, der *Südkurier*, die *Saarbrücker Zeitung*, die *Main-Post*, die *Lausitzer Rundschau* und der *Trierische Volksfreund*.

Der Patriarch der bunten Blätter

Der über ein Jahrhundert alte Bauer-Verlag ist fast ausschließlich auf Zeitschriften konzentriert. Darunter sind Blätter wie *Neue Post*, *Bravo* und *TV Movie*. Bei den Programmzeitschriften ist der Bauer-Verlag in Deutschland der Marktführer. Er gibt 238 Zeitschriften in 15 Ländern heraus.

Gegründet wurde der Hamburger Verlag schon 1875 von Johann Bauer. Er besaß eine Druckerei, in der er ursprünglich Visitenkarten herstellte. Nach dem Zweiten Weltkrieg setzte sein Sohn vor allem auf Programmzeitschriften, aber auch auf Massenblätter für Jugendliche und Frauen. Heute steht der Urenkel des Firmengründers, Heinz Heinrich Bauer, an der Spitze des Unternehmens.

Der kunstsinnige Monopolist

Die Verlegerfamilie Neven DuMont verweist stolz auf ihren Stammbaum, der bis ins 17. Jahrhundert zurückreicht. Ihr auflagenstärkster Titel, der *Kölner Stadt-Anzeiger*, erscheint seit 1876. Zur Unternehmensgruppe M. DuMont Schauberg gehört neben der Kölner Boulevardzeitung *Express* und der *Kölnischen Rundschau* seit 2006 als überregionaler Titel auch die *Frankfurter Rundschau*. Rechnet man die *Mitteldeutsche Zeitung* hinzu, landet die Gruppe auf Platz vier der deutschen Zeitungshäuser.

Die Stadt Köln machte Altverleger und Kunstmäzen Alfred Neven DuMont zu ihrem Ehrenbürger. Viele Kölner kritisieren jedoch die Medienmacht eines Verlegers, der im eigenen Reich keine Herausforderer zulässt. Mit Erfolg wehrte er eine norwegische Zeitungskette ab, die versuchte, in Köln eine Gratiszeitung zu etablieren. Auch gegen die Ausweitung der Lokalberichterstattung im WDR verwahrte sich der temperamentvolle Verleger. Er ist schließlich auch an Radiosendern und am Lokalfernsehen in Nordrhein-Westfalen beteiligt.

Aufmerksamkeit ist Geld wert

Etwas mehr als die Hälfte der Zeitungserlöse stammen aus dem Anzeigengeschäft: Unternehmen zahlen für die Aufmerksamkeit, die die Leser einer Zeitung ihren Produkten schenken. Im Jahr nehmen die Verlage durch Inserate zusammen 4,8 Milliarden Euro ein.

Die Zahlen täuschen leicht darüber hinweg, dass die gedruckte Zeitung als Werbeträgerin einen beispiellosen Niedergang erlebt. Bis 2000 galt die Faustregel, dass zwei Drittel der Erlöse aus Anzeigen und nur ein Drittel aus dem Verkauf stammen sollten. Dann wanderten die Kleinanzeigen ins Internet ab. Der Anteil von Online am Werbekuchen ist zwar noch gering. Doch die Zuwächse sind eindrucksvoll: Von 2006 bis 2007 stieg der Anteil der Internetwerbung um fast 50 Prozent.

Um weiter Gewinne schreiben zu können, drehen die Verlage an der Kostenschraube. Mithilfe moderner Technik wurden die Herstellungskosten in den vergangenen zehn Jahren um ein Zehntel reduziert. Wenig Einfluss haben die Verleger allerdings auf den Papierpreis, der fast acht Prozent der Kosten ausmachen. 2,7 Millionen Tonnen verbrauchen die deutschen Zeitungen im Jahr.

Die elektronische Zeitung würde in Herstellung und Vertrieb enorme Kosten sparen. Onlineausgaben sind jedoch nicht die Lösung, weil die Leser nicht bereit sind, dafür Abonnementgebühren zu bezahlen. Ein möglicher Zwischenweg ist eine Zeitung aus biegsamer Folie, die sich in die Tasche stecken lässt und jeden Tag neu geladen werden kann. Die britische Firma Plastic Logic baute 2008 in Dresden ein Werk, um solches Material zu fertigen.

Die Anzeigen-Auflagen-Spirale

Je mehr Zeitungen verkauft werden, desto mehr Geld fließt über Anzeigen in die Verlagskasse. Denn die Anzeigenpreise bemessen sich an der Auflage.

Eine ganzseitige Liebeserklärung in der Zeitung wäre ein wunderbarer Gag. Leisten können sich das jedoch nur Millionäre. Eine ganze Seite in der Deutschlandausgabe Bild-Zeitung kostet etwa 340.000 Euro. Im *Spiegel* müsste man dafür 50.000 Euro hinblättern. Die *FAZ* verlangt 35.000 Euro. Am ehesten erschwinglich wäre eine ganzseitige Anzeige in der *tageszeitung*: Dort kostet sie rund 7.200 Euro.

Nimmt die Zeitung mehr Geld durch Anzeigen ein, kann sie das Blatt attraktiver machen – durch schönere Geschichten, bessere Autoren, kostspielige Farbfotos oder Grafiken. Sie kann außerdem die Verkaufspreise niedrig halten und so am Kiosk besser konkurrieren. Eine bessere Zeitung hat mehr Leser und folglich eine höhere Auflage. Die Anzeigenpreise steigen – eine Erfolgsspirale ist im Gang.

Geht die Auflage zurück, gerät der Verlag in einen Abwärtsstrudel. Er kann für die Anzeigen nun nicht mehr so viel verlangen. Weniger Geld in der Kasse bedeutet aber ein magereres Blatt, sowohl vom Seitenumfang als auch von den Inhalten. Die Auflage dürfte also weiter sinken. Ein ähnlicher Effekt entsteht, wenn die Anzeigen aus gesamtwirtschaftlichen Gründen ausbleiben. Geht es der Wirtschaft schlecht, kann sie nicht so viele Inserate schalten. Auf die Zeitung wirken sich solche Konjunkturkrisen sehr schnell aus, zuletzt als 2001 die Technologieblase platzte.

Um die Auflage in die Höhe zu treiben, werden Zeitungen praktisch verschenkt. 440.000 Exemplare landeten 2007 an Bord von Flugzeugen, fast zwei Prozent der Auflage. Die Airlines bezahlen dafür einen nominellen Preis von einem Cent pro Exemplar. Die Bordexemplare werden bei der verkauften Auflage mitgezählt, obwohl sie für die Leser kostenlos sind. Denn im Flugzeug haben die Leute wenig anderes zu tun als Lesen. Wer fliegt, wird zudem zu den sogenannten Entscheidern gezählt, die für die Werbebranche besonders viel wert sind.

Buchführung im Quartalstakt

Die Wirkung von Werbung ist schwer zu beweisen. Wer in den Medien eine Anzeige schaltet, will möglichst genau wissen, ob sich das lohnt. Anhaltspunkte geben Statistiken, die von anerkannten Institutionen regelmäßig veröffentlicht werden.

- ✔ Die Informationsgemeinschaft zur Feststellung der Verbreitung von Werbeträgern (IVW – `www.ivw.de`) veröffentlicht jedes Vierteljahr die Auflagenzahlen von Zeitungen und Zeitschriften. Die Statistik beruht auf Angaben der beteiligten Verlage. Wer schummelt, muss mit Ausschluss rechnen.

- ✔ Die Arbeitsgemeinschaft Fernsehforschung (`www.agf.de`) ermittelt im Auftrag der großen TV-Sender die Einschaltquoten. In repräsentativ ausgewählten Haushalten wird gemessen, wer wann wie lange welches Programm anschaut. Daraus ergibt sich die Sehbeteiligung. Zudem wird der Marktanteil angegeben, den eine Sendung zu einer bestimmten Uhrzeit im Vergleich erzielen konnte.

- ✔ Die Media-Analyse (`www.agma-mmc.de`) erhebt den Anspruch, tiefer zu gehen als Einschaltquoten und Auflagenzahlen. Sie befragt zweimal jährlich 60.000 Leute, bei welcher Gelegenheit sie Radio hören und welche Zeitung sie vor Kurzem durchgeblättert haben. Dadurch ergeben sich Angaben zur Reichweite, also zur Nutzung und zum Bekanntheitsgrad von Hörfunk und Presse.

Der lange Draht zum Leser

In vielen Haushalten ist eine Tageszeitung immer noch eine Selbstverständlichkeit. Die 14,7 Millionen Zeitungsabonnenten sind für die Verlage eine sichere Bank. Für die durchschnittlich 20 Euro, die sie im Monat bezahlen, verlangen die Abonnenten allerdings auch den perfekten Service. Zum Beispiel, dass die Zeitung bei jedem Wetter rechtzeitig zum Frühstück im Briefkasten liegt.

Um diesen Service zu gewährleisten, unterhalten Regionalzeitungen ein Netz von Austrägern. Sie beliefern im Schnitt je 120 Abonnenten und verdienen im Monat pro Stück zwischen 2,50 Euro und 3 Euro. Zusätzliche Verdienstmöglichkeiten ergeben sich durch Kooperationen: Für überregionale Abonnementszeitungen ist es zu teuer, ein deutschlandweites Verteilernetz zu knüpfen. Sie bezahlen die regionalen Blätter dafür, sie mit auszuliefern. Alternativ gibt es den Zeitungszustelldienst der Post.

Vom Druckhaus zum Kiosk

Beim Großhandel mit Zeitungen und Zeitschriften bestehen in Deutschland staatlich sanktionierte Monopole. Damit soll gewährleistet werden, dass auch Leute, die im hintersten Winkel des Landes leben, am Kiosk die Auswahl zwischen einer Vielzahl von Publikationen haben.

Rund 80 sogenannte Grossisten sind die Zwischenhändler zwischen den Verlagen und den knapp 120.000 Verkaufsstellen. Sie haben das Land untereinander aufgeteilt und genießen Gebietsschutz, müssen also in der ihnen zugeteilten Region keine Konkurrenz durch einen anderen Großhändler befürchten. Dafür müssen sie jeden Laden in ihrem Bereich beliefern, der Zeitungen und Zeitschriften anbieten will. Sie dürfen niemanden bevorzugen, sondern müssen jedes Blatt ins Sortiment nehmen, das ein Verlag in Umlauf bringen will. Nicht verkaufte Exemplare müssen sie zurücknehmen.

Bahnhofsbuchhandlungen genießen im Vertriebssystem eine Sonderstellung. Sie werden direkt von den Verlagen beliefert und bekommen Sonderkonditionen eingeräumt. Denn nirgends werden so viele Zeitungsexemplare verkauft wie an Bahnhöfen und Flughäfen. Zehn Prozent des deutschen Presseumsatzes werden hier abgewickelt.

Die Presselandschaft

Für die deutsche Presse war das Ende des Zweiten Weltkriegs die Stunde null. Blätter, die vor der nationalsozialistischen Herrschaft führend gewesen waren, wie die *Vossische Zeitung* oder das *Berliner Tageblatt*, gehörten der Vergangenheit an. Unter der Aufsicht der Besatzungsmächte entstanden neue Zeitungen mit neuen Namen. Statt Hetze und Propaganda war nun die Trennung von Meinung und Information gefragt.

Heutzutage haben die meisten Leser die Wahl zwischen einer Heimatzeitung, aus der sie das lokale Geschehen erfahren, einem knappen Dutzend überregionaler Zeitungen, die stärker auf nationale und internationale Nachrichten setzen, Wochenzeitungen und Nachrichtenmagazinen, die Hintergrund und Analyse bieten, sowie einer großen Zahl von Publikumszeitschriften, die eher unterhalten als informieren wollen. Sie können außerdem eine Fachzeitschrift abonnieren oder ein Sonntagsblatt.

Geschichte im Zeitraffer

Auf Flugblättern wurden gedruckte Mitteilungen und Kommentare schon im 15. Jahrhundert unters Volk gebracht. Der Buchbinder und Pastorensohn Johann Carolus kam als Erster auf die Idee, die Drucktechnik regelmäßig zur Verbreitung von Nachrichten zu verwenden. 1605 brachte er in Straßburg die erste Wochenzeitung heraus: Seine *Relation* druckte Korrespondentenberichte aus Köln, Wien, Prag, Venedig und Rom. Die erste Tageszeitung erschien 1650 in Leipzig.

Mit der Erfindung des Telegraphen und neuer Druckmaschinen begann Mitte des 19. Jahrhunderts ein regelrechter Zeitungsboom. Ab 1835 wurden erst in Paris, dann in London die Nachrichtenagenturen Havas und Reuters gegründet. Ihre Dienste machten die Zeitungen wesentlich aktueller.

Das Goldene Zeitalter

Die moderne Technik veränderte auch die Zeitungsleserschaft. Industriell gefertigte Waren mussten an die Leute gebracht werden, und die Zeitungen erwiesen sich als ideale Transporteure von Werbung. In den USA und Großbritannien entstanden Massenblätter, die für wenige Pennys zu haben waren, weil sie sich zu einem beträchtlichen Teil über Anzeigen finanzierten. Auch in Deutschland erschienen solche Generalanzeiger gegen Ende des 19. Jahrhunderts in hohen Auflagen.

Während die Generalanzeiger eher einen Bogen um die Politik machten, war die Gesinnungspresse in hohem Maße parteiisch. Nach der Lockerung der Zensur entstanden parteinahe und revolutionäre Blätter wie die *Neue Rheinische Zeitung* mit ihrem Chefredakteur Karl Marx, die von 1848 bis 1849 erschien. Dazu kamen bürgerliche Qualitätszeitungen wie die 1856 gegründete *Frankfurter Zeitung*.

In der Weimarer Republik war die Zeitungslandschaft in Deutschland so vielfältig wie in keinem anderen Land der Welt. Am Vorabend der nationalsozialistischen Machtübernahme erschienen 4.700 Zeitungstitel mit einer Gesamtauflage von 18,6 Millionen Exemplaren.

Drittes Reich und Stunde null

Die Nationalsozialisten beendeten die Rivalität zwischen Qualitätszeitungen, Generalanzeigern und Gesinnungspresse auf ihre Art. Zuerst verboten sie die kommunistischen und sozialdemokratischen Blätter, dann die konfessionellen Zeitungen. Die restliche Presse wurde von nationalsozialistischen Verlagen übernommen oder gleichgeschaltet. 1944 waren noch 900 Titel übrig, die einer strengen Zensur unterlagen: Nur was den Nazis passte, durfte in der Zeitung stehen.

Nach dem Zweiten Weltkrieg gestalteten die Alliierten die deutsche Zeitungslandschaft neu. Die Besatzungsmächte vergaben Zeitungslizenzen, teils an unbelastete Journalisten, teils an Vertreter der wieder entstehenden Parteien. Die Lizenzpolitik gab Neugründungen wie der *Süddeutschen Zeitung* einen Vorsprung. Ab 1949 kamen auch die Altverleger wieder zum Zuge. Häufig entstanden Kooperationen, weil sich die Herstellung mehrerer Zeitungen in kleinen Städten nicht lohnte.

In der DDR und nach der Wende

In der DDR wurden die Zeitungen staatlich gelenkt und hatten zum Teil riesige Auflagen. Politisch waren sie entweder der SED, einer Blockpartei wie der Ost-CDU oder der Ost-FDP oder einer Massenorganisation zugeordnet. Die FDJ-Zeitung *Junge Welt* wurde in einer Auflage von 1,5 Millionen gedruckt. Zwischen 1989 und 1990 verringerte sich dies auf 400.000 Exemplare. 1995 waren es nur noch 19.200.

Nach der Wende gab es eine kurze Phase der Neugründungen und der Entwicklungshilfe seitens westdeutscher Regionalverlage. Als die DDR-Zeitungsverlage 1990 in Volkseigentum überführt wurden, gingen die Westverleger auf Einkaufstour. Sie sicherten sich die Zeitungen der SED in den Bezirken mit ihrem großen Abonnentenstamm. Der Finanzkraft der Pressehäuser aus dem Westen konnten unabhängige Blätter in kaum einer ostdeutschen Region etwas entgegensetzen. Daher gibt es in den meisten Gegenden heute nur eine große Tageszeitung, die allenfalls mit einer Regionalausgabe der Bild-Zeitung konkurrieren muss.

Die überregionalen Zeitungen

Überregionale Zeitungen setzen einen großen Teil ihrer Auflage außerhalb ihres Kernverbreitungsgebiets ab: In Hamburg wird die *Süddeutsche Zeitung* ebenso gelesen wie in Frankfurt. Die überregionale Presse hat zudem den Anspruch, alle Bereiche des öffentlichen Lebens abzudecken. Wirtschaftszeitungen wie das *Handelsblatt* oder die *Financial Times Deutschland* gehören nur bedingt zum Kreis der überregionalen Zeitungen, auch wenn sie in manchen Pressestatistiken als solche geführt werden.

Das Herrenblatt

Zu den Gründern der *Frankfurter Allgemeinen Zeitung* zählten 1949 frühere Mitarbeiter der von den Nationalsozialisten zerschlagenen *Frankfurter Zeitung*. Seit 1959 gehört sie einer Stiftung, deren Überschüsse in die Wissenschaft fließen. Geleitet wird die *FAZ* nicht von einem Chefredakteur, sondern von einem Herausgeberkollegium, das neue Mitglieder selbst hinzuwählt.

Die *FAZ* ist wirtschaftsliberal und wertkonservativ. Sie leistet sich mehr eigene Auslandskorrespondenten als jede andere deutsche Tageszeitung. Ihr Wirtschaftsteil ist für Banker und Unternehmer Pflichtlektüre. Berühmt ist aber auch das Feuilleton, in dem bis heute sogar Gedichte abgedruckt und besprochen werden. Die Frakturschrift über dem Leitartikel wurde 2007 abgeschafft. Inzwischen bringt die *FAZ* sogar ein Farbfoto auf der Titelseite. Und nachdem sie sich der Rechtschreibreform jahrelang verweigert hatte, stellte sie schließlich auch auf »dass« mit Doppel-S um.

Die Sozialdemokratin am Main

Die *Frankfurter Rundschau* war die erste Zeitung, die 1945 in der amerikanischen Besatzungszone lizenziert wurde. Der Gründer Karl Gerold war Sozialdemokrat, trat jedoch aus der Partei aus, um seine journalistische Unabhängigkeit unter Beweis zu stellen. Ihre Hoch-Zeit hatte die *FR* in den 60er-Jahren. Anders als bei der *FAZ* glückte das nach Gerolds Tod eingeführte Stiftungsmodell nicht.

Die Zeitung geriet 2002 in eine schwere wirtschaftliche Krise. Die Zahl der Mitarbeiter wurde halbiert, das Stammhaus in der Frankfurter Innenstadt verkauft. Nach der Übernahme der Mehrheit durch den DuMont-Schauberg-Verlag wechselte das Blatt zum handlicheren Tabloid-Format, das ein Drittel kleiner ist als eine normale Tageszeitung. Die Auflage stabilisierte sich bei rund 150.000 Exemplaren.

Die kühle Konservative

Die *Welt* wurde 1949 in Hamburg von der britischen Militärregierung ins Leben gerufen. Sie erschien damals mit einer Auflage von einer Million Exemplaren. Seit 1953 gehört sie dem Springer-Verlag. Wie alle Springer-Zeitungen folgt sie einem Credo, zu dem der Einsatz für die deutsche Einheit, die Freundschaft zu den USA und die Aussöhnung mit Israel gehören. Sie ist konservativ und wechselt häufig ihre Führung.

Im Bestreben, die *Welt* rentabel zu machen, wurde die Redaktion mit jener der *Berliner Morgenpost* zusammengelegt. Zudem entstand *Welt Kompakt*, eine Tabloid-Version für den Straßenverkauf. Einschließlich der *Welt am Sonntag* wird die Zeitungsgruppe von einem integrierten Newsroom in Berlin aus gesteuert, der auch die Onlineausgabe beliefert. *Welt* und *Welt Kompakt* haben heute zusammen eine Auflage von etwa 280.000 Exemplaren.

Nach den Farbbalken auf den Titelseiten werden die Qualitätszeitungen bei Springer *(Die Welt, Welt am Sonntag)* die blaue Gruppe und die Kaufzeitungen *(Bild* und *Bild am Sonntag)* die rote Gruppe genannt. Lange musste die blaue Gruppe von der roten Gruppe subventioniert werden. 2007 schrieb sie erstmals schwarze Zahlen.

Die trotzige Rentnerin

Sieht man von der heute praktisch bedeutungslosen *Jungen Welt* einmal ab, ist das *Neue Deutschland* die einzige überregionale Tageszeitung, die aus der DDR-Zeit übrig geblieben ist. Sie entstand 1946 aus der Zusammenlegung der KP-Zeitung *Deutsche Volkszeitung* und des SPD-Blattes *Das Volk*. Das *ND* wurde vom Zentralkomitee der SED kontrolliert und heftig subventioniert. Die Auflage lag bei 1,1 Millionen Exemplaren, der Preis 1961 bei 15 Pfennig.

Im Dezember 1989 gab die Zeitung den Anspruch auf, das SED-Zentralorgan zu sein. Fortan nannte sie sich sozialistische Tageszeitung. 2007 hatte sie noch eine Auflage von 42.000 Exemplaren. Von über 500 Mitarbeitern sind 86 geblieben. Die Leser sind im Durchschnitt 65 Jahre alt.

Die Primadonna vom Viktualienmarkt

Die auflagenstärkste Qualitätszeitung kommt nicht aus der Hauptstadt, sondern aus München: Die *Süddeutsche Zeitung* liegt mit ihrer etwas links von der Mitte verorteten Ausrichtung genau auf der Linie der durchschnittlichen überregionalen Leserschaft. Zwei Drittel der 450.000 Exemplare werden im Münchener Raum verkauft.

An den Start ging die *Süddeutsche* am 6.10.1945 als erste Lizenzzeitung im süddeutschen Raum. Der Gründer Werner Friedmann war ab 1951 der Chefredakteur. Seine Witwe Anneliese und sein Sohn Johannes halten heute noch knapp 19 Prozent der Anteile an der Zeitung. Die anderen Eigentümerfamilien verkauften 2008 ihre Anteile für geschätzte 600 Millionen Euro an ein Konglomerat von Verlegern aus Südwestdeutschland.

Die Schlagzeilen-Queen

Axel Springer gründete *Bild* 1952 als gedruckte Antwort auf das Fernsehen. Anfangs kostete das Blatt zehn Pfennig und brachte hauptsächlich Bilder. Später wurde es durch seine Schlagzeilen berühmt. »Wir sind Papst«, titelte sie 2005 über die Wahl von Joseph Ratzinger zum Oberhaupt der katholischen Kirche.

Auch wenn die Auflage kontinuierlich sinkt, bleibt *Bild* doch mit Abstand die meistverkaufte Tageszeitung in Deutschland. In 28 Ballungsräumen gibt sie Regionalausgaben heraus. Mit ihrer populistischen Tendenz, ihrem Sensationalismus und ihren Neidkampagnen ist sie zugleich das umstrittenste Blatt des Landes. Keine andere Zeitung wird so oft vom Presserat gerügt.

Die Revoluzzerin mit Pfiff

Die Berliner *die tageszeitung*, kurz *taz* genannt, ist eine Spätfolge der 68er-Bewegung. 1979 wurde sie von Alternativen gegründet, um der bürgerlichen Presse ein tagesaktuelles Medium entgegenzusetzen. Seit 1991 gehört sie einer Genossenschaft mit mittlerweile 6.800 Mitgliedern. Als selbst verwaltetes Unternehmen zahlt sie den 250 Angestellten Löhne, die weit unter denen anderer Verlagsmitarbeiter und Redakteure liegen. Nur 17 Prozent des Umsatzes werden mit Anzeigen gemacht.

Wirtschaftlich befindet sich die *taz* regelmäßig in der Krise und appelliert dann an die Öffentlichkeit, sie zu retten. Die Auflage krebst um die 50.000 herum. Dennoch ist die *taz* die innovativste deutsche Tageszeitung. Sie provoziert mit Satiren und setzt Maßstäbe beim Zeitungsdesign.

Die Nachdenker von der Alster

Als die Wochenzeitung *Die Zeit* 1946 zum ersten Mal erschien, hatte sie nur acht Seiten und eine Auflage von 25.000 Exemplaren. Von einer Gruppe um den Rechtsanwalt Gerd Bucerius gegründet, wurde sie bis 1971 vom profitablen *Stern* querfinanziert, an dem Bucerius ebenfalls beteiligt war. Unabhängig und liberal, setzte sie sich besonders für die Ostpolitik von Willy Brandt ein. Seit 1996 gehört sie zum Holtzbrinck-Verlag.

Die *Zeit* galt lange als alte Tante der deutschen Zeitungslandschaft. Zwar gehörte es unter Studienräten zum guten Ton, sie zu abonnieren, doch im Wohnzimmer stapelten sich die Exemplare oft ungelesen. In den 90er-Jahren wurde die Redaktion verjüngt. Als erste namhafte Zeitung schaltete sie ihre Internetausgabe frei. Seit Anfang 2000 steigt die Auflage wieder. 2007 betrug sie knapp 490.000 verkaufte Exemplare.

Die Heimatpresse

Von der *Oldenburger Kreiszeitung* bis zur *Passauer Neuen Presse* – in der deutschen Presselandschaft ist die Regionalzeitung der Normalfall. Knapp 330 Titel erscheinen in Deutschland nur in der jeweiligen Heimatregion. Die Bandbreite ist groß: Manche Regionalzeitungen leisten sich eigene Auslandskorrespondenten und beziehen die Dienste von drei oder vier Nachrichtenagenturen. Andere beschränken die nationale und internationale Berichterstattung auf das Nötigste und verlassen sich dabei auf das Material der *Deutschen Presse-Agentur (dpa)*.

Schwer haben es besonders die Heimatzeitungen mit einer Auflage von weniger als 50.000 Exemplaren. Redaktion, Verwaltung und Anzeigenverkauf machen einen hohen Anteil an den Kosten aus. Viele kleine Regionalzeitungen kooperieren deshalb beim Anzeigengeschäft oder beziehen den überregionalen Teil der Zeitung von einem größeren Verlag. Oder sie werfen das Handtuch. Eine Beratungsgesellschaft sagte 2005 voraus, dass jeder vierte Zeitungsverleger in Deutschland aufgeben wird.

Fressen und gefressen werden

Auf dem deutschen Zeitungsmarkt findet seit Jahren ein schleichender Konzentrationsprozess statt: Alteingesessene Verlegerfamilien verkaufen ihre Regionalzeitung an größere Unternehmen. Anderswo ziehen Verlage ihre Redaktionen aus den wenigen Orten zurück, wo noch mehr als ein Titel erscheint. Oder Nachrichten und Kommentare zum internationalen Geschehen werden zentral hergestellt und erscheinen unter Titeln, die sich bloß noch im Lokalteil voneinander unterscheiden.

Für Journalisten bedeutet dies weniger Jobs. Für die Leser bedeutet es im Zweifelsfall weniger publizistische Vielfalt. Fast die Hälfte der Bundesbürger lebt heute in einem Kreis, in dem sie nur eine Ortszeitung zur Auswahl hat. Vor 30 Jahren war das anders.

Beilagen und ihre Verwandten

Sonderveröffentlichungen oder sogenannte Verlagsbeilagen dienen dazu, die Werbung besser zur Geltung zu bringen, die auf denselben Seiten geschaltet ist. Optisch sind diese Seiten ganz ähnlich aufgemacht wie die normalen Zeitungsseiten. Nur ein kleiner Verweis lässt erkennen, dass es sich um gekauften Journalismus handelt.

Nicht zu verwechseln mit den Sonderveröffentlichungen der Zeitungen sind die Wochenendbeilagen. Sie sind oft die Luxusteile der Zeitung, aufwendig gestaltet und mit langen Texten und Kolumnen bestückt. Werbung ist in ihnen kaum zu finden.

Massenware in Bunt

Zeitschriften haben gegenüber Zeitungen zwei entscheidende Vorteile: Sie sind visuell, arbeiten also stärker mit Bildern als mit Texten, sodass es weniger anstrengend ist, sie zu konsumieren. Außerdem sind sie weniger vergänglich. Sie können auch nach einer Woche noch gelesen werden, während die Zeitung nach einem Tag nur noch zum Einwickeln von Kopfsalat geeignet ist.

Die Zeitschriften, die beim Zahnarzt oder beim Friseur ausliegen, sind nicht gekauft, sondern nur gemietet. Sie gehören zu einem Lesezirkel, einer in der Nachkriegszeit entstandenen Form des günstigen Abonnements. Die Bezieher erhalten ein Sortiment von Zeitschriften für den halben Preis. Denn Patienten und Klienten stört es nicht, wenn die Zeitschriften erst eine Woche nach dem Erscheinungstermin in den Praxen und Salons landen. Für die Inserenten ist das attraktiv: Die Reichweite des Lesezirkels ist größer als beim Einzelverkauf.

- ✔ Publikumszeitschriften zeichnen sich dadurch aus, dass ihre Leser keine besondere Qualifikation oder kein spezielles Interesse brauchen. Typisches Beispiel ist der 1948 von Henri Nannen gegründete *Stern*.
- ✔ Leser von Fachzeitschriften brauchen Sachverstand, sonst verstehen sie gar nicht erst, wovon die Rede ist. Jede wissenschaftliche Fachrichtung gibt eine eigene Publikation heraus, die häufig nur einmal im Jahr erscheint.
- ✔ Special-Interest-Zeitschriften richten sich an alle, die eine bestimmte Sache interessiert, wie eine Sportart oder die Computertechnik. Anders als bei Fachzeitschriften muss man aber kein Experte sein, um den Inhalt zu verstehen.
- ✔ Hunderte von Verbänden und Vereinen in Deutschland geben Mitteilungsblätter für ihre Mitglieder heraus. Die Monatspublikation des ADAC ist die Zeitschrift mit der größten Auflage überhaupt: Sie erscheint mit 13,8 Millionen Exemplaren.
- ✔ Auch Unternehmen produzieren Zeitschriften für Kunden oder Mitarbeiter. Das Magazin der Bahn AG, *DB mobil*, gehört zur Kategorie Corporate Publishing.

Mischer und Mehrer

Weil sich erst mit einer großen Auflage ein einträgliches Anzeigengeschäft gestalten lässt, ist es im Mediengeschäft sehr schwer, neu auf den Markt zu kommen. Im Informationsbereich gibt es nur wenige erfolgreiche Neugründungen. Dagegen werden jährlich Dutzende neue Special-Interest-Zeitschriften auf den Markt geworfen.

Ist in der Zeitschriftenbranche von einem Dummy die Rede, dann ist nicht dieses Buch gemeint. Es handelt sich vielmehr um die Testausgabe einer neuen Zeitschrift, die von einer Entwicklungsredaktion erstellt worden ist. Der Journalist Oliver Gehrs stellte dieses Konzept auf den Kopf. Er entwickelte eine neue Themenzeitschrift, die er unter dem Titel *Dummy* an die Kioske brachte.

Am günstigsten ist es bei Neugründungen, eine bereits eingeführte Marke als Sprungbrett zu verwenden. Sowohl Anzeigenkunden als auch Leser haben dadurch einen ersten Anhaltspunkt, welche Qualität sie von dem neuen Blatt zu erwarten haben. Solche Klone profitieren häufig auch von Kostenvorteilen. Sie nutzen die Ressourcen des Mutterblatts zumindest teilweise mit.

- ✔ Die *Financial Times Deutschland* wurde 2000 während des Internetbooms von Gruner + Jahr und der britischen Pearson Gruppe gegründet – als Wirtschaftszeitung für den deutschen Markt. Vorbild war die britische *Financial Times*, auf deren Recherchen die kleine deutsche Schwester zurückgreifen durfte. Seit 2008 gehört die *FTD* ganz zu Gruner + Jahr. Schon häufig totgesagt, hat sie eine Auflage von 104.000, schrieb zuletzt aber immer noch rote Zahlen.
- ✔ *Brigitte Woman* ist eine monatlich erscheinende Version der Zeitschrift *Brigitte* für Frau über 40. Das ist insofern merkwürdig, da auch die Leserschaft des Mutterblatts zu dieser Altersgruppe gehört. Der Ableger wird von der *Brigitte*-Redaktion nebenher gemacht. Seine Auflage steigt, finden sich dort doch interessantere Texte.
- ✔ *Focus Schule* setzt darauf, dass das Thema Bildung die Deutschen so stark bewegt, dass sie mehr darüber lesen wollen als wöchentlich im Mutterblatt steht. Es erscheinen sechs Hefte im Jahr. Die Autoren schreiben auch für den *Focus*.
- ✔ Die *Frankfurter Allgemeine Sonntagszeitung* (*FAS*) ist mehr als die Sonntagsausgabe der *FAZ*. Sie ist bunter, leichtlebiger und hat eine eigene Redaktion mit über 50 Mitarbeitern. In der Auslandsberichterstattung greift die *FAS* auf das üppige Korrespondentennetz der *FAZ* zurück. 2001 gegründet, hat sie inzwischen eine Auflage von 320.000.
- ✔ Die Zeitschrift *Neon* ist der *Stern* für die jüngere Generation. Von Gruner + Jahr herausgegeben, hat sie ein völlig eigenständiges Redaktionsteam und einen anderen inhaltlichen Zuschnitt. Die Titelgestaltung erinnert immerhin an das Mutterblatt. *Neon*-Leser sollen später mal den *Stern* lesen – nicht jeder will schließlich mit 35 noch von seiner Zeitung geduzt werden.

Die Sonntagspresse

In den USA sind die Sonntagsausgaben so dick, dass sie kaum in den Briefkasten passen. In Deutschland erscheint die Ausgabe mit den meisten Seiten traditionell samstags. Das hat mit den teuren Wochenendzulagen für Drucker und Redakteure zu tun. Vor allem aber liegt es am Vertriebssystem, dass Sonntagszeitungen in Deutschland so dünn gesät sind. Denn nur der Springer-Verlag verfügt über ein bundesweites Netz von Zustellern, das *Welt am Sonntag* und *Bild am Sonntag* bis zur Haustür bringt. Einen ähnlichen Service konnte lang nur *Sonntag Aktuell* bieten, die regional begrenzte Sonntagsausgabe der württembergischen Zeitungen.

Seit es der *FAS* gelungen ist, auf diesen Markt einzudringen und ein Verteilsystem aufzubauen, ist der Knoten geplatzt. Auch die *Süddeutsche Zeitung* dachte 2008 über die Einführung einer Sonntagsausgabe nach. Schließlich haben die Menschen sonntags am meisten Zeit zum Zeitunglesen, vor allem seit immer weniger in die Kirche gehen.

Funk und Fernsehen

Bis ins 20. Jahrhundert hinein waren die Zeitungen die Platzhirsche unter den aktuellen Massenmedien. Seither machen ihnen immer neue Verbreitungswege Konkurrenz. Jedes Mal wurde befürchtet, dass dies das Aus für die gedruckte Information bedeuten würde. Radio und Fernsehen florierten. Die Zeitung blieb dennoch bestehen.

1923 wurde in Deutschland die erste Radiosendung ausgestrahlt. Gesendet wurde aus einer Berliner Dachkammer, zahlende Hörer gab es am ersten Sendetag noch nicht. Während das Radio rasch populär wurde, setzte sich das Fernsehen in Deutschland erst in den 50er-Jahren durch.

Gemischtes Doppel

Kommerzsender und öffentlich-rechtliche Programme bestehen im deutschen Rundfunk nebeneinander. Diese Koexistenz nennt sich das duale System. Es wird von Urteilen des Bundesverfassungsgerichts abgesichert.

- ✔ Eine staatliche Kontrolle des Rundfunks darf es nicht geben. Schon in den 60er-Jahren wies Karlsruhe derartige Ansinnen der damaligen Regierung zurück.
- ✔ Der öffentlich-rechtliche Rundfunk sichert die Grundversorgung mit Information, Bildung und Unterhaltung. Er hat insofern eine Bestandsgarantie. Nur solange er besteht, dürfen Privatradio und Privatfernsehen mit weniger strengen Anforderungen an die Vielfalt existieren.
- ✔ Der öffentlich-rechtliche Rundfunk wird durch Gebühren finanziert. Er darf parallel in Maßen auch Werbung treiben, um zusätzliche Geldquellen zu erschließen.

- ✔ Auch private Sender müssen sich an bestimmte Vorgaben halten, wie eingeschränkte Werbezeiten oder den Jugendschutz. Sie werden von den Landesmedienanstalten überwacht.
- ✔ Um Monopolbildungen zu vermeiden, dürfen sich Verlage nur begrenzt an Privatsendern beteiligen. Keine Sendergruppe darf einen Zuschaueranteil von mehr als 30 Prozent auf sich vereinen.

Im öffentlichen Auftrag

Der öffentlich-rechtliche Rundfunk entstand nach britischem Vorbild. In den Bundesländern wurden die Sender gegründet, die jetzt als dritte Programme bekannt sind. 1950 schlossen sie sich zur Arbeitsgemeinschaft der öffentlich-rechtlichen Rundfunkanstalten in Deutschland (ARD) zusammen. Seit 1954 produzieren sie gemeinsam das erste Programm.

Die öffentlich-rechtlichen Sender, zu denen sich 1961 das Zweite Deutsche Fernsehen (ZDF) gesellte, finanzieren sich zum überwiegenden Teil aus Gebühren. Der Rest kommt aus der Werbung und dem Verkauf von Ausstrahlungsrechten. Gebührenerhöhungen müssen sie von einer unabhängigen Kommission und von den Länderparlamenten abgesegnet werden. Aus Finanzknappheit tun sich immer wieder Sender zusammen. Zuletzt fusionierten 2002 der Sender Freies Berlin und der Ostdeutsche Rundfunk Brandenburg zum Rundfunk Berlin-Brandenburg (RBB).

Wer sich vor der Zahlung der Rundfunkgebühren drücken will, braucht heutzutage bessere Argumente als nur jenes, er habe keinen Fernseher. Die gefürchtete Gebühreneinzugszentrale (GEZ) geht mit der Zeit: Auch ein Laptop kann als Fernsehempfangsgerät zählen.

Die Aufsicht über die öffentlich-rechtlichen Sender führen die Rundfunk- und Fernsehräte. Sie werden nach einem Schlüssel besetzt, der wichtige gesellschaftliche Gruppierungen berücksichtigt, wie Parteien, Religionsgemeinschaften und Gewerkschaften. Bei Abstimmungen wie der Wahl eines Intendanten gruppieren sich die Ratsmitglieder zu parteipolitisch orientierten Lagern.

Einfalt und Vielfalt

Zuerst gab es Piratenradios, die aus Garagen und Nachbarländern sendeten. Dann gingen Mitte der 80er-Jahre in Deutschland die ersten Kommerzsender an den Start. Deren Eigentümer waren regionale Zeitungsverlage sowie Zeitschriftenverleger. Bis heute sind Verlagshäuser stark im privaten Hörfunk vertreten. Viele kleine Sender arbeiten als sogenannte Formatradios, deren Ablauf einem strengen Programmschema folgt. Häufig regelt der Computer die Auswahl der Musiktitel. Andere haben regionale Verbreitung und sind als Senderketten organisiert, wie die RTL-Radioprogramme.

Das Privatfernsehen startete 1984 im Kabelnetz. Heute teilen sich zwei Fernsehketten den Markt:

- ✔ Die RTL-Gruppe mit RTL, RTL Plus, RTL 2, Super RTL, Vox und n-tv gehört zum Bertelsmann-Konzern.
- ✔ Die ProSieben-Sat.1 Media AG, zu der auch Sender wie Kabel Eins und N24 gehören, wechselte in den vergangenen zehn Jahren mehrfach den Besitzer. Der US-Investor Haim Saban verkaufte sie 2006 an zwei Investmentfonds.

Zur vollen Stunde und zur besten Sendezeit

Wer sich kurz und knapp über das Neueste aus Politik, Wirtschaft und Sport sowie über das Wetter informieren möchte, schaltet zur vollen Stunde das Radio an. Alle öffentlich-rechtlichen und viele private Sender bringen dann kompakte Informationen. Oft werden einem Thema nicht mehr als 20 Sekunden gewidmet. Drei Sätze machen dann schon eine Nachricht aus.

Als Faustregel gilt: Pro Minute kann ein Nachrichtensprecher 100 bis 200 Wörter vorlesen. Die durchschnittliche Radionachricht hat 15 Zeilen à 60 Anschläge. Das ist etwa eine halbe Seite.

Ausführlicher informiert werden Radiohörer vor und nach der Arbeit. Die einstündigen Morgen- und Abendsendungen mischen Interviews mit Politikern, längere Beiträge und Schaltgespräche mit Korrespondenten. Kaum ein Stück ist länger als vier Minuten. Im Fernsehen findet die Hauptnachrichtensendung abends statt.

Nachrichtenmoderatoren im Fernsehen, die in einem virtuellen Studio arbeiten, dürfen keine grünen Jacketts tragen. Denn die Bilder und Schlagzeilen, die hinter ihnen zu sehen sind, werden auf eine grüne Wand projiziert. Würden auch die Ansager diese Farben tragen, sähen sie aus wie Geister ohne Leib. Tabu sind im Fernsehen auch karierte Jacketts oder Krawatten. Die Kameras können die kleinen Muster nicht auflösen, sodass ein Flimmereffekt entsteht.

Nachrichtenfernsehen rund um die Uhr

Nach amerikanischem Vorbild wurde auch in Deutschland Anfang der 90er-Jahre der erste Fernsehnachrichtensender etabliert. Auf n-tv folgte 2000 das Konkurrenzprogramm N24. Die deutschen Versionen des US-Kanals CNN erfüllten nie die ursprünglich an sie gestellten Erwartungen. Fernsehen ist teuer. Jedes Mal, wenn der Satellitenwagen ausrückt, zucken die Budgetverantwortlichen vor Schreck zusammen.

Ihr Auslandskorrespondentennetz haben n-tv und N24 inzwischen weitgehend zerschlagen. Nachrichten machen nur ein Viertel bis ein Drittel des Programms aus. Die Abende und Wochenenden füllen sie mit Dokumentationen zu Geschichte, Wissenschaft und Technik. Nachts laufen viele Wiederholungen.

Ganz nah dran

Das Informationsangebot von Fernsehen und Radio erschöpft sich nicht in den Nachrichten. Die Sender versuchen auch, näher und tiefgründiger zu berichten. Sie gehen vor Ort, recherchieren Skandale oder lassen Politiker in Gesprächsrunden ausführlich zu Wort kommen.

Die Republik auf dem Talkshow-Sofa

Talkshows haben in den vergangenen Jahren im Fernsehen etwas überhand genommen. Das hängt auch damit zusammen, dass sie vergleichsweise preiswert sind. Alles, was man dafür braucht, ist ein Studio, eine kleine Redaktion, die sich um die Gäste kümmert, einen Moderator und die Technik für einen Tag. Im Vergleich dazu sind mit Recherche und Produktion eines journalistischen Magazinbeitrags gleich mehrere Redakteure, Reporter und Kameraleute zum Teil wochenlang beschäftigt.

Für ihren Auftritt in einer Talkshow bekommen Politiker höchstens das Taxi ins Studio bezahlt. Für andere Gäste wie Experten, Betroffene und Journalisten ist die Teilnahme an solchen Runden dagegen ein interessanter Zuverdienst. Der sonntägliche *Presseclub im Ersten* zahlt besser als die meisten Runden. Dort erhalten Journalisten für einen Auftritt rund 600 Euro.

Enthüllen und bebildern

Ungleich aufwendiger als die Talkshows sind Politmagazine wie *Monitor* oder *Kontraste*. Ihre Journalisten sehen es als Aufgabe, Missstände aufzudecken. Traditionell sind sie auf der Suche nach dem Haar in der Suppe. Ihre Jagd nach exklusiven Informationen dauert zum Teil wochenlang. Die Ergebnisse aufzubereiten, ist im Fernsehen schwieriger als in der Zeitung, weil alles bebildert werden muss. Wer einen Skandal anprangern will, muss auch vor die Kamera. Alternativ blenden die Redaktionen vertrauliche Dokumente ein, um etwas zu belegen.

Zum Magazinbereich gehören auch Fernsehgeschichten, die den Reporter selbst ins Bild rücken, sowie Dokumentationen, die Sachverhalte nachstellen oder von Beteiligten demonstrieren lassen. Weniger aufwendig produziert sind Boulevardsendungen wie *Explosiv* oder *Brisant*. Sie beschäftigen sich vor allem mit Prominenten, Verbrechen, Tieren und menschlichen Einzelschicksalen.

Fernsehen in der Region

Ursprünglich starteten viele Privatsender mit Regionalfenstern. Heute überlässt das Kommerzfernsehen die Regionalberichterstattung wieder überwiegend den Radios und Zeitungen. Ausnahmen sind Sendungen wie der *Länderspiegel* im ZDF. Die meisten ARD-Anstalten leisten sich eine ganze Reihe von Regionalstudios, die eigene Sendeplätze in den dritten Programmen zur Verfügung haben. Seitdem die Fernsehtechnik günstiger geworden ist, gibt es zudem in Ostdeutschland viele lokale Kabelnetze, die Sendungen rühriger Fernsehstationen einspeisen.

Beim Radio entscheiden die Hörer, wenn sie am Frequenzknopf drehen, wie regional sie ihre Informationen haben wollen. Sämtliche ARD-Sender unterhalten Regionalwellen. Auch die privaten Hörfunkprogramme haben, sofern sie überhaupt Nachrichten bringen, einen stark regionalen Bezug – auch wenn es nur die Wetteraussichten und den Staubericht betrifft.

Das Internet

In den letzten Jahrzehnten des 20. Jahrhunderts begann für den Journalismus nochmals eine neue Epoche. Das World Wide Web schuf den Internetzugang für jedermann.

Softwareunternehmer Bill Gates prophezeite für 2000 den Anfang vom Ende für Zeitungen und Zeitschriften. Die Verlage sind optimistischer: Sie setzen darauf, dass es ihnen gelingt, sich der neuen Lage anzupassen, wie sie es bereits bei vorherigen technischen Neuerungen schafften.

Investieren ist leichter als kassieren

Heute wird das Internet als der einzige Wachstumsmarkt für den Journalismus begriffen. In den USA, dem Vorreiterland, war 2007 dafür ein entscheidendes Jahr. Leitmedien wie die *New York Times* gaben bekannt, dass sie Ressourcen im großen Stil ins Netz verlagern würden. Auch in Deutschland wurde wieder kräftig investiert. Zeitungen, die ihr Webangebot nach 2000 zunächst wieder reduziert hatten, stellten wieder Onlinejournalisten ein.

Was die alten Medien lange zögern ließ, war die Unsicherheit darüber, wie sich im Netz Geld verdienen lässt. Denn die Kultur des Internets sieht so aus, dass alles kostenlos ist. Bezahlen wollen die Surfer lediglich für den Netzanschluss und den Service-Provider. Dieses Geschäft machten Telekommunikationsfirmen, während die Massenmedien weiter nur Inhalte bereitstellten.

Eine Zeit lang versuchten einige Medien, den Zugang zu ihren Webangeboten zu beschränken, indem sie dafür eine Gebühr verlangten. Sie befürchteten, dass niemand mehr die gedruckte Zeitung kaufen würde, wenn die Artikel erst einmal kostenlos im Netz zu erhalten waren. Dieser Ansatz wurde 2007 von den meisten Häusern aufgegeben. Zwar gingen die Auflagen zurück, doch es schien, als bliebe genug Zeit, im Netz alternative Erlösstrukturen aufzubauen.

Von jetzt an war der Surfer der King: Es galt alles zu tun, um ihn auf die Sites zu locken und daran zu binden. Dort bietet sich als weitere Verdienstmöglichkeit eigentlich nur die Werbung. Langsam bildete sich eine Preisstruktur, die sich daran misst, wie viele Menschen pro Quartal eine Website ansteuern und wie lange sie darauf verweilen.

Der einfache Klick ist längst nicht mehr der Maßstab aller Dinge. Je mehr die Anbieter über ihre Nutzer aussagen können – Alter, Einkommen, Wohnort –, desto wertvoller ist die Werbefläche. Das Internet macht zum Teil eine sehr zielgruppengenaue Werbung möglich: Wer auf einer Seite bestimmte Inhalte sucht, kann gleich die passenden Reklamebanner aufs Auge gedrückt bekommen.

Sprechen Sie Web?

Weil die USA der restlichen Welt im Internet einen Schritt voraus sind, prägen amerikanische Begriffe auch den Journalismus im weltweiten Datennetz.

- ✔ Onlineangebote bedürfen einer Internetverbindung. Reißt sie ab, ist die Webadresse einer Zeitung für den Augenblick nicht mehr erreichbar. Onlinejournalisten müssen die Spielregeln der Aufbereitung von Texten für das Web kennen – zum Beispiel den Einsatz von Hyperlinks.
- ✔ Von Multimedia ist die Rede, wenn der Schwerpunkt darauf liegt, dass verschiedene Darstellungsformen auf einer Website kombiniert werden – wie Text, Foto, Grafik, Audio und Video.
- ✔ Cross-Media heißt, dass Inhalte auf verschiedenen Medienplattformen angeboten werden, etwa in der Zeitung, auf der Website und per SMS. Dies gilt besonders für die Vermarktung von Werbung.
- ✔ Portale sind Internetangebote, die Surfern ein Einfallstor ins weltweite Datennetz bieten. Von dort gibt es Links zu vielen Angeboten und Sites.
- ✔ Communities sind soziale Netzwerke von Menschen, die sich meist nicht persönlich kennen, deren Interessen sich aber in einem bestimmten Punkt überschneiden. Sie tauschen auf einer Website ihre Kenntnisse, Meinungen und Erfahrungen aus.

Waghalsige Wellenreiter

Schneller, oberflächlicher, plakativer – der Onlinejournalismus erschien vielen Journalisten lange als Lightversion. Oft werden Informationen erst verbreitet und dann nachträglich überprüft. Nutzeranalysen verrieten, dass Surfer vor allem von Boulevardthemen angezogen wurden. Thema Nummer eins: der Sex.

Mit seinem unbegrenzten Speicherplatz bietet das Web jedoch auch die Möglichkeit zur Tiefe. Artikel unterliegen nicht wie in der Zeitung einer Platzbeschränkung. Man muss nur die Leute dazu bringen, sie auch wirklich zu lesen. Zudem ist eine hohe Spezialisierung möglich. Ohne teure Vertriebskosten kann eine Website ein sehr verstreutes und ausgewähltes Publikum erreichen. Informationen über exotische Länder oder seltene Krankheiten sind heutzutage leichter zu bekommen.

Die Pioniere

Die Pioniere unter den Internetmedien wie die 2000 gegründete *Netzeitung* konnten sich weder auf eingeführte Marken stützen noch auf ein sicher etabliertes Erlössystem. Dementsprechend kostengünstig mussten sie produziert werden. Viele Webmagazine haben sich daher zunächst darauf konzentriert, aus anderen Medien zu zitieren. Die etablierten Verlagshäuser, die für die Herstellung ihrer Inhalte viel Geld aufwandten, beklagten sich über Texteklau.

Die Klassiker

Als erste deutsche Tageszeitung stellte 1994 die *taz* ihre Ausgabe ins Internet. Heute gibt es praktisch keine Zeitung und keinen Sender mehr ohne Webpräsenz. Die Onlineausgaben der Zeitungen bedienen sich der Rechercheergebnisse und sprachlichen Fähigkeiten, die Journalisten der gedruckten Ausgabe bieten. Die Texte werden in den Onlineredaktionen bearbeitet, ergänzt und illustriert. Als Leitmedium hat sich das schon 1994 gegründete *Spiegel Online* durchgesetzt.

Die Dienstleister

Die erfolgreichsten Massenmedien im Netz sind Anbieter, die zunächst gar nichts mit Journalismus zu tun haben. Suchmaschinen wie Google oder Yahoo und Service-Provider wie AOL oder GMX bieten auf ihren Einstiegsseiten auch Nachrichten an. Die Idee ist, dass die Nutzer nicht nur ihre Netzsuche oder ihren E-Mail-Verkehr über die Seite abwickeln, sondern länger dort verweilen, um sich auch zu informieren. Dies verbessert die Chance, über Werbung Geld zu machen.

Google News bedient sich bei den Inhalten, die traditionelle Medien ins Netz stellen. Das Angebot gibt es seit 2002. Einige Urhebermedien, darunter Nachrichtenagenturen, wehrten sich gerichtlich dagegen, dass ihre Nachrichten kostenlos auf der Site angetextet wurden, während andere Anbieter dafür zahlen mussten. 2007 einigte man sich gütlich: Google führt die Leser der Agenturnachrichten jetzt auf einen gesondert ausgewiesenen Kanal und zahlt dafür eine Lizenzgebühr.

Die Netzwerker

Die ersten Communities, in denen Bürger ihre Informationen und Meinungen austauschten, entstanden völlig unabhängig von den etablierten Medien. Geld war bei den Internetgemeinden zunächst nicht im Spiel. Die Kommunikation spielte sich in Chaträumen, Newsgruppen oder über E-Mail-Verteiler ab.

Als Gemeinschaften wie YouTube für Milliardenbeträge verkauft wurden, witterten auch die klassischen Medien einen Wachstumsmarkt. Der Holtzbrinck-Konzern kaufte sich 2007 beim Studentennetzwerk StudiVZ ein. Es verdient Geld damit, dass es seinen 4,7 Millionen Nutzern genau auf ihre Interessen zugeschnittene Werbung zusendet.

Teil IV

Journalisten als Meinungsmacher

»Er gehört eigentlich zu unserer Redaktion und wir haben ihn für eine Story in die Band eingeschleust. Investigativer Journalismus, ich sag Ihnen … damit kommt man an Stories.«

In diesem Teil ...

Jetzt wird's politisch: Die Aufgabe der freien Presse geht schließlich weit über das Informieren und Unterhalten hinaus. In der Demokratie sollen Journalisten die Mächtigen überwachen und die öffentliche Debatte beflügeln. Aber werden sie diesem Auftrag wirklich und im richtigen Maße gerecht?

Kapitel 13 gibt einen Einblick in die Spielarten des Meinungsjournalismus. Sie erfahren, wie Journalisten ticken und wie sie versuchen, die Debatte zu beeinflussen. Kapitel 14 zeigt, wo dieser Einfluss seine Grenzen hat. Denn Politik und Wirtschaft lassen sich von den Medien nicht so einfach in die Karten schauen. Beispielhaft dafür ist das Versagen der Journalisten nach den Anschlägen vom elften September in New York.

Kommentare und Kampagnen

13

In diesem Kapitel

- Von Torhütern und Stichwortgebern
- Skandale aufdecken, schüren und bewerten
- Gestern noch Journalist, heute schon Experte

Journalisten sind Kontrollfreaks. Wenn sie Geschichten erzählen, wollen sie ihre Leser nicht nur unterhalten, sondern auch für Dinge interessieren, die ihnen bisher entgangen sind. Sehr oft haben sie dabei den Hintergedanken, die Menschen so zu informieren, dass sie kluge Entscheidungen treffen, für sich selbst ebenso wie für das Gemeinwohl.

In diesem Kapitel geht es darum, wie Journalisten über die bloße Information hinaus versuchen, die öffentliche Meinung zu beeinflussen. Kommentare, Enthüllungen und Kampagnen sollen in der Gesellschaft etwas bewirken. Die eigene Eitelkeit fordert dazu noch ihren Tribut. Manche Journalisten legen dabei ihr Blatt offen auf den Tisch. Andere spielen mit verdeckten Karten.

Ohne Umschweife die Meinung sagen

Meinungsjournalismus begann in Deutschland mit der erstmaligen Aufhebung der Zensur nach der Revolution von 1848 zu florieren. Es entstanden zwei Sorten von Zeitungen: die Generalanzeiger, die hauptsächlich Inserate und Nachrichten brachten, und die Parteipresse, die ihre Anhänger mit Informationen und Interpretationshilfen versorgte.

Die strikte Trennung zwischen Nachricht und Kommentar gibt es in Deutschland erst seit dem Zweiten Weltkrieg. Sie wurde von den Engländern und Amerikanern eingeschleppt. Die Parteipresse starb bis auf einzelne Ausnahmen aus. Zugleich stellten die Verfassungsgeber meinungsbetonte Artikel unter den besonderen Schutz des Grundgesetzes. Genaueres darüber können Sie in Kapitel 4 erfahren.

Ernsthafte Gedankenspiele

Meinungsjournalisten haben ein leichtes Leben, denken sich manche Reporter. Anstatt Zeit bei langweiligen Pressekonferenzen zu vertrödeln oder Informationen hinterherzujagen, sitzen sie gemütlich am Schreibtisch und verfassen einen kurzen Text am Tag. Die Kommentatoren selbst sehen das natürlich ganz anders. Auch ihr Metier hat seine Tücken. Auch sie stehen gehörig unter Druck.

- Kommentatoren müssen sich selbst etwas ausdenken. Anders als Durchschnittsredakteure können sie, wenn sie mal einen schlechten Tag haben, nicht einfach die Nachrichtenagenturen abschreiben oder Zitate und Beobachtungen schlicht aneinanderreihen.
- Kommentatoren müssen für jedes ihrer Worte persönlich geradestehen. Machen sie Fehler, können sie die Schuld nicht den Informanten oder Agenturen zuschieben.
- Kommentatoren werden von Leuten gelesen, deren Meinung ihnen teuer ist. Sind sie nicht originell oder kenntnisreich genug, rümpfen Politiker oder Journalistenkollegen die Nasen.
- Kommentatoren haben oft noch einen zweiten Job. Die meisten von ihnen müssen sich als Redaktionsleiter auch mit Budget- und Personalfragen herumschlagen.

Um sich eine fundierte Meinung zu bilden, müssen Kommentatoren auf dem Laufenden sein. Das heißt nicht nur die Nachrichtenseiten zu lesen, sondern auch ausländische Zeitungen und das Feuilleton. Zusätzlich verbringen sie Zeit bei Hintergrundgesprächen und Konferenzen. Häufig suchen Politiker das direkte Gespräch, um die Meinungsbildung der Kommentatoren zu beeinflussen.

Der kurze Kommentar

Der Ausdruck Kommentar wird sowohl als Überbegriff für alle Meinungsartikel in der Zeitung verwendet als auch synonym für deren kurze, aktuelle Variante. Typische Kurzkommentare befassen sich mit einem Thema, das gerade Schlagzeilen macht. Sie haben einen festgelegten Umfang – in der Zeitung die Zeilenzahl, im Radio die Sendeminuten – und müssen ebenso verständlich formuliert sein wie jeder andere journalistische Text. Im Lokalteil werden sie auch als Lokalspitze bezeichnet.

Kommentatoren dürfen zwar unbefangen an ein Thema herangehen. Am Ende müssen sie jedoch Farbe bekennen. Ihre Meinung darf differenziert sein, solange sie klar ist. Um dies zu schaffen, müssen sie eine Frage erst gründlich durchdenken. Bevor sie dann zu schreiben beginnen, legen sie sich ihre Argumente zurecht wie Chirurgen ihr Operationsbesteck.

Beim Aufbau eines Kommentars gibt es im Wesentlichen zwei Möglichkeiten:

- Der Fanfarenstoß bringt das Fazit gleich am Anfang. Der Rest des Kommentars wird verwendet, Argumente aufzufahren – oder auch nicht. Manche Kommentatoren begnügen sich damit, ihre Meinung kundzutun. Wer gleicher Ansicht ist, freut sich, dass ihm hier jemand mit gut gewählten Worten aus dem Herzen spricht. Andersdenkende lesen oft gar nicht erst weiter.
- Das Crescendo hebt sich das Fazit bis zum Schluss auf. Vorher wird Pro und Kontra gegeben oder nach dem Schema »einerseits, andererseits« argumentiert. Ziel ist es, den Bürgern dabei zu helfen, sich überhaupt erst eine Meinung zu einem Thema zu bilden. Im Idealfall stimmt solch ein Kommentar sogar einen Menschen um.

Stilistisch bedienen sich Kommentatoren gerne im Fundus sprachlicher Figuren. Sie stellen rhetorische Fragen und verwenden Metaphern wie »das Recht mit Füßen treten« oder Doppelungen wie »klammheimlich« oder »vorprogrammiert«. Gerade Wendungen, die in den Nachrichten verpönt sind, werden in Meinungsartikeln gern benutzt. So wird die Trennung von Nachricht und Kommentar noch deutlicher.

Licht und Schatten beim Kommentieren

Ein guter Kommentar

✔ bezieht eindeutig Position,

✔ begründet seine Haltung so schlüssig, dass sie auch für Laien nachvollziehbar ist,

✔ bringt ein Argument, auf das die Leser noch nicht selbst gekommen sind.

Ein schlechter Kommentar

✔ ist halbherzig,

✔ mischt Information und Meinung,

✔ strotzt vor Phrasen wie »allemal«, »indessen« oder »war was?«.

Pro und Kontra

Manchmal stehen in der Zeitung gleich zwei Kommentare zu ein und demselben Thema. Diese gegenteiligen Sichtweisen werden als Pro und Kontra präsentiert.

Leserbefragungen zufolge sind solche Debatten beim Publikum sehr beliebt: Es bekommt nicht eine Meinung vorgesetzt, sondern kann sich zwischen zwei Positionen entscheiden. Eine Variante ist, dass nicht zwei Redakteure, sondern zwei Gastautoren aus Politik oder Wirtschaft die Beiträge verfassen.

Oft werden die Leser durch eine offenen Frage ins Thema einer Debatte eingeführt: »Soll die Umgehungsstraße gebaut werden?« – »Sind die Nebentätigkeiten des Fraktionschefs moralisch in Ordnung?« Solche Leitfragen haben sich auch bei Diskussionssendungen bewährt.

Der Leitartikel

Der Leitartikel ist das Aushängeschild der Zeitung, zumindest im Meinungsbereich. Früher stand er auf der Titelseite; heute ist das nur noch in wenigen Blättern der Fall, zum Beispiel in der *Frankfurter Allgemeinen Zeitung*.

Leitartikel unterscheiden sich in drei Punkten vom schlichten Kommentar:

✔ Sie sind länger. Ihre Autoren haben viermal so viel Platz zum Argumentieren, müssen dabei aber auch die Spannung aufrechterhalten.

- In vielen Zeitungen spiegeln sie die Haltung der gesamten Redaktion wider, unabhängig davon, ob sie mit einem Autorennamen gezeichnet sind.
- Sie befassen sich grundsätzlicher mit einem Thema und blicken über die Tagesaktualität hinaus.

Verwechseln Sie den Leitartikel nicht mit dem ebenfalls bedeutenden Aufmacher. Letzterer ist kein Meinungsbeitrag, sondern auf einer Zeitungsseite der wichtigste Artikel mit der größten Schlagzeile.

Mahner der Weimarer Republik

Vorbild aller Leitartikler ist Theodor Wolff, von 1906 bis 1933 der Chefredakteur des liberalen *Berliner Tageblatt*. Er war ein standhafter Verfechter der Demokratie. Seine gestochen formulierten Kommentare zogen sich mitunter über mehrere Seiten hin. Von Hitler ließ er sich ebenso wenig blenden wie von der Überheblichkeit des Kaiserreichs. »Wer seine Ansichten nach jedem Stimmungsumschlag in den höheren Regionen revidiert, der muss auch die Blitzableiter abschaffen, weil gerade mal die Sonne scheint«, kommentierte er den Opportunismus mancher Gesinnungsgenossen.

Für Wolff waren Meinungsvielfalt und politische Haltung kein Widerspruch. Eine Zeitung sei reizlos ohne die Vielfältigkeit der Temperamente, schrieb er. Fehle ihr der klar ausgeprägte Charakter, sei sie nur ein Papierlappen. 1933 musste der jüdische Intellektuelle nach Frankreich fliehen. Seine Zeitung wurde gleichgeschaltet und von den Nazis als Feigenblatt benutzt. Wolff wurde 1943 an die Gestapo ausgeliefert und starb im selben Jahr in einem Berliner Krankenhaus.

Spielerische Ansichtssachen

Die Glosse kommt mit einer Leichtigkeit daher, die keinesfalls vermuten lässt, wie viele zerbrochene Köpfe ihren Weg säumen. Sie gehört zu den schwierigsten journalistischen Disziplinen. Wo Reporter, Redakteure und Kommentatoren sich am Gerüst der Aktualität entlanghangeln, müssen Glossenschreiber einen Salto rückwärts drehen und dann im Stand landen: Die Schlusspointe ist bei der Glosse das Wichtigste.

Auch wenn sowohl die Glosse als auch der Kommentar zu den meinungsbetonten Darstellungsformen gehören, so unterscheiden sie sich doch in wesentlichen Punkten:

- Der Kommentar räsoniert, die Glosse konstruiert.
- Der Kommentar will überzeugen, die Glosse eher amüsieren.
- Der Kommentar diskutiert Widersprüche, die Glosse zeigt sie auf.

Glossenschreiber halten Ausschau nach dem Paradoxen in Nachrichten, Äußerungen oder Ereignissen. Komische Widersprüche treten auf, wenn sich Altes als neu verkauft oder Überlebtes als aktuell, wenn Form und Inhalt, Handlung und Umstände oder Absichten und Ergebnisse nicht übereinstimmen. Um sie zu entlarven, ist gesunder Menschenverstand ebenso nötig wie Fachwissen. Dazu kommt die Grundeinstellung, dass die Realität alles andere als vernünftig ist.

Auch die Satire verfremdet ihre Kritik. Argumente werden auf die Spitze getrieben. Als Stilmittel dienen Dialekt und Wortspiel, gewagte Vergleiche, abgewandelte Sprichwörter und Gemeinplätze.

Zwar leben Glossen von der Grenzübertretung. Doch es gibt Themen, die als Gegenstände von Spott oder Sarkasmus nicht geeignet sind, wie das Leid wehrloser Menschen.

Fackelträger der Satire

Vorläufer der Glosse waren despektierliche Randbemerkungen, mit denen kritische Leser im 18. Jahrhundert religiöse und literarische Schriften kommentierten. Ihre Hoch-Zeit erlebte sie Anfang des 20. Jahrhunderts. Zur Meisterschaft geführt wurde sie von Karl Kraus, der von 1899 bis 1936 in Wien die Zeitschrift *Die Fackel* herausgab.

Kraus' Spezialität war die Zitatenglosse: Er schöpfte aus Annoncen und Bekanntmachungen und entlarvte sie durch Auslassung oder Hervorhebung von Wörtern oder Passagen als widersinnig oder perfide. Indem er bereits Veröffentlichtes zitierte, konnte er die Zensur umgehen. Mit seinen Glossen wandte er sich auch gegen die Presse, die er als aufgeblasen und scheinheilig kritisierte: »Keinen Gedanken haben und ihn ausdrücken können – das macht den Journalisten.«

Nicht jede Glosse ist ein Treffer

Eine geglückte Glosse

- ✔ hat einen ernsthaften Kern,
- ✔ überrascht am Schluss mit einer Pointe,
- ✔ ist in sich verständlich.

Eine missglückte Glosse

- ✔ erzählt sowieso schon Witziges nach,
- ✔ stürzt sich auf den nächstliegenden Gag,
- ✔ verrät die Pointe schon am Anfang.

Persönliche Betrachtungen

Man nehme eine Meldung, eine Reportage, einen Kommentar oder eine Rezension; verzichte auf den Anspruch, nachprüfbar, allgemeingültig oder tagesaktuell zu sein; rühre nach Gusto mehrere journalistische Darstellungsformen zusammen – und fertig sind die Kolumne und ihr pickeliger jüngerer Bruder, der Blog.

Ausgangspunkt von Kolumnen und Blogs sind die Autoren selbst. Sie dürfen sich journalistischen Spielregeln weitgehend entziehen, weil sie ihr Publikum mitbringen oder es sich selbst schaffen. Entweder sind sie so bekannt, dass sie dem Medium, in dem sie publizieren, mehr Glaubwürdigkeit verleihen als umgekehrt. Oder sie profitieren von den unbegrenzten Möglichkeiten des Internets, wo jeder einfach mal aufschreiben kann, was er denkt, weiß oder zu wissen glaubt.

Kolumne und Blog

Der Begriff Kolumne (lateinisch für Säule) stammt aus der Typografie und bezeichnet eine Spalte in der Zeitung. Kolumnisten sind Leute, denen regelmäßig eine solche Spalte eingeräumt wird, die mit ihrem Namen, manchmal auch mit Foto, Zeichnung oder Pseudonym versehen wird. Den Gegenstand ihrer Betrachtungen können sich die Kolumnisten selbst aussuchen. Ihre Texte werden sprachlich und inhaltlich häufig kaum redigiert und höchstens auf Rechtschreibfehler geprüft.

Blogs entstanden als Logbücher im weltweiten Datennetz (Weblogs). Ursprünglich als Onlinejournale konzipiert, erscheinen sie auf einer Internetseite in umgekehrt chronologischer Reihenfolge, sodass der neueste Eintrag oben steht. In den 90er-Jahren erfunden, breiteten sich die Blogs rascher aus als ein Virus. Heute sind manchen Schätzungen zufolge weltweit mehr als 100 Millionen Blogger aktiv. Allein in Deutschland sind schätzungsweise 200.000 Blogger aktiv.

Ihre Meinung ist gefragt!

Anders als traditionelle journalistische Darstellungsformen leben die Blogs vom unmittelbaren Feedback: Jeder Leser kann umgehend einen Kommentar zu dem abgeben, was der Blogger geschrieben, gedacht oder behauptet hat. Um davon zu profitieren, werden heute auch viele Zeitungskolumnen im Netz veröffentlicht.

Wer sich als Blogger oder Kolumnist in der Öffentlichkeit etablieren will, braucht ein Thema und einen eigenen Stil. Treue Leser findet derjenige, der sich in trockenen und komplizierten Fragen gut auskennt und die Antworten trotzdem verständlich vermitteln kann. Gerade weil Kolumnen und Blogs so stark personalisiert sind, verläuft sich das Publikum rasch, wenn es inhaltlich oder sprachlich enttäuscht wird.

Beliebigkeit steht keiner Kolumne gut

Eine gute Kolumne

- ✔ bietet eine ungewöhnliche Perspektive,
- ✔ enthält wiedererkennbare Serienelemente,
- ✔ ist in persönlichem Stil geschrieben.

Eine schlechte Kolumne

- ✔ verbreitet Propaganda,
- ✔ kann Schlaumeiereien nicht durch Argumente oder Fakten stützen,
- ✔ nimmt sich selbst zu wichtig.

Informative Giftpfeile

Wer im Feuilleton schreibt, hat mehr inhaltliche und stilistische Freiheiten als ein Nachrichtenredakteur oder ein politischer Leitartikler. Er geht ein geringeres Risiko ein, die Werbung schaltende Wirtschaft zu verärgern. Denn Politiker oder Unternehmer nehmen den Kulturteil einer Zeitung nicht wirklich ernst. Bei Künstlern ist das ganz anders. Eine Rezension kann nicht nur Egos verletzen. Ganze Karrieren hängen mitunter vom Wohlwollen eines Kritikers ab.

Die Macht der Kritik beginnt mit der Auswahl ihres Gegenstands. Schon der einzelne Satz eines Kritikers, wenn auch aus dem Zusammenhang gerissen, hilft beim Verkauf eines Buches und wird deshalb gern als Werbesprechblase auf dem Klappentext präsentiert. Ein Werk, das nirgends besprochen wird, wird von der breiten Öffentlichkeit hingegen gar nicht wahrgenommen.

Der Literaturkritiker Marcel Reich-Ranicki, der mit seinen temperamentvollen Rezensionen zum Fernsehstar wurde, war sich seines Einflusses wohl bewusst:

> *Die Kritik wirkt, wenn sie redet, und sie wirkt, wenn sie schweigt.*

Die Rezension ist ein Zwitter aus Berichterstattung und Meinungsäußerung, ja sie definiert sich förmlich über diese Kombination. Einerseits soll sie ein künstlerisches Werk erleben, beschreiben und analysieren. Anderseits erwarten die Leser von der Kritik einer Theateraufführung oder eines Buches eine handfeste Empfehlung. In der Meinungsäußerung liegt der Nutzwert der Rezension.

Nur in Ausnahmefällen schafft es ein Film mit künstlerischem Anspruch, hinter dem Rücken der Kritiker bekannt zu werden. Es gibt eine Flüsterkampagne und plötzlich ist das Kino voll, woraufhin im Feuilleton nachträglich Kritiken über den zweifelhaften Geschmack des Publikums erscheinen.

Manchen Kritikern ist die Bewertung des Schaffens anderer nicht genug. Alfred Kerr, der berühmteste Theaterkritiker des 20. Jahrhunderts, bezeichnete sich gern selbst als »Sprachschöpfer des Expressionismus«. Wie Kerr versuchen Kritiker immer wieder selbst kreativ zu werden, indem sie Gedichte schreiben oder Filme drehen. Oft sammeln sie Verrisse ein – und erfahren dabei ausgleichende Gerechtigkeit.

Kritik an der Kritik

Eine schlechte Rezension

- ✔ protzt mit Fachausdrücken aus Literaturkritik oder Filmwissenschaft,
- ✔ verweigert dem Leser eine Entscheidungshilfe,
- ✔ greift gehässig eine Person an statt ihr Werk.

Eine gute Rezension

- ✔ stellt das Einzigartige des Werkes ebenso heraus wie das Allgemeingültige,
- ✔ ergötzt auch das Publikum, das selten ins Theater oder ins Kino geht,
- ✔ bezieht eine klare Haltung zum Gegenstand der Kritik.

Gefragte Einsichten

Journalisten brauchen keine begnadeten Leitartikler zu sein, um in Funk oder Fernsehen ihre Meinung zum Besten zu geben. Wer sich in seinem Bereich auskennt und auf dem Bildschirm eine gute Figur macht, avanciert rasch zum Experten, ob für Terrorismus, Medizin oder Finanzfragen. Solche journalistischen Fachleute könnte man auch als angelernt bezeichnen, weil sie sich ihr Wissen nebenher im Zuge ihrer Recherchen und nicht etwa an einer Universität angeeignet haben.

Der Sonntagsschwatz vom Rhein

Jeden Sonntagmittag versammelt sich eine Handvoll namhafter Zeitungsschreiber im WDR-Studio zu Köln. Während bei den Zuschauern zu Hause der Sonntagsauflauf im Ofen schmort, hecheln die Gäste des *Presseclub im Ersten* auf nüchternen Magen die vergangene Woche durch. Weil die klugen Köpfe hauptberufliche Politikbeobachter sind, dürfen sie sich mit Fug und Recht Experten nennen. Obwohl es beim Sonntagsschwatz vom Rhein nur selten spaßig zugeht, verfolgen ihn bis zu zwei Millionen Menschen. Die Sendung gibt es seit 1987.

Vorläufer war der *Internationale Frühschoppen* von Werner Höfer. Höfer musste gehen, als ruchbar wurde, dass er während der Nazizeit die Hinrichtung eines Pianisten wohlwollend kommentiert hatte. Den traditionellen Schoppen Wein gibt es seither nicht mehr, und auch der Anteil von Auslandskorrespondenten an der Runde hat deutlich abgenommen. Dafür gehört es heute zum guten Ton, dass ein bis zwei Journalistinnen in der Runde sitzen.

Früher kamen hauptsächlich gelernte Fachleute in Features oder Filmberichten vor. Solche Beiträge sind jedoch aufwendig zu recherchieren und zu produzieren. Dass Journalisten sich immer häufiger gegenseitig interviewen, ist ein Nebeneffekt von Beschleunigung und Sparwut in den Medien: Es wird vermieden, sperrige Gesprächspartner befragen zu müssen, oder

Menschen, die nicht gut Deutsch sprechen, deren Äußerungen gar untertitelt und dann vom Zuschauer mitgelesen werden müssen.

Journalisten sind es häufig auch, die sich im Internet von Lesern oder Zuschauern befragen lassen. Diese Chats sind besonders beliebt, wenn die Befragten eine gewisse Berühmtheit erlangt haben, weil sie häufig im Fernsehen auftreten, Namenskolumnen schreiben oder Bücher verfassen. Anstatt im Auftrag des Publikums die Verantwortlichen in Politik oder Wirtschaft zu interviewen, werden die Journalisten selbst zu Akteuren. Die Leser wiederum werden Bürgerjournalisten – eine rundum verkehrte Welt.

Reporter enthüllen Fehler im System

Kommentatoren bewerten, was bereits bekannt geworden ist. Reporter greifen ins Geschehen ein, indem sie Übel überhaupt erst aufdecken oder Themen aufgreifen, über die niemand sprechen will. Während Meinungsartikel das Denken der Menschen nur langsam beeinflussen, rücken Enthüllungsgeschichten die Verhältnisse mitunter auf einen Schlag in ein neues Licht. Um über den Tag hinaus zu wirken, müssen sie allerdings Fehler im System statt nur das Fehlverhalten eines Einzelnen aufzeigen.

Geprägt wurde der investigative Journalismus in den USA. Muckraker hießen die Reporter, die schon um 1900 im Schmutz von Politik und Wirtschaft wühlten. Von Anfang an ging es ihnen darum, Missstände ans Tageslicht zu bringen. Sie schwangen ihre Mistgabeln allen Widerständen zum Trotz.

Streng wissenschaftlich genommen unterscheidet man zwischen investigativem Journalismus und Enthüllungsjournalismus. Der eine gräbt bisher Unbekanntes aus, der andere reißt Verhülltem das Tuch weg. In diesem Buch werden die Begriffe synonym gebraucht.

Bis heute stehen in den USA große Zeitungen wie die *Washington Post*, die *New York Times* oder die *Chicago Tribune* für investigativen Journalismus. Weil kleinere US-Medien sich den Aufwand nur noch schwer leisten können, springen gemeinnützige Einrichtungen ein und fördern investigative Recherchen – wie das Center for Investigative Reporting (CIR) in Kalifornien und ProPublica in New York.

In Deutschland haben nur wenige Medien die Ressourcen und den Ehrgeiz, regelmäßig erstklassigen Enthüllungsjournalismus zu betreiben. Neben *Spiegel* und *Süddeutscher Zeitung* investiert vor allem das öffentlich-rechtliche Fernsehen in investigative Recherche – wie die Magazine *Report, Frontal, Panorama, Kontraste* oder *Fakt*.

Newcomer-Porträt: Der Einmischer

Eine der Geschichten, auf die Christian Rohde besonders stolz ist, dreht sich um sowjetische Deserteure. In den Wirren der Wende setzten sie sich von der Westgruppe der Sowjetarmee ab, wurden von westlichen Geheimdiensten abgeschöpft und sollten dann in die ehemalige Sowjetunion abgeschoben werden, obwohl ihnen dort Straflager oder sogar die Todesstrafe drohte. Rohdes Hörfunkbeitrag für den Deutschlandfunk hat das verhindert. Die Bundesregierung gab den Exsoldaten ein unbefristetes Aufenthaltsrecht. Eine Haltung haben, sich mithilfe von Fakten einmischen – das treibt den Magazinjournalisten, der heute für die ZDF-Sendung *Frontal 21* arbeitet.

Rohde kam 1992 eher zufällig zum Studium der Diplom-Journalistik in Leipzig. Gemeinsam mit anderen startete er den Lokalsender Radio Mephisto, dessen Redaktion aus Studenten bestand. Die Radiomacher holten sich Profis wie Friedrich Küppersbusch, von denen sie sich am Wochenende beibringen ließen, was man im Hörfunk alles machen kann. Später stieg Rohde in ein Journalistenbüro ein und verkaufte Beiträge über den Osten an öffentlich-rechtliche Sender im Westen. Schon als Student verdiente er gutes Geld damit, herumzureisen, Leute kennenzulernen und Geschichten zu erzählen. »In die Verlegenheit gekommen zu kellnern, bin ich nie.«

Dass er für ein politisches Magazin arbeiten wollte, stand für Rohde früh fest. An der Uni ließ er Journalistik als Hauptfach fallen und studierte stattdessen empirische Sozialforschung, weil er Statistiken und Bilanzen verstehen lernen wollte. Dann volontierte er beim NDR, arbeitete später als fester Freier für Sendungen wie *Ratgeber Technik*, *Panorama* und *Zapp*. Eine feste Redakteursstelle bei NDR-Aktuell, bei der er nur noch am Schreibtisch saß, verließ er zugunsten eines Reporterjobs beim ZDF.

Eines Tages wieder längere Filme zu machen kann sich Rohde gut vorstellen. Er fragt sich nur, ob es das öffentlich-rechtliche Fernsehen mit seiner vergleichsweise komfortablen finanziellen Ausstattung dann noch gibt.

Christian Rohde: Magazinreporter. Geboren am 6.1.1974 in Altdöbern.

Was ihn am Journalismus begeistert: Die Möglichkeit, Dinge herauszufinden und faktentreu zu berichten, dabei jedoch auch eine Haltung zu entwickeln und sich einzumischen.

Was ihm am Journalismus peinlich ist: Wenn Journalisten bei Pressekonferenzen sagen, sie haben noch eine Frage, und dann keine Frage stellen, sondern einen Vortrag halten.

Sein Job in einem Satz:

Ich versuche, interessante Geschichten über Menschen und Konflikte zu erzählen.

Die Unbestechlichen

Die berühmteste Enthüllungsstory der Journalismusgeschichte ist die Aufdeckung des Watergate-Skandals, die schon zu Anfang dieses Buches in Kapitel 2 erwähnt wurde. Das Vorgehen der Reporter Carl Bernstein und Bob Woodward enthielt alles, was investigativen Journalismus ausmacht.

- ✔ Das Thema muss von öffentlichem Interesse sein. Dass US-Präsident Richard Nixon die Gesetze brach, um sich an der Macht zu halten, ging jeden amerikanischen Bürger etwas an.
- ✔ Reporter müssen Eigeninitiative zeigen. Woodward und Bernstein beschafften sich eine Liste der Mitarbeiter des Komitees zur Wiederwahl des Präsidenten. Als sie telefonisch nichts erreichten, ermittelten sie Adressen und klingelten an Türen.
- ✔ Eine investigative Recherche erfordert viel Disziplin. Reporter müssen nicht nur planen, recherchieren und ordnen, sondern ihre Ergebnisse auch immer wieder auf ihren Wert für die Öffentlichkeit überprüfen. Bei der *Washington Post* spielte der Chefredakteur die Rolle des Skeptikers, der immer noch mehr Beweise verlangte.
- ✔ Damit ihre Geschichte wasserdicht ist, brauchen Enthüllungsjournalisten möglichst viele voneinander unabhängige Quellen. Dazu zählen Dokumente ebenso wie Aussagen von Beteiligten. Weigern sich Quellen, in Erscheinung zu treten, dann müssen Bestätigungen von anderer Seite beschafft werden – wie im Fall von Deep Throat, den Woodward nicht zitieren durfte, der ihm aber den Tipp gab, der Spur des Geldes zu folgen und so andere Quellen zu finden.
- ✔ Enthüllungsjournalismus erfordert langen Atem und funktioniert am besten im Team. Von der ersten Meldung über den Einbruch in der demokratischen Parteizentrale im Juni 1972 bis zum Rücktritt Nixons im Juli 1974 vergingen zwei Jahre. Die Wirkung der Berichterstattung war anfangs so begrenzt, dass Nixon im November 1972 mit deutlicher Mehrheit wiedergewählt wurde.

Die Unermüdlichen

Enthüllungsjournalisten verschreiben sich oft ganz ihrem Metier. Sie wollen den Dingen auf den Grund gehen und dazu beitragen, Missstände zu beseitigen.

Investigative Recherchen erfordern neben viel Erfahrung noch weitere Tugenden wie Neugier und Initiative, Mut und Entschlossenheit, Disziplin und Geduld. Dazu kommen logisches Denken und systematische Herangehensweise, Flexibilität und Teamfähigkeit, Recherchewitz sowie Fairness und Offenheit.

Enthüllungsjournalisten sollte man sich nicht vorstellen wie Geheimagenten oder Detektive. Weder trinken sie ununterbrochen Martinis noch tragen sie bei gutem Wetter einen Trenchcoat. Ein bisschen verschroben müssen sie gleichwohl sein. Denn um einen Missstand aufzudecken, müssen sie die Fantasie haben, angesehenen Bürgern ein ganz abscheuliches

Verhalten zutrauen. Andererseits müssen sie selbst wie Besessene vorgehen, damit sie wirklich Beweise finden.

Das Dokumentationszentrum Couragierte Recherchen und Reportagen (`www.anstageslicht.de`) sammelt Beispiele für investigativen Journalismus. Dokumentiert werden Beiträge, die mit dem Wächterpreis (siehe die Top-Ten-Liste der Journalistenpreise in Kapitel 20) ausgezeichnet oder in ARD oder ZDF gesendet wurden. Der Clou dabei: Mit Interviews und Werkberichten wird aufgezeigt, wie die Berichte zustande kamen. Das Dokumentationszentrum ist ein Langzeitprojekt der Hochschule für Angewandte Wissenschaften in Hamburg.

Journalisten als Themensetzer

Wenn ein Medium über einen längeren Zeitraum hinweg und ohne äußeren Anlass immer denselben Sachverhalt thematisiert, kann das die öffentliche Meinung mehr beeinflussen als ein Leitartikel. Die Presse setzt auf diese Weise ein Thema, mit dem sich jeder, der am politischen Prozess beteiligt ist, befassen muss. Lassen Journalisten nur Fakten gelten, die ihre Ausgangsthese unterstützen, machen sie selbst Politik. In diesem Fall spricht man von Kampagnen-Journalismus.

Politik als Fortsetzungsroman

Die meisten Journalisten sind überzeugt, dass ihr Publikum allein nicht mit der Nachrichtenflut zurechtkommt, die das Informationszeitalter mit sich bringt. Sie verstehen sich daher nicht nur als Nachrichtenbeschaffer, sondern auch als Lotsen, die bei der Einordnung und Bewertung helfen. Schwerpunkte und Serien sollen den Lesern signalisieren, dass es wichtig ist, sich jetzt mit einem Thema zu befassen, dass man besser darüber Bescheid wissen muss.

Ausgangspunkt für eine solche bewusste Schwerpunktsetzung kann eine Enthüllung sein oder ein von den Chefredakteuren als wichtig betrachteter gesellschaftlicher Trend. Ein gewisses Interesse aufseiten der Leser wird dabei vorausgesetzt. Dies erfordert ein feines Gespür. Wie bei der Nachrichtenauswahl (mehr dazu erfahren Sie in Kapitel 5) müssen sich Journalisten darüber im Klaren sein, dass sich ihre Auffassung von Wichtigkeit nicht unbedingt mit der des Publikums deckt.

Beschließt eine Zeitung, ein Thema zu setzen, spielt auch Eigennutz mit hinein. Ist das Publikum erst einmal von einer Geschichte gefesselt, wird es sich hoffentlich auch die nächste und die übernächste Ausgabe kaufen, genau wie bei einer Daily Soap.

Themensetzung findet quer durch die Medien statt. Die Grenzen zur Kampagne sind fließend.

- **Datenschutz in der Arbeitswelt:** Der *Stern* deckte auf, dass die Angestellten von Supermärkten von ihren Chefs per Videokamera ausspioniert wurden, selbst im privatesten

Bereich. Um das Thema am Leben zu erhalten, streckte die Illustrierte ihr Material über mehrere Ausgaben. Hilfe erhielt der *Stern* von den staatlichen Datenschützern, die bei ihrem Jahrestreffen das Thema Arbeitswelt in das Zentrum ihrer Arbeit rückten.

- ✔ **Klimawandel:** Die *Bild* entdeckte die Erderwärmung und ihre Folgen 2007 für das Massenpublikum. Sie alarmierte ihre Leser, erläuterte die wissenschaftlichen Zusammenhänge und gab Tipps für klimafreundliches Verhalten. Die Bundesregierung freute sich über die Schwerpunktsetzung, bemühte sie sich doch gerade international um stärkere Anstrengungen beim Klimaschutz.
- ✔ **Generationenkonflikt:** Wer im Frühjahr 2008 die ARD einschaltete, konnte dem Thema eine Woche lang kaum entgehen. Von der Talkshow über den Fernsehfilm bis zum Quiz: Überall im Programm ging es um die älter werdende Gesellschaft. Insgesamt bombardierten die ARD-Anstalten ihr Publikum mit 2.000 Beiträgen über das Zusammenleben zwischen Jung und Alt, nicht nur im Ersten, sondern auch im Hörfunk, auf verwandten Sendern wie Phoenix oder Arte und im Internet.

Politik als Feldzug

Der Begriff Kampagne wurde aus dem Militärischen übernommen. Feldzüge sind ein Teil der Kriegsführung. Beginn und Ende sind vorher festgelegt. Ziel und Methoden werden generalstabsmäßig geplant. Später wird die Strategie nur noch taktisch der Entwicklung angepasst.

BEISPIEL

Der Illustrator Frederick Remington, der nach Kuba geschickt worden war, um Bilder vom spanisch-amerikanischen Krieg zu liefern, beschwerte sich 1898 telegrafisch bei seinem Verleger. Alles sei ruhig, kein Krieg in Sicht. Remington verlangte, nach Hause zurückfahren zu dürfen. Verleger William Randolph Hearst vom *New York Journal* wollte davon nichts wissen. »Sie liefern Bilder, ich liefere Krieg«, telegrafierte er an seinen Mitarbeiter.

Übernommen wurde dieser Ansatz an der Schwelle zum 20. Jahrhundert zunächst von der Werbung. Es entstanden eingängige Slogans wie »Die Pause, die erfrischt«, die auf Plakaten, in Zeitschriftenanzeigen und später auch in der Radiowerbung verwendet wurden. Auch für den Kauf von Kriegsanleihen wurde so geworben. In den 40er-Jahren halfen Werbeleute der US-Regierung, Kommunikationsfeldzüge für öffentliche Anliegen zu entwerfen – etwa um Frauen zum Eintritt in die Arbeitswelt zu bewegen.

In der Politik werden Kampagnen heutzutage nicht nur in Wahlkampfzeiten geführt. Sie dienen Regierungen, Parteien und Verbänden dazu, Themen in der Öffentlichkeit bekannt zu machen, Einstellungen zu verändern und Zustimmung zu erreichen. Effektive Kampagnen spitzen zu, polarisieren und motivieren zum Handeln.

BEISPIEL

Die Greenpeace-Kampagne zur Rettung der Wale begann 1975: Kanadische Umweltschützer behinderten mit Booten die russische Walfangflotte vor der amerikanischen Pazifikküste. Die spektakuläre Aktion erregte die Aufmerksamkeit der Medien. Es gelang der Organisation, das öffentliche Image der Wale in Europa und den USA völlig zu verändern. Aus dem gefürchteten Leviathan wurde der sympathische, intelligente und schützenswerte Meeressäuger.

Die Politik bedient sich bei Kampagnen der Medien, um möglichst viele Leute zu erreichen. Am günstigsten ist, man muss keine teure Anzeige schalten, sondern kommt mit seinen Forderungen und Behauptungen im redaktionellen Teil der Zeitung vor.

Die Medienritter

Zwar gehört es eigentlich nicht zum Selbstverständnis von Journalisten, ihrerseits in den Sattel zu steigen und Attacken zu reiten. Denn damit verabschieden sie sich mehr oder weniger von dem Anspruch, einen Sachverhalt von allen Seiten zu beleuchten und sich gegebenenfalls sogar eines Besseren belehren zu lassen. Sie präsentieren nur noch Fakten, die ihrem Anliegen dienen. Andere Erkenntnisse fallen unter den Tisch.

Die Versuchung ist jedoch groß, sich selbst am politischen Geschäft zu beteiligen. Das gilt besonders für Medienleute, die erkennen, wie sie selbst von der Politik instrumentalisiert werden. Gerade Journalisten, die viel mit Politikern oder Aktivisten verkehren, sind versucht, Gleiches mit Gleichem zu vergelten. Natürlich erliegen sie dieser Versuchung niemals. Springer-Vorstandschef Mathias Döpfner sagte 2002 in einem Interview mit dem Deutschlandfunk:

> *Eine Kampagne ist ein Feldzug, und für Feldzüge sollte sich kein Blatt zur Verfügung stellen.*

Der britische Boulevard

In Großbritannien ist selbst die kleinste Regionalzeitung stolz auf eine erfolgreiche Kampagne. Denn der Großteil der britischen Presse versteht sich als Anwalt des kleinen Mannes, allen voran die Yellow Press mit ihren fetten Lettern und plakativen Schlagzeilen. Boulevardblätter wie die *Sun*, die *Daily Mail* und der *Mirror* haben Millionenauflagen, während Qualitätszeitungen wie die *Times*, der *Independent* oder der *Guardian* nur wenige hunderttausend Exemplare auf die Waagschale bringen. Manche Kampagnen bleiben lokal, wie die Unterschriftensammlung zum Erhalt des örtlichen Postamts. Andere erfassen den gesamten Boulevard, wie das Drama um Prinzessin Diana oder die Suche des Ehepaars McCann nach ihrer in Portugal verschwundenen Tochter Maddie.

Zu den Profiteuren einer konzertierten Medienkampagne zählte der frühere britische Premier Tony Blair. 1997 entschied sich der eigentlich konservative Medienzar Rupert Murdoch, auf den jungen Labour-Politiker zu setzen. Dass die gesammelten Murdoch-Blätter, von der ehrwürdigen *Times* bis zur knalligen *Sun*, für Blair trommelten, wird gemeinhin als Grund für seinen Wahlsieg angesehen. Später machte der Premier auch bittere Erfahrungen mit den Medien. Die Presse sei eine wild gewordene Bestie, schimpfte er 2007 wenige Wochen vor seinem Abschied.

Eine erfolgreiche Medienkampagne besteht aus folgenden Zutaten:

- ✔ Das Ziel ist von vornherein klar – und es muss erreichbar sein. Wenn eine Zeitung für einen Politiker trommelt, geht sie ein beträchtliches Risiko ein. Negative Kampagnen funktionieren meistens besser. Es ist leichter, eine Reform zu verhindern, als Stimmung für ein neues Gesetz zu machen.

- ✔ Die Berichterstattung lässt sich über Tage oder besser noch Wochen strecken. Der ursprüngliche Aufreger wird mit Interviews, Reaktionen und neuen Aspekten immer wieder aufgekocht. Auch Gegenargumente können vorkommen – solang sie noch in derselben Ausgabe entkräftet werden.
- ✔ Das Thema betrifft viele Menschen, am besten die sogenannte schweigende Mehrheit im Lande. Perfekte Adressaten sind Autofahrer, Rentner oder Pendler.
- ✔ Der Gegner ist beim Publikum ausgesprochen unbeliebt. Oft werden Politiker, Straftäter, Sozialhilfeempfänger und Ausländer zur Zielscheibe von Kampagnen.
- ✔ Die Zeitung findet einen Vorwand, um zu demonstrieren, dass sie selbstlos handelt. Zu den Standards gehört der Kampf gegen Korruption und Heuchelei in der Politik. Das Motto lautet dann: Die Presse sorgt dafür, dass die Politik ehrlich bleibt.

Ist von Kampagnen-Journalismus die Rede, schwingt immer die Annahme mit, dass sich eine Zeitung bewusst zur Grenzübertretung entschieden hat. Der Feldzug gegen die Ökosteuer oder die Regierung an sich wurde in den Chefetagen des Verlags generalstabsmäßig geplant, lautet dann die Annahme. Das ist natürlich im Einzelfall schwer nachzuweisen. Juristische Konsequenzen gibt es nicht.

Kampagne in eigener Sache

Wenn *Bild*, *FAZ* und *Spiegel* gemeinsame Sache machen, merkt die Journalistenwelt auf. Die sonst so unterschiedlichen Blätter boten 2004 gemeinsam Front gegen die neue Rechtschreibung. Springer-Vorstandschef Mathias Döpfner, FAZ-Herausgeber Frank Schirrmacher und Spiegel-Chefredakteur Stefan Aust verabredeten beim Abendessen einen Boykott der »Schlechtschreibreform«.

Irgendwie ging die »Geheimsache ß« dann aber doch schief, denn zwei Jahre später begannen die an der Kampagne beteiligten Verlage zurückzurudern. Die offizielle Begründung: Ihre Bedenken seien von der Rechtschreibkommission in hohem Maße berücksichtigt worden. Heute schreibt man in den beteiligten Blättern bis auf kleine Ausnahmen nach neuer Rechtschreibung.

Geballte Anstöße

Wer leibhaftige Zeitungskampagnen mitverfolgen will, wird am ehesten bei der Bild-Zeitung fündig. Manchmal hat das Blatt mit seinem wochenlangen Bombardement Erfolg. In anderen Fällen fällt es auf die Nase, weil es übers Ziel hinausgeschossen ist.

- ✔ Anfang 2001 verdächtigte *Bild* den grünen Außenminister Joschka Fischer, während der Studentenbewegung einen Brandsatz geworfen zu haben, der einen Polizisten lebensgefährlich verletzte. Unwiderlegbare Beweise blieben aus, und Fischer überstand die Debatte. Dass er an Prügeleien mit der Polizei beteiligt gewesen war, hatte er schon vorher offen zugegeben. Als Nächstes versuchte *Bild*, die Thematik auf den grünen Umweltminister Jürgen Trittin auszuweiten. Doch der Schlagstock, den Trittin auf einem angeblichen Beweisfoto in der Hand hielt, war in Wirklichkeit ein Stück eines Absperrseils, das hinter ihm verlief.

- ✔ Mehr Glück hatte *Bild* 2003 mit Florida-Rolf. Der Mann lebte im sonnigen Süden der USA von deutscher Sozialhilfe, ohne das Geringste dabei zu finden. Er stand zwar nur für gut 1.000 Fälle und repräsentierte damit sicherlich nicht das größte Problem, vor dem Deutschland seinerzeit stand. Doch die Regierung reagierte sofort auf den mitschwingenden Vorwurf, sie erlaube Sozialschmarotzertum, und veranlasste eine Gesetzesänderung.
- ✔ Zum Jahreswechsel 2007/2008 schaltete sich *Bild* in den hessischen Landtagswahlkampf ein. Den Anlass lieferte die Attacke auf einen Rentner in der Münchener U-Bahn. Der hessische CDU-Spitzenkandidat Roland Koch versprach einen härteren Umgang mit jugendlichen Straftätern. Besonders im Visier: ausländische Jugendliche. Die Tatsache, dass es gerade im von Koch regierten Hessen nicht genug Richter gab, um Fälle von Jugendkriminalität zügig zu bearbeiten, war *Bild* keine Schlagzeile auf der Titelseite, sondern nur eine Meldung wert. Die Kampagne schlug fehl. Koch verlor bei der Landtagswahl seine Mehrheit.

Bilder und Gefühle

Keinem Medium wird so viel Einfluss zugeschrieben wie dem Bild. In den USA werden Fotos und Fernsehaufnahmen aus dem Vietnamkrieg als Grund dafür zitiert, dass sich die öffentliche Meinung gegen das amerikanische Engagement wandte. Die Aufnahme von dem nackten Mädchen, das aus seinem mit Napalm bombardierten Dorf flieht, haftet bis heute im Gedächtnis.

Fotos und Filme erwecken den Anschein, dass sie die Wirklichkeit getreuer abbilden als tausend Worte. Tatsächlich aber ist die Kamera immer subjektiv.

- ✔ Aufnahmen von Kundgebungen können leicht suggerieren, dass mehr Menschen teilnahmen als in Wirklichkeit der Fall war. Der Ausschnitt wird einfach so gewählt, dass das Bild über den Rand hinaus mit Demonstranten gefüllt ist.
- ✔ Gehen Demonstranten und Polizisten aufeinander los, hängt es vom Zeitpunkt des Auslösens und vom Kamerastandpunkt ab, wer als Täter und wer als Opfer dasteht.
- ✔ Menschen wirken in Großaufnahme sympathischer. Am günstigsten ist die extreme Nahaufnahme, bei der das Gesicht im Bild angeschnitten ist.
- ✔ Merken Menschen, dass sie fotografiert werden, verändern sie ihre Blickrichtung und Körperhaltung. Sie verlangsamen oder beschleunigen spontan den Schritt.
- ✔ Symbolische Handlungen wie der Händedruck werden für die Kamera so lange wiederholt, bis sie aus Sicht der Akteure perfekt herüberkommen.

Heutzutage versuchen Regierungen mit aller Macht zu steuern, welches Bild sich die Menschen von Ereignissen und Entwicklungen machen. Nach dem Einmarsch in den Irak 2003 verbot der damalige US-Präsident George W. Bush, dass auf Militärbasen die aus Frachtmaschinen geladenen Särge fotografiert wurden. Sich selbst inszenierte er in Fliegerjacke an Bord eines Flugzeugträgers – obwohl er selbst nie als Soldat im Kriegseinsatz war.

Druck und Gegendruck

14

In diesem Kapitel

- Die Meute und ihre Beute
- Zwischen Allmacht und Ohnmacht
- Warum die Medien den Irakkrieg nicht verhindert haben

Das Verhältnis zwischen Journalisten und Politikern reicht von Zweckbeziehung bis Hassliebe. Es ist von wechselseitiger Abhängigkeit, enttäuschten Erwartungen und lieb gewordenen Routinen geprägt. Im Wettstreit um Aufmerksamkeit und Anerkennung wollen beide Seiten profitieren. Wer sich durchsetzt, hängt von der Geschicklichkeit der Partner ebenso ab wie von der jeweiligen Gegebenheit.

Wäre dieses Kapitel eine Beziehungskolumne, würden Sie darin eine alte Weisheit wiederfinden: Die Ehe ist keine Einbahnstraße, und respektvolle Distanz tut dem Verhältnis mitunter gut. Ebenso verhält es sich mit den Beziehungen zwischen Journalisten und denen, über die sie berichten.

Die Machtlogik der Medien

Die Kommunikation zwischen Journalisten und Politikern folgt einer ähnlichen Logik wie das Verlagsgeschäft. Auch hier müssen die Bedürfnisse unterschiedlicher Zielgruppen befriedigt werden – nur in diesem Fall nicht von Lesern und Anzeigenkunden, sondern von Politikern und Berichterstattern. Das Verhältnis schaukelt sich gegenseitig hoch, es gibt eine Aufmerksamkeits-Bedeutungs-Spirale, wie es im Verlagswesen eine Anzeigen-Auflagen-Spirale gibt.

Je bedeutender der Politiker, desto mehr Aufmerksamkeit schenken ihm die Medien. Je mehr Aufmerksamkeit er von den Medien bekommt, desto wichtiger wird er in den Augen des Publikums. Dasselbe gilt für die Journalisten: Je einflussreicher das Medium, für das sie arbeiten, desto wichtigere Gesprächspartner stehen ihnen zur Verfügung.

Die treibende Kraft hinter all dem ist das Publikum. Es räumt den Prominenten erst ihre Bedeutung ein und merkt sich die Namen bekannter Journalisten. Die Aufmerksamkeit der Leser bescheinigt den Berichterstattern, dass sie und ihre Arbeit ernst genommen werden.

Das Erfolgsbarometer

Das Bedürfnis nach Anerkennung ist die Achillesferse der Journalisten. Kein Zeitungsschreiber ist davor gefeit. Hauptsache, sein Werk wird beachtet. Noch besser, wenn er etwas damit bewirkt.

Quoten und Klicks

Auch wenn Journalisten es nicht gerne zugeben: Natürlich schielen alle auf die Quote. Zwar wurden solche Statistiken von den Werbe- und Vertriebsabteilungen erfunden. Zwar weiß jeder, dass sie nur wenig aussagen über journalistische Qualität. Doch die scheinbare Objektivität von Zahlen ist auch für Journalisten unwiderstehlich, unabhängig davon, für welches Medium sie tätig sind.

- ✔ Fernsehjournalisten haben die Einschaltquoten, die schon am nächsten Morgen um 9 Uhr zur Verfügung stehen. Die Zahlen sind so detailliert, dass daraus abgelesen werden kann, zu welchem Zeitpunkt den Zuschauern eine Sendung zu langweilig wurde und sie umschalteten.
- ✔ Agenturjournalisten schauen auf den Abdruck. Er zeigt, wie oft die eigene Nachrichtenagentur im Vergleich zur Konkurrenz von den Zeitungen als Quelle genannt wurde. Diese Statistik ist allerdings ungenau, denn häufig werden die Agenturtexte einfach als Eigenberichte ausgegeben.
- ✔ Zeitungsjournalisten waren lange auf mittelbare Rückmeldungen wie Leserbriefe angewiesen. Das hat sich geändert, seit ihre Texte auch in den Onlineausgaben stehen. Dort können die Autoren nicht nur die Kommentare von Lesern gleich nachlesen. Sie erfahren auch, wie oft ihre Geschichte angeklickt wurde und wie lange die Leser sich mit dem Text beschäftigten.

Zitiert werden ist alles

Das Forschungsinstitut Media Tenor unterzieht seit 1994 die führenden deutschen Medien einer Inhaltsanalyse. Die dabei angewandten Methoden sind umstritten. Der Leipziger Kommunikationswissenschaftler Michael Haller wirft dem Institut beispielsweise vor, es liefere Gefälligkeitsstudien ab. Dennoch brüsten sich Verlage und Sendeanstalten gerne mit dem sogenannten Zitate-Ranking. Wie oft eine Zeitung von anderen Medien zitiert wird, gilt als Beweis für publizistische Bedeutung.

»Erste Nachrichtenquelle« für die Kollegen war dem Institut zufolge 2007 der *Spiegel*, gefolgt von *Bild*, der *Bild am Sonntag* und *Focus*. Bei den Tageszeitungen schaffte es das *Handelsblatt* auf Platz zwei nach *Bild*. Bei den Onlinemedien führte *Spiegel Online*. Für die Analyse wertete Media Tenor nach eigenen Angaben 39 Medien aus. Insgesamt fanden die Statistiker rund 31.000 Stellen, an denen Medien auf andere Medien verwiesen.

Die lieben Kollegen

Je anonymer ihr Publikum, desto stärker suchen sich Journalisten ihre Bestätigung im eigenen Umfeld. Dazu gehören die Kollegen, innerhalb wie außerhalb des eigenen Mediums. Lob wie Kritik werden den Betroffenen allerdings selten Auge in Auge mitgeteilt. Das Urteil der Fachwelt erreicht Journalisten oft nur indirekt, indem sie erfahren, was hinter ihrem Rücken über eines ihrer Werke gesagt wurde.

Nachwuchsjournalisten beklagen sich häufig, dass sie zu wenig Feedback für ihre Arbeit bekommen. Wer aus seinen Fehlern lernen will, muss mehr tun als jammern, sondern sich aktiv um eine Beurteilung seiner Geschichten bemühen. Am besten, man sucht sich einen Mentor, der seine Kritik konstruktiv artikulieren kann.

Die Blattkritik

Anspruchsvolle Redaktionen nehmen sich die Zeit, über die Qualität ihrer Beiträge zu diskutieren. Sie treffen sich regelmäßig, manchmal sogar täglich, zu einer Blattkritik. Meist geht der Chefredakteur das Blatt oder die Sendung durch und gibt zu den einzelnen Beiträgen sein Urteil ab. Mitunter werden Journalisten anderer Medien oder sogar Politiker eingeladen, um die Berichterstattung zu bewerten.

Gastkritiken beginnen in der Regel mit einer kurzen Analyse, die sich am besten auf zehn, höchstens fünfzehn Minuten beschränkt. Damit die Beurteilung nicht zu allgemein ausfällt, werden die Gäste gebeten, die Zeitungsausgabe oder die Sendung Seite für Seite, Beitrag für Beitrag durchzugehen. So wird auch garantiert, dass möglichst viele Redakteure ein konkretes Feedback für ihre Arbeit bekommen. Auf den Kurzvortrag folgen Fragen und Diskussion. Als unfein gilt es, das eigene Werk allzu hartnäckig zu verteidigen. Journalisten müssen auch einstecken können.

Feindberührung

Am stolzesten sind Journalisten, wenn ihre Berichterstattung spürbare politische Folgen hat. Wer die Schwachstelle eines Gesetzesvorhabens aufgedeckt hat, freut sich, wenn der Entwurf daraufhin geändert wurde – auch wenn der Grund dafür nur Insidern bekannt ist. Noch besser ist es, eine Enthüllung hat personelle Folgen. Ein Skandal führt zum Rücktritt eines Politikers oder zur Ablösung eines Firmenchefs. Das verleiht das Gefühl, tatsächlich zur vierten Macht im Staate zu gehören.

Im Sommer 2002 feuerte der damalige Bundeskanzler Gerhard Schröder seinen Verteidigungsminister Rudolf Scharping. Anlass war ein Bericht des *Stern* über angeblich dubiose Geldgeschäfte mit dem PR-Berater Moritz Hunzinger. Scharping stritt alles ab, konnte seinen Kopf jedoch nicht retten, weil er schon durch eine andere Affäre sturmreif geschossen war. Ein Jahr zuvor hatte die *Bunte* Fotos veröffentlicht, die ihn mit seiner Freundin im Pool in Mallorca zeigten, während seine Nutzung von Dienstflügen infrage stand.

Dass ein einzelner Bericht dramatische Konsequenzen hat, ist vergleichsweise selten. Journalisten suchen deshalb im politischen Geschäft auch nach anderen Wegen der Bestätigung. Vielen gibt es schon ein Gefühl der eigenen Bedeutung, von Politikern erkannt und anerkannt zu werden.

Namentlich bekannt zu sein ist nicht nur für das Ego von Journalisten wichtig. Es hilft auch bei der Berichterstattung. Professionelle Informationsverteiler bedienen Journalisten besser, deren Namen sie mit einem Gesicht verbinden. Man sollte sich deshalb überall und immer vorstellen – am besten mit Visitenkarte und notfalls ein zweites Mal.

Wirklich persönlich ist das Verhältnis zwischen Berichterstattern und Politikern nur selten. Die Kumpelei, die der ehemalige Bundeskanzler Gerhard Schröder mit vertrauten Journalisten pflegte, verkümmerte mit dem Regierungswechsel 2005. Unter Bundeskanzlerin Angela Merkel blieb es in aller Regel beim förmlichen »Sie«.

Leithammel und Herde

Auf dem Land und in kleineren Städten ist die Zahl der Journalisten überschaubar. Der Lokalchef der Heimatzeitung, der Resident der Nachrichtenagentur dpa, vielleicht noch der Leiter des Regionalstudios eines TV-Senders bilden den Kern der Medienpräsenz.

Weitaus differenzierter ist die Hackordnung an größeren Umschlagplätzen von Information. In Städten wie Köln, München, Hamburg und Frankfurt arbeiten mehrere Tausend Journalisten. Dort haben große Medienkonzerne ihren Sitz. In Brüssel sind mehr Auslandskorrespondenten akkreditiert als irgendwo sonst auf der Welt.

In Berlin sind fast 4.000 Journalisten in der politischen Berichterstattung tätig. Ihr Rang im Rudel hängt einerseits von dem Medium ab, für das sie arbeiten. Andererseits definiert sich ihr Status über das Themengebiet, über das sie regelmäßig berichten.

- ✔ Ganz oben auf der gefühlten Rangliste stehen die Mitarbeiter der *Süddeutschen Zeitung*, des *Spiegel* und der beiden öffentlich-rechtlichen Fernsehsender ARD und ZDF. Dicht darauf folgen *Frankfurter Allgemeine Zeitung*, *Bild*, *Bild am Sonntag* und der TV-Sender RTL.
- ✔ Nach Themengebieten sortiert, spielen die Kanzlerkorrespondenten die erste Geige. Es folgen Journalisten, die für eine Regierungspartei oder für Schlüsselressorts wie Außenpolitik, Finanzen und Verteidigung zuständig sind. Auch wer sich mit Geheimdiensten oder Terrorismus beschäftigt, genießt innerhalb der Herde eine Sonderstellung und damit verbundenen Respekt.

Unabhängig von den Medien, für die sie arbeiten, und den Themen, mit denen sie sich befassen, haben sich einige Korrespondenten in Berlin den Status von Leithammeln erarbeitet. Ihre klugen Kommentare werden aufmerksam gelesen. Sie sind regelmäßige Gäste im Presseclub, stehen ständig vor der Kamera oder verfügen über Spezialwissen zu als prickelnd empfundenen Themen. Jeder kennt ihren Namen, von den Kollegen bis zu den Politikern. Sie werden zu jeder Party eingeladen, was nicht bedeutet, dass sie jedes Mal auch hingehen, denn nötig haben sie das nicht mehr.

Vom Rhein an die Spree

Der Umzug der Regierung von Bonn nach Berlin war sowohl für die Medien als auch für die Politik eine Zäsur. Während die Parlamentsberichterstatter am alten Regierungssitz kollegial miteinander umgegangen waren und sich nur bedingt als Konkurrenten empfunden hatten, begann nun ein Wettbewerb um den größten Einfluss und die exklusivsten Geschichten.

Sowohl die ortsansässigen Blätter wie die *Berliner Zeitung* und der *Tagesspiegel* als auch die überregionalen Organe wie *Süddeutsche*, *FAZ* und *Die Welt* kämpften um die Meinungsmacht in der neuen Hauptstadt. Gerangel um Kamerapositionen, respektlose Neuankömmlinge, Beschleunigung des Nachrichtenflusses – fort war die Gemütlichkeit, die das eingeschworene Journalistenkollegium aus Bonn gewohnt war.

Als die Medien 2001 in eine wirtschaftliche Krise schlitterten, verringerte sich die Zahl der wetteifernden Reporter in Berlin. Was blieb, war die Verlagerung der politischen Auseinandersetzung vom Parlament in die virtuelle Welt der Interviews und Talksendungen. Heute bestimmt der Takt der Medien den Rhythmus der politischen Auseinandersetzung. Auf der Zuschauertribüne des Bundestagsplenums sitzt kaum noch ein Journalist, da alle Veranstaltungen per Video übertragen werden. Themen werden am Wochenende lanciert und verglühen innerhalb von wenigen Tagen. Die Mediendemokratie findet in Zeitungsspalten und auf Programmplätzen statt.

Ein sogenannter Alphajournalist zu werden, ist nicht einfach, vor allem wenn man keinen mächtigen Verlag im Rücken hat. Es dauert Jahre, quer durch Medien und Parteien hohes Ansehen zu erringen. Unabhängigkeit, Substanz, Bescheidenheit und Vertrauenswürdigkeit sind Eigenschaften, die den Ruhm eines Hauptstadtkorrespondenten begründen. Viele haben als hartnäckige Fragesteller angefangen. Speichelleckerei und Hinterfotzigkeit schaffen weder Respekt noch Freunde. Status gewinnt nur, wer sich nicht ins Bockshorn jagen lässt.

Der Aufstieg der Blogger

Der Trend kommt wie so oft aus den USA. Neben den Journalisten der etablierten Medien gewinnen im Politikbetrieb die Blogger an Einfluss. Sie beziehen zwar in der Regel kein Gehalt bei einer Zeitung. Dafür haben sie mehr Zeit und entscheiden selbstständig, was sie zum Thema machen. Sie sind nicht darauf angewiesen, sich mit Politikern gut zu stellen, sondern leben von der Provokation.

Blogger betätigen sich in erster Linie als Kontrolleure der Kontrolleure. Sie zeigen Fehler in der Berichterstattung der Mainstream-Medien auf. In den USA stolperte darüber der Starjournalist Dan Rather, weil er einen kritischen Bericht über Präsident Bush nicht zweifelsfrei belegen konnte. In Deutschland hat sich der Journalist Stefan Niggemeier als Medienkritiker einen Namen gemacht.

Lieblingspolitiker

Eigentlich ist der CDU-Politiker Wolfgang Bosbach nur einer von rund 600 Abgeordneten des Deutschen Bundestags und einer von neun stellvertretenden Vorsitzenden der Unionsfraktion. Dennoch ist er ein beschäftigter Mann. Sein Standing resultiert aus seiner Dauerpräsenz in den Medien, in Zeitungen wie im Fernsehen.

Journalisten lieben Bosbach, weil er gleich drei Kardinaltugenden hat. Erstens macht er, rein fachlich gesehen, seine Hausaufgaben, sodass er praktisch nie Unfug erzählt und einen Reporter dadurch auf die falsche Fährte führt. Zweitens kann der CDU-Politiker in jeder Lebenslage einen geraden Satz ins Mikrofon oder Handy sagen, auch wenn er gerade auf Mallorca Urlaub macht. Vor allem aber macht sich Bosbach nicht rar, sondern redet so ziemlich mit allen Medien. Da verzeiht man ihm gern, dass seine Website tatsächlich die lustige Adresse `www.wobo.de` hat.

Wolfgang Bosbach ist nur ein Beispiel für Parlamentarier des alten Schlages, die sich in der Mediendemokratie gut zurechtgefunden haben. Es gibt sie in fast jeder Fraktion. Bosbachs Pendant bei der SPD heißt zum Beispiel Dieter Wiefelspütz. Sie sind im politischen Betrieb für die Inhalte zuständig, für das Schwarzbrot, gewissermaßen.

Natürlich sind Journalisten für ihre Berichterstattung aber auch auf Primadonnen angewiesen. Politik lässt sich besser erzählen, wenn sie personalisiert und als Machtkampf inszeniert werden kann. Beliebt sind deshalb Politiker, die gerne von der Parteilinie abweichen. Ein Beispiel dafür ist der eher liberale CSU-Mann Horst Seehofer. Auch wer kein Blatt vor den Mund nimmt, sondern sich in plakativen und möglichst provokativen Sätzen ausdrückt, ist ein begehrter Gesprächspartner.

Wer ein politischer Star auf der Medienbühne werden will, nimmt ein hohes Risiko auf sich. Er muss damit rechnen, dass ihm geradezu automatisch Machtgier als wichtigstes Motiv unterstellt wird. Sobald er obenauf ist, steht er deshalb unter scharfer Beobachtung. Begeht er einen Fehler zu viel, dann sieht ihm die Presse genauso gerne beim Sturz zu wie zuvor beim Aufstieg.

Die Manipulation der Medien

Unternehmen und Parteien leisten sich Presseabteilungen nicht als uneigennützige Dienstleistung für die Medien. Public Relations (PR), wie sich die Beziehungen einer Organisation zur Öffentlichkeit auch nennen, sind nichts anderes als Vorwärtsverteidigung. PR-Leute sind Profis darin, ihre Botschaften so zu verpacken, dass sie von den Massenmedien möglichst baugleich weitertransportiert werden, ohne hinterfragt, gekürzt oder abgeändert zu werden. Ziel ist stets, das Image des Auftraggebers zu schützen und zu polieren. PR ist nichts anderes als Markenschutz.

Schneller wächst nichts

Auf jeden Journalisten, der in Deutschland arbeitet, kommt heutzutage mindestens ein Pressemensch. Firmen, Parteien, Verbände, Persönlichkeiten, Kirchen, Universitäten, die Medien selbst – sie alle bezahlen geschulte Mitarbeiter dafür, dass ihr Bild in den Medien möglichst positiv ausfällt. Dazu gesellen sich Lobbyisten, die hinter den Kulissen versuchen, den politischen Einfluss der Medien zu bremsen. Sie wenden sich direkt an die Entscheidungsträger in Regierung, Parlament oder Parteien, ohne den Umweg über die veröffentlichte Meinung zu nehmen.

Die Tabaklobby

Die Interessen der Tabakkonzerne wurden in Deutschland über Jahrzehnte hinweg vom Verband der Cigarettenindustrie vertreten. Er lud Politiker und Journalisten zu »Spreegesprächen«, und »Blauen Stunden« ein, bei denen es vordergründig gar nicht ums Rauchen ging – abgesehen davon, dass man bei den Klubabenden natürlich rauchen durfte. Der VdC soll ihm nützliche Forscher bezahlt und letztlich sogar mithilfe seiner treuesten Unterstützer ein Positionspapier formuliert haben, dass sich auf dem Verhandlungstisch einer Koalitionsarbeitsgruppe wiederfand.

Als die Dämme, welche die Lobbyisten gegen ein Rauchverbot errichtet hatten, 2007 brachen, kündigte der Philip-Morris-Konzern seine Mitgliedschaft auf. Der Branchenverband zerfiel. Ein halbes Jahr später wurde eine Nachfolgeorganisation unter dem Namen Verband der Zigarettenindustrie gegründet. Geschäftsführerin wurde die Grünen-Politikerin Marianne Tritz.

Pressesprecher lügen ungern, denn dadurch verspielen sie bei den Journalisten ihre Glaubwürdigkeit. Zugleich wird allgemein akzeptiert, dass sie nur die halbe Wahrheit sagen. Wer als Journalist etwas berichten will, bevor es die ganze Welt weiß, muss sich sein Wissen aus halbamtlichen Quellen zusammensuchen, die sich nur vage benennen lassen. Über die Glaubwürdigkeit der Information entscheiden die Journalisten. Vertun sie sich, kommen die Pressesprecher unerkannt davon.

Im Alltag ist es die Aufgabe der PR-Leute, ihre Auftraggeber möglichst gut dastehen zu lassen. Sie überschütten die Medien mit Meldungen über wohltätige Aktionen, Erfolgsstorys und Hochglanzfotos von technischen Neuerungen. Oft wird diese Art der PR-Arbeit an Spezialfirmen ausgelagert, denen dann auch die Aufgabe obliegt, bei der Zeitung nachzufragen, ob die Einladung oder Mitteilung auch angekommen ist. Denn die meisten PR-Botschaften landen in den Redaktionen im Papierkorb.

Pressemitteilungen sind heute oft so formuliert, dass sie eins zu eins gedruckt werden könnten, komplett mit Illustration. Das Wichtigste steht oben und auch die Fragen nach dem Wer, Wo und Wann sind beantwortet. Pressearbeiter wissen, wie das geht, weil sie entweder selbst Journalisten waren oder es sich von Journalisten bei Seminaren beibringen lassen.

Die Überbringer der schlechten Nachricht

Pressesprecher von Regierung und Ministerien stehen vor einer größeren Herausforderung als die PR-Leute von Unternehmen und Verbänden: Sie müssen regelmäßig schlechte Nachrichten überbringen, zumindest aber Kompromisse vertreten, die nicht jeden erfreuen. Die Bürger verlangen Reformen, doch jede Reform hat auch Verlierer und verlangt Verzicht. In wechselnden Regierungskoalitionen kann keine Partei ihre Ziele vollständig durchsetzen. An jeder Einigung ist etwas faul.

Zur Logik der Koalitionsregierungen gehört, dass sich auch die Riege der Regierungssprecher aus Anhängern der beteiligten Parteien zusammensetzt. Der Regierungssprecher selbst wird vom Kanzler oder der Kanzlerin ausgewählt. Sein Stellvertreter wird vom kleineren Koalitionspartner benannt.

Wie viel Respekt ein Amtssprecher bei der Presse genießt, hängt nicht zuletzt von seinem Vertrauensverhältnis zu seinem Chef ab. Nur wer eng in Entscheidungsprozesse eingebunden ist, kann Fragen nach Sinn und Unsinn von Regierungshandeln flüssig beantworten.

Anders als die Pressestellen von Privatfirmen unterliegen die Sprecher von Regierungsstellen einer Informationspflicht. Sie dürfen nicht nur werben, zuspitzen und das Image der Minister pflegen, sondern müssen auch die unbequemen Ergebnisse von Regierungsarbeit erläutern. Besonders vor Bundestagswahlen müssen sie aufpassen, dass sie mit ihren Äußerungen nicht allzu auffällig in den Wahlkampf eingreifen. Denn Parteienwerbung mit Mitteln der Steuerzahler ist verboten.

Um Geld zu sparen, bedienen sich Ministerien auch kommerzieller PR-Agenturen. Mitunter gelangen so schöngefärbte Berichte über neue Gesetze ungeprüft in die Zeitung oder ins Radio, weil die Medien Geld sparen wollen und nicht merken, dass es keine journalistischen Beiträge sind.

Der Informationsapparat

In der Bundesregierung ist das Bundespresseamt für die Information der Öffentlichkeit über die Regierungsarbeit zuständig. Es untersteht dem Regierungschef und wird vom Regierungssprecher geleitet. Die Beantwortung von Journalistenfragen zu aktuellen Themen ist nur ein kleiner Teil seiner Aufgabe. Die 500 Mitarbeiter erarbeiten auch Broschüren, organisieren Konferenzen, betreuen Besuchergruppen und stellen einen Pressespiegel zusammen.

Der Einfluss des Bundespresseamtes auf die Darstellung der Regierungsarbeit hat in den vergangenen Jahrzehnten abgenommen. Der Etat schrumpfte zwischen 2002 und 2005 von 43 Millionen Euro auf 19 Millionen Euro. Er macht nur noch knapp 20 Prozent aller Haushaltsmittel für Öffentlichkeitsarbeit der Regierung aus. Sowohl das Auswärtige Amt als auch das Wirtschaftsministerium geben mehr Geld für PR aus.

Die Kommunikationsfeuerwehr

Während Politiker instinktiv verstehen, dass sie die Medien für ihre Arbeit brauchen, begreifen Firmenchefs oft erst in Krisenzeiten, dass Öffentlichkeitsarbeit notwendig ist. Denn erst dann lassen sich Erfolg oder Misserfolg von PR beziffern. Negative Medienberichte können Millionen Euro kosten, weil der Absatz zurückgeht oder der unternehmerische Spielraum eingeschränkt wird.

So sehr sich Presseabteilungen auch darum bemühen, sich auf kontroverse Themen vorzubereiten – eine Krise hat es an sich, dass sie unversehens über ein Unternehmen hereinbricht. Der Kommunikationschef erfährt meist erst nach den Journalisten, dass sein Chef den Betriebsrat geschmiert hat oder dass ein Produkt gefährliche Stoffe enthält. Der erste Impuls, alles abzustreiten, zu mauern oder sich in Schweigen zu hüllen, ist selten der richtige. Nur wer sich aktiv an der Kommunikation beteiligt, kann mit steuern, welches Bild in der Öffentlichkeit entsteht.

Gemeinhin gilt daher die Devise, Krisen aktiv zu begegnen.

- ✔ Im Unternehmen wird ein Krisenstab eingerichtet.
- ✔ Es wird entschieden, wer sich gegenüber Journalisten zum Thema äußern darf.
- ✔ Die Sprecher bekommen Sprechzettel, an denen sie sich bei Anfragen entlanghangeln können, damit keine Unstimmigkeiten entstehen.
- ✔ Auch die Belegschaft wird über die Linie der Firmenleitung informiert.

In einem zweiten Schritt werden befreundete Wissenschaftler und Politiker mobilisiert, um dem Unternehmen mit unterstützenden Äußerungen beizustehen. Ausführliches Pressematerial versucht in sachlichem Ton, auch positive Aspekte herauszustellen, wie zum Beispiel das Engagement der Firma für den Naturschutz. Zugleich wird auf Schwachstellen des Gegners und seiner Argumentation hingewiesen – manchmal ganz offen, meistens aber hinter den Kulissen.

Zuckerbrot und Peitsche

Beim Versuch, die Berichterstattung in den Medien zu steuern, schwingen Parteien und Unternehmen mit der einen Hand die Peitsche und teilen mit der anderen das Zuckerbrot aus. Sie belohnen Journalisten, die Botschaften unkritisch unters Volk bringen – und bestrafen andere, die hinterfragen, verkürzen, zuspitzen oder ignorieren.

Natürlich lassen sich Journalisten nicht bestechen, aber zur bevorzugten Behandlung durch einen Spitzenpolitiker oder einen Firmenvorstand sagt kaum einer Nein. Sich im Kampf um exklusive Informationen einen Wettbewerbsvorteil zu verschaffen, kann eine Überlebensfrage sein.

- ✔ **Die Mitreisemöglichkeit:** Der Platz in der Kanzlermaschine ist begrenzt, und der Regierungssprecher entscheidet nach Gusto, wer mit an Bord gehen darf und wer nicht. Auf dem Flug und später bei Plaudereien an der Hotelbar werden dann Hintergrundinformationen ausgetauscht.

Zugang nur für Eingeweihte

In Japan wird der Zugang zu Pressekonferenzen und Hintergrundgesprächen über die sogenannten Kisha-Clubs reguliert. Es gibt sie bei jeder Behörde, bei Ministerien und Parteien. Ursprünglich 1890 gegründet, um der Presse einen besseren Zugang zu den traditionell verschlossenen Institutionen zu verschaffen, gerieten die Kisha-Clubs wegen ihrer Exklusivität zunehmend in die Kritik. Ihnen wird vorgeworfen, dass sie ausländische Korrespondenten ebenso ausschließen wie freie Journalisten und dass ihre Regeln vor allem für die Politiker von Vorteil sind.

Heute werden auch in Japan wichtige Informationen von den Behörden elektronisch zugänglich gemacht. Wer darüber hinaus etwas erfahren will, ruft einfach selbst bei der Behörde an, anstatt auf ein Clubtreffen zu warten. Auch die Presseräume in japanischen Ministerien sind inzwischen allen akkreditierten Journalisten zugänglich.

- ✔ **Das Hintergrundgespräch:** Zwar dürfen die Teilnehmer nur selten in der Zeitung schreiben, was sie im kleinen Kreis beim Abendessen mit dem Parteichef erfahren haben. Aber das Wissen gibt ihnen einen Startvorteil, ganz zu schweigen davon, dass es schön ist, zu den Eingeweihten zu gehören.

- ✔ **Das Exklusivinterview:** Politiker und Bosse geben einem Sender oder einem Magazin damit die Gelegenheit zur Eigenwerbung. Denn die Inhalte können als Vorabmeldung verbreitet werden. Dann heißt es sonntags in der *Tagesschau*: »Wie der Minister dem Nachrichtenmagazin sagte ...«

Verhält sich ein Journalist nicht wie gewünscht, kann es Sanktionen hageln. Meist können sich die Mächtigen in Politik, Wirtschaft und Gesellschaft das durchaus leisten, denn wo ein Journalist ist, ist auch ein zweiter Journalist. Es gibt nur eine Handvoll Medien, die als Kommunikationsmittel so unverzichtbar sind, dass sie höchstens punktuell abgestraft werden können.

Bundeskanzler Helmut Kohl ärgerte sich derart über den *Spiegel*, dass er ihm während seiner Regierungszeit kein einziges Interview gab – und ihn nach eigenen Angaben auch nicht las. Für den Boykott sei er mit zahlreichen bösen Titelstorys abgestraft worden, sagte er später.

Die Peitsche bekommen besonders die Kleinen zu spüren, die keine Meinungsmacht repräsentieren. Oft reagieren sie mit vorauseilendem Gehorsam.

- ✔ **Klassenverweis:** Journalisten werden vor allem dann gern von Reisen und Hintergrundgesprächen ausgeschlossen, wenn sie etwas berichtet haben, was ihnen unter dem Siegel der Verschwiegenheit mitgeteilt wurde. Der Bann wird mitunter erst dann aufgehoben, wenn ein Verlag den unangenehm aufgefallenen Mitarbeiter gegen einen anderen Journalisten austauscht.

- ✔ **Anzeigenentzug:** Gerade Regionalzeitungen müssen damit rechnen, dass ein Unternehmen die Anzeigen streicht, wenn es im Blatt schlecht wegkommt. Fallen große Konzerne als Inserenten aus, kann dies empfindliche Lücken ins Verlagsbudget reißen.

- **Hohn und Spott:** Hat eine Zeitung einen Fehler gemacht, müssen ihre Korrespondenten damit rechnen, bei einer Presseveranstaltung öffentlich dem Gespött preisgegeben zu werden. Solche Blamagen werden selbst dann verteilt, wenn der Betreffende persönlich gar nichts mit der Sache zu tun hatte.
- **Schimpfkanonade:** Wer in der Berichterstattung den falschen Ton trifft, wird von manchen Pressesprechern telefonisch regelrecht zur Sau gemacht. Solche Einschüchterungsversuche können durchaus effektiv sein. Das nächste Mal sind die meisten Journalisten vorsichtiger.

Parteigänger mit Mitgliedsnummer

Dass viele Journalisten nach dem Zweiten Weltkrieg offenkundig einer Partei nahestanden, ging nicht zuletzt auf die Pressepolitik der Alliierten zurück. Um zu vermeiden, dass Nazis die Kontrolle über die neu entstehenden Zeitungen bekamen, genehmigten die Briten die Gründung von Parteirichtungszeitungen. Sie vergaben die Lizenzen an Persönlichkeiten, die Parteien nahestanden oder mit ihnen sympathisierten. Die Amerikaner wiederum bildeten Gruppen von Lizenznehmern aus unterschiedlichen Lagern. Die meisten waren Anhänger von CDU oder SPD.

Auch die Aufsichtsgremien des öffentlich-rechtlichen Rundfunks wurden von Anfang an nach einem Parteischlüssel besetzt. Bald setzte sich dort die Auffassung durch, die Journalisten in der Bundesrepublik hätten eine linksliberale Schlagseite. Das führte in den 70er-Jahren dazu, dass nach dem Schema »einer links, einer rechts« politisch berechenbare Journalisten in Schlüsselfunktionen gebracht wurden. Bis heute ist es dem Aufstieg bei ARD und ZDF dienlich, wenn ein Politikberichterstatter sich nach diesem Schema zuordnen lässt.

Bei einer groß angelegten Befragung der Universitäten Hamburg und Münster verorteten sich die meisten Journalisten politisch eher links, während sie die Medien, für die sie arbeiteten, als rechts von der Mitte stehend betrachteten. Ein Fünftel gab an, keiner Partei zuzuneigen. Ein Drittel hatten Sympathien für die Grünen.

Wie viele Journalisten heutzutage noch ein Parteibuch haben, ist nicht bekannt, denn das ist schließlich Privatsache. Vermutlich sind es nicht viele – wie im Rest der Gesellschaft ist auch in der Medienbranche die Zugehörigkeit zu einer politischen Partei eher die Ausnahme geworden. Im Gegensatz zur 68er-Generation scheinen jüngere Journalisten eher ideologiefrei. Ihre Sympathien für einzelne Politiker sind nicht unbedingt an die eigene Nähe zu Parteien gebunden. Eher beurteilen sie Politik danach, ob sie erfolgreich, gerecht oder konsequent ist.

Ob man die Parteizugehörigkeit bei der Jobsuche besser unterschlägt, ist schwer zu beantworten. Manche Chefredakteure sind der Meinung, dass Journalisten neutral sein sollten. Andererseits ist die Parteimitgliedschaft natürlich das gute Recht jedes Bürgers. Beim öffentlich-rechtlichen Rundfunk oder bei Partei- und Gewerkschaftsmedien kann sie sogar nützlich sein. Im Zweifel sollte man seine Mitgliedschaft im Lebenslauf weglassen, sofern man das tun kann, ohne sich selbst zu verleugnen.

Lieblingsjournalisten

Offiziell schätzen Politiker die freie Presse, und eigentlich müssten sie auch ein Faible für Journalisten haben. Schließlich ist es grundsätzlich erst einmal angenehm, wenn sich einer für die Sache interessiert, mit der man den Großteil seiner wachen Zeit verbringt. Von einem der Gründer der USA, Thomas Jefferson, ist der Satz überliefert:

> *Wenn ich zu wählen hätte zwischen einem Land mit einer Regierung, aber ohne Zeitungen, und einem Land mit Zeitungen, aber ohne Regierung, würde ich keinen Augenblick zögern, mich für Letzteres zu entscheiden.*

In der Praxis sind Politiker hauptsächlich daran interessiert, dass Journalisten ihre Schokoladenseite abbilden. Wer der Öffentlichkeit überwiegend ihre schlechten Seiten zeigt, wird schnell zum Feind. Andererseits ist den meisten Politikern klar, dass sie ein Maß an Kritik an ihren Vorschlägen und an ihrer Person hinnehmen müssen.

Speichelleckerei ist in Politikerkreisen nicht so beliebt, wie man vermuten möchte. Im Gegenteil: Journalisten, die Politikern stets nach dem Mund reden, ernten eher Verachtung. Denn abseits der Öffentlichkeit brauchen Politiker die Journalisten als Trainingspartner.

Politiker bevorzugen letztlich Journalisten, die gut informiert sind. Sie schätzen Reporter, die sich die Zeit nehmen, eine Sache zu durchdringen. Die weniger unter Zeitdruck stehenden Mitarbeiter von Wochenpublikationen erfreuen sich bei Politikern daher größerer Beliebtheit als die stets eiligen Nachrichten- und Fernsehleute.

Politiker möchten zudem fair behandelt werden. Sie schätzen Journalisten, denen sie glauben vertrauen zu können. Sie fürchten Journalisten, denen es nur darum zu gehen scheint, einen weiteren Politikerskalp an den Gürtel zu heften.

Medienmacht als Wissenschaft

Es ist schon landläufige Meinung, dass die Massenmedien viel, ja zu viel Macht haben. Die Stimme eines einzelnen Journalisten schallt weit über den Kreis seiner unmittelbaren Zuhörer hinaus. Wer sich mehr Gehör verschaffen kann, muss ja mehr Einfluss haben als derjenige, dem nur wenige zuhören. Mit dieser einfachen These begann auch die Wirkungsforschung. Als aber Forscher den Beweis antreten wollten, liefen sie schnell vor eine Wand.

Alle Macht den Medien

Mit dem Aufkommen von Massenpresse und Radio stand für viele Theoretiker fest: Über die Medien ließ sich unbeschränkter Einfluss auf das Volk ausüben. Die These erhielt Nahrung durch ein unfreiwilliges Experiment, das in den 30er-Jahren in den USA stattfand. Damals verfielen die Zuhörer einer fiktiven Radiosendung über den »Krieg der Welten« in Panik: Sie dachten, sie würden von Außerirdischen angegriffen.

Auch das Rätsel um den Siegeszug des Nationalsozialismus in Deutschland wurde seinerzeit mit der Allmachtsthese erklärt. Goebbels Propaganda sei so effektiv gewesen, dass sie alle Deutschen zu glühenden Anhängern von Hitler gemacht hätte, wurde damals spekuliert.

In der Kommunikationswissenschaft entstand die Theorie von Reiz und Reaktion. Sie ging davon aus, dass Menschen auf dieselbe Botschaft immer gleich reagieren. Der Reiz wurde mit einer Injektion oder einer Zauberpatrone verglichen. Doch die Theorie hielt naturwissenschaftlichen Methoden nicht stand.

Näheres Hinsehen ergab, dass sich bei der Krieg-der-Welten-Sendung nur eine Minderheit hatte ins Bockshorn jagen lassen. Aufmerksame Zuhörer hatten gemerkt, dass alles gespielt war. In Panik verfiel, wer nur mit halbem Ohr zugehört hatte.

Alle Macht dem Publikum

Die Wirkung von Massenmedien ist also wesentlich komplizierter als vermutet und hängt stark von den Eigenheiten des Publikums ab. Für den mündigen Bürger ist das eine gute Nachricht. Für die Kommunikationswissenschaft ebenfalls – denn nun entstand ein bunter Reigen von Untersuchungen mit unterschiedlichen Ansätzen, die einzelne Wirkungsmechanismen beschrieben, komplett mit Flussdiagrammen, Schaubildern und anderem wissenschaftlichen Zubehör.

- ✔ Die Meinungsführerthese geht davon aus, dass die Medien ihre Nutzer nicht direkt beeinflussen, sondern über den Umweg von einflussreichen Zwischenhändlern. Demnach geben die meisten Leute mehr darauf, was ihnen Bekannte sagen, als was in der Zeitung steht.
- ✔ Die Verstärkerthese nimmt an, dass die Medien die Ansichten des Einzelnen nicht verändern, sondern nur vorhandene Einstellungen verstärken. Sind die Nutzer noch unbeleckt, sind sie demnach empfänglicher für die Informationen, die ihnen von den Medien nahegelegt werden.
- ✔ Die Theorie von der kognitiven Dissonanz basiert auf der Annahme, dass Menschen selektiv wahrnehmen, was von den Medien verbreitet wird. Sie suchen sich Informationen, die sie bestätigen und ignorieren, was nicht in ihr Weltbild passt.
- ✔ Die Agenda-Setting-These postuliert, dass die Medien nicht bestimmen, was die Menschen denken, sondern worüber sie nachdenken. Was das Fernsehen berichtet, wird als bedeutend angenommen. Was nicht vorkommt, kann nicht so wichtig sein.
- ✔ Die Feedback-These hebt darauf ab, dass sich Akteure, Mittler und Empfänger in Wahrnehmungsschleifen gegenseitig beeinflussen. Politiker reagieren darauf, was Journalisten interessiert. Journalisten wollen ihr Publikum zufriedenstellen.
- ✔ Die These vom Mainstreaming behauptet, dass Medien vor allem dadurch wirken, dass sie gemeinsame Erlebnisse und Erkenntnisse schaffen. Das gilt etwa für Schönheitsideale oder konformes Verhalten, wie es in Fernsehserien vorgelebt wird.

Wie Medien als Verstärker wirken und dadurch zu Komplizen von Gräueltaten werden, hat der Völkermord in Ruanda 1994 gezeigt. Dort hetzte ein Privatradiosender die Bevölkerung auf, bis militante Hutu losschlugen und die Massaker an Tutsi und gemäßigten Hutu verübten. Aufgebaut wurde der Sender übrigens nicht von einem Ruander. Chefhetzer des Programms war vielmehr der Belgier Georges Ruggiu. Er wurde später wegen Aufwiegelung zum Völkermord vom internationalen Kriegsverbrechertribunal zu zwölf Jahren Haft verurteilt.

Die Schweigespirale

Der bekannteste deutsche Beitrag zur Kommunikationstheorie kommt von Elisabeth Noelle-Neumann, der Gründerin des Allensbach-Instituts für Meinungsforschung. Die konservative Wissenschaftlerin meinte beobachtet zu haben, dass überwiegend linksliberal orientierte Medien das Meinungsklima beeinflussten und so 1976 den eigentlich erwarteten Wahlsieg der CDU/CSU verhinderten.

Die Schweigespirale besagt, dass eine einflussreiche Minderheit ihre Meinung so lautstark vertritt, dass sich die schweigende Mehrheit aus Angst vor sozialer Ächtung nicht mehr traut, zu ihrer Meinung zu stehen. Dadurch entsteht eine Spirale, die aus der ursprünglichen Minderheitsmeinung letztlich die dominante Meinung macht.

Die Machtlosigkeit der Medien

Wer den Medien gegenüber skeptisch eingestellt ist, den mag die Erkenntnis beruhigen, dass noch kein Zeitungsbericht die Geschicke der Welt substanziell verändert hat. Kriege finden statt, obwohl die Fernsehkameras zuschauen. Feindschaften zwischen Völkern, der Kampf um knappe Ressourcen, die Interessen der Industrie – all dies spielt eine größere Rolle als die Mühen von Reportern, die Warnungen von Kommentatoren oder selbst die Kampagnen eines mächtigen Verlags. Medien können vielleicht einen Fluss zum reißenden Strom machen. Wasser dazu zu bringen flussaufwärts zu fließen, gelingt ihnen nicht.

Lehrstück Irakkrieg

Nirgendwo hat sich die Ohnmacht der Medien in jüngerer Zeit so deutlich gezeigt wie beim Irakkrieg. Nahezu widerstandslos sahen renommierte Zeitungen und Fernsehsender in den USA zu, wie die amerikanische Regierung ihren Feldzug vorbereitete – mit Behauptungen, die sich später sämtlich als haltlos herausstellten.

Damit ein ganzes Mediensystem versagen konnte, mussten mehrere Faktoren zusammenwirken. Das unabhängige Internetmagazin *Salon* verglich die Gemengelage mit einem seltenen Wetterphänomen, auf das sich niemand vorbereiten konnte.

Die Medien waren vorbelastet, und als ein verheerender Terroranschlag und eine radikale, fahrlässige und doppelzüngige Regierung zusammenkamen, war das Ergebnis ein perfekter Sturm.

Gut organisierte Kriegsbefürworter

Die Befürworter des Irakkriegs waren außerordentlich gut organisiert. In Denkfabriken und konservativen Publikationen saßen die sogenannten Neokonservativen in den Startlöchern, um auszuschwärmen und in Talkshows und Gastbeiträgen für das Vorhaben zu werben. An die Spitze der Bewegung stellte sich der konservative Fernsehsender Fox.

Als die USA am 11. September 2001 von den Anschlägen auf das New Yorker World Trade Center geschockt wurden, erkannten die Kriegsbefürworter die Gunst der Stunde. Ihre Forderung, nun müssten auch Journalisten als Patrioten auf der Seite der Regierung stehen, fiel auf fruchtbaren Boden. Fox-Moderatoren prangerten ihre Kollegen von konkurrierenden Sendern an, weil sie in den Knopflöchern ihrer Jacketts keine amerikanischen Flaggen trugen. Dass Journalisten auf Distanz achten sollten, war plötzlich kein Kriterium mehr.

Eingeübt wurde die regierungsfreundliche Berichterstattung im Fernsehen bereits anlässlich der Angriffe auf Afghanistan direkt nach dem 11. September.

Wer zu viele Aufnahmen von Opfern in der afghanischen Zivilbevölkerung zeigte, bekam böse Briefe aus den Chefetagen von angeblich patriotischen Konzernen. Bei CNN wurden die Redakteure daraufhin angewiesen, als Gegengewicht zu solchen Bildern immer wieder Sequenzen der Anschläge von New York zu zeigen.

Schlecht aufgestellte Medien

Die traditionellen amerikanischen Medien waren schlecht aufgestellt, um solchem Druck etwas entgegenzusetzen. Ihre Büros in Europa und im Nahen Osten hatten sie zu diesem Zeitpunkt schon stark abgebaut. Nur wenige US-Reporter hatten Kenntnisse aus erster Hand über die Lage im Nahen Osten, geschweige denn über den Irak.

Den Zeitungen und TV-Sendern wurde ihre Sparwut zum Verhängnis. Anstatt aufwendige Recherchen zu finanzieren, verlegte sich das Fernsehen auf Talkshows, in denen angebliche Experten und konservative Kommentatoren das große Wort führten. Zeitungen und Magazine wiederum veröffentlichten sensationelle Berichte über irakische Urananreicherungspläne und geheime Treffen zwischen irakischen Agenten und Attentätern des 11. September.

Irreführung durch irakische Überläufer

Quellen für viele Berichte, die sich später als falsch herausstellen sollten, waren irakische Überläufer, die den Medien von der irakischen Exilführung in Washington zugeführt wurden. Diese Exilführung lebte vom Wohlwollen der Neokonservativen um den damaligen Vizepräsidenten Richard Cheney. Der Teufelskreis schloss sich, als halboffizielle Quellen in der US-Regierung die Enthüllungen der Überläufer bestätigten. Die Zeitungen konnten sich dann zwar auf zwei

Quellen berufen, doch diese waren nicht voneinander unabhängig, und ihre Angaben waren schlicht falsch.

Nach den Anschlägen vom 11. September 2001 wurde im Weißen Haus ein Planungsstab gebildet, dem die engsten Vertrauten von Präsident George W. Bush angehörten. Er sorgte dafür, dass Botschaften wie die angebliche Verbindung zwischen Saddam Hussein und El Kaida stetig wiederholt wurden. Einer Untersuchung zufolge gab die US-Regierung zum Irak innerhalb von zwei Jahren 935 sachlich falsche Erklärungen ab. Nur ein winziger Prozentsatz wurde von den Medien hinterfragt.

Als sich der Irakkrieg als Desaster erwies, fingen viele amerikanische Journalisten an, ihr Verhalten im Vorfeld kritisch zu hinterfragen. Die Medien insgesamt zogen jedoch kaum Konsequenzen, um zu verhindern, dass Ähnliches demnächst wieder geschehen kann. Reportagebudgets und Auslandsposten sind genauso dünn gesät wie vor dem Krieg, wenn nicht noch dünner. Optimistisch stimmen lässt höchstens, dass sich im Internet inzwischen eine Kultur von Pseudojournalismus etabliert hat, die stark genug ist, um Defizite künftig viel zeitnäher aufzuzeigen.

Teil V

Journalistenausbildung

»Ihre Artikel gefallen mir sehr gut, aber Sie sollten daran denken, dass Sie nun nicht mehr als Auslandskorrespondent in spanischen Krisengebieten arbeiten.«

In diesem Teil ...

Journalismus gilt als attraktiver Beruf. Sicher kennen auch Sie jemanden, der sich eine Tätigkeit in den Medien gut vorstellen kann oder haben sogar selbst schon einmal mit dem Gedanken gespielt, Journalist zu werden. In diesem Teil des Buches finden Sie alles Wissenswerte über eine Laufbahn im Journalismus.

Zunächst erfahren Sie, welche Talente, Kenntnisse und Charakterzüge eine erfolgreiche Karriere im Journalismus ausmachen. Wer Humor hat, kann seinen journalistischen Spürsinn in Kapitel 15 bei einem kleinen Quiz unter Beweis stellen. Im folgenden Kapitel werden die Vor- und Nachteile von Praktika, Volontariaten, Journalistenschulen und Studiengängen erläutert. Kapitel 17 ist der Realitätscheck für alle, die mit dem Journalismus liebäugeln. Der berufliche Alltag wird dort ebenso beleuchtet wie die Chancen zum Einstieg, Aufstieg und Quereinstieg.

Gefragte Eigenschaften

15

In diesem Kapitel

- Talente, die Sie brauchen
- Stimme, Sprachgefühl und Schauspielkunst
- Der journalistische Begabungstest für Dummies

Wer Journalisten fragt, was einen Journalisten ausmacht, bekommt ganz gegensätzliche Antworten. Alles eine Frage des Talents, sagen die einen. Hauptsächlich Handwerkzeug, das man erlernen kann, meinen die anderen.

Dieses Kapitel wagt Antworten auf die Frage, wer eigentlich für den Journalistenberuf geeignet ist. Es räumt mit einigen althergebrachten Vorstellungen auf, bestätigt aber auch manches, was Sie schon vermutet haben. Es gibt einen Einblick, worauf Auswahlkommissionen für Journalistenschulen achten, wenn sie Bewerber beurteilen. Übrigens: Den typischen Journalisten gibt es nicht.

Gut kommunizieren können

Viele Journalisten kommen in den Beruf, weil sie schon immer gerne geschrieben haben. In der Schule waren sie gut in Deutsch, während sie in naturwissenschaftlichen und technischen Fächern eher schlecht abschnitten. Deshalb sucht man ja auch mit der Lupe in den Medien nach technischem Sachverstand, sind fähige Wissenschaftsjournalisten solch eine seltene Spezies.

Ein besonderes Verhältnis zur Sprache zeichnet eigentlich alle Journalisten aus, egal ob sie später für eine Zeitung, fürs Fernsehen oder fürs Radio tätig sind. Sprache ist hier gemeint als Mittel zur Kommunikation. Bilder und Gesten sprechen ebenso wie Wörter. Es geht schlicht darum, dass man sich verständlich machen kann.

Deutsche Sprache, schwere Sprache

Wer die deutsche Sprache nicht gut beherrscht, hat es im Journalismus schwer. Nicht nur, weil es Redakteure schnell satt haben, aus den Texten von Praktikanten die Rechtschreibfehler, Grammatikschnitzer und schiefen Sprachbilder zu entfernen. Sondern auch, weil Journalisten bei der Ausübung ihres Berufs mit sehr unterschiedlichen Menschen in Kontakt treten. Sie müssen ein möglichst großes Vokabular haben und die Sprache in vielen Spielarten kennen, damit sie so kommunizieren können, dass Gesprächspartner wie Publikum sie verstehen.

Schaffen Sie sich ein Notizbuch an und sammeln Sie Wörter. Oder kaufen Sie ein kleines Aufnahmegerät, um Wörter aufzuzeichnen und dann auf dem Computer zu speichern. Wer sein Ohr für ungewohnte Wendungen und fremdartige Ausdrücke schärft, nimmt seine Umgebung bewusster wahr und bekommt Zugang zu neuen Welten.

Kontaktfreude

Alle Menschen müssen mehr oder weniger aktiv mit ihrer Umwelt in Verbindung treten. Journalisten sind von Berufs wegen dafür verantwortlich, dass Kommunikation zustande kommt. Zu ihrem Job gehört es, andere zum Reden zu bringen, den Informationsfluss zu stimulieren und ihrerseits weiterzugeben, was sie erfahren haben – sodass es von anderen nicht nur grummelnd, sondern freudig verstanden wird.

Nehmen Sie, was Ihnen gesagt wird, nicht einfach hin. Üben Sie sich im Nachfragen, auch im Alltag. Wenn der Zug plötzlich auf offener Strecke stehen bleibt, bringen Sie in Erfahrung, warum. Wenn jemand ein Wort verwendet, das Sie nicht verstehen, verlangen Sie eine Übersetzung.

Die Pflicht zur Kommunikation bezieht sich aufs Zuhörenkönnen ebenso wie aufs Sprechen und aufs Schreiben. Demut ist gefragt, am besten in Kombination mit Charme. Menschen reden nicht gerne mit jemandem, der sie vor den Kopf stößt oder ihnen arrogant kommt.

Ein Gespräch in Gang zu bringen – dafür gibt es den Journalismus. Wer Fragen stellt, tut dafür ebenso viel wie der, der eine Geschichte erzählt. Insofern haben Talkmeister doch einiges mit Leitartiklern gemeinsam, ob sie es nun wahrhaben wollen oder nicht.

Darstellungskunst

Journalisten haben in der Regel ein ausgeprägtes Mitteilungsbedürfnis. Sie wollen das, was sie erfahren haben, öffentlich machen. Sich dem eigenen Tagebuch anzuvertrauen oder nur im kleinen Kreis zu diskutieren, reicht ihnen nicht aus.

Im Gegensatz zu den meisten anderen Menschen sind Journalisten dabei bereit, sich an bestimmte Regeln zu halten. Sie unterwerfen sich Längenbegrenzungen für Texte und Beiträge, Zeitbegrenzungen für Recherche und Formulierung sowie stilistischen Konventionen. All dies, um möglichst viele Zuschauer und Zuhörer zu erreichen. Wer sich solchen Regeln nicht unterwerfen will, wird Künstler oder Wissenschaftler.

Zwar kann man den meisten Journalisten ein Quentchen Eitelkeit unterstellen. Doch ausleben können diesen Charakterzug nur wenige, denn viele Jobs im Journalismus spielen sich eher im Hintergrund ab. Selbst im Fernsehen tauchen die meisten Mitarbeiter nie im Bild auf. Man liest ihren Namen höchstens im Abspann, wenn überhaupt.

Newcomer-Porträt: Der Nachtjäger

Mitten in der Nacht aus dem Tiefschlaf gerissen zu werden, findet Tim Stinauer das Schöne an seinem Job. Spinnt der? Nein, er ist Polizeireporter. Der Zeitdruck, die nächtlichen Bereitschaftsdienste, der Wettstreit um Informationen und Quellen gehören da einfach dazu. Binnen Sekunden von null auf hundert kommen zu müssen, macht ihm so viel Spaß, dass er sich einen anderen Beruf kaum vorstellen kann. Nach zehn Jahren im Journalismus ist er dort angekommen, wo er immer hin wollte. »Ich mache wirklich das, was ich machen will.«

Journalismus war für Stinauer eine naheliegende Berufswahl. Sein Großvater war Kameramann, sein Vater arbeitete beim Westdeutschen Rundfunk. Als Schüler stand er eine halbe Stunde früher auf, damit er Zeit hatte, die Zeitung zu lesen. Dass Journalisten beim Privatleben oft Abstriche machen müssen, lernte er früh.

Bevor er Polizeireporter wurde, probierte Stinauer so ziemlich alle journalistischen Bereiche durch. Er jobbte bei einer TV-Produktionsfirma, hospitierte bei der *Hörzu*, bei *Bild*, bei der Nachrichtenagentur *dpa* und beim WDR-Hörfunk. Parallel dazu studierte er Geschichte, »weil ich ein Fach machen wollte, das mich wirklich interessierte«. Nach dem Studium wurde er 2001 fester freier Mitarbeiter beim *Kölner Stadt-Anzeiger*, schob dort später noch ein Volontariat ein, war ständiger freier Mitarbeiter, bis er 2007 als Redakteur fest angestellt wurde. Den Journalismus hat er durchs Zuschauen und Ausprobieren gelernt.

Vor dem Abitur hatte Stinauer kurz mit dem Gedanken gespielt, selbst Polizist zu werden. Doch die Beobachterrolle lag ihm mehr. 2004 begleitete er zwei Monate lang kriminelle Jugendliche in Köln und schrieb darüber eine zehnteilige Serie für seine Zeitung. 2007 fuhr er vier Wochen lang im Streifenwagen mit. Einen Krimi zu verfassen, das hat er in den nächsten zwanzig Jahren noch vor.

Tim Stinauer: Polizeireporter. Geboren am 30.5.1977 in Köln.

Was ihn am Journalismus begeistert: Die Kompromisslosigkeit, die darin liegt, dass man nur mit einem Block und einem Fotoapparat loszieht und seine Geschichte dann so aufschreibt, wie man es selbst für richtig hält.

Was ihm am Journalismus peinlich ist: Artikel, die in der Ichform geschrieben sind und so den Autor selbst in den Mittelpunkt stellen.

Sein Job in einem Satz:

Ich berichte über Verbrechen und Katastrophen, die sich in der Stadt zutragen, informiere über die Arbeit von Polizei und Feuerwehr und kritisiere die auch, wenn das nottut.

Erstaunlicherweise bezeichnen sich viele Reporter selbst als schüchtern. Sie müssen sich einen Ruck geben, um fremde Menschen anzusprechen. Dies ist noch kein Indiz dafür, dass sie für den Journalistenberuf nicht geeignet sind. Gerade schüchterne Menschen können scharfe Beobachter sein.

Journalisten, die im Fernsehen auftreten, überwinden ihr Lampenfieber, indem sie eine Rolle spielen. Sie nehmen sich einfach vor, einen Moderator oder einen Interviewer zu verkörpern. Schauspielerische Naturtalente gibt es nur wenige in den Nachrichtenmedien. Überzeugte und talentierte Selbstdarsteller werden gleich Politiker oder Entertainer.

Sammeln, Ordnen und Verstehen

Komplexe Dinge verständlich machen zu können ist eine der wichtigsten Kompetenzen im Journalismus. Journalisten müssen diese Leistung meist in sehr kurzer Zeit erbringen. Das ist nur möglich, wenn sie ein Gefühl dafür entwickelt haben, welches Wissen sie bei den Lesern voraussetzen können und wo deren Interessen liegen. Sie müssen auch selbst über Kenntnisse verfügen: Nur was man verstanden hat, kann man so formulieren, dass ein anderer es versteht.

Neugier

Wer sein Geld damit verdienen will, Neuigkeiten zu verbreiten, muss selbst an Neuigkeiten interessiert sein. Für Menschen, die sich nur für ihre nächste Umgebung interessieren, die am glücklichsten sind, wenn sie Vertrautes wiederfinden, ist Journalismus der falsche Beruf.

Neugier ist kein Talent, sondern eine Geisteshaltung, die viele Facetten hat. Der polnische Journalist Ryszard Kapuscinski dachte zum Beispiel gar nicht daran, dass er seinen Lesern etwas mitteilen wollte, als er seine Karriere als Auslandskorrespondent begann. Es ging ihm nicht einmal darum, China, Indien oder Afrika kennenzulernen. Kapuscinski hatte nur einen Wunsch, der ihm keinen Frieden ließ:

> *Ich sehnte mich nur nach dem Augenblick, dem Akt, der puren Tatsache des Grenzübertritts.*

Erfolgreiche Journalisten zeichnet ein gewisser Abenteuergeist aus. Sie interessieren sich dafür, was außerhalb ihrer eigenen engen Welt geschieht, wie die Menschen dort leben und denken. Wer im bürgerlichen Milieu aufgewachsen ist, für den ist das Leben am unteren Ende der Gesellschaft ebenso fremd wie die Welt der Reichen. Wer vom Land kommt, den fasziniert die Vielfalt der Großstadt.

Journalismus ist aber auch das ideale Betätigungsfeld für Leute, die etwas genau wissen wollen, ohne darüber gleich eine Doktorarbeit zu schreiben. Sie wollen den Dingen auf den Grund gehen, so lange, bis ihnen die Antwort plausibel erscheint. Motiviert werden sie dabei durch eine andauernde Skepsis. Sie nehmen Tatsachenbehauptungen nicht einfach als gegeben hin.

Gute Journalisten legen besonderen Wert darauf, etwas mit eigenen Augen oder Ohren erfahren zu haben, bevor sie sich ihr Urteil bilden. Sie suchen nach Originalquellen und forschen nach, warum etwas so geschehen ist wie es geschah. Gerade Erfolgsmeldungen von Unternehmen oder Politikern sind für sie ein Anreiz, zu überprüfen und zu hinterfragen.

Anders als Kriminalbeamte obliegen Journalisten nicht der Pflicht, letzten Endes vor Gericht beweisen zu können, was sie als plausibel festgestellt haben. Sie können sich ab einem bestimmten Punkt wieder einem anderen Thema zuwenden. Das ist gut so, denn zwar klagen Journalisten andauernd, dass sie gern mehr Zeit hätten, sich mit einer Angelegenheit zu befassen. In Wirklichkeit sind die meisten aber froh, dass die Beschäftigung mit derselben Sache irgendwann auch mal wieder endet. Der Reiz am Journalismus ist schließlich, dass es ein abwechslungsreicher Beruf ist.

Allgemeinbildung

Um Vorgänge einordnen zu können, müssen Journalisten über eine solide Allgemeinbildung verfügen. Das betrifft vor allem Kenntnisse der Geschichte, der Geografie und der Gesellschaftskunde. Aber auch die Grundzüge wirtschaftlicher Prozesse müssen jedem klar sein, der über politische Zusammenhänge berichten will.

Jeder Journalist muss der englischen Sprache mächtig sein, damit er auch mit Menschen kommunizieren kann, die kein Deutsch sprechen. Weitere Fremdsprachen sind eine wertvolle Zusatzqualifikation, vor allem wenn sie nicht viele andere können, wie Arabisch oder Chinesisch.

Um eine kurze Meldung über die Ergebnisse einer Meinungsumfrage zu schreiben, brauchen Journalisten elementare Statistikkenntnisse. Wer nicht weiß, was eine repräsentative Umfrage ist, fällt auf Zahlen herein, die überhaupt nicht aussagekräftig sind und die Leser komplett in die Irre führen. Aber auch Grundkenntnisse in Sport, Musik und Kunst sind unerlässlich. Denn Berufsanfänger sind erst einmal als Generalisten gefordert und sollen die Kommunalpolitik ebenso abdecken wie das Vereinsleben und das Kulturgeschehen.

Um auf dem Laufenden zu bleiben, bleibt Journalisten nichts anders übrig, als ihrerseits eifrige Mediennutzer zu sein. Wer zu faul ist, sich jeden Tag mit den neuesten Informationen zu versorgen, hat in diesem Beruf nicht viel verloren. Dabei ist es völlig egal, welches Medium ein Journalist nutzt. Man kann Zeitung lesen, die *Tagesschau* gucken, die Radionachrichten hören oder im Internet surfen.

Falsch wäre sich einzubilden, dass Journalisten alles wissen können. Gerade Generalisten, die von Thema zu Thema springen, müssen lernen, wo und wie man sich am allerschnellsten und effizientesten die nötigen Hintergrundkenntnisse verschafft. Tipps dafür enthalten Kapitel 7 und die Top-Ten-Liste mit nützlichen Websites in Kapitel 21.

Durchblick

Zu den wichtigsten Kompetenzen von Journalisten gehört, zwar viele Informationen in sich aufzusaugen, sich davon aber nicht überwältigen zu lassen. Denn ihre vornehmste Aufgabe ist, Durchblick zu schaffen. Um eine komplizierte Welt so einfach zu erklären wie der Mann in der *Sendung mit der Maus*, bedarf es eines Verstands, der ordnen, sortieren und bewerten kann.

Journalisten halten ständig Ausschau nach Parallelen ebenso wie nach Widersprüchen. Sie sondern Wiederholungen aus, streichen Phrasen, übersetzen Fachbegriffe und reduzieren wortreiche Erklärungen auf ihren Sinngehalt. Diese Arbeit ist nie endgültig getan. Jedes Mal, wenn eine neue Information hinzukommt, müssen Journalisten ihre Analyse überprüfen und gegebenenfalls korrigieren.

Der Wissenstest der Journalistenschulen

Die meisten Journalistenschulen unterziehen Bewerber einem Wissenstest. Abgehoben wird darin normalerweise auf Allgemeinbildung und Informiertheit. Wer täglich aufmerksam die Nachrichten verfolgt, ist schon auf halbem Weg zum Erfolg. Hier eine Auswahl von Fragen, die an verschiedenen Schulen in den vergangenen Jahren gestellt wurden. Wer die Antworten nicht auf Anhieb weiß, findet sie leicht im Internet.

- ✔ Was ist der Grand Slam im Tennis?
- ✔ Wie viele Mitglieder hat die NATO?
- ✔ Wie heißen die Ministerpräsidenten der 16 Bundesländer?
- ✔ Was ist ein Avatar?
- ✔ Was ist der DAX und wo stand er gestern ungefähr?
- ✔ Auf welcher Insel liegt Guantanamo Bay?
- ✔ Wie viele Kilometer sind eine US-Meile?
- ✔ Wie heißt der Präsident des Iran?

Fingerfertigkeit und Bedienungskünste

Gerade schreibende Journalisten tendieren dazu, sich als Sprachkünstler zu verstehen, die technische Fertigkeiten ignorieren können. Wer diese Einstellung hat, schränkt die Zahl der Berufsfelder, in denen er arbeiten kann, massiv ein. Radiojournalisten, Blattmacher, Fotojournalisten und Community-Moderatoren – sie alle müssen mit technischem Gerät und Redaktionssoftware umgehen.

Fast jede Redaktion arbeitet mit ihrer eigenen Software. Beim Wechsel des Arbeitsplatzes müssen sich Journalisten daher immer wieder auf neue Systeme einstellen. Wichtig ist, dass sie das Prinzip verstanden haben. So können sie sich den Umgang mit einem anderen Programm für Grafik, Layout, Tonschnitt oder Fotobearbeitung schneller erschließen.

Manche Techniken sterben aus: Fast kein Reporter kann heutzutage noch Stenografie, auch wenn es nützlich ist, sich schnell und zugleich genau etwas notieren zu können. Dafür werden heute andere Fertigkeiten vorausgesetzt. Ihre Zahl nimmt zu, je stärker sich Text, Ton und Bild verbinden.

Newcomer-Porträt: Die Pionierin

Für Isabella Kroth muss man ein Arbeitsprofil erst noch erfinden. Einerseits stellt sie als Redakteurin eine tägliche Nachrichtensendung zusammen, wählt aus, recherchiert und schreibt. Andererseits gibt sie den Nachrichten auch ihr Gesicht, allerdings nicht im Fernsehen, sondern im Internet. Ihr Ehrgeiz ist es, die Videonachrichten auf *Focus Online* nicht nur zu präsentieren, sondern den Zuschauern nebenbei auch zu erklären, wie die Nachrichtenwelt funktioniert – in vier Minuten und mit einem Augenzwinkern.

Als Internetfreak würde sich Kroth nie bezeichnen, obwohl sie heute bei der digitalen Revolution ganz vorn dabei ist. Ihre journalistische Laufbahn begann beim *Starnberger Kreisboten*, einer ganz normalen gedruckten Lokalzeitung. Sie traf früh auf eine Redakteurin, die sie unter ihre Fittiche nahm und ihr die journalistische Arbeit von der Pike auf erklärte. Ganz klein anfangen und möglichst viele Facetten des Berufs kennenlernen, das würde sie angehenden Journalisten immer empfehlen.

Kroth machte Ernst mit dem Ausprobieren. Mit 25 Jahren hatte sie schon die Deutsche Journalistenschule besucht, in München und Paris studiert, bei der *Süddeutschen Zeitung*, dem *Tagesspiegel* und TV München hospitiert, als Freie für den Bayerischen Rundfunk, das ADAC-Reisemagazin und Fluter.de gearbeitet und ein Buch geschrieben – über eine Frau auf der Flucht vor einer Zwangsheirat, die sie bei einer Recherche kennengelernt hatte.

Ursprünglich sah Kroth ihre Zukunft bei der Zeitung, denn »Moderieren war mir immer sehr unangenehm«. Doch schon an der Journalistenschule fiel ihre Bildschirmbegabung auf. Als sie später in der zentralen Nachrichtenredaktion des Burda-Verlags arbeitete, wurde sie bei einer Konferenz für die Videonachrichten entdeckt. Reportagen schreiben, im Ausland arbeiten, all diese Pläne hat sie nach wie vor im Hinterkopf. »Ich hab schon viele Ideen, die ich noch umsetzen möchte.«

Isabella Kroth: Redakteurin/Moderatorin. Geboren am 23.4.1980 in Starnberg.

Was sie am Journalismus begeistert: Dass man wirklich jeden Tag etwas Neues lernt.

Was ihr am Journalismus peinlich ist: Wenn sich Journalisten auf der Jagd nach einer Sensation in Bäumen verstecken oder als Pfleger verkleiden.

Ihr Job in einem Satz:

Ich versuche jeden Tag das zu erklären, was ich am relevantesten in der Nachrichtenwelt finde, und zwar in einem Videonachrichtenformat.

- ✔ Schreibende Journalisten sind im Vorteil, wenn sie mit zehn Fingern tippen können. Sie gewinnen dadurch Zeit zum Recherchieren und Strukturieren.
- ✔ Wer bei einer Zeitung, einer Zeitschrift oder einer Webpublikation arbeiten will, sollte mit Layoutprogrammen wie InDesign und mit Photoshop vertraut sein. Am besten übt sich das durch die Erstellung einer eigenen Website.

- Bei Radio und Fernsehen hat es leichter, wer seine Stimme geschult hat. Sprechunterricht ist aber auch eine sinnvolle Investition, wenn man nie beim Rundfunk landet. So werden zum Beispiel Journalistinnen ernster genommen, denen es gelungen ist, ihre Stimme auf etwas tiefer zu trimmen.
- Grundkenntnisse im Umgang mit Kamera, Mikrofon und Schnitt sind nicht nur beim Fernsehen und beim Hörfunk unerlässlich. Der Trend geht dahin, dass auch Print-Reporter künftig für die Onlineausgabe ihres Arbeitgebers Bild- und Tonaufnahmen mitbringen müssen. Redakteure finden im Onlinebereich zwar am ehesten Jobs, müssen dort aber multimedial produzieren.
- Gewandtes Auftreten vor der Kamera lässt sich erlernen. Sinnvoll ist diese Fertigkeit auch für Journalisten, die normalerweise bei der Zeitung tätig sind. Die großen Karrieren werden künftig jene Journalisten machen, die als Marke in Erscheinung treten. Dazu gehört auch das Wissen, wie man sich im Fernsehen, auf Podiumsdiskussionen oder beim Videochat am besten verkauft.

Charakterstudien

In grauen Vorzeiten, als in der Schule noch Verhaltensnoten verteilt wurden, galt die Regel: Journalist wird, wer in Betragen schlecht und in Mitarbeit gut ist. Die späteren Reporter waren Rebellen, die eine Schülerzeitung gründeten und damit den Direktor auf die Palme brachten. Sie wollten alles, nur nicht selbst Lehrer werden.

Als die Verhaltensnoten abgeschafft wurden, verschwand auch das Rebellentum. Seither finden immer mehr Menschen mit stromlinienförmigen Biografien den Weg in den Beruf. Doch die Konkurrenz ist groß. Ein gewisses Maß an Frechheit ist notwendig, um im Journalismus voranzukommen. Sonst erhält man nur die Antworten, die jeder andere auch bekommt.

Rücksichtslosigkeit

Journalisten sollten zwar nicht buchstäblich über Leichen gehen. Wer sich jedoch sklavisch an jedes Tabu hält, wird sich tendenziell nicht aus der Masse hervorheben. Stirbt eine bekannte Persönlichkeit, bleibt einem Journalisten meist wenig übrig, als sich über die Konvention hinwegzusetzen, die Angehörigen erst mal in Ruhe zu lassen. Das heißt noch lange nicht, dass man dabei nicht behutsam vorgehen kann.

Vielseitigkeit

Wer sich vornimmt, niemals über etwas anderes zu schreiben als über den Fechtsport oder den Autorenfilm, sollte aus einer vermögenden Familie stammen. Wer darauf angewiesen ist, als Journalist seinen Lebensunterhalt zu verdienen, muss vielseitig sein.

Diese Vielseitigkeit erstreckt sich nicht nur auf die Themen, über die man berichtet. Sie ist auch zunehmend technischer Natur. Künftig wird von den meisten Journalisten verlangt werden, dass sie für die multimedialen Websites auch Fotos machen, Videos und Audios aufnehmen können.

Die Eier legende Wollmilchsau

Vielseitigkeit hat ihre Schattenseiten. Journalisten klagen oft darüber, dass sie sich immer weniger auf ihr Spezialgebiet konzentrieren können. Dabei übersehen sie oft, dass die Spezialisierung, die bis vor Kurzem im Journalismus vorherrschte, historisch gesehen eigentlich nur eine Episode war. Genau besehen dauerte sie ungefähr von der Einführung des Fernsehens in den 50ern bis zur Erfindung des World Wide Web.

Es spricht einiges dafür, dass Journalisten in Zukunft wieder so arbeiten werden wie in den Pionierzeiten der Massenmedien. Damals bediente derselbe Mensch, der Artikel schrieb und Anzeigen akquirierte, auch die Druckerpresse und sorgte für den Vertrieb seiner Zeitung. Wer das nicht glaubt, dem sei der Comic *Lucky Luke* und der *Daily Star* empfohlen, wo dies plastisch vorgeführt wird.

Widerstandsfähigkeit

Journalismus ist ein stressiger Beruf. Selbst wer für eine Wochenzeitung arbeitet, muss mit dem Redaktionsschluss klarkommen und seine Geschichte pünktlich abliefern. Außerdem läuft oft nicht alles wie geplant. Ein Interviewtermin fällt ins Wasser, eine These erweist sich als haltlos. Journalisten müssen für solche Situationen eine Lösung finden. Die Flinte ins Korn werfen geht nicht.

Viele Journalisten laufen erst unter Zeitdruck zu Form auf. Selbst Autoren von Wochenblättern, die ihr Thema seit einer Woche kennen, fangen erst am Morgen des Abgabetags ernsthaft an zu schreiben. Die Zeit davor wird zur Vorbereitung und zur Recherche genutzt.

Entscheidungsfreude

Redakteure müssen täglich eine Vielzahl von Entscheidungen treffen. Welche Geschichte eignet sich zum Aufmacher? Welcher neue Vorschlag wird Wellen schlagen? Welcher Termin muss unbedingt besetzt werden? Weil die Mittel im Journalismus begrenzt sind, können sich Journalisten um solche Entscheidungen nicht herumdrücken. Das gilt umso mehr, je schneller die Medien werden. Im Internet ist immer gerade Redaktionsschluss. Entscheidungen zu treffen bedeutet ständig Risiken einzugehen, dann aber auch aus Fehlentscheidungen zu lernen.

Newcomer-Porträt: Die Völkerkundige

Die meisten Artikel, die in deutschen Zeitungen über Afghanistan stehen, handeln von der Bundeswehr. Einmal mit der Transall nach Kundus, Gang durchs Feldlager, und fertig sind die 160 Zeilen über die Sicherheitslage am Hindukusch. Verbringt man aber eine Woche bei den afghanischen Truppen im Grenzgebiet zu Pakistan, wo kein deutscher Soldat je den Fuß hinsetzt, kommt eine völlig andere Geschichte heraus. »Ich glaube schon, dass viele Leute es als wohltuend empfinden, mal etwas anderes zu lesen«, ist Friederike Böge überzeugt.

Böge hat ihre journalistische Karriere unkonventionell angepackt und dabei einige Umwege und Sackgassen in Kauf genommen. Als Teenager gründete sie in ihrem Heimatort das *Unterglinder Käseblatt* – Nachrichten aus der Nachbarschaft, die sie selbst recherchierte, kopierte und in die Briefkästen steckte. Nach dem Abitur ging sie nach Namibia und arbeitete bei einer dreisprachigen Wochenzeitung. Als Ethnologie-Studentin lernte sie, ihre Annahmen über die Welt grundsätzlich zu hinterfragen.

Während des Studiums bewarb sie sich um journalistische Praktika, erhielt viele Absagen, hospitierte dann aber bei der *Ostsee-Zeitung,* dem *Tagesspiegel* und der *Berliner Zeitung*. 2000 folgte das Volontariat bei der *Frankfurter Allgemeinen Zeitung*. Sie wurde Redakteurin, erst bei der Regionalausgabe der *FAZ*, dann bei *Reuters*, stets mit dem Fernziel, Auslandskorrespondentin zu werden. Dass sie sich für Naheliegendes nie besonders interessiert habe, sei Vorteil und Schwäche gewesen. »Für den Mainstream-Journalismus ist man dadurch vielleicht nicht die erste Wahl.«

Böge wurde freie Journalistin, erzwungen nicht zuletzt durch die Medienkrise. Sie ging nach Afghanistan und baute dort im Auftrag des Deutschen Entwicklungsdienstes eine Monatszeitschrift für politische Bildung auf. In den Redaktionen in Kundus und Dschalalabad arbeiteten außer ihr nur afghanische Journalisten. 2007 übergab sie das Zepter an den einheimischen Chefredakteur und kehrte nach Deutschland zurück. Ihr nächstes Ziel war der Nordirak.

Friederike Böge: Freie Journalistin. Geboren am 28.5.1973 in Pinneberg.

Was sie am Journalismus begeistert: Das Gefühl, Themen tief erfasst zu haben, anstatt sich nur schnell etwas anzulesen.

Was ihr am Journalismus peinlich ist: Dass wenige Journalisten darüber nachdenken, was sie anrichten können – zum Beispiel indem sie Menschen durch Informationen bloßstellen, die aus dem Zusammenhang gerissen worden sind.

Ihr Job in einem Satz:

Vermeintliche Gewissheiten zu hinterfragen.

Hartnäckigkeit

Schon beim Kaninchenzüchterverein fängt es an: Menschen wollen über sich selbst und ihre Organisationen nur Gutes in der Zeitung lesen. Die Aufgabe von Journalisten ist es jedoch, Licht und Schattenseiten aufzuzeigen. Sonst sollten sie besser in die Öffentlichkeitsarbeit gehen. Denn um die ganze Wahrheit herauszufinden, müssen Journalisten hartnäckig sein. Sie wird ihnen nicht an den Schreibtisch geliefert.

Hartnäckigkeit ist auch gefragt, um im Journalismus Karriere zu machen. Man muss Abfuhren einstecken können und einen langen Atem haben – gerade wenn man keine Beziehungen hat, sondern auf sich gestellt ist.

Zielstrebigkeit

Zwar gehört zum Erfolg im Journalismus auch viel Glück. Manche Karriere wurde dadurch gefördert, dass der Reporter zum richtigen Moment am richtigen Ort war. Generell kann jedoch eine gewisse Zielstrebigkeit nicht schaden. Nur wenn man selbst weiß, wo man hin will, kann man es anderen auch mitteilen. Nur dann gelangt man in den Kreis potenzieller Kandidaten für eine attraktive Stelle.

Teamfähigkeit

Nur in ganz seltenen Fällen ist Journalismus etwas für Einzelkämpfer. Wer in diesem Beruf ohne Teamfähigkeit vorankommen will, muss schon über ganz besondere Fähigkeiten und Spezialkenntnisse verfügen. TV-Reporter müssen mit ihren Kameraleuten klarkommen – auch wenn diese sich sklavisch an Überstundenregeln halten und um Punkt 17 Uhr die Kamera ausschalten. Wer in der Lage ist, anderen zu helfen, wird auch selbst bei der Recherche Hilfe von Kollegen bekommen. Ehrgeiz ist gut, doch dabei darf man andere nicht vor den Kopf stoßen.

Sie sind heiß auf eine Geschichte, für die eigentlich ein Kollege zuständig ist, und überlegen, ob Sie hinter seinem Rücken zum Chef laufen sollen, um zu erläutern, warum Ihr Artikel garantiert besser ausfallen würde. Falscher Reflex. Bieten Sie lieber dem Kollegen Ihre Hilfe an bei einem Teilaspekt, der ihn vielleicht nicht so sehr interessiert. Wenn Ihr Chef das nächste Mal dann auf die Idee kommt, Sie mit einer ähnlichen Geschichte zu betrauen, haben Sie sich nichts vorzuwerfen.

Aufrichtigkeit

Wer nicht zwischen wahr und falsch unterscheiden kann, hat im Journalismus nichts verloren. Die Geschichten, die Journalisten erzählen, müssen auf Tatsachen beruhen, statt der Fantasie des Autors zu entspringen. Wer am liebsten fünf grade sein lässt, sollte einen anderen Beruf wählen. Aufrichtig zu sein, ist allerdings schwer.

Sie haben den Auftrag, über die Flüchtlingskrise in Süditalien zu berichten. Agenturmeldungen zufolge landen dort täglich Boote mit Hunderten von Menschen aus Afrika. Als Sie mit Ihrem Kamerateam ankommen, ist jedoch kein Flüchtling in Sicht. Nun zu behaupten, Sie hätten die Flüchtlingswelle selbst gesehen, oder gar eine entsprechende Szene zu inszenieren, verstößt gegen die Grundregeln des Journalismus.

Testen Sie sich selbst

Fragen Sie sich manchmal, warum Sie selbst nicht Journalist geworden sind – wo man doch schon früh von Ihnen sagte, dass Sie so neugierig seien wie ein kleines Äffchen, und dazu noch ein richtiges Fernsehgesicht und eine wunderbare Radiostimme hätten? Dann unterziehen Sie sich spaßeshalber doch mal folgendem völlig hypothetischen Test. Einfach die Fragen beantworten und die jeweilige Punktzahl zur gewählten Antwort notieren. Die Auflösung wird gleich im Anschluss präsentiert.

Das Quiz

1. **Sie sind an einem Sommerabend mit dem Fahrrad unterwegs und treffen dabei auf eine Gruppe Menschen, die zum Dach eines fünfstöckigen Hauses hinaufzeigen. Im nächsten Moment rollt eine Limousine über die Brüstung des Daches und schlägt auf dem Gehweg auf. Was tun Sie?**
   - Sie rufen die Polizei. (2 Punkte)
   - Sie fangen an zu recherchieren, wer und was hinter der Aktion steckt. (1 Punkt)
   - Sie nehmen sich vor, am nächsten Tag die Lokalzeitung zu kaufen, um zu erfahren, was da los war. (3 Punkte)
2. **Sie bitten um ein Interview mit dem Bürgermeister, doch sein Pressesprecher lässt Sie abblitzen. Was tun Sie?**
   - Sie rufen noch einmal an und versuchen den Pressesprecher mit neuen Argumenten zu überzeugen. (2 Punkte)
   - Sie gehen zu einer Veranstaltung, an der auch der Bürgermeister teilnimmt, und sprechen ihn direkt an. (1 Punkt)
   - Sie legen eine Beschwerde nach dem Informationsfreiheitsgesetz ein. (3 Punkte)
3. **Sie haben den Auftrag, einen Manager zu befragen, der in einen Schmiergeldskandal verwickelt ist. Wie gehen Sie an das Interview heran?**
   - Sie machen sich die Vorwürfe gegen den Manager zu eigen und konfrontieren ihn damit. (3 Punkte)

- Sie äußern Verständnis für seine Lage und überzeugen ihn davon, dass das Interview ihm Gelegenheit gibt, seine Version der Ereignisse darzustellen. (1 Punkt)
- Sie teilen dem Manager mit, dass Ihnen für Ihre Story bereits belastendes Material vorliegt, und legen ihm nahe, dass er keine andere Wahl hat, als sich zu äußern. (2 Punkte)

4. Sie sollen eine Diskussionsrunde über die Klimakatastrophe leiten, zu der Forscher mit unterschiedlichen Auffassungen eingeladen sind. Wie bereiten Sie sich vor?

- Sie lesen sich kurz durch, was bei Wikipedia zum Stichwort Klimakatastrophe steht. (2 Punkte)
- Sie wollen vorurteilsfrei an die Debatte herangehen und verzichten auf jegliche Vorbereitung. (3 Punkte)
- Sie lesen sich die entscheidenden Veröffentlichungen der eingeladenen Forscher vorher durch. (1 Punkt)

5. Bei einem Busunglück sind zehn Schulkinder verletzt worden, darunter die Tochter der Bundeskanzlerin. Wie lautet Ihre Schlagzeile?

- Tochter der Bundeskanzlerin bei Busunglück verletzt. (1 Punkt)
- Zehn Verletzte bei Busunglück. Tochter der Bundeskanzlerin betroffen. (2 Punkte)
- Zehn Schulkinder bei Busunglück verletzt. (3 Punkte)

6. Eine halbe Stunde vor Redaktionsschluss stellen Sie fest, dass Sie die Geschichte, an der Sie arbeiten, nicht rund bekommen werden, weil Ihnen die entscheidende Quelle fehlt. Was tun Sie?

- Sie überwinden Ihre Angst, als Versager zu gelten, und sagen dem Chefredakteur so schnell wie möglich Bescheid, dass aus Ihrer Geschichte für die nächste Ausgabe nichts wird. (2 Punkte)
- Sie stricken mithilfe weniger guter Quellen eine Geschichte, die eine weniger starke Aussage hat, damit der Ihnen eingeräumte Platz in der Zeitung nicht leer bleibt. (1 Punkt)
- Sie überlegen sich, was der Gesprächspartner, den Sie nicht erreichen konnten, am ehesten gesagt hätte, und schreiben es als Information aus ungenannten Kreisen auf. (3 Punkte)

7. Eine bekannte Umweltschutzorganisation teilt mit, dass eine Bohrplattform ein Leck hat und nun tote Robben an der Nordseeküste angeschwemmt werden. Wie gehen Sie mit der Nachricht um?

- Da Sie die Quelle für vertrauenswürdig halten, titeln Sie: Leck in Bohrplattform löst Robbensterben aus. (3 Punkte)
- Sie berichten: Umweltorganisation macht Leck in Bohrplattform für Robbensterben verantwortlich. (2 Punkte)

- Sie rufen beim Landratsamt und bei den Betreibern der Bohrinsel an, um mehr zu erfahren. Danach titeln Sie: Robbensterben an der Nordseeküste. Leck in Bohrplattform könnte Ursache sein. (1 Punkt)

8. **Am Rande eines Ministertreffens bekommen Sie mit, dass sich die EU-Staaten auf ein Importverbot für chinesisches Spielzeug geeinigt haben. Ihnen kommt das neu vor, doch die Kollegen von den anderen Zeitungen winken ab. Die Entscheidung sei längst bekannt und nur abgenickt worden. Was tun Sie?**

   - Sie sind froh, dass die erfahrenen Kollegen Sie davor bewahrt haben, einen alten Hut zu berichten. (3 Punkte)
   - Sie ziehen sich heimlich in Ihr Büro zurück und schreiben die Geschichte trotzdem. (2 Punkte)
   - Sie fangen eine Diskussion an und überzeugen ihre Kollegen, dass jetzt doch der richtige Zeitpunkt ist, über das Thema zu berichten. (1 Punkt)

Die Auflösung

Zählen Sie die von Ihnen erzielten Punkte zusammen.

- ✔ 8 bis 12 Punkte: Herzlichen Glückwunsch! Sie haben das Zeug zum Starjournalisten.
- ✔ 13 bis 17 Punkte: Gerade mal Durchschnitt! So schaffen Sie es höchstens zum Regierungssprecher.
- ✔ 18 bis 24 Punkte: Kleiner Tipp: Lesen Sie dieses Buch noch mal von vorn.

Journalist werden

16

In diesem Kapitel

- Die ersten Schritte
- Das Handwerk erlernen
- Chancen für Anfänger und Quereinsteiger

Journalismus ist eine abwechslungsreiche Tätigkeit, bei der man sich im Idealfall selbst verwirklichen kann. Kein Wunder also, dass viele Schüler und Studenten von einer Karriere als Journalisten träumen. Der Weg in den Beruf ist allerdings steinig. Die harte Konkurrenz um Ausbildungsplätze gibt einen Vorgeschmack, wie schwierig es ist, einen Job bei einer Zeitung, einem Sender, Magazin oder Onlinejournal zu finden.

Die Pressefreiheit sorgt dafür, dass es keinen geregelten Zugang zum Beruf gibt. Jeder darf sich Journalist nennen, unabhängig davon, welche Qualifikationen er mitbringt und ob er damit seinen Lebensunterhalt verdient. Es gibt keine Staatsexamen oder Gesellenprüfungen. Noch heute versichern einem alte Herren herablassend, dass man Journalismus nicht lernen kann. Man kann – aber schaffen tun es nur die Hartnäckigsten, Talentiertesten, Fleißigsten und Ehrgeizigsten.

In diesem Kapitel gebe ich einen Überblick, welche Wege es in den Journalismus gibt. Welche Variante man schließlich wählt, hängt von den eigenen Vorlieben ab, aber auch davon, welche Gelegenheiten sich einem überhaupt bieten.

Wer »irgendwas mit Medien machen will«, muss nicht unbedingt Journalist werden. In der Branche gibt es auch Jobs für Kaufleute, Techniker, Designer, Sozialforscher und Buchhalter.

Erste Gehversuche

Wer sich in den Konkurrenzkampf um die wenigen Ausbildungsplätze begeben will, muss testen, ob ihm der Journalismus wirklich Spaß macht. Auch über die Eignung für den Beruf lässt sich so viel erfahren.

Aller Anfang ist spielerisch

Die Mitarbeit an einer Schülerzeitung ist eine ausgezeichnete Möglichkeit, sich als Journalist zu versuchen. Zwar gibt es dort selten jemanden, der einem das Recherchieren und Schreiben systematisch beibringt. Doch auch im Selbstversuch lässt sich einiges lernen.

- ✔ Pressefreiheit gibt es nicht geschenkt. Der Humor der Schulleitung deckt sich selten mit dem Humor der Schülerzeitungsredakteure. Kritik muss gut begründet sein, damit sie Drohungen von oben standhalten kann.
- ✔ Persönlichkeitsrechte sind universell. Auch Schüler und Lehrer haben ein Recht am eigenen Bild, das die Schülerzeitung respektieren muss.
- ✔ Fehler fallen auf. Wer einen Gesprächspartner falsch zitiert, seinen Namen falsch buchstabiert oder sein Alter falsch angibt, muss mit einer Forderung nach Richtigstellung, Gegendarstellung oder zumindest mit dem Gespött der Schule rechnen.
- ✔ Technik will geübt sein. Wer das erste Mal mit Layoutsoftware arbeitet, braucht dreimal so lange dafür, die Zeitung zu erstellen, wie ursprünglich eingeplant.
- ✔ Verlässlichkeit ist unerlässlich. Wer eine Klassenarbeit schwänzt, schadet nur sich selbst. Wer einen Artikel zu spät abliefert oder das Team beim Produzieren der Schülerzeitung im Stich lässt, gefährdet das gesamte Projekt.

In der Schülerzeitung veröffentlichte Artikel eignen sich selten für eine Bewerbungsmappe. Dafür sind sie normalerweise weder gründlich genug recherchiert noch gut genug formuliert. Dass Bewerber für ein Praktikum oder ein Volontariat an einer Schülerzeitung mitgearbeitet haben, sollten sie jedoch in ihrem Bewerbungsschreiben oder Lebenslauf erwähnen. Denn sie stellen damit ihr ernsthaftes Interesse am Beruf und ihr Engagement unter Beweis.

In allen Bundesländern gibt es Vereine, in denen sich die Macher von Schüler- und Studentenzeitungen zusammengeschlossen haben. Sie verteilen Jugendpresseausweise und veranstalten Workshops, Informationsreisen und Kongresse. Finanziert werden diese Aktivitäten zum Teil vom Staat. Der bundesweite Dachverband ist im Internet unter `www.jugendpresse.de` zu finden.

Zeitungsluft schnuppern

Der nächste Schritt ist die Hospitanz bei der Zeitung oder beim Lokalradio. Das heißt zunächst nichts anderes, als den Redakteuren über die Schulter zu schauen. Nur selten darf man bei solch einem Schnupperpraktikum selbst Hand anlegen. Bezahlt wird dafür mit Sicherheit nicht.

Hospitieren heißt zugucken, Praktikum heißt mitmachen. Allerdings unterscheidet die Branche nicht immer trennscharf zwischen den beiden Begriffen. Manche Hospitanzen bieten durchaus die Gelegenheit, selbst zu recherchieren und Beiträge zu produzieren. Wie das im Einzelfall aussieht, erfährt man von der Personalstelle, vom Ausbildungsredakteur oder aus Erfahrungsberichten.

Hospitanzen dauern oft nur ein bis zwei Wochen. Sie sind der erste Meilenstein in einer Serie von Praktika und Einsätzen als freier Mitarbeiter, die einen zum Volontariat, an die Journalistenschule und letztlich in den Beruf führen.

Irgendwo muss jeder mal anfangen. Ein Schnupperpraktikum bei einer Lokalzeitung oder einem Lokalsender ist eigentlich immer drin. Damit man einen Platz bekommt, darf man gerne um Hilfe bitten.

✔ Schülerpraktika gehören an vielen Schulen längst zum festen Programm. Die örtlichen Medien sind darauf eingestellt, dass sich Schüler bei ihnen darum bewerben. Manchmal läuft die Vermittlung sogar über die Schule. Meist wird man zumindest bei der Bewerbung unterstützt.

✔ Projekte wie *Zeitung in der Schule* dienen zunächst einmal dem Interesse der Verlage. Die Medienhäuser versuchen, junge Leser zu gewinnen und an sich zu binden, indem sie mit Jugendlichen für Jugendliche besondere Seiten produzieren. Bietet sich am eigenen Ort diese Gelegenheit, sollte man sie unbedingt wahrnehmen. Ein solches Zeitungsprojekt ist ein Sprungbrett für eine Hospitanz, ein Praktikum oder sogar eine bezahlte freie Mitarbeit.

✔ Kein Journalist sollte seine Karriere auf Beziehungen aufbauen, die er sich nicht selbst erarbeitet hat. Die allererste Hospitanz ist da die Ausnahme. Hier ist Vitamin B erlaubt. Es gilt also herauszufinden, ob man jemanden kennt, der jemanden bei der Zeitung kennt. Dieser Bekannte oder Verwandte kann dann ein gutes Wort einlegen oder zumindest als Türöffner dienen.

✔ Vom Zeitungsboten zum rasenden Reporter – dieser Karriereweg ist weitaus seltener, als es in alten Hollywood-Filmen den Anschein hat. Ganz abwegig ist er aber nicht. Wer jahrelang im Morgengrauen für wenig Geld die Zeitung ausgetragen hat, verdient Anerkennung, zum Beispiel in Form eines Schnupperpraktikums in der Redaktion.

✔ Schriftliche Bewerbungen machen Eindruck, aber nur wenn sie professionell abgefasst sind und Interesse wecken. Am besten, man schreibt ehrlich auf, warum man sich für den Journalismus interessiert, was man zu bieten hat und warum man gerade bei diesem Medium hospitieren will. Danach gilt es nachzuhaken, nochmals nachzuhaken und ein drittes Mal nachzuhaken.

✔ Wer nicht an Schüchternheit leidet, kann bei Lokalredaktionen auch einfach mit der Tür ins Haus fallen und sich persönlich vorstellen. Wichtig ist dabei, vorher herauszufinden, wer denn eigentlich zuständig ist. Es nutzt wenig, seinen Praktikumswunsch einem freien Mitarbeiter oder einer Sekretärin vorzutragen. Man muss schon vor dem Schreibtisch des Lokalchefs oder zumindest eines Seitenverantwortlichen kampieren. Am besten vormittags oder nach Redaktionsschluss.

Vom Seepferdchen zum Freischwimmer

Journalist werden ist wie Schwimmen lernen. Erst macht man sich die Füße nass, dann paddelt man und schließlich schwimmt man sich frei. Wer sich für einen Ausbildungsplatz bewirbt, sollte bereits den Kopf über Wasser halten können. Das übt sich beim Praktikum.

Die meisten Praktika dauern ein bis drei Monate. Je länger das Praktikum, desto besser, denn die Gelegenheit zum journalistischen Arbeiten nimmt mit jeder Woche zu. Die Redaktion weiß erst nach ein bis zwei Wochen, was sie Praktikanten zutrauen kann. Gerade Neulinge brauchen Zeit zu beweisen, dass sie seriös und zuverlässig arbeiten.

Geld lässt sich mit Praktika nicht verdienen. Nur die wenigsten Betriebe zahlen heute noch eine Aufwandsentschädigung. Ausnahmen gibt es, beispielsweise bei den öffentlich-rechtlichen Rundfunkanstalten oder den Nachrichtenagenturen. Das Gratisarbeiten ist vor allem für Studierende schwierig, die in den Semesterferien jobben müssen, um zum eigenen Lebensunterhalt beizutragen. Sie sollten sich Praktika danach aussuchen, ob sich daraus eine Gelegenheit zur freien Mitarbeit und damit eine spätere Verdienstquelle ergibt.

Das erste Praktikum

Schon ihren ersten Praktikumsplatz sollten Nachwuchsjournalisten sorgfältig auswählen.

- ✔ Das Wichtigste ist die Gelegenheit, selbst schreiben oder produzieren zu können. Dafür eignet sich der Lokalteil am besten. Wer in einer Großstadt lebt, setzt eine Ebene unterhalb der Stadtredaktion an. Stadtteil- oder Landkreisredaktionen brauchen immer Hilfe und freuen sich über Mitarbeiter, die zumindest Rechtschreibung und Grammatik beherrschen. Auch ein Anzeigenblatt mit journalistischem Anspruch ist eine Möglichkeit für die ersten Gehversuche im Journalismus.
- ✔ Wer die Wahl hat, sollte sich für einen Praktikumsplatz entscheiden, an dem er gut betreut wird. Ein Redakteur, der Zeit und Lust hat, einem etwas beizubringen, ist Gold wert. Alle erfolgreichen Journalisten haben ihrem ersten journalistischen Mentor viel zu verdanken. Ob eine Redaktion einen solchen Unterstützer zu bieten hat, erfährt man zum Beispiel von ehemaligen Praktikanten.

Praktika, die einen journalistisch nicht voranbringen, sind vergeudete Zeit. Wer den ganzen Tag lang am Kopierer oder am Kaffeeautomaten stehen muss, sollte höflich nachfragen, wann die erste Möglichkeit bestehen wird, redaktionell zu arbeiten, also zu recherchieren, zu schreiben oder zu produzieren. Ist dies nicht vorgesehen, sollte man sich rasch und freundlich verabschieden. Bürokräfte gehören schließlich bezahlt, und Zugucken ist kein Praktikum.

Die Lernziele des ersten Praktikums müssen klar und realistisch sein.

- ✔ Strukturen: Wer die Frage nach dem »Wer ist wer in der Redaktion« kurz vor Ende seines Praktikums nicht beantworten kann, muss sich einen Redakteur schnappen und ihn gründlich ausfragen – nach Hierarchien ebenso wie nach Namen und Funktionen, bis hinauf zum Chefredakteur.
- ✔ Abläufe: Dazu gehören der Redaktionsschluss, die Redaktionskonferenz und die Schritte, die vom geschriebenen Text zur fertigen Zeitungsseite führen. Wer gerade keinen Auftrag hat, sollte einen Redakteur bitten, dass er ihm bei der Produktion über die Schulter schauen darf.

- ✔ Arbeitsproben: Praktikanten sollten mehrere eigene Geschichten veröffentlicht haben, die sie in ihre Bewerbungsmappe legen können. Am besten gleich mehrere Originale der Zeitungsausgaben besorgen, in denen die Artikel erschienen sind.
- ✔ Praktikumsnachweis: Wenn man für die geleistete Arbeit schon nicht bezahlt wird, ist es das Mindeste, dass man eine schriftliche Bescheinigung dafür bekommt.
- ✔ Jobangebot: Wer sich beim Praktikum bewährt hat, dem wird angeboten, auch künftig als freier Mitarbeiter für die Zeitung oder den Sender tätig zu sein. Kommt von verantwortlicher Seite kein solches Angebot, empfiehlt es sich, danach zu fragen. Näheres zur freien Mitarbeit erfahren Sie weiter hinten in diesem Kapitel.

Zeugnisse sammeln ist zwar mühselig. Oft muss man sie viel beschäftigten Redakteuren aus dem Kreuz leiern, immer wieder daran erinnern, dass die Beurteilung noch aussteht. Es lohnt sich aber, hartnäckig zu sein. Denn später ist es wichtig, dass die Reihe der Nachweise lückenlos ist. Fehlt ein Zeugnis, entsteht leicht der Eindruck, dass die Leistung an dieser Ausbildungsstation nicht vorzeigbar war.

Newcomer-Porträt: Der Gelderklärer

Sebastian Jost erinnert sich noch ziemlich genau daran, wie er den Auftrag bekam, innerhalb von wenigen Tagen für die Wochenzeitung *Die Zeit* fundierte 250 Zeilen über den Verkauf der Dresdener Wohnungsbaugesellschaft an einen Finanzinvestor zu schreiben. Weder vom Wohnungsbau noch vom Ablauf solcher Deals hatte er zu diesem Zeitpunkt eine Ahnung. »Das war der krassester Fall von Ins-kalte-Wasser-geschmissen-Werden, den ich so durchgemacht habe«, sagt der Wirtschaftsjournalist. Es galt, schnell einen unparteiischen Insider zu finden, der ihm die Hintergründe erklären konnte. Unternehmensberichterstatter müssen sich rasch in komplexe Materien hineindenken können, »damit man mit Bankvorständen einigermaßen auf Augenhöhe diskutieren kann«.

Viele dieser Tricks hat Jost auf der Kölner Journalistenschule für Politik und Wirtschaft gelernt, an der er seine praktische Ausbildung machte. Die Kombination mit einem Volkswirtschaftsstudium an der Uni Köln erschien ihm damals sinnvoller als ein abstraktes Fach wie Kommunikationswissenschaft. Zur Ausbildung gehörten neben acht Praktika auch eine Lehrredaktion und die Möglichkeit, frei für überregionale Blätter zu arbeiten. So entstand auch der Kontakt zur *Welt*, die Jost 2007 als Korrespondent für Banken und Versicherungen mit Dienstort Frankfurt verpflichtete.

Zu diesem Zeitpunkt war er schon über zehn Jahre im Beruf. Zumindest wenn man berücksichtigt, dass er schon mit 14 Jahren angefangen hatte, als freier Mitarbeiter für das *Markgräfler Tagblatt* in Schopfheim zu schreiben. Als Teenager verfasste er Artikel über die Arbeit des Gemeinderats ebenso wie über die örtlichen Vereine. »Im Nachhinein hat mich das eigentlich überrascht, dass die mich als 14- oder 15-Jährigen einfach auf die Leute losgelassen haben.«

Für den Wirtschaftsjournalismus ist seiner Ansicht nach ein BWL-Studium keine zwingende Voraussetzung. Wohl aber brauche man eine Affinität dazu. Die Korrespondentenrolle gefällt ihm gut, ob bei der Zeitung oder bei einem Magazin. Noch begreift Jost sich als Lernender, will eines Tages auch das Blattmachen ausprobieren. »Das ist ein Erfahrungskapitel, was mir noch fehlt.«

Sebastian Jost: Wirtschaftskorrespondent. Geboren am 27.11.1981 in Schopfheim.

Was ihn am Journalismus begeistert: Die Herausforderung, die darin liegt, einerseits kritische Fragen zu stellen, andererseits die Antworten dann aber so aufzuschreiben, dass Leser ohne betriebswirtschaftliche Kenntnisse sie verstehen.

Was ihm am Journalismus peinlich ist: Im Pulk mit anderen Journalisten frierend vor einem Gebäude zu stehen und darauf zu warten, dass jemand heraus kommt, von dem man dann eine Information haben will.

Sein Job in einem Satz:

Ich versuche, dem Leser draußen zu erklären, was in den Konzernzentralen von Banken und Versicherungen passiert und warum das für ihn oder für die Wirtschaft insgesamt in Deutschland von Bedeutung ist.

Die Bewerbung fürs Praktikum

Wer sich für ein Praktikum bewirbt, muss professionell sein und sich aus der Masse hervorheben. Denn schon um Praktikumsplätze gibt es Konkurrenz.

- ✔ Die Rechtschreibung muss stimmen. Man sollte das Bewerbungsschreiben immer gegenlesen lassen. Tippfehler und Fettflecken dürfen nicht sein.
- ✔ Der Adressat muss stimmen. Wer zu faul war herauszufinden, an wen die Bewerbung gerichtet sein muss, hat nicht das Zeug zum Journalisten. Wer Namen falsch buchstabiert, hat sich disqualifiziert.
- ✔ Anreize schaffen. Wer in einem Sportverein aktiv ist, sollte dies unbedingt erwähnen. Dasselbe gilt für die Mitgliedschaft in einer Umweltorganisation. Wer aus einer Einwandererfamilie stammt, bringt ebenfalls besondere Erfahrungen und Kontakte ein. Auch Fremdsprachen und technische Fertigkeiten sollten im Bewerbungsschreiben genannt werden.
- ✔ Motivation begründen. Wer bereits journalistisch gearbeitet hat, und sei es für die Schülerzeitung, sollte dies unbedingt erwähnen. Wer vorzeigbare Texte und Fotos hat, legt diese bei. Gefragt ist außerdem eine überzeugende Begründung für den Praktikumswunsch. Zum Gähnen ist das Argument, dass man Journalist werden will, weil man schon immer gerne geschrieben hat.

Wer schon ein Praktikum hinter sich hat, sollte sich beim nächsten Mal nicht mit einem schlichten Anschreiben begnügen. Wie bei einer Stellenbewerbung gehören nun auch ein Lebenslauf, eine Mappe mit Arbeitsproben und Zeugnisse dazu. Das Anschreiben sollte zudem darauf eingehen, warum man ausgerechnet bei dem Medium hospitieren will, bei dem man sich bewirbt. Massenaussendungen, die wortgleich an Dutzende Verlage gesandt werden, sind selten erfolgreich.

Generation Praktikum

Auf dem Weg in den Beruf reihen viele Nachwuchsjournalisten ein Praktikum ans andere. Sie hoffen, so ihre Chancen auf ein Volontariat oder einen Platz an einer Journalistenschule zu verbessern. Gleichzeitig steigt der Frust. Irgendwann will jeder für gute Arbeit bezahlt werden, vor allem wenn er viel Praxis vorweisen kann und dadurch für die Redaktionen eine echte Unterstützung ist.

Die ideale Zahl von journalistischen Praktika liegt bei drei bis fünf. Was darüber hinausgeht, legt die Frage nahe, warum die Bewerber nicht über das Stadium des Praktikanten hinausgekommen sind. Der Verdacht kommt auf, dass ihnen nie eine bezahlte freie Mitarbeit angeboten wurde oder dass sie bei der Bewerbung für Volontariat oder Journalistenschule immer wieder gescheitert sind.

So sinnvoll es ist, viel praktische Erfahrung zu sammeln, so wichtig ist es auch, Ansprüche zu stellen und Grenzen zu setzen. Sich selbst und anderen gegenüber sollte man immer gut begründen können, worin der qualitative Fortschritt beim nächsten Praktikum liegt. Was kann man dort potenziell Neues lernen? Was bringt es für den nächsten Karriereschritt? Gerade bei unbezahlten Praktika sollten Kosten und Nutzen genau analysiert werden, sonst läuft die Sache auf Selbstausbeutung hinaus.

- ✔ Nach dem Praktikum im Lokalteil sollte der nächste Schritt in eine übergeordnete Redaktion führen. Hat die Zeitung, bei der man eingestiegen ist, einen Mantelteil mit Politik-, Wirtschafts-, Sport- und Kulturressort, kann es sich lohnen, dort ein weiteres Praktikum zu machen. Ansonsten bietet sich ein Einsatz bei einer Nachrichtenagentur an. Er verleiht den Eindruck von solidem Handwerk, Genauigkeit, Schnelligkeit und Vielseitigkeit.

- ✔ Der Karriere förderlich ist es, mindestens ein Praktikum bei einem Renommiermedium gemacht zu haben – zum Beispiel bei einer überregionalen Zeitung, der *Zeit*, dem *Spiegel* oder bei einer ARD-Anstalt. Man sollte sich allerdings darauf einstellen, dass solche Medien kaum Gelegenheit zum Praktizieren bieten, weil sie nicht täglich erscheinen und Neulingen wenig zutrauen. Potenziellen Arbeitgebern ist das offensichtlich egal. Ihnen reicht, dass Bewerber ein Praktikum bei einem Medium mit klingendem Namen ergattern konnten.

- ✔ Im Lebenslauf nachvollziehbar ist, wenn ein Nachwuchsjournalist zwar eigentlich zur Zeitung will, sich aber auch bei einem anderen Medium umgeschaut hat, zum Beispiel beim Fernsehen, beim Radio oder bei einer Zeitschrift. Umgekehrt steht es künftigen Rundfunkjournalisten gut an, wenn sie auch einmal bei einer Nachrichtenagentur oder in einer Zeitungsredaktion praktiziert haben.

- Alle Medien brauchen Nachwuchs, der mit dem Internet nicht nur umgehen kann, sondern auch gewandt ist in der multimedialen Produktion von Beiträgen. Ein Praktikum bei einer Onlinezeitung hilft garantiert bei der Jobsuche, egal für welches Medium man letztlich arbeiten will. Kann man die Referenz mit einem klingenden Namen verbinden, ist sie doppelt so gut. Es lohnt sich also, sich bei *Focus Online*, *Welt.de* oder *Der Westen* um ein Praktikum zu bemühen.
- Wer in den klassischen Journalismus will, sollte im Allgemeinen nur ein Praktikum »auf der anderen Seite« machen, wie in der Öffentlichkeitsarbeit oder in der Politik. Dafür eignen sich Pressestellen, Mitarbeiter- und Fachzeitschriften, wissenschaftliche Institutionen, internationale Hilfsorganisationen oder ein Abgeordnetenbüro.
- Manche Arbeitgeber nutzen Praktika, um Nachwuchskräfte für eine feste Mitarbeit zu testen. Dies kann eine gute Einstiegsmöglichkeit sein. Um einschätzen zu können, ob sich der Aufwand lohnt, sollte man sich jedoch erkundigen, wie viele Praktikanten dort schon den Sprung zu Anstellung oder Volontariat geschafft haben und wie viele mangels Eignung wieder nach Hause geschickt wurden.
- Praktika im Ausland erweitern nicht nur den eigenen Horizont. Sie tragen auch zur Profilierung eines Bewerbers bei. Der Nachteil ist, dass wenig frische Arbeitsproben herausspringen, wenn man die Sprache des Gastmediums nicht perfekt beherrscht. Gute Anlaufstellen sind daher deutschsprachige Zeitungen im Ausland oder die Auslandskorrespondentenbüros deutscher Medien.

Die Journalistengewerkschaft dju hat eine Broschüre über journalistische Praktika im Ausland zusammengestellt. Darin verzeichnet sind auch Fördermöglichkeiten, denn schon allein wegen der Anreise sind Hospitanzen in fernen Ländern nicht gerade billig. Wegen der langen Bewerbungsfristen sollte man sich schon möglichst früh im Studium einen Überblick verschaffen. Die Broschüre gibt es bei `dju-campus@verdi.de`.

Schuften für Zeilengeld

Alle Medien brauchen freie Mitarbeiter und zwar jede Menge davon. Sie sind billige Arbeitskräfte, die man jederzeit wieder loswerden kann. Sie übernehmen Aufgaben, auf die Redakteure keine Lust haben, wie Abend- oder Wochenendtermine. Das passt anfangs ganz gut, denn Schüler und Studenten haben abends oder am Wochenende am ehesten Zeit.

Freie Mitarbeit macht Spaß und ist die Gelegenheit, seinen Namen gedruckt zu sehen. Man kann Geld verdienen, wenn auch nicht gerade viel. Meist wird ein Zeilengeld gezahlt, das einem die Tränen in die Augen treibt. 20 Cent pro Zeile sind keine Seltenheit.

Gut ist es, freier Mitarbeiter einer Publikation zu sein, die gewisse Aufstiegsmöglichkeiten bietet. Ein Artikel, der im Politikteil erschienen ist, macht sich in der Bewerbungsmappe gut. Eine Zeitung mit Vollredaktion ist deshalb besser als ein Anzeigenblatt. Das Lokalstudio eines öffentlich-rechtlichen Senders ist besser als ein reiner Musiksender.

Wichtig ist, dass man den Chef später auch als Referenz nutzen kann. Er muss bereit sein, ein Zeugnis zu schreiben, damit man sich anderswo bewerben kann. Es kann nicht schaden, dies ab und zu mal zu erwähnen – nach dem Motto: »Na gut, ich übernehme heute Abend den Kaninchenzüchterverein. Aber nur, wenn Sie mir ein Zeugnis schreiben, sobald ich das brauche.«

Journalist in Ausbildung

Das Angebot an Ausbildungsmöglichkeiten, die zum Journalismus führen, ist unübersichtlich. Universitäten, Akademien, private Fachhochschulen, Verlage – sie alle reagieren auf das große Interesse von Schulabgängern am Medienbereich. Garantien auf einen Job sind mit diesen Angeboten nicht verbunden. Wer nicht genau aufpasst, verplempert seine Zeit mit einem Studium, das am Bedarf vorbei qualifiziert.

Bevor man anfängt, mehr als 300 Angebote zu durchforsten, sollte man die Luft anhalten und die Sache noch einmal ganz grundsätzlich betrachten. Eigentlich gibt es nur vier Wege zum Journalistenberuf:

- ✔ Volontariat
- ✔ Journalistenschule
- ✔ Journalistikstudium
- ✔ Quereinstieg

Die Angebote in die vier Kategorien einzuordnen, erfordert oftmals Detektivarbeit. Viele Studiengänge klingen erst einmal gut, haben aber in Wirklichkeit keinerlei Bezug zur praktischen Ausbildung. Manche sind mit der Redakteursausbildung an einer Journalistenschule verknüpft, andere mit einem Volontariat. Dazu gibt es Journalistenschulen, die wenig anderes bieten als Volontariate, bei denen aber immerhin die innerbetriebliche Fortbildung systematisch organisiert ist.

Überlegen Sie, welcher Ausbildungsweg zu Ihnen passt. Wer am besten durch Zuschauen und Ausprobieren lernt und dabei kaum Anleitung braucht, ist mit einem Volontariat gut bedient. Wer besser vorankommt, wenn ihm jemand etwas systematisch erklärt, der sollte sich in Richtung Journalistenschule orientieren. Journalistik-Studiengänge eignen sich besonders für Leute, die ihre Ausbildung in möglichst kurzer Zeit durchziehen wollen, anstatt erst ein Fach zu studieren und dann bei einer Zeitung zu volontieren. Für Selbstständige mit viel Eigeninitiative ist der Quereinstieg eine Option.

Fachidioten und Generalisten

Welchen Weg man auch wählt, Voraussetzung ist neben praktischer Erfahrung fast immer ein Fachstudium. Eine Ausnahme sind die Studiengänge für Journalistik, von denen später noch die Rede sein wird. Sieben von zehn Volontären haben bei Dienstantritt bereits einen Hochschulabschluss. Nur ganz wenige Abiturienten schaffen sofort den Sprung zum Volontariat oder an die Journalistenschule.

Newcomer-Porträt: Die Dolmetscherin

Fragt man Golineh Atai nach Vorbildern, bekommt man eine Liste fremd klingender Namen zu hören. Farnaz Fassihi, das ist die Nahost-Korrespondentin des *Wall Street Journal*. Najmeh Bozorgmehr schreibt als Korrespondentin der *Financial Times* aus Teheran. Zeinab Badawi berichtet für den Weltdienst der BBC. Atai selbst ist Fernsehjournalistin, Spezialgebiet Naher Osten. Schon zu Hause hörten ihre Eltern Kurzwelle und lasen ausländische Zeitungen. 2006 berichtete sie für die ARD über den Libanonkrieg, recherchierte vor Ort, erklärte Zusammenhänge, mühte sich um Differenzierung. »Das war genau die Arbeit, die ich mir vorgestellt hatte«, erzählt sie.

Den Weg zur internationalen Berichterstattung hat Atai sorgfältig geplant. Sie studierte Romanistik, Politik und Islamwissenschaften in Heidelberg und absolvierte in den Semesterferien die unterschiedlichsten Praktika bei Medien und Institutionen, um verschiedene Berufe auszutesten. Dazu gehörte die Lokalzeitung im heimischen Sinsheim ebenso wie die UNESCO und Radio France International in Paris.

Mit 24 war Atai klar, dass ihr die Arbeit in internationalen Organisationen zu abstrakt war und dass sie Journalistin werden wollte. 2001 begann ihr Volontariat beim Südwestrundfunk, danach wurde sie Reporterin bei den *Landesnachrichten Rheinland-Pfalz*. Sie berichtete über Sport und über Weinbau. »Als Journalist sollte man eigentlich ein Mensch sein, der sich für alles interessiert.«

2003 begann der Irakkrieg, und Atai produzierte Beiträge für *Tagesschau* und *Tagesthemen*. 2004 machte sie ihre erste Auslandsvertretung im ARD-Studio in Kairo. Von 2006 bis 2008 arbeitete sie dort als Juniorkorrespondentin, bevor sie zum *Morgenmagazin* des WDR nach Köln wechselte. Als Fernsehjournalistin will sie inmitten von Infotainment und Häppchenjournalismus den Zuschauern die Welt eröffnen – ob sie selbst nun vor oder hinter der Kamera steht.

Golineh Atai: Fernsehjournalistin. Geboren am 8.12.1974 in Teheran.

Was sie am Journalismus begeistert: Themen aufzuspüren, welche die ganze Gesellschaft bewegen, und dabei über den Tellerrand schauen zu können.

Was ihr am Journalismus peinlich ist: Dass die Auslandsberichterstattung im deutschen Fernsehen oberflächlicher ist als in anderen Ländern, und dass die Grundlinien der internationalen Politik nur in großen Zeitungen diskutiert werden.

Ihr Job in einem Satz:

Ich übersetze und erkläre die Menschen und die Welt, die sie umgibt.

Entscheidend am Hochschulabschluss ist zunächst nicht die Fachrichtung, sondern die Tatsache, dass es Bewerbern gelungen ist, ein Studium abzuschließen. Sie stellen dadurch unter Beweis, dass sie etwas Begonnenes auch zu Ende gebracht haben. Dies wird als Zeichen von Zuverlässigkeit und Hartnäckigkeit gewertet, Kompetenzen, die im Journalismus notwendig sind. Dass zu Diplom oder Magister meist auch eine umfangreiche Abschlussarbeit gehört, lässt zudem auf Selbstdisziplin, Recherchekünste und die Fähigkeit zur organisierten Präsentation schließen.

Entgegen landläufiger Annahmen sind weder die Germanistik noch die Publizistik ideale Fächer zur Vorbereitung auf den Journalismus. Denn sie sind wissenschaftlich orientiert. Journalistische Praxis wird dort meist nicht mehr oder weniger gelehrt als in anderen Studienfächern.

Bei der Wahl des Studienfaches gilt es, mehrere Fliegen mit einer Klappe zu schlagen.

- ✔ Das Fach sollte einen wirklich interessieren. Schließlich soll das Studium auch Spaß machen und erfolgreich sein. Es bringt nichts, Biochemie zu studieren, nur weil die Berufsberater vom Arbeitsamt einen Bedarf festgestellt oder die Eltern sich das für ihr Kind in den Kopf gesetzt haben.
- ✔ Wer eher breit angelegte als spezielle Interessen hat, sollte sich bei den allgemein bildenden Fächern umsehen. Geschichte, Geografie, Politik, Soziologie, Philosophie und Religion sind Fachgebiete, die helfen, Ereignisse und Entwicklungen in Perspektive zu setzen. Sie sind nicht so verschult und lassen daher Raum für Praktika in den Semesterferien oder für ein Auslandssemester.
- ✔ Lehramtsstudiengänge eröffnen die Möglichkeit, sich anders zu orientieren, sollte man sich später gegen den Journalismus entscheiden. Ein Staatsexamen in Naturwissenschaften oder Mathematik hat in journalistischen Lebensläufen einen Seltenheitswert, den Arbeitgeber als Bonus betrachten.
- ✔ Betriebswirte, Juristen und Volkswirtschaftler sind im Journalismus sehr gefragte Leute. Im Wirtschaftsressort gibt es mehr freie Stellen als im Feuilleton. Schwierig ist es allerdings, neben diesen sehr lernintensiven Studiengängen auch noch journalistische Praktika zu machen. Man muss also die Studiendauer von vornherein länger anlegen, und das auch finanzieren können.
- ✔ Exotische Fächer heben Bewerber aus dem Feld der Konkurrenten hervor. Wer eine Neigung dazu hat, sollte sich also trauen, Islamwissenschaften, Sinologie, Archäologie oder Astronomie zu studieren, am besten gleich im Hauptfach statt verschämt im Nebenfach.
- ✔ Naturwissenschaftler, Ingenieure oder Mediziner mit Hang zum Journalismus müssen aufpassen, dass ihnen im Studium nicht die verständliche Sprache abhandenkommt. Schaffen sie das, sind sie prädestiniert für den Quereinstieg, wie weiter hinten in diesem Kapitel noch genauer erläutert wird.

Wer sich für die theoretischen Grundlagen der Massenkommunikation und für Medienkritik interessiert, kann dies auch im Nebenfach studieren. Zahlreiche Universitäten bieten Vorlesungen und Seminare in Kommunikationswissenschaft, Medienwissenschaft oder Publizistik an.

Die Schreiberlehre

Das Volontariat ist der klassische Weg in den Beruf. Knapp zwei Drittel der Journalisten haben bei einer Zeitung, einem Sender oder einer Agentur gelernt. In Deutschland gibt es rund 2.500 solcher Ausbildungsplätze, die meisten davon bei Tageszeitungen.

Das Zeitungsvolontariat dauert zwei Jahre. Bei Hochschulabsolventen wird es gerne auf 15 Monate verkürzt. Volontärspraktika, die im Rahmen eines Studiengangs vermittelt werden, dauern in der Regel ein Jahr. Die Rundfunkanstalten bilden in 18 Monaten aus.

Der Ausbildungsschwerpunkt liegt beim Volontariat auf der Praxis. Volontäre durchlaufen mehrere Abteilungen ihres Betriebs und arbeiten dort wie vollwertige Redakteure mit. Bei der Tageszeitung verbringen sie die meiste Zeit im Lokalen. Sie lernen nicht nur zu recherchieren und zu schreiben, sondern auch die technischen Seiten der Zeitungsproduktion. Ein Abschlusszeugnis beweist, dass sie alles gelernt haben, was ein Redakteur braucht, um selbstständig eine Seite oder einen Themenbereich zu betreuen. Eine Abschlussprüfung ist beim Volontariat nicht vorgesehen.

Es gibt keine bundesweit einheitlichen Bewerbungsfristen für das Volontariat. Man kann sich also das ganze Jahr über bewerben. Weil die meisten Volontäre vorher Studenten waren, beginnt die Ausbildung häufig, aber nicht immer, im Sommer oder Herbst. Bei manchen Verlagen muss man einen langen Atem haben: Dort wird nur alle zwei Jahre ein Platz frei.

Kampf um den Ausbildungsplatz

Die Konkurrenz um die Lehrstellen bei Zeitungen, Zeitschriften, Agenturen und Sendern ist groß. Auf einen Platz kommen Dutzende Bewerber. Manche mittelgroße Regionalzeitung bekommt 60 Bewerbungen pro Volontärsstelle. Beim öffentlich-rechtlichen Rundfunk ist der Ansturm noch größer. Denn die dort angebotenen Volontärsplätze sind wegen der Qualität der Ausbildung besonders beliebt.

Die Chemnitzer *Freie Presse* bietet vier bis fünf Volontariate an, eines davon in Zusammenarbeit mit der Universität Leipzig. Die Volontäre verbringen ein Jahr im Mantelteil und durchlaufen vier bis fünf Lokalredaktionen. Auf die Plätze kommen mitunter bis zu 100 Bewerber. Acht bis zwölf Kandidaten kommen in die engere Auswahl.

Unter den Bewerbern, die um Volontariate buhlen, sind viele langjährige freie Mitarbeiter. Die Hälfte aller Volontäre hat vor der Ausbildung schon ein bis drei Jahre lang für dasselbe Blatt geschrieben. 77 Prozent waren vorher schon für den ausbildenden Verlag oder Sender tätig. Dennoch kommen gerade bei größeren Regionalzeitungen auch zugelaufene Kandidaten zum Zuge. Manche Verlage stellen bewusst Fremdbewerber ein, um neue Ideen in ihr Unternehmen zu holen.

Auch wenn viele Volontäre früher freie Mitarbeiter waren, ist langjährige Tätigkeit für einen Verlag keine Garantie für einen Ausbildungsplatz. Freie Mitarbeiter brauchen daher einen Fürsprecher, also jemanden aus der Redaktion, am besten einen Ressortleiter, der bei der Entscheidung über die Vergabe der Plätze für sie kämpft.

Bei der Bewerbung um ein Volontariat kann man sich gar nicht genug Mühe geben. Lieblose Anschreiben, denen jeder ansieht, dass sie mit dem gleichen Wortlaut auch an 50 andere potenzielle Arbeitgeber gingen, landen rasch auf dem Absagestapel, wenn der Kandidat nicht eine ganz besonders interessante Biografie oder preiswürdige Arbeitsproben zu bieten hat.

Wer ein Bewerbungsschreiben verfasst, sollte sich zunächst gründlich über die jeweilige Zeitung oder den Sender informieren. Es gilt herauszufinden, wo die Schwerpunkte des Wunschausbilders liegen, ob er innovativ ist, zum Beispiel im Multimediabereich, oder ob er auf Bewährtes setzt.

Anschreiben und Bewerbungsmappe müssen im Wesentlichen drei Fragen beantworten:

- ✔ Was bringe ich mit, das für den ausbildenden Verlag oder Sender nützlich sein kann?
- ✔ Warum will ich gerade dort lernen und nicht bei der Regionalzeitung in der Nachbarstadt?
- ✔ Warum passe ich gut ins Team, obwohl ich jetzt schon ein so toller und versierter Journalist bin?

Hat es ein Bewerber geschafft, die Zeitung oder den Sender ernsthaft für sich zu interessieren, erhält er eine Einladung zu einem Vorstellungsgespräch. Im Anschluss wird mitunter zunächst ein Praktikum angeboten, um den Kandidaten zu testen. Bei Nachrichtenagenturen ist es üblich, ein paar Tage auf Probe in der Redaktion mitzuarbeiten. Die Entscheidung über den Zuschlag lässt häufig mehrere Wochen auf sich warten. Schließlich werden auch noch andere Bewerber geprüft.

Der günstigste Zeitpunkt fürs Volontariat

Die meisten Nachwuchsjournalisten beginnen ihr Volontariat nach dem Studium, in der Hoffnung, im Anschluss gleich einen Arbeitsvertrag zu bekommen. Diese Rechnung geht selten auf. Selbst die besten Volontäre werden heutzutage nur noch für befristete Zeit als Jungredakteure eingestellt.

Wer vor dem Studium oder mittendrin einen Volontärsplatz bekommt, hat zwar nach der Ausbildung noch eine Atempause, bevor er sich auf dem Arbeitsmarkt bewähren muss. Er muss sich aber bemühen, als freier Mitarbeiter im Geschäft zu bleiben, um den Anschluss nicht zu verlieren.

Schwierig wird es, wenn noch vor dem Examen ein Angebot für eine Redakteursstelle kommt. Dann ist die Versuchung groß, das Studium abzubrechen. Manchmal gelingt es, dem Arbeitgeber das Versprechen abzuringen, dass man später eine Auszeit nehmen darf, um fertig zu studieren. Ein Wagnis, von dem man nicht sicher sein kann, dass es gelingt.

Ausbildung mit Sicherheitsleine

Wer eine Volontärsstelle bekommen hat, kann erst einmal aufatmen. Nach all dem Kampf und den Unsicherheiten, die Praktika und freie Mitarbeit mit sich bringen, gibt es nun verlässliche Eckpfeiler, wie den Tarifvertrag für Volontäre und den Ausbildungsvertrag.

- ✔ Volontäre bei Zeitungen und Zeitschriften haben Urlaubsanspruch und werden nach dem Volontärstarifvertrag bezahlt. Zurzeit gibt es 1.500 bis 2.000 Euro im Monat.
- ✔ Während des Volontariats müssen unterschiedliche Ressorts durchlaufen werden. Volontäre dürfen also nicht nur als billige Redakteure im Lokalteil oder in der Serviceredaktion eingesetzt werden.
- ✔ Die Ausbildungsstationen werden zu Beginn des Volontariats vertraglich festgelegt. Damit nichts schiefgeht, erhalten die Volontäre einen Ausbildungsredakteur als Ansprechpartner.
- ✔ Zeitungsvolontäre haben Anspruch auf eine außerbetriebliche Fortbildung. Diese Volo-Seminare, die mindestens vier Wochen dauern, finden an Akademien statt. Sie dienen dazu, das Gelernte zu vertiefen und Netzwerke zu knüpfen. Die Kursgebühr bezahlt der Verlag.
- ✔ Volontäre bekommen drei Monate vor Ende ihrer Ausbildungszeit Bescheid, ob sie im Anschluss weiterbeschäftigt werden können. Sie haben Anspruch auf ein ausführliches Zeugnis.

Allen schriftlichen Festlegungen zum Trotz: Volontäre lernen durch Ausprobieren und Abgucken, nicht durch Erklären und Reflektieren. Allenfalls dürfen sie ihre Fähigkeiten ein paar Monate lang auch im Politikressort oder im Sport unter Beweis stellen. Gerade weil viele schon lange als Freie für ihr Ausbildungsunternehmen arbeiten, werden sie spätestens im zweiten Ausbildungsjahr mit verantwortlichen Aufgaben wie der Betreuung einer Lokalseite betraut. Dass sie presserechtliche Verantwortung übernehmen, verbietet der Tarifvertrag aber ausdrücklich.

Volontärskurse

Die Teilnahme an außerbetrieblichen Ausbildungsblöcken ist in den Tarifverträgen festgeschrieben. Ziel ist die Vermittlung von Fertigkeiten, für die im Redaktionsalltag nicht genug Zeit bleibt. Volontäre lernen, wie man ein Interview systematisch vorbereitet und führt, eine Reportage aufbaut oder eine Glosse formuliert. Zu den Volo-Seminaren, die meist in einen Grundkurs und einen Aufbaukurs unterteilt werden, gehören auch Kurse in Medienrecht und journalistischer Ethik.

Die meisten Verlage buchen ihre Plätze fest an einer bestimmten Akademie. Manchmal kann man sich aber auch aussuchen, wo man seinen Volontärskurs absolvieren will. Es gibt mehr als ein Dutzend Fort- und Weiterbildungseinrichtungen, die infrage kommen. Besonders renommiert: die Akademie für Publizistik in Hamburg, die Evangelische Medienakademie in Berlin und das Institut zur Förderung publizistischen Nachwuchses (ifp) in München.

Pflicht und Kür

Zugegeben, angesichts der Knappheit der Volontariate ist es selten, dass sich ein Bewerber unter verschiedenen Angeboten das Beste aussuchen kann. Dennoch sollte jeder wissen, dass Volontärsstelle nicht gleich Volontärsstelle ist. Das hängt nicht nur mit dem Renommee des ausbildenden Verlags zusammen, sondern auch damit, wie viel er in die Ausbildung investiert.

- ✔ **Auswahl:** In den besten Ausbildungsbetrieben können Nachwuchsjournalisten ihre Lernschritte selbst mitbestimmen. Beim NDR und anderen öffentlich-rechtlichen Sendern gibt es Pflicht- und Wahlstationen. Mindestens eine davon sollte etwas mit den eigenen beruflichen Plänen und Träumen zu tun haben. Jeder kann sich so der Redaktion persönlich vorstellen, bei der er gern später arbeiten würde.
- ✔ **Feedback:** Die besten Volontariate richten es so ein, dass die Auszubildenden nach jeder Station ein konkretes Feedback bekommen. Bei diesen Beurteilungsgesprächen lernen sie, ihre Stärken und Schwächen einzuschätzen und können sich für die weitere Berufslaufbahn besser orientieren.
- ✔ **Gäste:** Zeitungen wie der *Tagesspiegel* veranstalten regelmäßig Volontärsabende, zu denen Vertreter der Ressorts oder Journalisten anderer Medien eingeladen werden. Bei diesen Veranstaltungen können Volontäre endlich die Fragen loswerden, für die im Redaktionsalltag keine Zeit ist.
- ✔ **Austausch:** Zu den besten Volontariaten gehört eine einmonatige Hospitanz in einem anderen Medienbetrieb. Damit unterstützen die Verlage ihre Lehrlinge nicht nur dabei, andere potenzielle Arbeitgeber kennenzulernen. Sie holen sich auch Insiderwissen über andere Betriebe ins Haus, ganz zu schweigen davon, dass fähige Volontäre gute Markenbotschafter sind. Bei der Nachrichtenagentur AFP gehört eine aushäusige Hospitanz genauso dazu wie ein Monat in einem Auslandsbüro.
- ✔ **Glanzstücke:** Gute Ausbildungsbetriebe nutzen ihre Volontäre nicht nur als billige und willige Arbeitskräfte, sondern auch als Möglichkeit zu glänzen. Die Lehrlinge bekommen dort Zeit und Raum, zumindest ein besonders aufwendiges Stück zu recherchieren und zu produzieren. Das Ergebnis macht sich in der Bewerbungsmappe des Volontärs ebenso gut wie in der Zeitung.
- ✔ **Networking:** Beim Volontariat lassen sich Netzwerke fürs Leben knüpfen. Gute Ausbildungsbetriebe bringen ehemalige Volontäre, die noch im Haus arbeiten, deshalb aktiv mit den Neulingen zusammen und schaffen so ein informelles Mentorenprogramm.
- ✔ **Mentoren:** Der zuständige Ausbildungsredakteur existiert nicht nur auf dem Papier. Er oder sie ist wirklich engagiert und versucht, Probleme während des Volontariats zu lösen. Eine solche Vertrauensperson schlägt rechtzeitig Alarm, wenn die Redaktion mit dem Volontär unzufrieden ist.

Das Volontariat bei der *Main-Post* zählt zu den besten in Deutschland. Das unterfränkische Blatt hat zwar nur eine Auflage von rund 130.000 Exemplaren. Doch Ausbildung wird dort großgeschrieben, von der Betreuung bis zum Angebot an im Haus veranstalteten Seminaren. Ausbildungsredakteurin Margit Klinger arbeitet nach der Devise: »In erster Linie steht die Ausbildung: was braucht der Volontär, nicht was braucht die Redaktion.«

Newcomer-Porträt: Der Rosinenpicker

Die geschwollene Gymnasiastensprache haben sie ihm kurz nach dem Abitur ausgetrieben. »So nicht, zumindest nicht für unsere Leser«, hieß es in der Lokalredaktion der *Neue Ruhr Zeitung* in Oberhausen, wo Christoph Hickmann sein erstes Zeitungspraktikum machte. Statt selbst verfasster Gedichte also der sprichwörtliche Kaninchenzüchterverein. »Ich dachte, schreibst du mal, was irgendjemand dann auch liest«, erinnert sich Hickmann. Hat geklappt. Inzwischen stehen seine Geschichten in der *Süddeutschen Zeitung*.

Ursprünglich hatte Hickmann vorgehabt, so weit weg vom Ruhrgebiet wie möglich zu studieren. Nach dem Wehrdienst bei der Marine entschied er sich 2000 dann aber doch für den Journalistik-Studiengang in Dortmund. Den Einsendetermin für die Bewerbungsreportage an der Journalistenschule hatte er auf hoher See verpasst. Als Teil seines Studiums volontierte er bei der *Süddeutschen*. Danach stellte ihn die Zeitung als politischen Korrespondenten in ihrem Frankfurter Büro ein, Berichterstattungsgebiet Hessen, Rheinland-Pfalz und Saarland.

Die hessische Landtagswahl 2008 mit ihrem Unentschieden-Ergebnis war für Hickmann die erste große Herausforderung als Inlandskorrespondent. Er bekam Gelegenheit zu glänzen, mit großen Porträts der Spitzenkandidaten ebenso wie mit Exklusivnachrichten. Er hat viel Freiheit bei der Auswahl seiner Themen, gepaart mit der Verantwortung, dass ihm nichts wirklich Wichtiges entgehen darf. Reine Pflichttermine meidet er, verbringt dafür viel Zeit auf Empfängen und Festen, um persönlich mit Leuten ins Gespräch zu kommen.

Hickmann kann sich vorstellen, eines Tages für eine Weile ins Ausland zu gehen oder ein Buch zu schreiben. In die Hauptstadt zieht es ihn als politischen Korrespondenten natürlich auch: »Das ist halt immer noch das Kraftzentrum, wo alles zusammenläuft.«

Christoph Hickmann: Landespolitischer Korrespondent. Geboren am 4.2.1980 in Oberhausen.

Was ihn am Journalismus begeistert: Dass man seine Lust am Schreiben ausleben und damit auch noch Geld verdienen kann.

Was ihm am Journalismus peinlich ist: Die Art, wie Journalisten in Film und Fernsehen dargestellt werden, außerdem Eitelkeit und extremer Mitteilungsdrang.

Sein Job in einem Satz:

Man pickt sich die schönsten Rosinen raus, muss dabei aber immer noch sorgfältig sein, dass man keine übersieht.

Volontariat ist nicht gleich Volontariat

Ein gutes Volontariat

- ✔ bietet Volontären regelmäßig Feedback für ihre Arbeit.
- ✔ ermutigt Volontäre zu Seminaren und Praktika außerhalb des Hauses.
- ✔ gibt Volontären die Gelegenheit zu Recherchen, mit denen sie Preise gewinnen können.

Ein schlechtes Volontariat

- ✔ plant Volontäre zu mehr als 50 Prozent ein, um eingesparte Redakteure zu ersetzen.
- ✔ lässt Volontäre nur machen, was sie sowieso schon können.
- ✔ stellt Volontäre erst nach einem Kampf für die außerbetriebliche Ausbildung frei.

Die Sterneschmieden

Wegen ihrer Auswahlverfahren gelten Journalistenschulen als elitär. Dabei entstanden sie ursprünglich aus dem schlichten Impuls, die Volontärsausbildung systematischer und effizienter zu gestalten. Bis heute gehören die meisten Schulen daher auch großen Verlagen oder Sendern, wie die Axel-Springer-Schule, die Henri-Nannen-Schule (Gruner + Jahr) oder die Journalistenschule von RTL.

Journalistenschulen sind praxisorientiert und zielen wie das Volontariat darauf ab, den Nachwuchs zu Jungredakteuren heranzuziehen. Die praktische Arbeit in einer Zeitungs- oder Hörfunkredaktion macht aber nur einen Teil der Ausbildung aus. Die meiste Zeit verbringen die Klassen in einer Lehrredaktion. Dort wird ihnen von Dozenten, die meist selbst Praktiker sind, systematisch beigebracht, Nachrichten, Reportagen und Kommentare zu schreiben, Radio- und Fernsehbeiträge zu produzieren und Zeitschriften zu gestalten. Übungstexte und Beiträge werden gründlich durchgesprochen, bevor sie meist im Papierkorb landen.

Journalistenschulen sind nicht zuletzt deshalb so begehrt, weil sie als Kontaktbörsen zu künftigen Arbeitgebern dienen. Die Evangelische Journalistenschule in Berlin bietet sogar ein Mentorenprogramm an. Ihre Schüler treffen sich regelmäßig mit Journalisten, von denen viele Absolventen der Akademie sind.

Journalistenschule kompakt

Die klassische Journalistenschule bildet ähnlich wie das Volontariat in 16 bis 22 Monaten zum Redakteur aus. Die Ausbildung ist in Blöcken strukturiert. Sobald die Schüler den ersten Ausbildungsblock absolviert haben, machen sie ein Praktikum in einem Betrieb, um das Gelernte anzuwenden. Danach kehren sie wieder zur Schule zurück und nehmen das nächste Thema in Angriff.

Journalistenschulen müssen sich keine Sorgen darüber machen, ob sie gute Bewerber finden. Auf jede Stelle melden sich mehrere Hundert hoffnungsvolle Nachwuchstalente. Ein ständiger Kampf ist hingegen die Finanzierung der Institutionen. Dies gilt gerade für Schulen, die nicht zu einem Verlag gehören. Um ihr Überleben zu sichern, pflegen sie den Kontakt zu Ehemaligen, die irgendwann einmal in der Position sein könnten, über Fördertöpfe zu bestimmen.

Die Ausbildung beginnt meist mit journalistischen Grundlagen, die in allen Medien benötigt werden, wie Recherche und Nachrichten schreiben. Danach folgen Blöcke, die sich mit Magazinjournalismus, Rundfunk und Fernsehen sowie Multimediajournalismus befassen. Das letzte Praktikum nutzen Journalistenschüler oft, um in den Beruf hineinzurutschen. In den Jahren der Medienkrise von 2000 bis 2005 war es aber auch nicht unüblich, dass Absolventen von Journalistenschulen im Anschluss noch ein Volontariat machten – weil es keine Stellen für Jungredakteure gab.

Zu den Vorteilen einer Journalistenschule gehört, dass sich die Schüler nicht selbst um Praktika in den Medienbetrieben bemühen müssen. Die Schulleitung vermittelt die Plätze und greift dabei auf langjährige Beziehungen zu den Medien zurück.

Volontariat Plus

An vielen Journalistenschulen sind die Lehrgänge eng mit einem Volontariat verknüpft. Die Schüler verbringen die meiste Zeit in einer Redaktion, die zum Verlag oder Sender gehört, der die Schule finanziert. Die überbetriebliche Ausbildung findet in Blockseminaren statt – manchmal alle vier Wochen, manchmal im Abstand von mehreren Monaten. Man könnte diese Journalistenschulen auch als Volontariat Plus bezeichnen.

Das Ziel dieser Volontärsschulen ist es, qualifizierten Nachwuchs für den eigenen Verlag oder Sender heranzuziehen. Das birgt Vor- und Nachteile. Einerseits ist es nach Abschluss der Ausbildung unter Umständen leichter, eine Stelle zu finden. Andererseits legt man sich stärker auf ein Medienhaus fest.

Zu den Vorteilen der verlagseigenen Journalistenschulen gehört, dass sie ihren Schülern einen Beitrag zum Lebensunterhalt zahlen. Das ist gerade für Nachwuchsjournalisten wichtig, die sich mit ihrem Studium finanziell verausgabt haben. Besonders dankbar muss man den Schulen für das Geld allerdings nicht sein. Sie sparen es am anderen Ende wieder ein, weil sie weniger oder gar keine tariflich bezahlten Volontäre einstellen.

Eine verschulte Volontärsausbildung bieten beispielsweise an:

- ✔ Die Burda-Journalistenschule in München und Offenburg (`www.burda.de`)
- ✔ Die Holtzbrinck-Schule für Wirtschaftsjournalisten in Düsseldorf (`www.holtzbrinck-schule.de`)
- ✔ Die Journalisten-Schule Ruhr in Essen (`www.journalistenschule-ruhr.de`)

Journalistenschulen wetteifern darum, ihre Lehrlinge auch für das Onlinezeitalter fit zu machen. Alle Schulen bieten Ausbildungsblöcke an, in denen Multimediatechniken gelehrt werden. Die Axel Springer Akademie setzte sich im März 2008 an die Spitze der Bewegung. Sie integrierte »Handy-Reporting« in ihren Lehrplan.

Journalistenschule für Studenten

Zwar ist es keine formale Voraussetzung, doch die meisten Journalistenschüler haben bereits ein Hochschulstudium hinter sich. Die Ausbildungsdauer wird dadurch natürlich verlängert. Wer schon nach dem Abitur in die journalistische Ausbildung einsteigen, parallel dazu aber auch studieren will, wählt deshalb oft Journalistik-Studiengänge.

Es gibt jedoch auch Journalistenschulen, die von vornherein eine Kombination mit einem Studium anbieten. Der Zugang ist genauso streng geregelt wie bei anderen Schulen auch. Man kann sich sein Studienfach entweder frei wählen und besucht dann in den Semesterferien abwechselnd ein Blockseminar oder macht ein Praktikum. Oder in den ersten Semestern werden vorrangig die Grundlagen des praktischen Journalismus vermittelt, während der Schwerpunkt in den späteren Semestern auf einer Fachausbildung zum Beispiel in Volkswirtschaft oder Politik liegt.

Durchs Nadelöhr

An einer Journalistenschule aufgenommen zu werden, ist alles andere als einfach. Der Abi-Schnitt zählt plötzlich nur noch ganz wenig und auch die Mitarbeit bei der Schülerzeitung oder in einer Lokalredaktion reicht als Zugangsvoraussetzung nicht aus. Wichtiger sind Kriterien wie Begabung, Allgemeinbildung und Engagement. Wer auf einen der 250 Journalistenschulplätze spekuliert, braucht ein bisschen Glück, viel Talent und gründliche Vorbereitung.

Die Zusammensetzung von Journalistenschulklassen zeigt, dass es den künftigen Starjournalisten als Idealtyp nicht gibt. Nachdenkliche sitzen dort neben Großmäulern; erfahrene freie Mitarbeiter neben blutigen Anfängern; im Ausland groß Gewordene neben Kleinstädtern. Nur die Leidenschaft für den Beruf haben Journalistenschüler gemeinsam.

Die Aufnahmeverfahren an Journalistenschulen unterscheiden sich im Detail. Grundsätzlich verlaufen sie aber überall in zwei Stufen, sodass letztlich nur ein Bruchteil der ursprünglichen Interessenten in die engere Auswahl kommt.

Häufig gibt es bei Journalistenschulen eine Altersgrenze. Sie wird ganz unterschiedlich angesetzt, mal bei 27 Jahren, mal bei 35 Jahren. Man sollte sich unbedingt frühzeitig erkundigen, bis zu welchem Alter man sich bei seinen Wunschschulen bewerben kann. Es gibt nichts Ärgerlicheres, als jahrelang auf die Ausbildung an einer Journalistenschule hinzuarbeiten, nur um hinterher festzustellen, dass man das Höchstalter gerade um ein paar Monate überschritten hat.

Im ersten Schritt müssen die Bewerber einen selbst verfassten Text einschicken, meist eine Reportage zu einem vorgegebenen Thema. Die Einsendungen werden anonymisiert und von erfahrenen Journalisten bewertet. Geachtet wird auf Recherchelust, gewandten Umgang mit Sprache und die Fähigkeit, eine Sache auf den Punkt zu bringen. Tipps für die Übungsreportage stehen in Kapitel 10.

Der erste Auswahlschritt dient nicht zuletzt dazu, Interessenten auszusieben, die zu faul sind, um den Telefonhörer in die Hand zu nehmen oder auf die Straße zu gehen, um eine Geschichte zu recherchieren und sie dann zu Papier zu bringen.

Wer die erste Hürde geschafft hat, wird zu einem Aufnahmetest geladen, der in der Regel aus drei Elementen besteht und mehrere Tage dauern kann.

- **Recherche und Schreiben:** Bei der Aufnahmeprüfung müssen die Bewerber nochmals Texte recherchieren, schreiben oder bearbeiten. Dadurch wird nicht nur getestet, ob sie unter Zeitdruck journalistisch arbeiten können und wie sie im Vergleich dastehen. Es fallen auch jene Aspiranten durch, die im ersten Auswahlschritt gemogelt haben, indem sie Zitate und Szenen erfanden oder ihre Übungsreportage gleich von einem Profi schreiben ließen.

- **Wissenstest:** Er zielt auf ein möglichst breites und aktives Allgemeinwissen ab, vom Sport bis zur Kultur. Meist haben die Fragen einen aktuellen Bezug und werden offen gestellt, ohne Antworten zum Ankreuzen vorzugeben. Die beste Vorbereitung besteht darin, in den Monaten vor der Aufnahmeprüfung regelmäßig Fernsehnachrichten zu schauen und ein Wochenmagazin zu lesen. Beispiele für Fragen, die bei solchen Wissenstests gestellt werden, finden Sie in Kapitel 15.

- **Gespräch:** Am letzten Tag werden die Bewerber von einer Auswahlkommission befragt. Neben dem Schulleiter sitzen ihnen meistens altgediente Journalisten gegenüber, die sich wehmütig an ihre eigene Aufnahmeprüfung erinnern und dementsprechend Verständnis für die flatternden Nerven der Kandidaten haben. Die Fragen beziehen sich hauptsächlich auf die Motivation der Bewerber, ihr Verständnis vom Journalismus und ihre Karrierevorstellungen. Das Gespräch bietet Gelegenheit, Schlagfertigkeit zu beweisen. Oder, wie die Henri-Nannen-Schule es auf ihrer Website formuliert, »die Begabung, unverklemmt vernünftige Dinge zu sagen«.

Flattert Ihnen eine Absage ins Haus, dann lassen Sie nicht gleich den Kopf hängen. Viele Bewerber haben es erst im zweiten Anlauf an die Journalistenschule geschafft.

Die Denkerfabriken

Journalistik-Studiengänge sind für Leute gedacht, die nicht nur das Handwerk erlernen, sondern sich auch kritisch mit dem Journalismus auseinandersetzen wollen. Wozu Journalismus überhaupt gut ist, welchen Beschränkungen die Medien unterliegen, wie sich der Beruf entwickelt hat – all dies wird im Studium untersucht, diskutiert und reflektiert.

Gute Chancen auf den Berufseinstieg hat allerdings nur der, der sich seinen Studiengang sorgfältig aussucht. Fachbereiche wie Kommunikationswissenschaft, Medienwissenschaft oder Publizistik geben nur sporadisch praktische Anleitungen. Sie erheben oft gar nicht diesen Anspruch. Ihr Schwerpunkt liegt in der Forschung. Für die Praxis fällt dabei wenig ab.

Wer sich als angehender Journalist für einen Studiengang interessiert, sollte sich erkundigen, ob die Universität Praktika vermittelt, ob es eine Lehrredaktion gibt und ob die handwerklichen Kurse von Praktikern unterrichtet werden. Ins Gewicht fällt auch, ob die Möglichkeit besteht, gelernte Fertigkeiten während des Studiums anzuwenden. An der Universität Leipzig ist dies beispielsweise über eine Mitarbeit an dem von Studenten betriebenen Lokalsender Radio Mephisto möglich.

Das gemeinnützige Centrum für Hochschulentwicklung (CHE) veröffentlicht alle drei Jahre eine Rangliste von Medienstudiengängen, die berücksichtigt, wie viel Praxis im Studium vermittelt wird. Um das Ranking zu erstellen, werden unter anderem Meinungen von Studierenden eingeholt. Es ist im Internet unter `www.zeit.de/hochschulranking` abrufbar.

Hauptfach Journalistik

Wenig falsch machen kann, wer sich bei einem der Vollstudiengänge für Journalistik bewirbt. Denn ihr Konzept sieht mindestens zwölf Monate Ausbildung in einem Medienbetrieb vor. Dieses Volontärspraktikum wird in der Regel von der Universität vermittelt. Zugangsvoraussetzung ist neben einem guten Abi-Schnitt, dass man schon praktische Erfahrung im Journalismus nachweisen kann. Manche Studiengänge machen auch ähnlich wie die Journalistenschulen einen Eignungstest.

Journalistikausbildung im Ausland

Als der Numerus clausus in den 90er-Jahren den Zugang zum Medizinstudium in Deutschland auf Einserschüler beschränkte, wichen findige Abiturienten in Länder wie Italien oder Ungarn aus. Für angehende Journalisten ist dieser Weg schwieriger zu gehen. Die Sprache ist ein so zentraler Bestandteil des Berufs, dass eine Ausbildung in einem anderssprachigen Land für die meisten nicht infrage kommt. Und selbst wer genug Englisch kann, um auf einer Journalistenschule in den USA angenommen zu werden, muss sich bei seiner Rückkehr auf die Frage gefasst machen, ob er denn auch auf Deutsch eine Reportage schreiben oder einen Fernsehbeitrag texten kann.

Keine sprachliche Hürde gibt es in anderen deutschsprachigen Ländern, wie in Österreich oder der Schweiz. Dort sind die Journalistik-Studiengänge und die Journalistenschulen allerdings ebenso überlaufen wie in Deutschland. Wer sich an der Ringier-Schule bei Zürich bewerben will, sollte deshalb bessere Argumente für sich ins Feld führen können, als dass er an keiner deutschen Journalistenschule gelandet ist. In Österreich gilt sogar, dass deutsche Studenten nur akzeptiert werden, wenn sie auch an einer deutschen Uni einen Studienplatz bekommen haben.

Zunächst werden meist Grundlagen der journalistischen Arbeit vermittelt. Dazu kommen kommunikationswissenschaftliche Seminare und Kurse in Politikwissenschaft. Außerdem wird ein selbst gewähltes Nebenfach oder zweites Hauptfach studiert. Eine Abschlussprüfung und eine wissenschaftliche Arbeit führten früher zum Diplom. Heute haben die meisten Studiengänge auf Abschlüsse zum Bachelor und Master umgestellt.

Die Quereinsteiger

Wer erst spät merkt, dass er eigentlich lieber Journalist geworden wäre, tut sich mit dem Einstieg schwer. Das gilt besonders für Leute, die bereits in einem anderen Beruf arbeiten und auf das Gehalt angewiesen sind, dass sie dort verdienen. Sie müssen als Quereinsteiger zu Opfern bereit sein. Denn im Journalismus lässt sich am Anfang nicht viel Geld machen, wie in Kapitel 17 nachzulesen ist.

Zwar sind Fachjournalisten gefragte Leute, und den Zeitungen mangelt es bei Ratgeberthemen wie Recht, Geld, Medizin oder Technik an Kompetenz. Quereinsteiger treffen aber häufig auf das Vorurteil, dass sie zu alt sind, um noch zu lernen, wie man eine Nachricht aufbaut oder eine Geschichte spannend erzählt. Dies äußert sich in den Altersgrenzen, die Journalistenschulen und Volontariatsanbieter setzen. Wer einen Fuß in die Tür der Medien bekommen will, muss sich das Handwerkszeug, das sein Wissen journalistisch fruchtbar macht, also anderswo besorgen.

Aufbaustudiengänge

Zahlreiche öffentliche und private Universitäten und Fachhochschulen bieten Aufbaustudiengänge für Hochschulabsolventen an, die in den Medien arbeiten wollen. Ziel ist meist nicht der klassische Journalismus, sondern eine Tätigkeit im Fachjournalismus, in der Öffentlichkeitsarbeit oder im Medienmanagement. Diese Studiengänge dauern ein bis zwei Jahre und setzen oft schon ein Mindestmaß an praktischer journalistischer Erfahrung voraus.

Ob ein solcher Studiengang sich lohnt, hängt vor allem davon ab, wie stark der Praxisbezug ist. Dies lässt sich daran ablesen, ob die Anbieter in der Lage sind, allen Studierenden ein Praktikum zu vermitteln. Wichtig ist zudem, dass man während des Studiums mit Praktikern zu tun hat. Tipps für den Berufseinstieg und Kontakte zu Türöffnern zählen mehr als das beste Seminar in Medientheorie.

Der Aufbaustudiengang an der Universität Stuttgart-Hohenheim richtet sich ausdrücklich an Interessenten, die für den Journalismus untypische Studienfächer absolviert haben: wie Jura, Betriebswirtschaft, Agrarwissenschaft oder Naturwissenschaften.

Auf eigene Faust zum Erfolg

Wer viel Eigeninitiative und einen langen Atem hat, kann sich auch einen eigenen Weg in den Journalismus bahnen. Beste Voraussetzungen dafür bringt mit, wer besondere Kenntnisse auf einem Gebiet hat, das nur wenige verstehen, das aber zugleich von allgemeinem Interesse ist.

- ✔ Klimaforscher, Bioethiker oder Genmediziner können sich Zeitungen und Sendern zunächst als Interviewpartner anbieten. Als nächster Schritt folgt ein gelegentlicher Gastkommentar. Ist der Ruf als Experte erst etabliert, kann man ihn als Sprungbrett zu einer regelmäßigen Autorentätigkeit nutzen.
- ✔ Der eigene Blog ist ebenfalls eine Möglichkeit, sich als Fachmann ins Gespräch zu bringen. Dies gilt besonders, wenn man damit eine Nische besetzt, die von den Medien ausgelassen wird.

Grundsätzlich läuft der Quereinstieg darauf hinaus, sich langsam an den Beruf heranzutasten. Zunächst funktioniert dies am ehesten als freier Journalist. Denn die Zahl der Redakteursstellen für Anwärter ohne Volontariat oder vergleichbare praktische Ausbildung ist verschwindend gering. Da mag es ein Trost sein, dass im Journalismus generell Patchwork-Karrieren auf dem Vormarsch sind.

Wer eine Einstiegsmöglichkeit gefunden hat, muss dafür sorgen, dass er sich nicht lächerlich macht, weil er die Regeln der journalistischen Arbeit nicht kennt. Ein Weiterbildungsseminar zu besuchen, das die Grundlagen des Nachrichtengeschäfts vermittelt, kann deshalb nicht schaden. Ein guter Anfang ist natürlich auch die Lektüre dieses Buches.

Als Journalist arbeiten

17

In diesem Kapitel

- Traumjob Auslandskorrespondent
- Wie sich freie Autoren über Wasser halten
- Warum viele Journalisten die Seite wechseln

Journalisten, sagt ein altes Sprichwort, arbeiten schwerer als alle anderen faulen Zeitgenossen. Die wenigsten sind Frühaufsteher. Trotzdem hoffen sie jeden Tag auf ein neues Abenteuer. Nur dürfen sie dazu keinesfalls zu spät kommen. In den meisten Fällen entpuppt sich das Tagewerk eines Redakteurs also als pure Plackerei.

In diesem Kapitel erfahren Sie, wie viele Journalisten es gibt, wo sie arbeiten und wie viel sie verdienen. Einzelne Spielarten des Journalismus werden genauer unter die Lupe genommen, von der Tätigkeit als einfacher Redakteur bis zu den echten und vermeintlichen Traumjobs in den Medien.

Wer ein Journalist ist

Journalist darf sich jeder nennen, dem es gefällt. Auch Sie können sich ungestraft eine Visitenkarte drucken lassen, auf der Sie sich als Korrespondent oder Redakteur bezeichnen. Niemand darf Sie daran hindern, Ihre Meinung aufzuschreiben und unter die Leute zu bringen. Es ist nicht einmal verboten, sich im Internet einen Presseausweis zu besorgen, auch wenn man noch nie eine Zeile veröffentlicht hat und sein Geld eigentlich in der Werbung verdient.

Schnorrer machen sich zunutze, dass Journalist keine geschützte Berufsbezeichnung ist. Einmal gab sich sogar ein niedersächsischer CDU-Politiker als Reisejournalist aus, um kostenlos in einem Hotel zu logieren. Als das aufflog, musste er zurücktreten.

Die sogenannte Berufsfreiheit ist in gewisser Weise irreführend. Ob Sie als Journalist durchgehen, hängt nämlich nur zum kleineren Teil von Ihnen selbst ab. Viel wichtiger ist das Urteil der lieben Kollegen. Die achten schon darauf, dass sich niemand mit fremden Federn schmückt.

Allen Beschwörungen der Meinungsfreiheit zum Trotz sind auch staatliche Stellen an der Auslese von Journalisten beteiligt. Sie gewähren beispielsweise nur Berichterstattern, die im Auftrag eines anerkannten Massenmediums unterwegs sind, den Zugang zu den Presserängen. Bei Konferenzen, Demonstrationen und anderen Menschenaufläufen sind die »echten Journalisten« deshalb am einfachsten zu erkennen: am Schildchen um den Hals und am Mikrofon in der Hand.

Die oberen Fünfzigtausend

Hauptberufliche Journalisten sind Leute, die mehr als die Hälfte ihrer Arbeitszeit für ein Massenmedium journalistisch tätig sind und damit mindestens die Hälfte ihres Lebensunterhalts bestreiten. 48.000 von ihnen zählte ein Forscherteam unter der Führung des Hamburger Kommunikationswissenschaftlers Siegfried Weischenberg. Drei Viertel davon sind fest angestellt, das restliche Viertel arbeitet freiberuflich.

Neben den Hauptberuflern sind schätzungsweise noch einmal so viele Menschen ebenfalls regelmäßig journalistisch tätig. Sie verdienen sich ein Zeilengeld, sind zur Deckung ihrer Lebenshaltungskosten aber auf andere Tätigkeiten angewiesen. Der durchschnittliche Journalist ist nach der jüngsten Statistik männlich und 41 Jahre alt.

- ✔ Während der Zeitungskrise von 2001 bis 2005 bekamen nur wenige junge Journalisten eine Chance auf den Berufseinstieg, sodass gleich mehrere Jahrgänge auf andere Tätigkeiten ausweichen mussten.
- ✔ Der Frauenanteil im Journalismus nimmt zu, in den Chefetagen allerdings im Schneckentempo. Journalistinnen berichten bis heute vor allem über weiche Themen wie Lifestyle, Gesundheit und Soziales, während sie im Sport und in den Computerredaktionen seltener zu finden sind.
- ✔ Gut ein Drittel der hauptberuflichen Journalisten arbeitet bei der Zeitung. Die Zahl der dort verfügbaren Jobs geht allerdings zurück. Dafür steigt sie bei Fachzeitschriften und Onlinemedien.
- ✔ Bei Hörfunk und Fernsehen ist ein weiteres Drittel der Journalisten beschäftigt. Die öffentlich-rechtlichen Sender bieten trotz mehrerer Sparwellen immer noch doppelt so viele Jobs wie die Privaten.
- ✔ Fünf bis zehn Prozent der Journalisten haben gar keinen Job. Die Bundesagentur für Arbeit meldete 2007 rund 4.000 arbeitslose Journalisten, vermutlich nur die Spitze des Eisbergs.

Redakteure und ihr Alltag

Die meisten Redakteure üben eine Mischung von Tätigkeiten aus: Sie recherchieren und schreiben selbst Artikel, redigieren aber auch die Beiträge von Kollegen und bewerten Pressemitteilungen.

Dazu kommt ein vergleichsweise großer Organisationsaufwand: Artikel müssen in Auftrag gegeben, Pressetermine besetzt, Reisen geplant, Akkreditierungen beantragt und Spesenabrechnungen eingereicht werden. Viel Zeit nimmt auch die Kommunikation in Anspruch: Konferenzen und Absprachen, Quellenpflege und der Kontakt mit dem Publikum.

Das Themengebiet, das ein Journalist betreut, wird im Branchenjargon auch sein Beritt, sein Vorgarten oder sein Beat genannt.

Journalisten arbeiten im Schnitt 45 Stunden in der Woche. Ihre Arbeitszeit ist meist unregelmäßig; dafür können sie sich die Arbeit oft freier einteilen als andere Berufe. Arbeiten sie bei einem Medium, das nicht täglich erscheint, haben sie viele Freiheiten. Geht es auf den Redaktionsschluss zu, wird es allerdings auch bei der Wochenzeitung oder der Magazinsendung hektisch. Die Tages- oder Wochenkonferenzen strukturieren den Arbeitsablauf. Die Teilnahme ist meist Pflicht.

Journalisten sind eigentlich immer im Dienst, vor allem wenn sie für einen bestimmten Themenbereich zuständig sind. Wenn in ihrem Beritt etwas los ist, müssen sie Privates hintanstellen. Wer dazu nicht bereit ist, tut sich mit der Karriere schwer.

Bei größeren Zeitungen oder Sendern sind die Aufgaben stärker verteilt. Nicht alle müssen alles machen. Für unterschiedliche Tätigkeiten gibt es unterschiedliche Bezeichnungen.

- **Reporter** konzentrieren sich aufs Recherchieren und das Verfassen eigener Beiträge. Sie verbringen mehr Zeit am Ort des Geschehens, ob bei Gericht, im Parlament oder am Unglücksort.
- **Korrespondenten** haben ihren Sitz außerhalb der Zentrale und arbeiten deshalb vergleichsweise autonom. Sie stellen die Berichterstattung über eine Region oder eine Institution sicher. Manche sitzen nur 50 Kilometer weiter in der Landeshauptstadt, andere tausend Meilen von ihren Lesern entfernt.
- **Autoren** tragen keine Verantwortung für einen inhaltlichen oder geografischen Bereich. Ihre Fähigkeiten werden abgerufen, wann immer ein Bedarf entsteht.
- **Blattmacher** schreiben nicht selbst, sondern stellen die Zeitungsseiten zusammen. Sie entscheiden über Schlagzeilen, Textlänge, Platzierung und Illustration und dementsprechend auch darüber, wie prominent ein Thema in der Zeitung erscheint.

Für Journalisten sind die Kollegen die wichtigste Bezugsgruppe. Sie verbringen auch privat viel Zeit mit anderen Journalisten. Die Hälfte zählt einen Kollegen sogar zum engsten Freundeskreis. Mit Politikern, Lobbyisten und Gewerkschaftern sind sie dagegen selten eng befreundet.

Das Innenleben der Redaktion

Eine Zeitungsredaktion mutet zunächst informeller an als eine Bank oder ein Versicherungsunternehmen. In Wirklichkeit ist sie jedoch ein hierarchisch aufgebautes Gebilde. Um die eigene Position in der Hackordnung wird ständig gekämpft.

Jeder Journalist versucht, seine Geschichten auf der Titelseite unterzubringen, weil er davon ausgeht, dass sie am meisten gelesen wird. Das gilt vor allem für Boulevardzeitungen, die sich jeden Tag im Konkurrenzkampf um die Leser am Kiosk neu behaupten müssen.

Das Who is Who der Zeitung

Das Impressum gibt Aufschluss darüber, wer bei einer Zeitung das Sagen hat. So wie nach einem Film der Abspann über Produzenten, Regisseur und Hauptdarsteller Auskunft gibt, werden im Impressum Geschäftsführer, Chefredakteur und bestimmte Redakteure genannt. Es braucht allerdings etwas Übung, sich die dort genannten Amts- und Funktionsbezeichnungen zu erschließen.

- ✔ **Verleger:** Wird er namentlich genannt, kann man über eine Internetrecherche feststellen, welche Blätter ihm noch gehören.
- ✔ **Herausgeber:** Sie stehen für die Tendenz des Blattes, das sie mitunter auch mit Kommentaren und Leitartikeln prägen. Manchmal sind sie auch gleichzeitig Verleger.
- ✔ **Geschäftsführer:** Sie leiten die finanziellen Geschicke der Zeitung und treffen unternehmerische Entscheidungen zusammen mit den Eigentümern. Die Bereiche Anzeigen, Vertrieb, Druck und Marketing sind ihnen unterstellt.
- ✔ **Chefredaktion:** Der oder die Chefredakteure stehen der gesamten Redaktion vor. Sie treffen redaktionelle Personalentscheidungen und verantworten die Inhalte des Blattes.
- ✔ **Geschäftsführende Redakteure:** Sie sorgen dafür, dass die redaktionelle Produktion der Zeitung möglichst reibungslos funktioniert. Dazu zählen die Erstellung von Dienstplänen und die Koordinierung der Seitenumfänge. Manchmal werden sie auch Chefs vom Dienst genannt.
- ✔ **Leitende Redakteure:** Sie haben eine herausgehobene Stellung und müssen sich nur dem Chefredakteur unterordnen.
- ✔ **Ressortleiter:** Sie leiten Abteilungen, zum Beispiel die Innenpolitik oder das Feuilleton, planen die Berichterstattung und tragen in ihrem Bereich die Personalverantwortung.
- ✔ **Verantwortliche Redakteure:** Sie sind für die Inhalte bestimmter Seiten verantwortlich, zum Beispiel für die Medienseite oder den Ratgeber.
- ✔ **Redakteure für besondere Aufgaben:** Sie gestalten Sonderausgaben und Themenseiten.
- ✔ **Art Director:** Er oder sie ist für die optische Gestaltung des Blattes verantwortlich.

Typische Journalisten können von vielem ein bisschen. Sie sind Generalisten, die neben der Politik zumindest gelegentlich auch über Wirtschaft, Kultur und Sport berichten. Redakteure, die sich keinem Einzelressort zuordnen lassen, im Lokalen oder im Aktuellen beschäftigt sind, stellen den größten Anteil der Zeitungsredakteure. Bei Zeitschriften und Onlinemedien sind eher Spezialisten unterwegs.

Die Pulsfühler

Herzstück jeder Regionalzeitung ist die Lokalredaktion. Hier arbeiten Journalisten, die täglich im Kontakt mit denen da draußen stehen – mit den Lesern ebenso wie mit den Leuten, über die sie berichten. Viele sind für eine eigene Seite verantwortlich, auf der Neues aus einem Stadtteil, einer Gemeinde oder einem Landkreis berichtet wird.

Was am Ort geschieht, ist dem Publikum am nächsten, und wird daher viel und intensiv gelesen. Mit Argusaugen, denn die Leser können gut beurteilen, ob zutrifft, was in der Zeitung steht. Sind sie selbst Gegenstand der Berichterstattung, wollen sie natürlich möglichst gut wegkommen. Der Lokalredakteur ist dagegen stolz, wenn er über eine Kontroverse oder eine Panne berichten kann.

Lokalredakteure bearbeiten Texte von freien Mitarbeitern, führen Interviews und verfassen Schlagzeilen und Bildunterschriften. Oft kümmern sie sich gleichzeitig auch als Reporter um ein bestimmtes Themengebiet: wie die Kommunalpolitik, Verbrechen und Justiz oder das gesellschaftliche Leben im Verbreitungsgebiet ihrer Zeitung.

Die schnelle Eingreiftruppe

Nachrichtenredaktionen sind die Krisenreaktionskräfte bei den Medien. Sie bestreiten den aktuellsten Teil des Blattes. Die Nachrichtenseiten einer Zeitung sowie die Seite Eins, auf der die wichtigsten Nachrichten stehen, gehen als letzte in den Druck.

Zur Natur der Nachrichtenredaktion gehört es, dass ihre Mitarbeiter im Normalfall nicht selbst recherchieren. Sie bedienen sich bei den Informationen, die ins Haus geliefert werden, ob Agenturtexte, Pressemitteilungen oder Berichte der Lokalredaktion. Ab einer bestimmten Redaktionsstärke arbeiten sie im Schichtsystem, haben also absehbare Arbeitszeiten. Der Nachteil: Für die Leser bleiben sie anonym. Wer Ruhm braucht, muss früher oder später die Abteilung wechseln.

Nachrichtenredakteure müssen komplexe Sachverhalte schnell in knappe Sätze fassen und dabei flink von einem Thema zum nächsten springen. Ihre Hauptrolle besteht darin einzuschätzen, wie neu, bedeutend und interessant eine Nachricht ist. Sie müssen außerdem in der Lage sein, sinnvolle Texte über Wahlen in Afrika ebenso zu verfassen wie über die Gasexplosion in einem Wohngebiet.

Um die Arbeit der Ressorts besser zu verschränken und die Wege zur Onlineausgabe zu verkürzen, richten immer mehr Zeitungen in Deutschland sogenannte Newsrooms nach amerikanischem Vorbild ein. Statt wie früher in Einzelbüros über mehrere Etagen verteilt, sitzen die Blattmacher aus allen Ressorts jetzt in einem Raum an sogenannten Desks zusammen. Sie entscheiden, in welcher Form und an welcher Stelle die Geschichten in der Zeitung erscheinen. Aus dem anonymen Nachrichtenredakteur wird so eine wesentlich einflussreichere Figur.

Die klugen Köpfe

Traditionell ist das Politikressort die Abteilung mit dem meisten Prestige in der Zeitung. Zu ihm gehören die klugen Köpfe, die das Geschehen im In- und Ausland kommentieren. Je größer die Redaktion, desto spezialisierter sind die Journalisten im Politikressort. Fast immer wird zumindest getrennt zwischen Innenpolitik und Auslandsberichterstattung. Bei den überregionalen Zeitungen kümmern sich Spezialisten nur um Bildung, Gesundheitspolitik oder die Gewerkschaften.

Sobald eine Zeitung eine gewisse Größe erreicht, hat das Politikressort außerdem eine Reihe von Satelliten außerhalb des Verlagssitzes. In Brüssel und Washington, vielleicht sogar in Paris und London, ist es mit einem eigenen Korrespondenten vertreten. Auch in anderen Bundesländern gibt es Korrespondenten oder freie Mitarbeiter, dazu in Karlsruhe einen Journalisten, der ausschließlich das Bundesverfassungsgericht und den Bundesgerichtshof betreut.

Bahnt sich in Karlsruhe eine wichtige Entscheidung des Bundesverfassungsgerichts an, steht dies nur in den seltensten Fällen auf einem Terminkalender. Die Korrespondenten vor Ort jedoch wissen schon am Vorabend Bescheid. Mitglieder der Justizpressekonferenz werden vorgewarnt, damit sie sich in Ruhe auf ein Urteil vorbereiten können. Plaudern sie, riskieren sie den Verstoß aus der Gemeinschaft.

Politikredakteure planen Seiten, leiten Korrespondenten an und behalten ein Themengebiet oder eine Region im Blick. Sie müssen perfekt Bescheid wissen über ihren Beritt und die Telefonnummern der für ein Thema wichtigen Politiker, Experten und Interessenvertreter parat haben. Anders als Nachrichtenredakteure schreiben bei vielen Blättern die Politikredakteure oft auch die Kommentarspalten voll.

Nah an den Volksvertretern

Jede Politikredaktion, die etwas auf sich hält, hat eine Antenne in Berlin. Die dort ansässigen Korrespondenten sind mit der Berichterstattung über Bundesregierung, Bundestag, Bundespräsident, Bundesrat, Bundesministerien und Parteien betraut.

Diese Bundesbüros, auch Parlamentsredaktionen genannt, haben ihren Sitz oft im Haus der Bundespressekonferenz. Sie haben den Vorteil der kurzen Wege zu Pressekonferenzen, Plenarsitzungen oder Hintergrundgesprächen und können auf den Gängen des Parlaments oder in Cafés Witterung aufnehmen.

Die Nachrechner

In kaum einem Bereich unterscheiden sich Zeitungen so stark voneinander wie im Wirtschaftsteil. Bei der *Frankfurter Allgemeinen Zeitung* oder beim *Handelsblatt* stellen Unternehmens- und Börsenspezialisten die größte Redaktion. Andere Zeitungen legen den Schwerpunkt auf verbrauchernahe Berichterstattung und haben hauptsächlich den Geldbeutel des normalen Lesers im Blick.

Der Internetboom in den 90er-Jahren gab der Wirtschaftsberichterstattung in allen Medien einen kräftigen Schub. In den Nachrichtensendungen im Fernsehen wurde die tägliche Schalte zur Börse eingeführt. Ganze Nachrichtensender nährten sich von Berichten über das Marktgeschehen. Themen wie die Rente, der Arbeitsmarkt, der Klimaschutz und die Gesundheitsreform rückten auf die Wirtschaftsseiten und wurden nebenbei vom politischen Wortgeklingel befreit.

Anstatt sich wie früher damit zu begnügen, Hauptversammlungen zu besuchen und danach treulich die Bilanz wiederzugeben, fragen Wirtschaftsredakteure heutzutage auch die Einschätzung von Experten ab. Zwar können auch Analysten irren oder negative Entwicklungen schönreden. Doch der Einfluss von institutionellen Investoren und Kleinanlegern zwang die Unternehmen, sich zu öffnen und sich darum zu bemühen, den Menschen zu erklären, was sie tun.

Die Kritiker

In den Fernsehnachrichten spielt das Kulturgeschehen nur eine Nebenrolle. Auch Radioprogramme behandeln das Thema eher stiefmütterlich. Zeitungen leisten sich dagegen vergleichsweise große Kulturressorts. Dort hat das Feuilleton viel Tradition.

In den 90er-Jahren erinnerten sich einige Blätter daran, dass der Begriff Feuilleton ursprünglich mehr bedeutete als schnöde Kritiken über Kulturveranstaltungen. Auf den Kulturseiten von *SZ*, *FAZ* und *taz* fanden nun intellektuelle Debatten statt. Gesellschaftliche Fragen, die nicht so recht in den Politikbetrieb passen, werden hier verhandelt. Auch ungewöhnliche Stimmen kommen zu Wort.

Wer mitreden will, ohne jeden Morgen ein Dutzend Feuilletonseiten zu lesen, wird im Netz fündig. Die Website `www.perlentaucher.de` fasst die wichtigsten Artikel aus den Kulturteilen zusammen. Zusammenfassungen mit Auszügen gibt es schon um 9 Uhr.

Das Aufgabenspektrum der Feuilletonisten hat sich in den vergangenen Jahren deutlich gewandelt. Es ist nicht mehr damit getan, abends ins Theater zu gehen und dann eine Rezension der neuesten Premiere abzuliefern. Stattdessen nehmen sich Kulturredakteure auch Inszenierungen auf der politischen Bühne vor und müssen Gastautoren für Beiträge gewinnen. Zudem beraten sie mit Film-, DVD- und CD-Kritiken und kleinen Tipps ihre Leser beim Kulturkonsum.

Die Gebrauchsanweiser

Fast alle Zeitungen leisten sich Spezialrubriken – Seiten zu bestimmten Themengebieten, die oft nicht täglich erscheinen und deren Anspruch an Tagesaktualität geringer ist als in anderen Teilen des Blattes. Ziel ist es, die Leser von Special-Interest-Magazinen für die Zeitung zu gewinnen.

Ratgeberseiten sprechen die Leser nicht als Bürger, sondern als Verbraucher an. Ob es um den Kauf von Computern oder juristischen Ärger geht – Tipps und Erklärstücke können die Leser immer brauchen. Weil Ratgeberseiten so zeitlos sind, eignen sie sich gut dazu, im Verbund produziert zu werden. Sie werden zusammengestellt und von den angeschlossenen Zeitungen mit dem eigenen Layout versehen.

Themenredaktionen sind häufig Ein-Mann-Betriebe. Der zuständige Redakteur hat keine fest angestellten Autoren, sondern greift auf freie Mitarbeiter oder Journalistenbüros zurück. Wer über Spezialkenntnisse verfügt, kann deshalb hier besonders gut in den Beruf hineinkommen.

Ratgeberjournalisten müssen Produkte und Dienstleistungen auswählen, die ihr Publikum näher interessieren. Sie fragen sich, worauf es aus Sicht ihrer Leser bei einem Produkt ankommt, und nehmen es daraufhin unter die Lupe.

Die Entschlüsselungskünstler

Wissenschafts- und Technikjournalisten müssen noch mehr als andere Redakteure als Dolmetscher fungieren. In die komplexe Funktionsweise eines Motors oder eine Entdeckung in der Biochemie müssen sie erst hineinfinden. Haben sie den Zusammenhang verstanden, müssen sie sich wieder in ihr Publikum hineindenken und ihm die Sache erklären.

Die meisten naturwissenschaftlichen Neuigkeiten, die sich auf den Wissenschaftsseiten der Zeitungen finden, stammen nicht von Pressekonferenzen oder aus Interviews. Sie sind Bearbeitungen von Vorabdrucken aus renommierten internationalen Fachzeitschriften. Die bekanntesten sind *Science* und *Nature*. Sie werden mehrere Tage vor ihrem Erscheinen an die Redaktionen verschickt – mit Sperrfrist, das heißt, sie dürfen erst kurz vor Erscheinen verbreitet werden.

Wissenschaftsjournalisten müssen sowohl über Fach- als auch über Sachkenntnis verfügen. Sie brauchen Vorwissen, um ihr Thema im Detail durchdringen und einschätzen zu können. Sie müssen sich so gut auskennen, dass Forscher sie ernst nehmen, dürfen aber vor lauter Kompetenz die einfache Sprache nicht verlernen.

Lernen durchs Zeitungsstudium

Viele Sender und Publikationen entdecken die Faszination der Deutschen für das Thema Geschichte. Im ZDF betreibt Guido Knopp einen florierenden Bereich, der sich vor allem mit der Naziherrschaft und dem Zweiten Weltkrieg befasst. Zeitschriften wie *GEO* geben Spezialhefte zu bestimmten Epochen heraus. Im Radio eine Tradition sind Kalenderblatt und Zeitzeichen. In den Beiträgen wird zu einem Ereignis zurückgeblendet, das sich vor zehn, fünfzig oder hundert Jahren zugetragen hat.

Die Männerfreunde

Eine Zeitung wäre ohne Sportteil keine Zeitung, und auch keine Nachrichtensendung im Fernsehen kommt ohne Sportberichterstattung aus. Die Dramen, die sich auf Plätzen und in

Hallen abspielen, werden von Millionen verfolgt. Sportberichte und Liveübertragungen bringen regelmäßig die höchsten Quoten. Vor allem das männliche Publikum steht auf Sport.

Ganz oben auf der Prioritätenliste steht der Fußball. Dann kommt lange nichts. Andere Sportarten haben eine Zeit lang Konjunktur, wenn deutsche Sportler dort besonders erfolgreich sind. In der Lokalzeitung wird über Spiele der örtlichen Vereine am intensivsten berichtet.

Sportberichterstattung ist hoch emotional und selten differenziert. Oft geht es darum, stellvertretend für das Publikum mitzujubeln oder mitzuleiden. Die finanzielle Seite des Sports wird dagegen wenig beleuchtet. Vor allem die Fernsehsender, die mit Sportberichterstattung viele Werbegelder verdienen, berichteten ungern über Skandale wie Doping. Das Geld unterwandert die Moral im Sport.

Beim WDR ist es mittlerweile verpönt, dass Journalisten und Sportler sich duzen. In einem internen Papier mit dem Titel »Distanz in der Sportberichterstattung« wurde Anfang 2008 auf die Kommerzialisierung des Sports eingegangen. Unabhängigkeit sei gefragt. Rekorde müssten kritisch hinterfragt werden. Es dürfe keinesfalls dazu kommen, »dass wir uns mit dem Gegenstand unserer Berichterstattung gemeinmachen«. Dazu gehöre auch, dass sich Interviewer und Athleten siezten. Für Sportreporter Waldi Hartmann, auch »die Duzmaschine« genannt, gilt dies natürlich nicht: Schließlich arbeitet er für den Bayerischen Rundfunk, und zwar als freier Mitarbeiter. Da lasse er sich das Duzen nicht verbieten, sagte er in einem Interview zu seinem 60. Geburtstag.

Sportberichterstattung ist Infotainment. Im Fernsehen schaffen Sportjournalisten daher gar nicht so selten den Sprung ins Unterhaltungsprogramm. Sie werden zu Stars mit eigenen Shows, wie Günter Jauch, Reinhold Beckmann oder Johannes Kerner. Das liegt unter anderem daran, dass man als Sportreporter in der Lage sein muss, auf unvorhergesehene Situationen sehr souverän zu reagieren. Mit anderen Worten: Stressfähigkeit ist gefragt.

So mancher Leistungssportler wechselt für immer die Seiten. Beispiele sind die frühere DDR-Schwimmerin Kristin Otto, die nach dem Journalistik-Studium in Leipzig den Sportteil der *Heute*-Nachrichten präsentierte, und der frühere Eiskunstläufer Rudi Cerne, der sich über Praktika beim öffentlich-rechtlichen Rundfunk erst zum Livereporter und dann zum *Sportstudio*-Moderator hocharbeitete. Seit 2002 moderiert er die Sendung *Aktenzeichen XY ... ungelöst*.

Die Unterhalter

Das Vermischte wird von den anderen Ressorts oft nicht so recht ernst genommen. Immerhin geht es hier nicht um die große Politik, sondern um Böses und Buntes, Klatsch und Tratsch. Das Vermischten-Ressort wird unter Bezeichnungen wie »Panorama« oder »Aus aller Welt« auf der hintersten Seite des ersten Zeitungsteils angesiedelt. Jeder liest es – aber angeblich nimmt es keiner ernst.

In manchen Zeitungshäusern wird das Vermischte stiefmütterlich behandelt. Mitunter werden nur Volontäre mit der Zusammenstellung der Seite aus Agenturmaterial betraut. In anderen Blättern betätigen sich hier die kreativsten Köpfe der Zeitung. Die einen handeln ein vermischtes Thema in Meldungsgröße ab, während die anderen einen Vierspalter daraus machen.

Die Boulevardpresse und Fernsehsender wie RTL haben längst erkannt, dass vermischte Geschichten die besten Quoten bringen. Im Vergleich zu Scheidungen in Fürstenhäusern und spektakulären Kriminalfällen mutet der Politikbetrieb tatsächlich langweilig an. Auch die Möglichkeiten zur Bebilderung sind im Vermischten besser. Anstatt immer wieder Politikerköpfe und vorfahrende Limousinen zeigen zu müssen, bieten sich Bilder von Eisbären oder Sturmschäden an.

Mal nennen sie sich Gesellschaftsreporter, mal Lifestyle-Journalisten: Redakteure, die sich ausschließlich mit sogenannten »Soft News« befassen und denen es neben Information vor allem um Unterhaltung geht, machen einen wachsenden Anteil des Berufsstandes aus. Bei Zeitschriften und Onlinemedien arbeitet bereits jeder Fünfte in diesem Bereich. Gefragt sind Sprachwitz und ein sicheres Gefühl für guten Geschmack. Wer auf Klatsch und Tratsch spezialisiert ist, muss sich im Presserecht besonders gut auskennen, damit er keine Persönlichkeitsrechte verletzt.

Newcomer-Porträt: Die Frühzünderin

Radio ist ein hartes Geschäft, und Jana Cebulla vermutet, dass man von ihr sagt: »Die hat Haare auf den Zähnen.« Die Herausforderung ihres Jobs liegt darin, Kritik zu üben, ohne die Stimmung zu verderben. Sie muss die Strategie des Senders durchsetzen, aber immer mit Gelassenheit. Um führen zu können, muss man erst einmal sich selbst beurteilen können, sagt die Chefredakteurin von Radio 94,3 rs2. »Es gibt ja Leute, die fragen sich das gar nicht, sondern sind einfach da und agieren irgendwie.«

Cebulla leitet die Redaktion des Berliner Lokalsenders seit März 2008, zuvor war sie verantwortliche Redakteurin bei der Morning Show von Radio Jump in Halle. Journalismus nahe am Infotainment, das Ganze mit professionellem Anspruch und unter Quotendruck. Sie selbst ist Profi darin, tagesaktuelle Themen auf die lokale Ebene herunterzubrechen. Mit den Hörern zusammen Geschichten zu erzählen ist ihr Steckenpferd.

Als Abiturientin war Cebulla »eine von denen, die sagen, sie wollen vielleicht was mit Medien machen«. Sie hospitierte beim Lokalfunk (»die klassische Praktikantenausbeutung, ganz intensive sechs Wochen«) und war mit 21 Jahren die Klassenjüngste an der Berliner Journalistenschule. Ihre Radiokarriere begann sie als freie Moderatorin. Als das Angebot kam, als Redakteurin zu einer Privatradiostation in Magdeburg zu gehen, brach sie ihr Germanistikstudium ohne größeres Bedauern ab.

Heute wählt Cebulla selbst Praktikanten aus. Für sie zählt am meisten, dass Bewerber offen sind für alle Tätigkeiten, die beim Radio anfallen, von der Straßenumfrage bis zur Moderation. Gebrochene Biografien findet sie interessant, aber irgendwann ist dann eine solide Ausbildung fällig. »Radio«, sagt sie, »ist auch nur Handwerk, wenn auch mit einem kleinen Glamour-Faktor.«

Jana Cebulla: Chefredakteurin. Geboren am 16.10.1977 in Berlin.

Was sie am Journalismus begeistert: Einen Job gefunden zu haben, der ihr liegt – auch wenn man ihn nicht bis zur Rente machen kann.

Was ihr am Journalismus peinlich ist: Wenn Menschen für die Quote nackig gemacht werden, ohne dass sie es merken.

Ihr Job in einem Satz:

Ich leite eine Redaktion und sorge dafür, dass die Leute sich bei 94.3 rs2 gut unterhalten und dabei auch noch informieren.

Einen Job ergattern

Wer die Stellenanzeigen auf der Suche nach einem Job als Reporter durchforstet, erlebt eine Enttäuschung: Die Annoncen sind rar und beziehen sich meist auf Stellen im Fachjournalismus oder in der Presse- und Öffentlichkeitsarbeit. In der Regel gibt es für Journalisten nicht einmal eine gesonderte Anzeigenrubrik.

Der Grund für die magere Ausbeute: Die meisten Stellen kommen nie offiziell auf den Markt. Sie werden mit Nachrückern besetzt, die längst für das Haus arbeiten, oder aufgrund von Bewerbungen, die Jobsuchende aus Eigeninitiative starten.

Wichtiger als der Stellenmarkt sind die Klatschspalten in Medienpublikationen wie *Der Journalist* oder *Kressreport*. Dadurch erfährt man zum Beispiel, wo ein Führungswechsel stattgefunden hat und sich dadurch vielleicht etwas an der Personallage ändern wird.

Wird doch einmal eine attraktive Stelle öffentlich ausgeschrieben, melden sich oft mehrere Hundert Bewerber, die erst Monate später einen Bescheid erhalten. Die Verlage können den Ansturm kaum bewältigen, den sie mit der Ausschreibung ausgelöst haben.

Die Aufrücker

Die meisten Journalisten sind in ihren Job hineingerutscht. Sie waren Volontäre oder haben als freie Mitarbeiter eine oder mehrere Warteschleifen gedreht. Auf Anhieb eine unbefristete Festanstellung zu bekommen, ist sehr ungewöhnlich, zumal in den klassischen Medien, die sich ihre Mitarbeiter unter einer Vielzahl von Interessenten aussuchen können.

Wenn Sie als freier Mitarbeiter bei der Vergabe eines Redakteurspostens einmal übergangen werden, ist das noch kein Grund zur Beunruhigung. Passiert es Ihnen schon zum dritten Mal, dann sollten Sie sich – und Ihren Arbeitgeber – ernsthaft fragen, wie Ihre Aussichten aussehen.

Die Initiativbewerbung

Vor allem am Anfang, wenn sie noch keiner kennt und empfehlen kann, müssen sich Journalisten selbst an potenzielle Arbeitgeber wenden. Es geht darum, eine persönliche Begegnung herbeizuführen, auch wenn momentan gar keine Stelle ausgeschrieben ist. Dadurch erfahren die Chefredakteure, wer sich hinter einem Lebenslauf verbirgt. Die Bewerber sind dann nicht mehr ganz so anonym. Wird ein Job frei, haben sie die erste Auswahlrunde quasi schon überstanden.

Das Wichtigste bei einer Initiativbewerbung ist es, den richtigen Adressaten zu finden. Das ist nur in den seltensten Fällen die Personalabteilung, aber auch nicht immer der Chefredakteur. In manchen Häusern haben die Ressortleiter in Personalfragen viel mitzureden. Wer welche Entscheidungen trifft, kann einem am besten jemand sagen, der schon für den fraglichen Verlag arbeitet.

Die Bewerbungsmappe

Eine journalistische Bewerbung besteht aus Anschreiben, Lebenslauf, Foto, Arbeitsproben und Zeugnissen.

- ✔ Das Anschreiben sollte ein bis zwei Seiten lang sein. Es muss auf die Redaktion zugeschnitten sein, für die man sich bewirbt. Massenaussendungen sind zwecklos.

Weder Schmeichelei noch Eigenlob dürfen in einem Bewerbungsschreiben fehlen. Sagen Sie, warum Sie gerade die Zeitung, bei der Sie sich bewerben, toll finden. Sagen Sie auch, was an Ihnen toll ist, wie zufrieden Sie mit Ihrem derzeitigen Job sind, und warum Sie trotzdem überlegen, sich zu verändern.

- ✔ Der Lebenslauf zählt chronologisch zurück. Die Berufserfahrung sollte im Vordergrund stehen, gefolgt von Ausbildung, Sprachkenntnissen und technischen Fertigkeiten. Familiäre Verhältnisse, der Beruf der Eltern oder Hobbys haben im Lebenslauf eines Profis nichts zu suchen.
- ✔ Als Foto ist ein Porträt gefragt, für das Sie aber nicht ins Studio gehen müssen. Lebendiger wirken Aufnahmen, die draußen oder am Arbeitsplatz gemacht wurden.
- ✔ Die Arbeitsproben sind der wichtigste Teil der journalistischen Bewerbung. Denn hier erfahren die potenziellen Arbeitgeber aus erster Hand, was Sie leisten können.

Suchen Sie die fünf besten Beiträge aus, die Sie bisher gemacht haben. Achten Sie dabei auch darauf, in welchen Medien sie erschienen sind: je prominenter das Medium, desto besser. Machen Sie es den Adressaten leicht, die Arbeitsproben zu lesen. Kopieren Sie nicht in Miniaturschrift.

Provinz und Metropolen

Die meisten Jobs für Redakteure ballen sich in wenigen Großstädten. In Berlin, Hamburg, München und Köln haben große Verlagshäuser und Sendeanstalten ihren Sitz. Dort gibt es außerdem große Firmen, die sich Presseabteilungen halten, sowie Fachverlage, die zahlreiche Redakteure beschäftigen.

Wer außerhalb der großen Medienzentren lebt, hat weniger Konkurrenten. Er ist aber auch abhängiger von seinem Arbeitgeber. Gerade in Städten, in denen es nur eine Zeitung gibt, fehlt es an anderen Chancen, als Journalist tätig zu sein.

Allerdings ist durch das Internet die Wahl des Wohnorts flexibler geworden. Freie Fachjournalisten können sich oft aussuchen, wo sie leben wollen. Sie müssen dann vielleicht einmal in der Woche zu einem Termin reisen, können ihren Alltag aber von zu Hause erledigen.

Was Journalismus einbringt

Feste Anstellungen werden im Journalismus seltener, und die Gehälter stagnieren. Wer sich einen unbefristeten und übertariflich bezahlten Job gesichert hat, lässt ihn deshalb ungern wieder los. Weil es nur noch so wenige gut bezahlte Festanstellungen gibt, kleben Redakteure ohne weitere Aufstiegschancen an ihren Posten. Wer sich hinten anstellt, wird erleben, dass es nur im Schneckentempo vorwärtsgeht.

Von Kleinverdienern und Millionären

Das Spektrum der Gehälter, die im Journalismus bezahlt werden, ist groß. Spitzenverdiener gibt es in den Chefetagen, bei Magazinen und im Fernsehgeschäft. Der Durchschnittslohn liegt bei 2.300 Euro netto im Monat, viele Journalisten verdienen jedoch weit weniger.

- ✔ Der Tariflohn für Tageszeitungsredakteure liegt je nach Dienstalter und Funktion bei 2.800 bis 4.400 Euro brutto im Monat.
- ✔ Bei Nachrichtenagenturen gelten Haustarife, die zwischen 2.800 und 6.000 Euro im Monat liegen.
- ✔ Nachrichtensprecher bei der *Tagesschau* verdienen laut Recherchen der Bild-Zeitung 10.000 Euro im Monat.
- ✔ Fernsehmoderatoren, die eine eigene Firma haben und auch noch als Werbeträger fungieren, streichen bis zu 80.000 Euro im Monat ein.
- ✔ Radiojournalisten kommen bei den ARD-Anstalten auf ein Durchschnittsgehalt von 2.850 Euro netto, während sich bei kommerziellen Sendern im Schnitt nur 1.700 Euro netto verdienen lassen.

Tariflich oder ausgeklinkt

Bei Weitem nicht alle Verlage halten sich an die Tarifverträge, die von den Gewerkschaften für Zeitungs- und Zeitschriftenredakteure ausgehandelt werden. 20 von 350 Tageszeitungen haben sich offiziell aus der Tarifbindung ausgeklinkt. Gerade Zeitschriftenverlage zahlen hingegen oft über Tarif. Bei Anzeigenblättern oder Kleinstzeitungen lässt sich dagegen wesentlich weniger verdienen.

Immer mehr Zeitungen gehen dazu über, ganze Redaktionen auszugliedern, um unter Tarif zahlen zu können. Ein Teil ihrer Redakteure sind bei Tochterunternehmen oder Leiharbeitsfirmen beschäftigt. So verdienen neue Mitarbeiter weniger als den Tariflohn.

Berufsverbände

Früher verstanden sich Journalisten eher als freischaffende Künstler denn als Arbeitnehmer. Heute treten immer mehr Redakteure in die Gewerkschaften ein. Anreiz ist nicht nur der Presseausweis. Auch andere Serviceleistungen werden in Anspruch genommen, wie juristische Beratung bei arbeitsrechtlichen Auseinandersetzungen oder Gruppenrabatte bei der Krankenversicherung.

- ✔ Der Deutsche Journalistenverband (DJV – `www.djv.de`) ist eine Mischung aus Berufsverband und Gewerkschaft. Gut 40.000 Journalisten sind in den 15 Landesverbänden organisiert. Die Mitgliedschaft steht hauptberuflich tätigen Berichterstattern offen. Auch Volontäre und Journalismusstudenten können für einen ermäßigten Satz beitreten.
- ✔ Die Deutsche Journalistinnen- und Journalisten-Union (dju – `dju.verdi.de`) ist eine Unterorganisation der Dienstleistungsgewerkschaft ver.di. Sie hat 21.000 Mitglieder. Der Mitgliedsbeitrag liegt bei einem Prozent des Bruttotarifgehalts, die Aufnahmebedingungen entsprechen jenen des DJV.
- ✔ Der Deutsche Fachjournalisten-Verband (DFJV – `www.dfjv.de`) ist eine Berufsorganisation, die sich als Dienstleistungsunternehmen versteht: Er vergibt Presseausweise, betreibt Lobby-Arbeit und hilft beim Networking. 1997 gegründet, gehören ihm 6.800 auf bestimmte Fachgebiete spezialisierte Journalisten an, die meist freiberuflich tätig sind. Die Aufnahmebedingungen sind weniger streng als beim DJV.

Vorsorge fürs Alter

Fest angestellte Journalisten zahlen in die Rentenkasse ein wie andere Arbeitnehmer auch. Zusätzlich sind sie oft auch noch über das Versorgungswerk der Presse versichert. In diese steuerlich begünstigte Direktversicherung zahlen die Arbeitgeber einen Teil des Gehalts ein. Es ergibt sich daraus später eine Zusatzrente oder ein Festbetrag, den man mit Erreichen des Rentenalters ausbezahlt bekommt.

Verleger genießen Tendenzschutz. Die im Betriebsverfassungsgesetz festgelegten Mitbestimmungsrechte gelten für Journalisten daher nur eingeschränkt. Damit soll die Freiheit des Verlegers geschützt werden, über die publizistische Linie seines Blattes selbst zu entscheiden. In wirtschaftlichen und Personalfragen hat er freiere Hand als ein Maschinenbauer oder Kaufhauseigentümer.

Auf eigene Rechnung

Freie Journalisten im Hauptberuf sind in der Regel selbstständige Unternehmer. Manche aus Not, weil sie keine Festanstellung bekommen haben, die meisten aber aus freien Stücken. »Freie« ordnen sich ungern unter und betrachten das ewige Konferieren in der Redaktion als Zeitverschwendung. Sie haben keine Lust, die Artikel von anderen zu redigieren und wollen ihre Themen möglichst selbst auswählen.

Wer als freier Journalist sein Glück machen will, muss damit rechnen, ein Drittel seiner Arbeitszeit für Verwaltung und Marketing aufzuwenden. Nicht nur müssen Aufträge akquiriert und Beiträge verkauft werden. Es ist auch oft mühselig, Honorare einzutreiben, von Spesensätzen ganz zu schweigen.

Um Kosten und Organisationsaufwand zu sparen, schließen sich manche freien Journalisten zu Redaktionsbüros zusammen. Diese Büros funktionieren ähnlich wie Anwaltskanzleien. Die Teilhaber schanzen sich Aufträge zu, haben feste Kunden und teilen sich technische Infrastruktur.

Die erfolgreichsten Freien verdienen an ihren Geschichten gleich mehrmals. Sie verkaufen sie in leicht abgewandelter Form an mehrere Zeitungen. Manche stellen sowohl einen Text als auch einen Hörfunkbeitrag her und liefern Fotos gleich mit. Sie verwerten ihr Wissen als Buchautoren und treten in Talkshows als Experten auf.

Einigermaßen verdienen lässt sich als freier Journalist nur bei den Öffentlich-Rechtlichen und bei Zeitschriften. Ein dreiminütiger Hörfunkbeitrag bringt 200 Euro, eine Reportage für eine Publikumszeitschrift durchschnittlich 1.500 Euro. Mit dem Zeilenhonorar von im Schnitt 50 Cent, das Regionalzeitungen zahlen, kommt kein ordentliches Gehalt zusammen. Beispiele für tatsächlich gezahlte Honorare gibt es unter `www.mediafon.de`.

Viele freie Journalisten verdienen ihr tägliches Brot mit Pressearbeit. Sie verfassen Broschüren, Betriebsanleitungen und Pressemitteilungen oder sind für eine Werkszeitung verantwortlich. Denn dort wird weit besser gezahlt.

Lukrativ sind auch Beiträge für Kundenmagazine großer Konzerne, wie der Deutschen Bahn oder der Lufthansa. Die Firmen geben sich mit der Verpflichtung namhafter Journalisten den Anstrich einer unabhängigen journalistischen Produktion und zahlen dafür gutes Geld.

Newcomer-Porträt: Der Spieleberichter

Was wird einer, der schon als Junge die Fußballreportagen nicht nur gebannt im Radio verfolgte, sondern auch noch aufzeichnete, um sie hinterher noch einmal anhören zu können? Der den Samstagabend mit dem Vater vor dem Sportstudio verbrachte und als Schüler bei den *Erkelenzer Nachrichten* den Spaß am Schreiben entdeckte? Oliver Schmidt verschrieb sich schon als Teenager dem Sportjournalismus. Auch wenn er dafür den aktiven Vereinsfußball aufgeben musste. Entweder mitspielen oder berichten. Ein Wochenende ist nur zwei Tage lang.

Schmidt kam es gerade recht, dass die Ausbildung im Journalismus weniger strukturiert ist als in anderen Berufen. Um nicht völlig zum Fachidioten zu werden, studierte er Politik, Jura und Volkswirtschaft, hospitierte 1993 beim ZDF und verdiente schon als Student seinen Lebensunterhalt beim Fernsehen. Flexibel muss man da sein. Zum Alltag eines Sportredakteurs beim ZDF gehört nicht nur die Bereitschaft, am Wochenende zu arbeiten. Auch der Arbeitsrhythmus variiert stark: Mal dauert der Tag »biedere sechs Stunden«, mal ist Schmidt »aufregende 18, 19, 20 Stunden« unterwegs.

Das Handwerkszeug hat er sich von erfahrenen Kollegen abgeguckt. »Wenn man einmal durchs Becken geschwommen und wieder rausgekommen ist, dann vermehrt sich das ja relativ schnell mit den Aufträgen«, sagt er. Sein Studium brachte er vor der Fußball-WM 1998 noch schnell zu Ende, zu einem Volontariat kam es nicht mehr. Um noch einmal ganz von vorn anzufangen, war die Verlockung der Praxis schon zu groß.

In der Sportberichterstattung geht es um Emotionen, aber Schmidt legt Wert auf eine gewisse Distanz. »Als Reporter bin ich immer noch einer, der die Fragen stellt, und nicht auf der Bühne steht und mitfeiert.« Ihn motiviert, wenn ihm etwas zugetraut wird, das nicht viele versuchen dürfen. Ende 2007 wurde er erstmals bei einem UEFA-Cup-Spiel als Livekommentator eingesetzt. »Dass man da einen Berg erklommen hat, wozu nicht viele die Gelegenheit bekommen, und das dann fehlerfrei und in Ordnung war« – so fühlt sich für Schmidt nach zehn Jahren im Journalismus der Erfolg an.

Oliver Schmidt: Sportreporter. Geboren am 29.5.1972 in Erkelenz.

Was ihn am Journalismus begeistert: Dass man immer wieder Sachen ausprobieren kann, die man noch nie gemacht hat – und feststellt, dass ist ja gar keine Zauberei.

Was ihm am Journalismus peinlich ist: Die Selbstgerechtigkeit, mit der viele Journalisten andere Menschen attackieren, über die sie berichten, obwohl sie selbst moralisch keinen Deut höher stehen.

Sein Job in einem Satz:

Ich habe den schönsten Beruf, den ich mich vorstellen kann, den vielfältigsten, aber andererseits auch den meist überschätzten Beruf, den es gibt.

Die Künstlersozialkasse

Auch freie Journalisten sind sozial abgesichert. Wer mindestens 3.900 Euro im Jahr als freier Publizist verdient, tritt der Künstlersozialkasse bei (www.kuenstlersozialkasse.de). Er muss dann wie ein Arbeitnehmer nur die Hälfte des Sozialbeitrags entrichten. 30 Prozent des »Arbeitgeberbeitrags« treibt die KSK pauschal bei den Verlagen und Sendeanstalten ein, 20 Prozent schießt der Staat dazu. Die knapp 40.000 Autoren, die bei der KSK versichert sind, verdienen mit Journalismus im Schnitt etwas mehr als 15.000 Euro im Jahr.

Auf einem Bein

Gerade Berufsanfänger haben im Journalismus heute oft Jobs, die sich zwischen einer Festanstellung und der völligen Selbstständigkeit bewegen. Sie zählen nicht mit im Personalbudget, das die Arbeitgeber möglichst gering halten wollen, sondern werden aus dem Honorartopf bezahlt, der je nach Wirtschaftslage flexibler bemessen werden kann. Diese Honorartöpfe wurden zwischen 2001 und 2005 so stark reduziert, dass die Zahl der hauptberuflichen freien Journalisten von 18.000 auf 12.000 zurückging.

- ✔ Pauschalisten erhalten einen festen Betrag im Monat und müssen dafür ein Mindestmaß an Beiträgen abliefern oder an einem Mindestmaß von Tagen auf Abruf zur Verfügung stehen. Dass sie nicht mehr tun als bezahlt wird, dafür müssen sie selbst sorgen. Sie dürfen aber auch noch für andere Medien arbeiten.
- ✔ Feste Freie werden meist pro Beitrag oder Artikel bezahlt. Sie können aber damit rechnen, dass sie genug Aufträge bekommen, um davon leben zu können. Bei einigen öffentlich-rechtlichen Anstalten gilt eine Obergrenze, bis zu der ein fester freier Mitarbeiter verdienen darf. Danach wird er für den Rest des Jahres in den Zwangsurlaub geschickt. Eine Vorsorgemaßnahme, damit er nicht vor dem Arbeitsgericht auf Festanstellung klagt.
- ✔ Zeitverträge sind in vielen Häusern heutzutage üblich. Das hat vor allem mit der Elternzeit zu tun. Vertretungskräfte werden eingestellt, während Mütter oder Väter eine Babypause machen. Wenn die Eltern zurückkehren, muss die befristete Vertretung gehen, wenn sie sich nicht zur nächsten Befristung hangeln kann.

Topjobs im Journalismus

Die meisten Journalisten werden mittelmäßig bis schlecht bezahlt und müssen im Alltag viel Routinearbeit erledigen. Ihren Beruf haben sie sich ursprünglich mal viel aufregender vorgestellt. Aber träumen ist ja nicht verboten.

In die weite Welt entsandt

Im Ausland leben und dafür auch noch bezahlt werden – das allein macht den Beruf des Auslandskorrespondenten für viele zum Traumjob. Dazu kommen Neugier, Abenteuerlust und die Freude am Erklären. Anstatt Tag für Tag über die Gesundheitsreform oder die Absatzzahlen in der Automobilbranche berichten zu müssen, geht es um die großen Linien von Wirtschaft, Gesellschaft und Politik.

Auslandsposten sind auch ein ideales Karrieresprungbrett: Viele Journalisten in Leitungsfunktionen waren früher mal als Korrespondenten erfolgreich.

Die Stellen sind allerdings dünn gesät, denn gerade in diesem Bereich haben Verlage und Sender in den vergangenen zehn Jahren kräftig gespart. Sie verlassen sich auf das Internet und die Nachrichtenagenturen, um sich einen Überblick über das Weltgeschehen zu verschaffen. Zu Großereignissen werden Sonderreporter entsandt.

Während sich die ARD-Anstalten noch insgesamt 100 Korrespondenten für Hörfunk und Fernsehen an 30 Orten der Welt leisten, bietet die Senderkette ProSieben, SAT.1 und N24 gerade drei feste Auslandskorrespondenten auf, in Washington, Rom und Jerusalem.

Der Alltag selbst ist mehr von Routine geprägt als von Abenteuer. Um täglich Stoff für die Zeitung oder das Programm liefern zu können, sind die Journalisten stark an den Schreibtisch gebunden. Oft haben sie keinen eigenen Zugang zu Quellen im Gastland, weil die dortigen Politiker und Regierungsvertreter lieber den inländischen Medien ein Interview geben. Die Korrespondenten erfahren aus der örtlichen Presse, was sich in den Ländern der Region abspielt, für die sie verantwortlich sind. Dieses Vorgehen wird für Leser und Hörer nur selten transparent gemacht.

Amerika ist nichts für Langschläfer: Wegen der Zeitverschiebung werden Korrespondenten in Washington, New York oder Los Angeles von ihren Heimatredaktionen oft schon vor Sonnenaufgang geweckt. Sie schreiben dann Artikel über Entwicklungen vom Vortag, denn für eine ausführliche Recherche ist bis zum Redaktionsschluss keine Zeit. Korrespondenten in Moskau, im Nahen Osten oder in Asien können später aufstehen, müssen dafür aber abends länger arbeiten.

Wer Auslandskorrespondent werden will, sollte nicht nur über ausgezeichnete Sprachkenntnisse verfügen – neben fließendem Englisch mindestens noch eine weitere Fremdsprache, wenn auch nur um zu zeigen, dass er die ortsübliche Sprache rasch erlernen kann. Journalisten, die ins Ausland entsandt werden, müssen sich vorher auch als zuverlässig, findig und kooperativ erwiesen haben. Sie müssen selbstständig arbeiten können, ohne sich zu verselbstständigen.

Der Bauchladen

Viele Auslandskorrespondenten arbeiten nicht nur für eine Zeitung, sondern für mehrere. Sie führen einen Bauchladen, mit dem sie verschiedene Blätter bedienen, die nicht zueinander in Konkurrenz stehen. Artikel und Kommentare werden so mehrfach verwertet und bezahlt, Spesen von den Kunden anteilig übernommen.

Mitunter ist diese Zusammenarbeit institutionalisiert: Zeitungen schließen sich zu Pools zusammen, die sich zusammen einen Korrespondenten leisten. Die *WAZ*, der *Kölner Stadt-Anzeiger*, die *Badische Zeitung*, die *Stuttgarter Nachrichten*, die *Märkische Allgemeine*, die *Sächsische Zeitung* und die *Ostthüringer Zeitung* leisten sich zum Beispiel gemeinsam einen Berichterstatter in Washington.

Traumjob für Singles

Einst lebten und arbeiteten Auslandskorrespondenten im großen Stil: Sie residierten in Villen im Diplomatenviertel, schickten ihre Kinder in teure Privatschulen und bekamen für die ganze Familie jedes Jahr einen Heimaturlaub bezahlt. Aufwendige Reisen durch ihr Berichterstattungsgebiet waren normal; Spesenabrechnungen wurden in der Zentrale durchgewinkt. Heutzutage bietet kaum noch eine Zeitung so komfortable Bedingungen.

Junge und ungebundene Journalisten haben es im Wettbewerb um die Korrespondentenplätze daher leichter. Denn wer in einer festen Beziehung lebt, muss den Partner überzeugen mitzukommen, in den meisten Fällen mit dem Risiko, dessen Karriere zu unterbrechen. Eltern machen sich außerdem Sorgen, weil sie ihre Kinder aus der gewohnten Umgebung herausreißen müssen.

Viele Medien befristen die Entsendung ihrer Auslandskorrespondenten auf vier bis fünf Jahre. Denn sonst besteht die Gefahr, dass die Journalisten das Land, über das sie berichten, nicht mehr mit den Augen ihrer Leser sehen, sondern mit den Augen eines Einheimischen. Vieles kommt ihnen nicht mehr fremd und aufregend, sondern bekannt und langweilig vor. Durch die Rotation sollen außerdem auch andere Redakteure eine Chance bekommen, eine Weile im Ausland zu arbeiten.

Große Chefs und Chefinnen

Nicht nur selbst Artikel schreiben, sondern bestimmen, was sonst noch alles in der Zeitung steht – das ist der Reiz am Job eines Chefredakteurs. Nur wenige haben ihn von Anfang an angestrebt. Sie gehörten einfach zu denen, die der Meinung waren, dass sie es besser machen könnten als ihre Vorgesetzten, und stiegen dann Sprosse um Sprosse in der Hierarchie auf.

Journalisten in Leitungsfunktionen kommen nie ganz oben an. Es gibt immer noch jemanden, dem sie Rechenschaft ablegen müssen: Die wirkliche Macht liegt bei den Geldgebern, ob sie Verleger sind oder die in einem Rundfunkrat vertretenen Gebührenzahler.

Um eine Redaktion zu leiten, braucht man statistisch gesehen wenig Erfahrung, solange man nur ein Mann ist. Chefredakteurinnen waren in Deutschland lange die Ausnahme. Traditionell fand man sie am ehesten bei Frauenzeitschriften. In den vergangenen zehn Jahren haben sich jedoch immer mehr Frauen selbst in Männerdomänen wie dem Wirtschaftsjournalismus durchgesetzt. Auch beim öffentlich-rechtlichen Rundfunk gibt es mittlerweile nicht nur Hörfunk-Chefinnen und -Moderatorinnen, sondern auch -Intendantinnen.

Chefredakteure müssen ehrgeizig, dynamisch, entscheidungsfreudig und oft auch begnadete Selbstdarsteller sein. In Zeiten des Wandels der Medienlandschaft suchen Verlage nach Führungskräften, die fähig und willens sind, neue Wege zu gehen und sich den Gestaltungsspielraum dafür freizuschlagen. Die 40- bis 50-Jährigen geben in der Topriege der deutschen Medien den Ton an.

Geld entschädigt für manches

Eine Zeitungs- oder Fernsehredaktion zu leiten, ist kein ungeteiltes Vergnügen. Journalisten ordnen sich ungern unter und lassen sich schon gar nicht herumkommandieren. Sie sind insgeheim der festen Überzeugung, dass der Chef bei der Arbeit nur stört. Für Freizeit bleibt den Führungskräften wenig Zeit: Chefredakteure arbeiten sechs Tage in der Woche und 10 bis 15 Stunden am Tag.

Entschädigt werden sie für den Stress mit vergleichsweise hohen Gehältern. Ihr Verdienst liegt bei mindestens 100.000 Euro im Jahr. Auch die Arbeitslosigkeit müssen sie nicht fürchten. Führungskräfte sind rar, und auf der Ebene der Redaktionsleiter wird daher Karussell gefahren – fähige und selbst nicht so fähige Leute finden auch nach einem Misserfolg wieder einen Job.

Chefredakteure, die nirgends mehr gebraucht werden, können darauf hoffen, auf einen komfortablen Posten weggelobt zu werden. Sie schreiben Bücher, werden Berater oder widmen sich der Pferdezucht.

Fernsehgesichter

Als Journalist auf dem Bildschirm zu erscheinen ist Segen und Fluch zugleich. Fernsehmoderatoren werden gut bezahlt und müssen sich um die Befriedigung ihres journalistischen Geltungsbedürfnisses keine Sorgen machen. Doch es kann auch irritierend sein, wenn man morgens in der Bäckerei von Leuten angestarrt wird, die versuchen sich zu erinnern, woher sie einen kennen.

Fernsehmoderatoren beeinflussen mehr Menschen als die meisten Leitartikler. Sind sie populär, dann nehmen ihnen die Zuschauer fast alles ab. Das gilt besonders für Journalisten, die Nachrichtensendungen präsentieren. Sie dienen dem Publikum als Anker im stürmischen Weltgeschehen und werden deshalb in Anlehnung an den englischen Sprachgebrauch auch hierzulande Anchors genannt.

Voraussetzung für eine Bildschirmkarriere ist ein ansprechendes Äußeres. Die meisten Moderatoren sind klein und zierlich, obwohl sie im Fernsehen groß wirken. Sie sollten weder zu jung noch zu alt aussehen. Ihr Gesicht darf nicht allzu markante Züge tragen und muss doch in Erinnerung bleiben. Wie Fußballer haben sie nur eine begrenzte Halbwertszeit. Wenige können diesen Job tatsächlich bis zur Rente mit 67 machen. Das rechtfertigt auch ihr vergleichsweise hohes Gehalt.

Moderatoren müssen nicht nur gut informiert sein, sondern sich auch in ihr Publikum hineindenken können. Erfolgreiche Talkmeister stellen Fragen, die ihre Zuschauer interessieren. Sie fassen Betroffene sanft an – und triezen im nächsten Moment einen Politiker. Das erfordert Vielseitigkeit und Wendigkeit.

Schönschreiber

Viel Zeit für die Recherche, viel Platz im Blatt – gerade wer aus Lust am Schreiben zum Journalismus gekommen ist, wünscht sich nichts sehnlicher als einen Job als Autor für die Reportageseite der Zeitung, die häufig auch die Seite Drei genannt wird.

Seite-Drei-Schreiber sind vom Innendienst weitgehend befreit. Anstatt die Texte anderer zu redigieren oder Routinetermine wahrzunehmen, reisen sie an entlegene Orte und lernen interessante Leute kennen. Sie kratzen nicht nur an der Oberfläche, sondern schürfen tief und zeigen Widersprüche auf. Sie machen sich einen Namen und heimsen Preise für ihre Reportagen und Porträts ein.

Um einen dieser begehrten Autorenjobs zu bekommen, brauchen Journalisten vor allem Schreibtalent. Sie müssen virtuos mit der Sprache umgehen und einen unverwechselbaren Stil entwickeln. Dazu bedarf es scharfer Augen für Details und offener Ohren für Zwischentöne.

Die Gelegenheit, sich als Sprachkünstler zu entfalten, haben sich die meisten Seite-Drei-Schreiber hart erkämpft. Als Anfänger wurden auch sie oft für das Verfassen trockener Berichte und das Redigieren von Meldungen eingesetzt. Manche hatten Glück und trafen auf Redakteure, die sie zu Höchstleistungen bei der Recherche herausforderten, an ihren Texten feilten und sie zu Sprachexperimenten ermutigten.

Wer einen besonderen Zugang zu einem Thema oder Milieu hat, bekommt am ehesten die Chance, sich an längeren Beiträgen zu versuchen. Volontäre dürfen über magersüchtige Teenager schreiben, Parlamentsberichterstatter haben den ersten Zugriff auf das große Politikerporträt.

Verwandte Berufe

Angesichts der Konkurrenzsituation und des Spardrucks in den klassischen Medien stellt sich für Journalisten die Frage, ob sie nicht umsatteln sollen. Das gilt für diejenigen, die eine Familie ernähren müssen, ebenso wie für Singles, die es irgendwann einmal satthaben, für ein mäßiges Gehalt bunte Meldungen zu redigieren.

Wenn sich die Medien sowieso keine investigativen Recherchen oder aufwendigen Reportagen mehr leisten, dann könne man sich ja gleich in die Dienste eines Unternehmens oder einer Behörde begeben, argumentiert so mancher ehemalige Journalist. Anstatt die eigene Einstellung zu verbergen, sei es besser zuzugeben, für welchen Auftraggeber man tätig ist.

Frontenwechsler

Wer eine Weile als Journalist gearbeitet hat, bringt für einen Job in der Öffentlichkeitsarbeit gute Voraussetzungen mit. Ausgebildete Redakteure wissen, was Journalisten von einem Pressesprecher erwarten. Sie können knapp und verständlich formulieren und sind darin geschult, Informationen gefällig zu verpacken. Ehemalige Journalisten sind deshalb als Pressereferenten ebenso gefragt wie als Verantwortliche für die Kundenzeitschrift oder die Mitarbeiterkommunikation.

Um die Wertschätzung von Wirtschaftsjournalisten zu erlangen, müssen Firmensprecher aufrichtig, prompt, fair und gut informiert sein. Wer nur ausgesuchte Reporter zurückruft oder sich gar beim Chefredakteur über einen unliebsamen Journalisten beschwert, bekommt im Klassenbuch des Branchenmagazins »Der Wirtschaftsjournalist« die Note 6.

Exredakteure im Dienste der Politik

Manche Journalisten haben es irgendwann einmal satt, das politische Geschehen nur zu beobachten und zu beschreiben. Sie wissen, wie beschränkt der Einfluss der Medien ist, und wollen nun selbst mitmischen und gestalten. Der Einstieg in die aktive Politik geschieht meist als Redenschreiber oder als Pressesprecher. Andere Journalisten entscheiden sich für eine zweite Karriere im diplomatischen Dienst oder stellen sich zur Wahl für ein Landtags- oder Bundestagsmandat.

Vom Kritikerstuhl hinter die Bühne

Während manche Journalisten in die Politik gehen, wechseln andere in den Kulturbetrieb: Sie wollen der Oberflächlichkeit des Medienbetriebs entkommen und längerfristige Projekte verfolgen. Zeitungsleute werden zu Buchautoren, Fernsehjournalisten zu Dokumentarfilmern, Theaterkritiker zu Dramaturgen. Sie nutzen die Kontakte, die sie während ihrer Zeit als Redakteure geknüpft haben, für den Einstieg ins künstlerische Schaffen.

Medienmanager mit Journalismushintergrund

Merken Journalisten schon während der Ausbildung, dass sie das Geschehen selber lenken möchten, können sie frühzeitig auf die geschäftliche Seite wechseln. Die Fähigkeit zum strukturierten Denken und zur klaren Kommunikation ist zum Beispiel bei Unternehmensberatungen gefragt. Wer erfolgreich verschiedene Aufgaben jongliert, ist im Management von Veranstaltungen und Messen gut aufgehoben. Verlage und Sendeanstalten sind voll von ehemaligen Redakteuren, ob im Marketing, im Vertrieb, in der Personalabteilung oder in der Geschäftsleitung.

Der Journalist als Eigenmarke

Wer als Journalist auf sich hält, schreibt heutzutage einen eigenen Blog. Das ist zwar zusätzliche Arbeit zum Tagesgeschäft. Aber immerhin kann man so Dinge unterbringen, die im eigenen Blatt keinen Platz haben. Der Blog ist eine Chance, sich über die eigene Redaktion hinaus einen Namen zu machen. Zudem bekommt man endlich einmal ein richtiges Feedback.

Nur eine Handvoll Journalisten kann von ihrem eigenen Blog leben. Lukrativ daran sind eher die Nebeneinkünfte, die sich aus dem Webtagebuch entwickeln, wie Vortragshonorare, Vorschüsse und Tantiemen sowie ein fester Satz für die Kolumne in einem traditionellen Medium.

Der erste Blogger

Um den Titel des ersten Bloggers wird weidlich gestritten. Der Programmierer Jorn Barner nimmt ihn ebenso für sich in Anspruch wie der Computerspielfreak Justin Hall, der schon 1994 begann, Link-Listen zusammenzustellen.

Richtig etwas zu lesen gab es erst 1995, als Carolyn Burke begann, ein Onlinetagebuch zu führen (`http://diary.carolyn.org`). Ihr Motto: Melde dich mit Klarheit, Ehrlichkeit und Transparenz zu Wort, und mit der Leidenschaft zur Erforschung des Unbekannten.

Teil VI

Der Top-Ten-Teil

The 5th Wave By Rich Tennant

»Unser Chefredakteur war der Meinung, wir sollten näher dran sein an unserer Leserschaft, uns mehr mit den Leuten identifizieren, die ›Biking for life‹ tatsächlich kaufen.«

In diesem Teil ...

Falls Sie schon das eine oder andere Buch aus der Reihe ... für Dummies gelesen haben, wissen Sie, was jetzt kommt. Falls nicht, werden Sie es gleich wissen: Es folgen die obligatorischen Zehnerlisten.

Ich stelle noch einmal kurz und übersichtlich die besten Wege in den Journalismus vor. Sie erfahren, welche Websites von Journalisten besonders häufig angesteuert werden. Ich habe die meiner Meinung nach die wichtigsten Filme zusammengetragen, in denen Journalismus die Hauptrolle spielt, und gebe einen Überblick über bedeutende Journalistenpreise in den wichtigsten Sparten.

Zehn Wege zum Journalismus

18

In diesem Kapitel

- Klassiker und Newcomer
- Geheimtipps mit Tradition
- Ungewöhnliche Kombinationen

Wer an dieser Stelle eine Rangliste der Ausbildungsstätten für Journalismus erwartet, wird enttäuscht. Ein solches Ranking kann es allein deshalb nicht geben, weil das Angebot ständig in Bewegung ist. Jedes Jahr fassen Zeitungsverleger den Entschluss, aus Kostengründen kein Volontariat mehr anzubieten. Gleichzeitig werden private Institute gegründet, die versprechen, zum Onlinejournalisten, PR-Fachmann oder Medienmanager auszubilden – gegen Bezahlung, aber ohne spätere Jobgarantie.

Es gibt auch keine zuverlässigen Vergleichsdaten darüber, was aus den Absolventen von Studiengängen oder Journalistenschulen geworden ist. Stattdessen basiert der Ruf der Ausbildungsstätten auf Hörensagen. Und dann gibt es ja auch noch die Quereinsteiger. Wer wirklich das Zeug zum Autodidakten und vor allem viel Antriebskraft hat, vertut mit einem Volontariat nur seine Zeit.

Wer einen Ausbildungsgang beurteilt, sollte vor allem auf den Praxisbezug achten. Gute Schulen und Studiengänge unterhalten eine Lehrredaktion, vermitteln Praktika und verschaffen ihren Studenten den Kontakt zu leibhaftigen Journalisten.

Die klassische Journalistenschule

Der Klassiker unter den Klassikern ist die Deutsche Journalistenschule in München. Unabhängig von einem einzelnen Verlag oder Sender bildet sie den Nachwuchs sowohl im schreibenden Journalismus als auch für Foto, Funk, Fernsehen und Online aus. Die Ausbildung findet abwechselnd in einer Lehrredaktion mit Journalisten als Dozenten und via Praktikum in der realen Medienwelt statt. Ein ähnliches Konzept verfolgen die Berliner Journalistenschule und die Evangelische Journalistenschule, die beide in der Hauptstadt angesiedelt sind.

Die Verlagsschule

Schulen, die eng an einen Verlag angebunden sind, können zuverlässig Praktikumsplätze und nach Abschluss bestenfalls sogar einen Job anbieten. Zugleich müssen sie beweisen, dass ihre Absolventen sich auch anderswo bewähren können, dass was ihnen beigebracht wurde, universell einsetzbar und von hohem Qualitätsanspruch ist. Vorbildlich ist hier die Henri-

Nannen-Schule in Hamburg, die von Gruner + Jahr und der *Zeit* getragen wird. Auch die Axel-Springer-Akademie in Berlin bietet eine erstklassige Ausbildung, stets auf dem neuesten Stand der Technik.

Das öffentlich-rechtliche Volontariat

Auch wenn sie in erster Linie für Radio- und Fernsehjournalisten gedacht sind – die Volontariate der großen öffentlich-rechtlichen Rundfunkanstalten sind so gut, dass sie selbst für schreibende Journalisten erste Wahl sind. Die Ausbildung ist breit angelegt, vermittelt fundierte Kenntnisse und lässt genug Spielraum, besondere Talente zu entdecken und zu fördern. Besonders NDR und WDR stecken viel Geld und Engagement in die Ausbildung ihres Nachwuchses.

Das Volontariat bei der Überregionalen

Ausgezeichneten Journalisten über die Schulter schauen, stets an hohen Maßstäben gemessen werden und später eine gute Adresse im Rücken haben – die Vorteile eines Volontariats bei einer überregionalen Tageszeitung liegen auf der Hand. Wer einen Platz erobert hat, muss sich freilich darauf einstellen, dass er sich auch während der Ausbildung noch durchsetzen muss. Ans Händchen werden bei den Überregionalen nur wenige Volontäre genommen. Dennoch sind die meisten mit ihrer Ausbildung zufrieden. Das gilt insbesondere für Journalisten, die bei der *Frankfurter Allgemeinen Zeitung*, der *Süddeutschen Zeitung* oder der *tageszeitung* gelernt haben.

Das Volontariat bei der Regionalzeitung

Einst der klassische Weg in den Journalismus, variiert die Qualität der Lehre bei der Regionalzeitung heute von Verlag zu Verlag. Wer als billige Arbeitskraft missbraucht wird, droht demotiviert zu werden. Ernüchterung mündet oft in Zynismus, und der tut dem Journalismus nicht gut. Dort wo mit Liebe ausgebildet wird, kann man wiederum alles lernen, was man später für den Alltag in der echten Medienwelt braucht. Zu den Regionalblättern, die gut ausgebildete und engagierte Allrounder hervorbringen, zählen die *Main-Post* in Würzburg und die *Schwäbische Zeitung* in Leutkirch.

Das Volontariat bei der Nachrichtenagentur

Nachrichtenagenturen gelten von jeher als ideale Journalistenschmieden. Denn nirgends wird so auf Genauigkeit und Distanz geachtet, nirgends wird die Fähigkeit, unter Druck zu Höchstleistungen aufzulaufen, so nachhaltig getestet und trainiert. Alle deutschsprachigen Vollagenturen bieten Ausbildungsplätze an, die meist allerdings sehr gute Fremdsprachenkenntnisse voraussetzen. Wer sich für Nachrichtenauswahl interessiert, ist hier gut aufgehoben. Wer den Beruf gewählt hat, um sich mit wunderschön geschriebenen Reportagen einen Namen zu machen, die darüber hinaus noch Hunderte Zeilen lang sind, wird beim Agenturvolontariat nicht glücklich.

Kombination mit Tradition

Die Geheimtipps unter den Ausbildungsgängen lassen sich schlecht in Kategorien zwängen. Sie haben ein einzigartiges Konzept, das sich über die Jahre bewährt hat. Mal lässt sich neben der klassischen Journalistenschulausbildung ein akademischer Abschluss erlangen, wie bei der Kölner Journalistenschule, die mit einem Wirtschaftsstudium kombiniert ist. Mal steht es den angehenden Journalisten frei, welches Fach sie an welcher Universität studieren, denn die praktische Ausbildung findet in den Semesterferien statt, wie beim Institut zur Förderung publizistischen Nachwuchses (ifp) der katholischen Kirche.

Vier Jahre Journalistik an der Uni

Nur wenige Universitäten schaffen es, ihren Studenten genauso viel Praxis zu vermitteln wie Journalistenschulen oder gute Volontariate. Umso empfehlenswerter sind jene Hochschulen, denen dies innerhalb eines achtsemestrigen Bachelor-Studiums entgegen aller Klischees gelingt. Denn dort lernen angehende Journalisten auch, sich mit ethischen Fragen auseinanderzusetzen und ihren Beruf kritisch zu reflektieren. Die Absolventen der Universitäten in Dortmund und Eichstätt genießen bei Praktikern einen guten Ruf und haben dementsprechend günstige Berufsaussichten.

Journalistikstudium als Meisterklasse

Da der Umbau der deutschen Hochschulen gerade erst begonnen hat, muss sich erst noch erweisen, ob sich Journalismus besser im Grundstudium oder im weiterführenden Studium erlernen lässt. Der Vorteil am Master-Studium ist, dass die Studierenden bereits inhaltliche Kenntnisse in einem Fach mitbringen und sich nun voll auf die praktische Ausbildung konzentrieren können. Vielversprechend sind die Masterstudiengänge in Leipzig und Mainz, da sie viel Wert auf Praxisbezug legen.

Spezialstudium für Technikfreaks

Gerade im Bereich der digitalen Medien werden Journalisten gebraucht, die vielleicht nicht die größten Schreibtalente sind, dafür aber mit Technik umgehen können, ob mit einem Selbstfahrerstudio, dem Internet oder einer Videokamera. Webportale, Privatsender und Online-Communities können mit Reportage-Autoren wenig anfangen, sind auf Mitarbeiter mit journalistischem Einschätzungsvermögen und ethisch-moralischem Kompass aber sehr wohl angewiesen. Ausgewählte Fachhochschulen vermitteln das Rüstzeug für solche journalistische Aufgaben, wie die Hochschule Darmstadt und die Hochschule für Musik in Karlsruhe.

Zehn Filme über Journalisten

19

In diesem Kapitel

- Helden und Bösewichter
- Lachnummern und Heulkrämpfe
- Filmgeschichte und Lieblingsfilme

Journalisten sind beliebte Filmprotagonisten. Sie geben die Bösewichter in James-Bond-Filmen, die Sinnsucher im italienischen Neorealismus und Statisten in Polit-Thrillern. Vor allem Hollywood haben es die Reporter als Sujet angetan.

Citizen Kane

In diesem Klassiker von 1941 strebt Zeitungsbaron Charles Foster Kane mit aller Macht nach einem politischen Amt. Vorbild war der konservative Verleger William Randolph Hearst, der sein Medienimperium für politische Zwecke einsetzte, in Kalifornien ein Schloss aus importierten Ruinen errichtete und Schauspielerinnen eine Rolle besorgte, wenn sie mit ihm ins Bett gingen.

Die Klatschkolumnistin Louella Parsons startete eine Kampagne gegen den Film, versuchte jedoch vergeblich, ihn einstampfen zu lassen. Regisseur und Hauptdarsteller Orson Welles, damals erst 25 Jahre alt, bestritt standhaft, dass Hearst das Vorbild für Kane war. Sein Film wird vor allem wegen seiner innovativen Schnitt- und Kameratechnik zu den besten Werken der Filmgeschichte gezählt.

Die verlorene Ehre der Katharina Blum

Die junge Hausangestellte Katharina Blum (Angela Winkler) verliebt sich unwissentlich in einen Bundeswehr-Deserteur (Jürgen Prochnow), der von der Polizei als Terrorist gesucht wird. Im Zuge der Hatz auf ihren Geliebten wird sie von einem Skandalreporter drangsaliert, der mit seinem Massenblatt eine Kampagne gegen sie anzettelt. Blum weiß sich zum Schluss gegen ihre Verfolger nur noch zu helfen, indem sie zur Waffe greift. Der 1975 entstandene Film von Volker Schlöndorff basiert auf der gleichnamigen Kurzgeschichte von Heinrich Böll und ist eine flammende Anklage gegen den Sensationsjournalismus.

Die Unbestechlichen

Mehr oder weniger zufällig stoßen zwei Reporter der *Washington Post* auf eine Verbindung zwischen einem Einbruch in die Parteizentrale der Demokratischen Partei und dem Weißen Haus. Wie hartnäckige kleine Terrier bleiben Bob Woodward (Robert Redford) und Carl Bernstein (Dustin Hoffman) dran und decken allen Widrigkeiten zum Trotz den Watergate-Skandal auf, der Präsident Richard Nixon zu Fall bringt. Unterstützt werden sie von Chefredakteur Ben Bradlee (Jason Robards gewann dafür den Oscar für die beste Nebenrolle) und einem obskuren Behördenvertreter namens Deep Throat, mit dem sich Woodward in einer Garage trifft und der ihm den berühmten Rat gibt: »Folge der Spur des Geldes«.

Das journalistische Heldenepos von 1976 wurde an vielen Originalschauplätzen in der US-Hauptstadt Washington gedreht. Nur die Redaktionsräume der Zeitung mussten in Hollywood nachgebaut werden. Den Oscar für den besten Film bekam das Werk von Alan J. Pakula übrigens nicht. Die Auszeichnung ging nicht an *All the President's Men*, sondern an den Silvester-Stallone-Film *Rocky*.

Die Sensationsreporterin

Fünf Jahre nach *Die Unbestechlichen* hatte Regisseur Sidney Pollack (*Out of Africa*) genug von der Glorifizierung des Journalismus. Er machte 1981 den Film mit dem Originaltitel *Absence of Malice*, in dem die Schattenseiten des Journalismus aufgezeigt werden.

Paul Newman spielt einen erfolgreichen Geschäftsmann, dessen Vater ein Unterweltboss war. Ein ehrgeiziger Ermittler will Newman zur Strecke bringen und füttert eine Reporterin (Sally Field) deshalb mit Falschinformationen. Field macht so ziemlich alle Fehler, die im Journalismus möglich sind: Ohne die ihr zugespielten Informationen zu hinterfragen, bringt sie Newman in ihrem Bericht mit dem Tod eines Gewerkschaftlers in Verbindung. Und dann fängt sie auch noch eine Liebschaft mit ihm an.

Schreiendes Land

Als die US-Armee nach dem Vietnamkrieg aus Kambodscha abzieht, beschließt Reporter Sidney Schanberg (gespielt von Sam Waterston, Staatsanwalt aus der TV-Serie *Law and Order*) zu bleiben. Er bewegt auch seinen einheimischen Dolmetscher Dith Pran (Haing S. Nor) dazu, ihn weiter zu unterstützen. Als die Roten Khmer die Kontrolle übernehmen, landet Pran im Umerziehungslager. Schanberg entkommt und gewinnt einen Pulitzer-Preis für seine Berichterstattung über den Völkermord. Doch an ihm nagt das schlechte Gewissen, weil sein einheimischer Helfer den Preis seines Ruhms zahlen musste. Er versucht, Pran zu finden.

Regisseur Roland Joffes Film von 1984 ist der beste einer ganzen Serie von Streifen, die sich mit der Arbeit von Auslandskorrespondenten und Kriegsberichterstattern auseinandersetzen. Er gewann drei Oscars. Die Auszeichnung für die beste männliche Nebenrolle ging an den Darsteller des Dolmetschers, Haing S. Nor.

Nachrichtenfieber

Die Komödie von 1987 gewährt einen Blick hinter die Kulissen eines Fernsehstudios. Es geht um eine Dreiecksbeziehung. Die Hauptpersonen sind die Producerin Jane Craig (gespielt von Holly Hunter) und die Korrespondenten Aaron Altman (Albert Brooks) und Tom Grunick (William Hurt). Die hyperaktive Craig liebt Grunick, obwohl er genau für jenen oberflächlichen Journalismus steht, den sie so hasst. Altmans journalistischer Ethos ist eher nach ihrem Geschmack, doch für ihn hat sie nur geschwisterliche Gefühle.

Die besten Szenen in *Broadcast News* zeigen Holly Hunter, wie sie den Stecker aus dem Telefon zieht, um genau eine Minute lang zu heulen. In Nebenrollen sind Jack Nicholson und Joan Cusack zu sehen. Regie führte James L. Brooks (*Zeit der Zärtlichkeit*, *Besser geht's nicht*, *Die Simpsons*).

Schtonk!

Ein Kunstfälscher (Uwe Ochsenknecht) und ein Sensationsreporter (Götz George) drehen einer deutschen Illustrierten angebliche Tagebücher von Adolf Hitler aus dem Jahr 1945 an. Eine Posse mit ernstem Hintergrund: Denn nur weil braune Nostalgie auf die Gier nach Geld und Meinungsmache traf, konnten die beiden Trickser ihre Kundschaft so leicht von der angeblichen Echtheit ihrer billig gemachten Fälschung überzeugen, argumentiert Regisseur Helmut Dietl in seiner bissigen Komödie von 1992. Zur Starbesetzung gehören außer Ochsenknecht und George auch Ulrich Mühe, Christiane Hörbiger, Veronica Ferres und sogar Harald Juhnke.

Der Titel des Films erinnert an Charlie Chaplin: In *Der Große Diktator* stößt er immer wieder und ohne erkennbaren Sinn das Wort Schtonk aus.

Der Insider

Der Held ist hier nicht der Journalist, sondern sein Informant: Jeffrey Wigand (Russell Crowe), Mitarbeiter eines Tabakkonzerns, beschließt über die Machenschaften seines Arbeitsgebers auszupacken. Ermutigt wird er dabei von Lowell Bergman (Al Pacino), Producer bei einem investigativen Fernsehmagazin. Wigands Leben wird dadurch ruiniert, dass sich der Sender unter dem Druck der Firmensponsoren plötzlich nicht mehr traut, das Interview auszustrahlen. Ein schlechtes Licht fällt dabei auch auf den Starreporter des Magazins, Mike Wallace (Christopher Plummer).

Michael Manns spannender Film von 1999 erzählt eine wahre Geschichte, sehr zum Ärger der Beteiligten, die darin schlecht wegkommen. Crowes schauspielerische Leistung ist spektakulär.

Fast berühmt

Teenager Willam Miller (Patrick Fugit) bekommt von einem Musikmagazin den Auftrag, mit einer Rockband auf Tour zu gehen und über sie zu berichten. Die Stars erkennen schnell, dass sich der 15-Jährige von ihnen blenden lässt und diktieren ihm schmeichelhafte Berichte in die Feder. Unterdessen wird Miller von Groupies verführt (eine davon gespielt von Kate Hudson) und bekommt verzweifelte Anrufe von seiner Mutter (Frances McDormand). Der Film mit dem Originaltitel *Almost Famous* von 2001 ist eine Komödie, wirft jedoch gleichzeitig einen scharfen Blick auf die Welt des Rock 'n' Roll. Er beruht auf den Erinnerungen von Regisseur Cameron Crowe (*Jerry Maguire*). Zur Besetzung zählen Anna Paquin und Philip Seymour Hoffman.

Die Journalistin

Frontberichterstattung der ganz anderen Art: Die irische Journalistin Veronica Guerin (Cate Blanchett) berichtet weder über den Bürgerkrieg in Nordirland noch über Konflikte fern der Heimat. Ihr Thema ist die Drogenmafia in Dublin. Ungewöhnlich ist die Geschichte, weil die Heldin ihr Leben aufs Spiel setzt, obwohl sie Ehefrau und Mutter ist. Eigentlich wird von Frauen im Journalismus erwartet, dass sie die Interessen ihrer Familie über Enthüllungsdrang oder Karrierestreben stellen.

Guerins journalistische Methoden sind nicht unbedingt nachahmungswürdig – zu oft fällt sie bei den Drogenbossen einfach mit der Tür ins Haus –, aber ihre Schwächen wie die Missachtung von Straßenverkehrsregeln sind umso liebenswerter. Joel Schumachers Film von 2003 basiert auf einem echten Fall von 1996.

Zehn Journalistenpreise

20

In diesem Kapitel

- Mühe und Glamour
- Lokal trifft Global
- Chancen für den Nachwuchs

Journalistenpreis ist nicht gleich Journalistenpreis. Während manche Auszeichnungen in der Branche großes Renommee genießen, pflegen andere in erster Linie das Image der Veranstalter. Firmen und Organisationen wollen Aufmerksamkeit für ihre Themen wecken und lassen dafür beachtliche Preisgelder springen. Gerade Pharmafirmen, Energieversorger, Banken und Krankenkassen schmücken sich gerne mit den Namen erfolgreicher Journalisten, denen sie eine Auszeichnung zugesprochen haben.

Wer sich für einen Journalistenpreis bewirbt, sollte auf der Website der Veranstalter einen Blick auf die Zusammensetzung der Jury werfen. Die Entscheidung über den besten Wettbewerbsbeitrag sollten Fachleute treffen, also Journalisten. Zudem muss man darauf achten, ob sich die Absicht der Stifter mit den eigenen Prinzipien vereinen lässt.

Die Pulitzer-Preise

Wer einmal einen Pulitzer-Preis gewonnen hat, muss sich um seine Karriere keine Sorgen mehr machen. Der Gütestempel Pulitzer-Preisträger begleitet Journalisten ihr ganzes Leben lang. Stifter war Joseph Pulitzer, ein amerikanischer Verleger mit deutsch-ungarischen Wurzeln. Die Auszeichnungen werden seit 1917 vergeben und sind Vorbild für viele Journalistenpreise weltweit.

Die meisten Pulitzer-Preise in Höhe von 10.000 US-Dollar gehen an große Blätter wie die *New York Times* oder das *Wall Street Journal*. Deutschsprachige Journalisten haben keine Chance, denn eingereicht werden dürfen nur US-Veröffentlichungen.

Auch die Pulitzer-Jury kann sich vertun, wie im Fall der Nachwuchsreporterin Janet Cooke. Sie erhielt den Preis für eine rührende Geschichte in der *Washington Post* über einen von Heroin abhängigen Achtjährigen. Als aufflog, dass sie ihre Hauptfigur frei erfunden hatte, musste sie die Auszeichnung zurückgeben.

Der Theodor-Wolff-Preis

Die Auszeichnung ist nach Theodor Wolff benannt, dem legendären Leitartikler der Weimarer Republik. Sie wird vom Bundesverband Deutscher Zeitungsverleger ausgelobt und wurde seit 1962 mehr als 300 Journalisten zugesprochen.

Vergeben werden fünf Preise, die mit jeweils 6.000 Euro dotiert sind: zwei in der Kategorie Allgemeines, zwei für Lokalberichterstattung und einer für einen Meinungsartikel. Sportreporter haben ebenso eine Chance wie Wissenschaftsjournalisten. Hauptsache, die Texte sind schön geschrieben und behandeln ein Thema, das die Öffentlichkeit bewegt hat.

Der Henri-Nannen-Preis

Die besten deutschsprachigen Reportagen werden seit 1977 mit dem Kisch-Preis prämiert. Stern-Verleger Henri Nannen rief die Auszeichnung zu Ehren von Egon Erwin Kisch ins Leben, dem rasenden Reporter der Weimarer Zeit. Seit 2005 gehört der Kisch-Preis zum Henri-Nannen-Preis, den der Verlag Gruner + Jahr jährlich auslobt. Außer Reportagen werden investigative Leistungen, Erklärstücke, Unterhaltungstexte und Fotos prämiert. Das Preisgeld beträgt insgesamt 30.000 Euro.

Die Preisverleihung hat Gruner + Jahr zur Glamourveranstaltung stilisiert. Wie bei den Oscars gibt es einen roten Teppich und jede Menge prominente Gäste, von denen viele noch nie einen Artikel geschrieben haben. Auch eine scheußlich anzusehende Bronzebüste des Namensgebers wird dabei verliehen.

Der Wächter-Preis der Tagespresse

Der Name ist Programm: Wer als Journalist über die Demokratie wacht und gegen Machtmissbrauch zu Felde zieht, kann sich für den Wächter-Preis der Tagespresse bewerben. Die Auszeichnung würdigt couragierte Recherche, gerade in der Lokalberichterstattung. Die Verpackung, also das schöne Formulieren, ist zweitrangig.

Finanziert wird der Preis aus dem Vermögen der unabhängigen Stiftung Freiheit der Presse, die nach dem Zweiten Weltkrieg entstand. Erstmalig vergeben wurde er 1969 für die Aufdeckung eines Bauskandals in Bremen. Für den ersten Platz gibt es 12.000 Euro, für den zweiten Platz 8.000 Euro und für den dritten Platz 6.000 Euro.

Der Lokaljournalistenpreis

Weil sie unter weit weniger luxuriösen Bedingungen arbeiten wie ihre Kollegen bei den überregionalen Blättern, kommen Lokaljournalisten bei der Vergabe von Journalistenpreisen oft zu kurz. Dies zu ändern, ist Ziel des seit 1980 jährlich vergebenen Lokaljournalistenpreises der CDU-nahen Konrad-Adenauer-Stiftung. Ausgezeichnet werden nicht einzelne Autoren, sondern Zeitungen und ihr Team. Es geht um Lesernähe, Wächterfunktion und kontinuierliche Berichterstattung.

Ausgezeichneter Nachwuchs

Einige Stiftungen belohnen nicht nur gestandene Journalisten, sondern veranstalten auch Nachwuchswettbewerbe. Für Berufsanfänger ist das eine gute Gelegenheit, ihr Portemonnaie und ihren Lebenslauf aufzubessern.

- ✔ Axel-Springer-Preis für junge Journalisten
- ✔ Wächterpreis für Volontäre
- ✔ Young Civis Media Preis der ARD
- ✔ Nachwuchspreis des Journalistinnenbundes
- ✔ Georg-von-Holtzbrinck-Preis für Wirtschaftspublizistik, Kategorie Nachwuchs
- ✔ CNN Journalist Award
- ✔ Kurt-Magnus-Preis für ARD-Hörfunkjournalisten
- ✔ Alexander-Rhomberg-Preis der Gesellschaft für Deutsche Sprache

Der Grimme-Preis

Der begehrteste deutsche Fernsehpreis beruht auf einer Mischung auf Zuschauergunst und Expertenurteil: Seit 1964 zeichnet der Deutsche Volkshochschul-Verband die besten Fernsehproduktionen aus, darunter auch Informationssendungen wie Dokumentationen. Jeder Zuschauer kann Nominierungen einreichen. Aus über 500 Vorschlägen wählen Fachkommissionen die besten aus. Drei weitere Jurys küren die Preisträger. Die Auszeichnung heißt nach dem ehemaligen preußischen Kulturminister Adolf Grimme und wird am Sitz des gleichnamigen Instituts in Marl verliehen.

Seit 2001 gibt es außerdem den Grimme Online Award: Er wird an Websites verliehen, die für Information, Analyse, Bürgerbeteiligung und Gesellschaftskritik stehen.

Pressefoto des Jahres

1955 kamen niederländische Fotojournalisten auf die Idee, einen internationalen Preis für das beste Pressefoto auszuloben. Sie wollten sich von ihren Kollegen aus der ganzen Welt inspirieren lassen. Heute ist World Press Photo der wichtigste Wettbewerb für Fotojournalisten weltweit. Schirmherr ist der niederländische Kronprinz Willem Alexander, die Sponsoren sind Firmen und die Lotteriegesellschaft.

Jedes Jahr wird ein einzelnes Bild als Pressefoto des Jahres geehrt. Außerdem werden Fotos und Fotoserien in den Kategorien Nachrichten, Zeitgeschehen, Alltagsleben, Leute, Porträt, Kultur, Sport und Naturfotografie prämiert. Die Ausstellung mit den preisgekrönten Fotos wird nach der Verleihung in 80 Städten präsentiert.

Die schönsten Zeitungen der Welt

Zeitungsgestalter konkurrieren auf internationaler Ebene, denn zum Verständnis von Bildern und Grafiken bedarf es keiner Fremdsprachenkenntnisse. Die schönsten Zeitungen der Welt werden von der Society of News Design (SND) ausgezeichnet, einem Zusammenschluss von Layoutern und Grafikern mit Sitz in den USA. Preisgelder gibt es nicht, es geht allein um die Ehre. Die spektakulären Titelseiten der Wettbewerbssieger kann man im Internet unter `www.snd.org` bewundern.

Die erste deutsche Zeitung, die zum World's Best-Designed Newspaper gekürt wurde, war *Die Woche*. Die 1993 gegründete Wochenzeitung revolutionierte das Zeitungsdesign in Deutschland, schaffte es jedoch nie auf wirtschaftlich sichere Füße. 2002 wurde sie eingestellt.

Der Ludwig-Erhard-Preis

Wirtschaftsjournalisten haben die Wahl zwischen Dutzenden Preiswettbewerben. Unabhängig und traditionsreich ist der Wirtschaftspreis der Ludwig-Erhard-Stiftung, der seit 1977 vergeben wird. Die Stiftung will mit ihrem Preis die Weiterentwicklung der sozialen Marktwirtschaft fördern. Eine Bewerbung steht sowohl Journalisten als auch Wissenschaftlern offen. Die beiden Hauptpreise sind mit je 10.000 Euro dotiert.

Von allen journalistischen Auszeichnungen ist der Ludwig-Erhard-Preis womöglich der Altmodischste. Man kann die preisgekrönten Beiträge ebenso wenig im Internet nachlesen wie die Begründung der Jury-Entscheidungen. Immerhin gibt es eine Liste der Preisträger, auf der sich zahlreiche Journalisten finden, aus denen etwas geworden ist.

Die BOBs

Viele Blogger lehnen Wettbewerbe als unzulässigen Eingriff etablierter Banausen in die freie Netzwelt ab. Die Deutsche Welle bewegt sich mit ihren BOBs (Best of Blogs) seit 2004 also auf vermintem Gelände. Ihre Auszeichnungen gelten nicht nur deutschen Sites, sondern Blogs in zehn Weltsprachen. Für eine der Auszeichnungen steht die Journalistenhilfsorganisation Reporter ohne Grenzen Pate.

Debatten gibt es in der Blogosphäre über das Verfahren. In der Jury sitzen Journalisten, Medienwissenschaftler und Blogger aus elf Ländern. Sie treffen eine Vorauswahl aus Tausenden von Einsendungen und stellen für die Publikumspreise jeweils zehn Kandidaten pro Kategorie zur Abstimmung. Die Endauswahl der Jury-Preise und die Auszählung der Publikumspreise finden erst kurz vor der Verleihung statt. Flugtickets für chinesische oder weißrussische Blogger zur Zeremonie in Berlin werden nicht verschickt. Manche Preisträger erfuhren in der Vergangenheit erst aus Kommentaren zu ihrem eigenen Blog, dass sie einen BOB gewonnen hatten.

Zehn Webseiten für Journalisten

21

In diesem Kapitel

- Weite Welt und harte Nachrichten
- Schlaumachen und genau Schauen
- Übersetzen und Buchstabieren

Bis in die 80er-Jahre hinein verwahrten Journalisten ihre wichtigsten Informationen in Notizblöcken, Adressbüchlein und in ihrem Handarchiv. Heutzutage verbringen sie wie andere eilige Menschen viele Stunden im Netz, lesen E-Mails und blättern in ihrem elektronischen Kalender. Je nach Themengebiet hat jeder Reporter seine Lieblingsseiten, die er als Bookmark abgelegt oder sogar als Startseite eingestellt hat.

Google

`http://www.google.de`

Journalisten schimpfen gerne darüber, wie unübersichtlich und zeitraubend eine Google-Recherche ist. Dennoch nutzen sie die Suchmaschine täglich. Bei Google recherchieren sie, ob schon ein anderer auf die gleiche Idee für eine Geschichte gekommen ist, suchen Webadressen von Quellen und forschen nach Informationen über Personen und Unternehmen. Wichtig dabei ist, Begriffskombinationen in Anführungsstriche zu setzen, um die Ergebnisliste einzuschränken.

Spiegel Online

`http://www.spiegel.de`

Fast alle großen Blätter haben heute eine Webpräsenz, und manche werden sogar öfter angeklickt als *Spiegel Online*. Doch die Webversion des *Spiegel* bleibt die Meinungsführerin unter den Nachrichtenmedien im Netz. Journalisten besuchen die Site, um festzustellen, welche Themen gerade hoch im Kurs stehen. Die Auswahl, die von den *Spiegel*-Redakteuren getroffen wird, ist wichtiger als der Inhalt der Berichte.

BBC

http://news.bbc.co.uk/

Wer täglich seine Dosis an brandaktuellen und zugleich sauber recherchierten Weltnachrichten braucht, kommt an der Website der BBC nicht vorbei. Der britische Rundfunk hat überall auf der Welt seine Korrespondenten sitzen. Zudem kann man sich dort Länderdossiers mit den wichtigsten Informationen über eine Region besorgen. Der einzige Nachteil: Die News-Seiten der BBC gibt es nur auf Englisch.

Wikipedia

http://de.wikipedia.org

Weil Wikipedia von anonymen Laien verfasst wird, ist es als alleinige Quelle bei seriösen Medien tabu. Dennoch nutzen viele Journalisten das Weblexikon für die erste Orientierung über ein Thema und als Sprungstelle zu anderen Webseiten. Die Enzyklopädie enthält fast 800.000 Artikel in deutscher Sprache, Tendenz steigend. Noch besser sortiert ist die englische Ausgabe mit doppelt so vielen Einträgen.

Newsroom

http://www.newsroom.de

Die Website wird vom österreichischen Oberauer-Verlag unterhalten, der auch mehrere Branchenblätter herausgibt. Interessant ist sie in erster Linie wegen der dort gesammelten Jobangebote: Newsroom.de durchforstet täglich die Stellenanzeigen von deutschsprachigen Tageszeitungen, Wochenblättern, Fachmedien und Onlinebörsen.

Turi2

http://turi-2.blog.de

Fundierte Analysen sucht man bei Turi2 vergeblich, aber in puncto Masse und Aktualität ist diese Sammlung von Informationen über die Medienbranche unerreicht. Eigentümer und Medienjournalist Peter Turi bewertet Nachrichtenwebsites und führt Interviews mit Medienleuten und Wissenschaftlern, die man sich zum Teil sogar als Video anschauen kann. Er ist ein gutes Beispiel dafür, wie man mit einem Blog seinen Lebensunterhalt verdienen kann – und damit den Ärger anderer Blogger erregt.

Agenturjournalismus

http://www.agenturjournalismus.de

Wer sich schon immer mal gefragt hat, ob man den sibirischen Fluss eher Jenissej, Ienissei, Yenisey oder Enisej buchstabiert, wird bei Agenturjournalismus.de fündig. Dort sind die Regeln für die Schreibung von exotischen Länder- und Personennamen gesammelt, auf die sich die deutschsprachigen Nachrichtenagenturen geeinigt haben. Peter Zschunke, stellvertretender Chefredakteur des deutschen Dienstes von Associated Press, betreibt die Website in seiner Freizeit. Wer unter »Suche« den Begriff `Rechtschreibung` eingibt, findet Listen mit Schreibweisen, über die man seit der Rechtschreibreform stolpert.

Leo

http://www.leo.org

Gerade weil viele interessante Websites in englischer Sprache verfasst sind, brauchen Journalisten ein gutes Übersetzungslexikon. Frei zugänglich im Internet ist Leo, ein ursprünglich von Münchener Studenten ins Leben gerufenes Wörterbuch, das ohne Schnickschnack auskommt und erstaunlich gut funktioniert. Ist die angebotene Übersetzung eines Begriffs nicht auf Anhieb überzeugend, kann man nachlesen, was sich die Experten dabei gedacht haben. LEO steht übrigens für Link Everything Online (Verbinde alles, was online ist).

Schröders Werkzeugkasten

http://www.burks.de/burksblog/

In dieser Werkzeugkiste sieht es ungefähr so chaotisch aus wie in dem Kasten, der im eigenen Keller steht. Wer sich davon nicht abschrecken lässt, findet beim Herumstöbern Hilfsmittel rund um Datensicherheit, Informationsfreiheit und computergestützte Recherche. Zusammengestellt hat sie der Journalist Burkhard Schröder, ein Spezialist für Bürgerrechte, Datenschutz und Rechtsextremismus.

Bundesregierung im Netz

http://cvd.bundesregierung.de

Für Hauptstadtberichterstatter ist die Website des Bundespresseamtes ein nützliches Werkzeug. Dort finden sich nicht nur die Pressemitteilungen der Bundesregierung, sondern auch Links zu den Ministerien, Mitschriften von Pressekonferenzen, die täglichen Pressespiegel mit Auszügen aus Kommentaren, Zeitungsartikeln und Rundfunkbeiträgen sowie der Terminkalender der Bundeskanzlerin. Zugänglich ist die Seite allerdings nur für Journalisten, die einen Auftraggeber nachweisen können. Die öffentliche Version findet man unter www.bundesregierung.de.

Glossar

A

Abonnement: Vertrag mit einer Zeitung, Zeitschrift oder einem Sender über die regelmäßige Lieferung gegen eine Monats- oder Jahresgebühr. Eine Abonnementszeitung ist eine Zeitung, die überwiegend über Abo statt am Kiosk vertrieben wird.

Agence France-Presse: Nachrichtenagentur mit Sitz in Paris (Agenturkürzel: AFP).

Agenturkürzel: Kurzbezeichnung für die Nachrichtenagentur, die Ursprung eines Artikels ist. Steht am Anfang oder ganz am Ende eines Textes.

Akkreditierung: Zulassung von Journalisten zur Berichterstattung über eine Veranstaltung, für die sie sich angemeldet haben. Mitunter werden Berichterstatter auch für ein ganzes Jahr akkreditiert, zum Beispiel beim Bundespresseamt. Voraussetzung ist meist der Nachweis hauptberuflicher journalistischer Tätigkeit.

Anchor: Englischer Ausdruck für den Hauptmoderator einer Nachrichtensendung, der dem Publikum als Anker im stürmischen Weltgeschehen dient.

Anfeaturen: Eine Geschichte zu Beginn locker formulieren, im Gegensatz zur streng nachrichtlichen Version. Eingedeutscht auch als anfietschern bekannt.

Anreißer: Kurzer Text zu Beginn eines Artikels, der den Inhalt andeutet und zum Weiterlesen verlocken soll. Englisch: Teaser.

Artikel: Journalistischer Text, der auf einer Zeitungsseite steht.

Associated Press: Nachrichtenagentur mit Sitz in New York (Agenturkürzel: AP).

Aufhänger: Anlass für einen neuen Artikel über ein Thema, über das schon einmal berichtet worden ist.

Aufmacher: Die wichtigste Nachricht in der Zeitung, meist auf der Titelseite platziert.

Austria Presse Agentur: Nachrichtenagentur mit Sitz in Wien. (Agenturkürzel: APA).

Autorenzeile: Verweist auf den Namen des Autors eines Artikels. Oft am Anfang oder Ende des Textes platziert, manchmal aber auch grafisch abgehoben mittendrin. Englisch: Byline.

Bauchladen: Sortiment von Zeitungen, für die ein Korrespondent arbeitet und die nicht zueinander in Konkurrenz stehen. Artikel und Kommentare werden so mehrfach verwertet und bezahlt, Spesen von den Auftraggebern anteilig übernommen.

Beritt: Themengebiet, das ein Journalist betreut. Auch: Vorgarten. Englisch: Beat.

Bildunterschrift: Aus wenigen Sätzen bestehende Zeile unter einem Bild, die den Inhalt beschreibt und den Anlass der Veröffentlichung nennt. Auch Bildzeile oder kurz BU genannt.

Blattmacher: Schreiben nicht selbst, sondern stellen die Zeitungsseiten zusammen. Sie entscheiden über Schlagzeilen, Textlänge, Platzierung und Illustration und dementsprechend auch darüber, wie prominent ein Thema in der Zeitung erscheint.

Blitzmeldung: Aus wenigen Wörtern bestehender Text, den Nachrichtenagenturen über ein besonders bedeutsames und/oder überraschendes Ereignis verbreiten. Technisch unterbricht der Blitz die Kette der gerade bei den Abonnenten einlaufenden Agenturmeldungen. Englisch: Flash.

Boulevardzeitung: Zeitung, die überwiegend am Kiosk oder von Straßenhändlern statt im Abonnement vertrieben wird. Auch Kaufzeitung genannt.

Breaking News: Überraschende und bedeutende Nachrichten, die über die Redaktionen hereinbrechen und deren Planung über den Haufen werfen. Nachrichtenfernsehsender bezeichnen so oft im Laufband die neuesten Informationen, die ihnen vorliegen, auch wenn sie weder überraschend noch bedeutend sind.

Bruch: Die Stelle, an der die Zeitung horizontal gefaltet ist, damit sie einfacher gestapelt oder in den Zeitungsständer hineingesteckt werden kann. Weil der erste Blick am Kiosk meist auf die obere Hälfte der Zeitung fällt, stehen die wichtigsten Nachrichten auf der Titelseite über dem Bruch.

Buch: Teil einer Tageszeitung. Jede Zeitung besteht aus mehreren solchen Büchern, die man ohne zu blättern leicht voneinander trennen und nebeneinander auf den Tisch legen kann.

Byline: Verweist auf den Namen des Autors eines Artikels. Oft am Anfang oder Ende des Textes platziert, manchmal aber auch grafisch abgehoben mittendrin. Deutsch: Autorenzeile.

Chef vom Dienst: Sorgt dafür, dass die redaktionelle Produktion der Zeitung möglichst reibungslos funktioniert. Dazu zählen die Erstellung von Dienstplänen und die Koordinierung der Seitenumfänge. Kurz: CVD.

Clips: Ausschnitte von Artikeln, die ein Journalist veröffentlicht hat. Sie werden als Belege gesammelt, und die besten werden Bewerbungen beigelegt. Auch: Clippings.

Covern: Über ein Thema berichten oder einen Termin wahrnehmen.

Dachzeile: Überschriftenzeile, die in kleinerer Schrift über der Haupt-Überschrift steht.

Dateline: Verweist auf Ort und Datum, an dem eine Nachricht verfasst worden ist, und steht meist ganz am Anfang eines Textes. Auch: Ortsmarke.

Deutsche Presse-Agentur: Nachrichtenagentur mit Sitz in Hamburg (Agenturkürzel: dpa).

Deutscher Depeschendienst: Nachrichtenagentur mit Sitz in Berlin (Agenturkürzel: ddp).

Dringend: Aus wenigen Sätzen bestehender Text, den die Nachrichtenagenturen über ein bedeutsames und/oder überraschendes Ereignis verbreiten. Früher enthielten Dringendmeldungen einen Code, der auf den Druckern in den Redaktionen ein Klingelzeichen auslöste.

Heute erscheinen sie auf den Bildschirmen farblich unterlegt oder öffnen automatisch ein Textfenster auf dem Desktop. Auch: Eilmeldung.

Dummy: Testausgabe einer neuen Zeitschrift, die von einer Entwicklungsredaktion erstellt worden ist. Auch: Nullnummer.

Durchschuss: Weißer Zwischenraum zwischen den Zeilen in einer Zeitung oder Zeitschrift. Je mehr Durchschuss, desto lockerer wirkt die Seite.

Eckenbrüller: Einspaltige Meldung oben links oder rechts auf der Titelseite einer Zeitung, die den Leser förmlich anbrüllt. Bei der *Frankfurter Allgemeinen Zeitung* zum Beispiel die Nachricht im linken oberen Eck.

Eilmeldung: Aus wenigen Sätzen bestehender Text, den die Nachrichtenagenturen über ein bedeutsames und/oder überraschendes Ereignis verbreiten. Früher enthielten Eilmeldungen einen Code, der auf den Druckern in den Redaktionen ein Klingelzeichen auslöste. Heute erscheinen sie auf den Bildschirmen farbig unterlegt oder öffnen automatisch ein Textfenster auf dem Desktop. Auch: Dringend.

Einspalter: Artikel, der auf der Zeitungsseite horizontal nur eine Spalte beansprucht. Zweispalter ziehen sich quer über zwei Spalten, Dreispalter über drei Spalten.

Einstieg: Fasst bei einer Nachricht den Inhalt gleich zu Beginn in wenigen Worten zusammen und verlockt ansonsten zum Weiterlesen.

Ente: Stellt sich als kompletter Unfug heraus, was gestern noch als wahr in der Zeitung stand, dann spricht man von einer Zeitungsente.

Evangelischer Pressedienst: Nachrichtenagentur mit Sitz in Frankfurt/Main (Agenturkürzel: epd).

Feature: Journalistische Darstellungsform, welche die typischen Merkmale eines Themas beleuchtet, indem sie Beispiele vorführt und diese mithilfe verwandter Fakten in einen größeren Zusammenhang stellt. Erlaubt Journalisten mehr Freiheiten als Nachricht oder Bericht und erfordert nicht, wie die Reportage, vor Ort gewesen zu sein.

Fester Freier: Journalist, der bei einem Medium zwar nicht angestellt ist, dem dort jedoch eine Mindestzahl an Aufträgen oder ein monatliches Mindesthonorar garantiert werden. Dadurch wird er an die Zeitung oder den Sender gebunden, ohne dass er im Personalbudget auftaucht.

Feuilleton: Kulturteil der Zeitung, in dem sich unterhaltende und belehrende Elemente sowie Veranstaltungshinweise finden. Außerdem der altmodische Ausdruck für einen Text, der im Plauderton verfasst ist.

Flash: Aus wenigen Wörtern bestehender Text, den Nachrichtenagenturen über ein besonders bedeutsames und/oder überraschendes Ereignis verbreiten. Technisch unterbricht er die Kette der gerade bei den Abonnenten einlaufenden Agenturmeldungen. Deutsch: Blitz. Flash ist außerdem die englische Bezeichnung für eine animierte Grafik.

Gegenchecken: Eine Information auf ihren Wahrheitsgehalt hin überprüfen.

Glosse: Meinungsbetonte Darstellungsform, die Widersprüche aufzeigt und Lächerliches aufspießt. Will amüsieren, aber auch zum Nachdenken anregen.

Halbwertszeit: Voraussichtliche Verweildauer eines Themas in den Medien, bevor es wieder von den Titelseiten verschwunden ist.

Headline: Überschrift eines Artikels, die dessen Hauptaussage in verkürzter Form und größeren Lettern wiedergibt. Auch: Schlagzeile.

Human Interest: Zeigt die menschliche Seite einer Geschichte auf, ob sie nun dramatisch, tragisch oder auch komisch ist.

Hurenkind: Wenn am Anfang einer Spalte noch die letzte Zeile eines Absatzes aus der vorigen Spalte steht.

Impressum: Enthält Angaben über die Verantwortlichen für den Inhalt einer Zeitung sowie deren Erscheinungsweise, den Verlagsort und den Gerichtsstand.

Infotainment: Journalistische Werke, bei denen sich Bericht und Unterhaltung vermischen. Zusammengesetzt aus den Begriffen Information und Entertainment.

Katholische Nachrichten-Agentur: Nachrichtenagentur mit Sitz in Bonn (Agenturkürzel: KNA).

Kaufzeitung: Zeitung, die überwiegend am Kiosk oder von Straßenhändlern statt im Abonnement vertrieben wird. Auch Boulevardzeitung genannt.

Kolumne: Platz in der Zeitung oder im Internet, an dem namhafte Autoren regelmäßig ihre Betrachtungen veröffentlichen. Kolumnisten wählen ihren Gegenstand meist frei aus.

Kommentar: Oberbegriff für alle Meinungsartikel in der Zeitung sowie Bezeichnung für deren kurze, aktuelle Variante. Typische Kurzkommentare befassen sich mit einem Thema, das gerade Schlagzeilen macht.

Kopfblatt: Zeitung, deren Mantelteil sich nur noch durch den Namen des Blattes von den anderen Publikationen eines Zeitungsverbunds unterscheidet.

Korrespondent: Korrespondenten ihren Sitz außerhalb der Zentrale und arbeiten deshalb vergleichsweise autonom. Sie stellen die Berichterstattung über eine Region oder eine Institution sicher. Manche sitzen nur 50 Kilometer weiter in der Landeshauptstadt, andere tausend Meilen von ihren Lesern entfernt.

Küchenzuruf: Reduziert eine Nachricht auf ihren Kern. *Stern*-Gründer Henri Nannen verstand darunter das Szenario, bei dem der Familienvater in der Zeitung eine interessante Meldung entdeckt, deren zentralen Inhalt er seiner Frau zuruft, nach dem Motto: »Muttern, hast du schon gehört, dass ...?«

Layout: Der gestalterische Plan einer Zeitungsseite. Beim Layouten wird bestimmt, wo Texte und Illustrationen platziert werden, in welcher Größe und in welcher Schriftart. Weitere grafische Elemente sind Farben, Kästen, Linien und Grafiken.

Lead: Der erste Absatz einer Nachricht, der schon die wichtigste Information enthält. Anstatt betulich den Text einzuleiten, soll er die Leser von Anfang an mitreißen. In Deutschland wird unterschieden zwischen dem Lead-Absatz und dem Lead-Satz, dem eigentlichen ersten Satz einer Meldung oder eines Berichts.

Leitartikel: Ein längerer Kommentar, der in vielen Zeitungen die Haltung der gesamten Redaktion widerspiegelt. Leitartikel befassen sich mit grundsätzlichen Fragen und blicken über die Tagesaktualität hinaus.

Lokalspitze: Kurzer Kommentar zu einem lokalen Thema, oft im lockeren Ton verfasst.

Mantel: Das äußerste Buch der Zeitung, das die anderen Teile wie ein Mantel umhüllt. Dieser Mantelteil enthält die Nachrichten- und Politikseiten. Ein getrenntes Buch ist meist der Lokalteil.

Meldung: Berichtet kurz und meist in nüchternem Ton von einem Ereignis, einer Entwicklung oder einer Äußerung. Nicht Formulierung, sondern Auswahl lassen auf Schwerpunkte und Tendenz eines Mediums schließen.

Nachricht: Journalistische Darstellungsform, mittels der Neuigkeiten unters Volk gebracht werden. Das Wichtigste steht bei einer Nachricht immer ganz am Anfang. Sie ist im neutralen Ton abgefasst und enthält sich eines Kommentars.

Nachrichtensperre: Wird sie verhängt, geben die Behörden keinerlei Informationen zu einem Thema mehr heraus. Zur Begründung wird meist angegeben, dass sonst Menschenleben gefährdet sein könnten. Grundsätzlich widerspricht diese Art von Zensur allerdings der Pressefreiheit, weshalb sie höchstens im Extremfall akzeptiert wird.

Na-und-Absatz: Klärt die Leser möglichst frühzeitig darüber auf, warum ein Artikel für sie relevant ist. Er enthält die These, die dem Artikel zugrunde liegt, benennt den Kreis der Betroffenen oder stellt den Bezug zu einer aktuellen Debatte her.

Newsroom: Soll die Arbeit der Ressorts besser verschränken und die Wege zur Onlineausgabe verkürzen. Statt wie früher in Einzelbüros über mehrere Etagen verteilt, sitzen die Blattmacher aus allen Ressorts in einem Raum zusammen. Sie entscheiden, in welcher Form und an welcher Stelle die Geschichten in der Zeitung erscheinen

News-to-use: Nachrichten mit Nutzwert wie beispielsweise Verbrauchertipps.

Nullnummer: Testausgabe einer neuen Zeitschrift, die von einer Entwicklungsredaktion erstellt worden ist. Auch: Dummy.

Off the record: Information oder Äußerung, die nicht zur Veröffentlichung bestimmt ist. Auch: Unter drei.

Öffentlichkeitsarbeit: Kommunikation einer Firma oder Behörde mit der Außenwelt. Vermittelt werden Tätigkeit und Anliegen, mit dem Ziel, sie ins positive Licht zu rücken. Auch: Public Relations, kurz PR.

Ortsmarke: Verweist auf Ort und Datum, an dem eine Nachricht verfasst worden ist, und steht meist ganz am Anfang eines Textes. Auch: Dateline.

Presse-Grosso: Zeitungsvertriebssystem, das den Großhändlern in ihrer jeweiligen Region ein Monopol zubilligt. Die sogenannten Grossisten mit ihren Verkaufsstellen haben das Land untereinander aufgeteilt. Dafür müssen sie jeden Laden in ihrem Bereich beliefern, der Zeitungen und Zeitschriften anbieten will.

Pressekodex: Publizistische Grundsätze, in denen sich Zeitungen und Zeitschriften zu ethischen Standards der Berichterstattung verpflichten, die sich teils mit der Rechtslage decken, teils auch darüber hinausgehen. Wer gegen diese Selbstverpflichtung verstößt, nimmt eine öffentliche Rüge in Kauf.

Producer: Tätigkeit zwischen Redakteur und Aufnahmeleiter. Beim Fernsehen organisieren die Producer die Dreh- und Aufnahmearbeiten, sind mit für die Einhaltung des Budgets zuständig und reden auch bei der Konzeption einer Sendung, eines Films oder eines Beitrags mit. Im journalistischen Bereich entlasten sie die Korrespondenten, indem sie Recherchen anstellen, Interviews anleiern und das Kamerateam organisieren.

Public Relations (PR): Kommunikation einer Firma oder Behörde mit der Außenwelt. Vermittelt werden Tätigkeit und Anliegen, mit dem Ziel, sie ins positive Licht zu rücken. Auch: Öffentlichkeitsarbeit.

Quelle: Ursprung einer Information und Grundvoraussetzung für die Recherche. Mögliche Quellen sind Augenzeugen, am Geschehen oder an Entscheidungen Beteiligte, Pressesprecher, Mitarbeiter einer Behörde oder eines Unternehmens oder das Archiv.

Quote: Zahl der Zuschauer, die ein Fernsehprogramm erreicht hat. Ermittelt wird von der Arbeitsgemeinschaft Fernsehforschung zudem der Marktanteil, den eine Sendung zu einer bestimmten Uhrzeit im Vergleich erzielen konnte.

Rausschmeißer: In manchen Radioprogrammen wird möglichst jede Nachrichtensendung mit einer amüsanten bunten Meldung beendet. Die Nachrichten tröpfeln nicht so langsam aus, die Hörer werden vielmehr freundlich aus ihr herausgeschmissen.

Recherche: Beschaffung von Aussagen, die einen Sachverhalt oder eine Entwicklung erhellen und beleuchten. Wer recherchiert, forscht nach, erschließt sich bisher Unbekanntes, lernt Hintergründe kennen und macht sich ein Bild. Mit der Recherche schaffen die Journalisten die Grundlage für ihre Geschichten.

Redakteur: Arbeiten bei einem Massenmedium und üben dabei meist eine Mischung von Tätigkeiten aus. Sie bewerten Pressematerial, recherchieren und schreiben selbst Artikel, redigieren aber auch die Beiträge von Kollegen und produzieren Sendungen und Seiten. Redakteure sind meistens fest bei einem Medium angestellt.

Redaktionsschluss: Abgabezeitpunkt für Artikel, der nach Ressort und Zeitungsausgabe variiert. Der Redaktionsschluss für die erste Ausgabe einer Tageszeitung liegt zwischen 15.30 und 18 Uhr. Zu diesen Zeiten gehen die fertigen Seiten in den Druck, es kann also für diese Ausgabe nichts mehr geändert werden.

Regenbogenpresse: Bunte und billig gedruckte Blätter, in denen es hauptsächlich um Gesellschaftsklatsch geht. Englisch: Yellow Press.

Reportage: Lebendig formulierter Bericht über Geschehnisse, die der Autor selbst miterlebt hat. Seine Eindrücke und Assoziationen sind ebenso wichtig wie nackte Fakten, denn die Reportage stellt Spannung über die Schilderung menschlichen Verhaltens her.

Reporter: Konzentriert sich aufs Recherchieren und das Verfassen eigener Beiträge. Verbringt mehr Zeit am Ort des Geschehens als ein Redakteur.

Ressort: Abteilung, die innerhalb eines Massenmediums für einen inhaltlichen Bereich, oft auch für einen klar umrissenen Teil der Zeitung zuständig ist. Die klassischen Ressorts bei der Tageszeitung sind die Politik, die Wirtschaft, das Lokale, der Sport und das Feuilleton.

Ressortleiter: Leiten Abteilungen wie die Innenpolitik oder das Feuilleton, planen die Berichterstattung und tragen in ihrem Bereich die Personalverantwortung.

Reuters: Nachrichtenagentur mit Sitz in London (Agenturkürzel: rtr).

Schlagzeile: Überschrift eines Artikels, die dessen Hauptaussage in verkürzter Form und größeren Lettern wiedergibt. Auch: Headline.

Schlussredaktion: Überprüft Texte auf Länge, Grammatik, Rechtschreibung, zum Teil auch Sprachstil und Faktentreue.

Schusterjunge: Wenn eine Spalte mit der ersten Zeile eines neuen Absatzes endet.

Schweizerische Depeschen-Agentur: Nachrichtenagentur mit Sitz in Bern (Agenturkürzel: sda).

Seite Drei: Stammplatz in der Zeitung für Hintergrundberichte, Porträts und Reportagen.

Slot: Schaltstellen der Nachrichtenagenturen, an denen sich Minute für Minute entscheidet, welche Neuigkeit welchem Kundenkreis zugeleitet werden soll.

Sperrfrist: Hinweis, dass eine Information erst mit Zeitverzögerung verbreitet werden darf. Gilt für alle, die von einem Sachverhalt erfahren, gleichermaßen. Redaktionen akzeptieren Sperrfristen, um mehr Muße zu haben, eine Information zu verarbeiten.

Sport-Informations-Dienst: Nachrichtenagentur mit Sitz in Neuss (Agenturkürzel: sid).

Stehsatz: Bereits fertiger Artikel, der jedoch nicht in der nächsten Zeitungsausgabe verwendet wird, weil dort kein Platz mehr ist. Wird schon fertig gesetzt, um dann in einer späteren Ausgabe gedruckt zu werden.

Teaser: Kurzer Text zu Beginn eines Artikels, der den Inhalt andeutet und zum Weiterlesen verlocken soll. Deutsch: Anreißer.

Ticker: Übertragungsweg, auf dem die Meldungen der Nachrichtenagenturen an die Abonnenten versandt werden, früher per Fernschreiber, heute per Datenstrang.

Titel: Schlagzeile auf der ersten Seite einer Zeitung oder Thema einer Zeitschriftenausgabe, das auf dem Titelblatt angekündigt wird.

Transkription: Eindeutschen von Namen und Bezeichnungen, die ursprünglich aus Sprachen mit nicht-lateinischen Schriftzeichen stammen, wie aus dem Russischen, dem Arabischen oder dem Chinesischen. Für die Übertragung gibt es Transkriptionsregeln, die von den Nachrichtenagenturen festgelegt werden.

Überlauf: Rest eines Artikels, der nicht vollständig auf eine Zeitungsseite gepasst hat. Der Text läuft dann auf eine andere Zeitungsseite über.

Umbruch: Tägliche Gestaltung der Zeitungsseite. Beim Umbrechen der Seiten wird bestimmt, wo Texte und Illustrationen platziert werden, in welcher Größe und in welcher Schriftart. Weitere grafische Elemente sind Farben, Kästen, Linien und Grafiken.

Unter drei: Signalisiert, dass eine Information vertraulich und daher nur für den Hinterkopf des Journalisten bestimmt ist. »Unter zwei« heißt, dass die Information zwar verwendet werden kann, der Quelle aber nicht namentlich zugeschrieben werden darf. Als »unter eins« werden Informationen bezeichnet, die frei und bei voller Quellennennung verwendbar sind.

V.i.S.d.P.: Verantwortlicher im Sinne des Pressegesetzes. Der betreffende Redakteur, der im Impressum genannt wird, muss dafür sorgen, dass sein Blatt frei von strafbaren Inhalten bleibt. Er ist außerdem dafür zuständig, den Gegendarstellungsanspruch von Menschen zu prüfen, über die seine Zeitung berichtet hat.

Vorabmeldung: Nachrichtliche Version eines Interviews oder einer Exklusivgeschichte, die eine Zeitung, ein Magazin oder eine Sendung in ihrer nächsten Ausgabe bringen wird. Die Kurzfassung wird vorab an die Agenturen gegeben, damit diese sie verbreiten und so wiederum Werbung für die Urheber machen. Bedingung dafür ist, dass sie tatsächlich Neues enthält.

Whistleblower: Schlägt aus uneigennützigen Motiven Alarm, wenn er von Missständen in seiner Behörde, seiner Firma oder seinem Verein erfährt. Whistleblower sind bereit, vertrauliche Akten und Informationen an Journalisten weiterzugeben, verlangen im Gegenzug jedoch oft, dass ihre Identität geschützt wird, weil sie sonst fürchten, ihren Arbeitsplatz zu verlieren. Wörtlich übersetzt jemand, der in die Trillerpfeife bläst.

Yellow Press: Bunte und billig gedruckte Blätter, in denen es hauptsächlich um Gesellschaftsklatsch geht. Deutsch: Regenbogenpresse.

Zeitungskopf: Feststehendes Element im oberen Teil der Titelseite, das Zeitungsnamen, Angaben zu Erscheinungsort, Nummer und Tag sowie häufig einen Wahlspruch enthält. Grafisch wird der Zeitungskopf nicht variiert, weil er den Lesern hilft, ihr Leib- und Magenblatt wiederzuerkennen.

Zensur: Findet statt, wenn staatliche Stellen die Vorauswahl treffen, ob ein Artikel, ein Buch oder ein Film überhaupt erscheinen darf. Ist in Deutschland seit Gründung der Bundesrepublik per Grundgesetz verboten.

Stichwortverzeichnis

Z